危险废物鉴别与案例精选

温　勇　蔡　彬　檀　笑　等 / 编著

中国环境出版集团 · 北京

图书在版编目（CIP）数据

危险废物鉴别与案例精选/温勇等编著. —北京：中国环境出版集团，2023.3

ISBN 978-7-5111-5473-6

Ⅰ. ①危… Ⅱ. ①温… Ⅲ. ①危险废弃物—废物管理—案例—中国 Ⅳ. ①X705

中国国家版本馆 CIP 数据核字（2023）第 041321 号

出 版 人	武德凯
责任编辑	殷玉婷
封面设计	金　山

出版发行	中国环境出版集团
	（100062　北京市东城区广渠门内大街 16 号）
	网　　址：http://www.cesp.com.cn
	电子邮箱：bjgl@cesp.com.cn
	联系电话：010-67112765（编辑管理部）
	发行热线：010-67125803，010-67113405（传真）
印　　刷	玖龙（天津）印刷有限公司
经　　销	各地新华书店
版　　次	2023 年 3 月第 1 版
印　　次	2023 年 3 月第 1 次印刷
开　　本	787×1092　1/16
印　　张	24
字　　数	560 千字
定　　价	168.00 元

编委会

序 言

固体废物污染防治一端连着减污，另一端连着降碳，是生态文明建设的重要内容，也是深入打好污染防治攻坚战的重要任务。强化危险废物监管和利用处置能力，严守生态环境风险底线，是“十四五”时期固体废物环境管理的重点工作之一。危险废物是指具有毒性、腐蚀性、易燃性、反应性、感染性的一种或者几种危险特性的固体废物，若处置不当可能对生态环境和人体健康造成有害影响。近年来，危险废物非法转移、倾倒案件时有发生，对生态环境和人民群众生命安全造成严重影响，也暴露出危险废物监管仍存在短板。对此，党中央、国务院高度重视危险废物风险防控工作。习近平总书记强调，要严厉打击危险废物破坏环境违法行为，坚决遏制住危险废物非法转移、倾倒、利用和处理处置。2020年，新修订的《中华人民共和国固体废物污染环境防治法》进一步完善了危险废物污染环境防治制度，中央深化改革委员会也将强化危险废物监管和利用处置能力列为一项重要改革任务。2021年，国务院办公厅印发了《强化危险废物监管和利用处置能力改革实施方案》，生态环境部办公厅发布了《关于加强危险废物鉴别工作的通知》（环办固体函〔2021〕419号），强化了危险废物鉴别环境管理工作。一系列政策法规的相继出台为危险废物风险防控与精细化管理指明了方向、拓展了路径、提出了要求。

2017年，我与中国工程院院士杜祥琬、钱易、郝吉明等联合向党中央、国务院上报院士建议，提出通过“无废城市”建设推进固体废物领域治理体系和治理能力现代化。该建议得到党中央、国务院的高度重视。2018年12月，国务院办公厅印发了《“无废城市”建设试点工作方案》（国办发〔2018〕128号），部署开展“无废城市”建设试点工作。2021年12月，生态环境部会同国家发展和改革委员会等18个部门，制定并印发了《“十四五”时期“无废城市”建设工作方案》，将“强化监管和利用处置能力，切实防控危险废物环境风险”作为“十四五”时期“无废城市”建设的七大任务之一，列入“无废城市”建设的主要内容，进一步为危险废物风险防控与精细化管理找到了着力点、突破点和关键点。

危险废物鉴别是识别固体废物危险特性的重要技术手段，也是实现危险废物风险防控与精细化管理的技术基础和关键依据。随着《国家危险废物名录》的动态更新，涉及石油化工、制药和环境治理等重点行业的废水处理污泥、生产副产物、废包装物和固体废物利用处置后废物等鉴别需求激增；随着我国污染防治攻坚战的深入推进和固体废物精细化管理水平的持续提升，历史遗留的固体废物和按照固体废物管理的污染土壤等开展危险废物鉴别的需求也越来越多。

为深入贯彻习近平生态文明思想，扎实做好“无废城市”建设危险废物领域工作，强化危险废物监管和利用处置能力，有效防控危险废物环境与安全风险，生态环境部华南环境科学研究所组织多名专家学者编著了《危险废物鉴别与案例精选》。该书立足于我国危险废物鉴别管理现状及存在问题，结合国家危险废物管理实际需求，研究了我国危险废物鉴别体系、原则、程序以及国内外的鉴别技术方法，对危险废物鉴别理论进行了系统梳理，以废水处理污泥、固体废物利用或处置后废物、生产副产物、废包装物、历史遗留固体废物和按照固体废物管理的污染土壤等鉴别需求较大的固体废物为研究对象，选编了 16 个典型危险废物鉴别案例，内容翔实、案例丰富、逻辑清晰，对我国固体废物治理，乃至整个环境的污染防治工作有着重要作用。《危险废物鉴别与案例精选》的出版可为危险废物鉴别工作提供全面的理论方法和丰富的案例借鉴，对危险废物风险防控与精细化管理具有重大意义，希望未来本书能够不断出版更新，将最新的理论、最新的案例分享给业界人士，为强化危险废物监管和利用处置能力、深入打好污染防治攻坚战以及推动实现建设美丽中国作出重要贡献。

中国工程院　院士　

2022 年 7 月

前　言

为贯彻落实新修订的《中华人民共和国固体废物污染环境防治法》，进一步加强危险废物鉴别环境管理工作，规范危险废物鉴别单位管理，2021 年 9 月，生态环境部办公厅发布了《关于加强危险废物鉴别工作的通知》（环办固体函〔2021〕419 号），对危险废物鉴别单位管理、危险废物鉴别报告编制、危险废物鉴别流程与鉴别结果应用等提出了明确要求。危险废物鉴别是一项较为复杂的工作，体现了对固体废物概念和废物管理原则的充分理解。现有的鉴别机构多数为环境检测公司，在鉴别工作中常出现"以测代鉴"的情况，造成鉴别检测因子选择不全面、鉴别检测的数据失真等不利后果；此外，由于缺少不同类型固体废物危险特性鉴别案例的指导，不同鉴别机构针对同一种固体废物鉴别的思路及关注重点也不一致，导致鉴别结论差异性较大，难以支撑政府部门的固体废物管理工作。

生态环境部华南环境科学研究所作为生态环境部直属单位，多年来致力于危险废物鉴别与风险防控的科学理论研究与实用技术研发，完成了大量对危险废物鉴别案例的研究，案例涵盖全国各地各行业。《危险废物鉴别与案例精选》由生态环境部华南环境科学研究所正高级工程师温勇作为主编主持团队编写，本书集理论、政策、案例于一体，具有一定的学术参考价值和工作应用价值。主要体现在三个方面：一是本书对危险废物鉴别相关的理论、技术进行了系统的阐述，特别是指出了目前危险废物鉴别领域存在的问题，并对此提出了相应对策，具有在理论与政策两方面的指导意义；二是本书首次提出了不同来源、不同类型的固体废物危险特性鉴别技术和工作思路，同时还总结了鉴别方案和鉴别报告的编制要求和工作要点，对危险废物鉴别实践工作有着重要的借鉴意义；三是本书对废水处理污泥、固体废物利用或处置后废物、生产副产物、废包装物、历史遗留固体废物和按照固体废物管理的污染土壤等鉴别需求较大的案例一一进行了翔实分析，具有切实可行的工作参考意义。本书的读者对象应该是相关领域的研究人员、从业人员以及危险废物监管人员，当然也包括一些高校师生。

本书由温勇、蔡彬、檀笑负责全书的总体设计、组织、审校、统稿和定稿工作。各章节主要编写人员如下：第 1 章，张明杨、童立志、黄凯华、蔡彬；第 2 章，任婷艳；第 3 章，韩伟江；第 4 章，蔡彬；第 5 章，奚蓉；第 6 章，王树宾、蔡彬；第 7 章，蔡彬；第 8 章，蔡彬；第 9 章，蔡彬、韩伟江；第 10 章，任婷艳；第 11 章，奚蓉；第 12 章，陈晨；第 13 章，陈晨；附录及后记，蔡彬。

由于时间仓促，编者水平及其他条件限制，书中难免存在疏漏之处，恳请广大读者批评指正。

编　者

2022 年 7 月

目　录

第 1 章

绪 论

1.1 危险废物定义

1985 年 12 月，联合国环境规划署（UNEP）举行的有害废物环境管理专家工作组会议将危险废物定义为除了放射性废物以外，由于其化学反应性、毒性、易爆性、腐蚀性或其他特性，能够或可能危害人类健康、影响环境的废物。

美国《资源保护与再生法》中危险废物的定义：是指这些固体废物或固体废物化合物，由于其数量、浓度和物理、化学、传染特性可以导致或明显影响死亡率的增加和严重不可挽回或不可逆疾病的增加；或在不恰当处理、贮存、运输、处置或其他方式时对人体健康或环境造成确实存在的或潜在的危害。

欧盟环境署（EU-EEA）在其指令中将危险废物定义为满足以下任意一条的废物：①列入危险废物名录的废物，或在指令 75/442/EEC 中所定义，这些废物表现出该指令附录III中的某种危险特性；②所有成员国定义的其他一些表现出附录III中的某种危险特性废物。

日本《废弃物处理及清扫法》中危险废物的定义：特别管理废弃物（危险废物）为废弃物当中具有爆炸性、毒性、感染性以及其他对人体健康和生活环境产生危害的特性并经过政令确定的物质。

根据《中华人民共和国固体废物污染环境防治法》（以下简称《固废法》），危险废物是指列入国家危险废物名录或者根据国家规定的危险废物鉴别标准和鉴别方法认定的具有危险特性的固体废物。《国家危险废物名录》对于列入该名录的危险废物有一个明确的定义：具有腐蚀性、毒性、易燃性、反应性或者感染性等一种或者几种危险特性的，可能对人体健康或生态环境造成直接危害的，或者在不适当的运输、贮存、处理和处置过程中对人体健康或者生态环境造成间接危害的固体废物，属于危险废物。

显而易见，危险废物的定义是基于危险废物名录和鉴别标准而定的，在实际判定危险废物时不得不对其定义的内涵进行转移，定义只是确定了判别的途径和方法。由于危险废物定义的特殊性，在世界范围内没有任何一个国家和组织能给危险废物更简洁、明了、科学的定义，使用危险废物名录和鉴别标准来辨别危险废物是目前全球通用的做法（岳战林，2009）。

1.2 危险废物鉴别定义和方法

1.2.1 危险废物鉴别定义

目前，国内外对危险废物鉴别没有统一的定义。根据我国危险废物的定义，危险废物鉴别即是指鉴别机构根据《国家危险废物名录》，或按照《危险废物鉴别标准》《危险废物鉴别技术规范》等相关标准进行采样和检测，给出固体废物危险特性结论的过程（林锋等，2016）。

1.2.2 国内外危险废物鉴别方法

（1）美国

美国采取“名录”与“特性鉴别标准”相结合的方法对废物是否属于危险废物进行认定（孙绍峰等，2015）。具体管理原则包括：一是纳入危险废物名录的废物即属于危险废物；但如果企业能够证明其产生且在名录内的废物不具有危险特性，则可以向美国国家环境保护局（USEPA）申请该特定废物不按危险废物进行管理；二是不在名录内的废物，经鉴别具有危险特性的，也应按危险废物管理；三是名录内的危险废物与其他非危险废物的混合物，按照危险废物管理。

此外，USEPA 还制定了危险废物名录筛选标准，规定固体废物列入危险废物名录必须满足以下条件之一：①通过危险废物特性鉴别表现为某种或多种特性的固体废物。②在缺乏对人类 TC 的研究数据时研究对人类的低剂量致死：口服毒性（白鼠）剂量（LD_{50}）不超过 50 mg/kg，吸入毒性（白鼠）剂量（LC_{50}）不超过 2 mg/kg，皮肤毒性（兔子）剂量（LD_{50}）不超过 200 mg/kg，或由于其他原因引起或严重导致增加死亡率或不可弥补的疾病等方式鉴别的危险废物为急性危险废物。③含有 USEPA 所列出的任何危险组分［CFR 40 Part 261（11），共 480 种急性危害和有毒物质］，列出这些有害物质的主要原因包括已确定这些物质的物理化学、毒性数据，表明对人类有毒（如剧毒、有毒，即吸入或经皮肤摄入等低剂量致死，或致癌性、致畸性、致突变性等）；一旦释放到环境中，会长期积累在底泥或生物群中，可降解性差；废物的不恰当处置中释放频率较高，并且易超出环境基准（如超出二级水污染控制水平，对人类或生态环境有害）。④管理机构有理由相信一些废物典型和频繁地表现出危害性。⑤不符合管理机构通过特殊规定列出标准建立的废物排除限制。

依据以上标准，USEPA 根据危险废物的危险特性及来源列出了《危险废物名录》（以下简称 USEPA《名录》），该名录分为四大类。USEPA 将列入名录的每一项废物都指定了危险特性代号（F、K、P 及 U），危险特性代号可以表明所列废物的基本特征。

USEPA《名录》中的大部分危险废物都表现为毒性特性（TC），确定某种废物是否有毒，首先需判定其是否含有某种典型的危险化学组分［在 Part 261 附（11）480 种］，此外，USEPA 还通过评估其他 11 种因素来决定这种废物源在不适当处置的情况下是否会有潜在危害，包括风险评估、废物污染途径及环境效应等。

急性危险废物（H）来源是名录的第二大类来源，USEPA 指定的某种急性危险废物也依据是否含有附（11）中的危险组分（其通过研究表明在摄入低剂量时会对人类或动物致命），USEPA 列入急性危险废物只考虑废物源中所含的典型化学品组成，并未评估其他风险因素。H 类危险废物由于表现出急性危害而需要严格管理。

危险特性代号 I（易燃性）、C（腐蚀性）、R（反应性）及 TC（毒性）通过危险特性鉴别来确定，这 4 条危险特性代号适用于 F 及 K 类危险废物，它们能代表危险废物管理中的 4 条危险特性。同时 USEPA 制定了 I、C、R 和 TC 4 种危险特性的鉴别标准。

（2）欧盟

欧盟也是采取危险废物名录（欧盟指令 2000/532/EEC）与危险特性鉴别标准相结合的方法对废物是否属于危险废物进行认定。列入名录的危险废物分为两类：不需要进行危险特性鉴别的“绝对危险废物”和需要进行危险特性鉴别的“含有危险成分的废物”，其中“绝对危险废物”约为 200 种（杨玉飞，2016）。

欧盟环境署考虑到在正常处理和使用危险品的过程中可能遇到的危险，主要是通过风险与安全评价，具体提出了以下 14 种危险特性：

H1——易爆性，如引燃后会发生爆炸或者震动或摩擦后比二硝基甲苯更易发生爆炸的物质和制剂。

H2——氧化性，如与其他物质接触，尤其是与易燃物质接触后发生剧烈的放热反应的物质和制剂。

H3-A——极易燃物质，如①闪点在 21℃以下的液态物质或制剂（包括极易燃液体物质）；②当周围环境无可利用能量条件下与空气接触会变热或者易燃的物质和制剂；③在与火源短暂接触后极易着火并且在移去火源后会继续燃烧或者消损的固态物质和制剂，或者在正常大气压下在空气中易燃的气态物质和制剂；④当与水或潮湿空气接触后会产生一定危险量的极易燃气体的一类物质和制剂。

H3-B——易燃物质，如闪点大于 21℃而又小于 55℃的液态物质和制剂。

H4——刺激性的物质，如通过直接地、长时间或反复地与皮肤或者黏膜接触会产生炎症的非腐蚀性物质。

H5——有害物质，如吸入或者摄食，或通过皮肤渗透，会对生命健康产生一定风险危害的物质或制剂。

H6——有毒物质，如吸入或者摄食，或通过皮肤渗透，会对生命健康产生急性的、严重的或慢性的危害，甚至致死的物质或制剂（包括剧毒物质或制剂）。

H7——致癌物，如吸入或者摄食，或通过皮肤渗透，会引发癌症或者增加癌症发病率的物质或制剂。

H8——腐蚀性物质，如接触后会伤害活性（生命体）组织的物质或制剂。

H9——感染性物质，如含对人类或者活的生命器官致病性的微生物或其毒素的物质。

H10——致畸性的物质，如吸入或者摄食，或通过皮肤渗透，会引发非遗传性的或者增加天生畸形发生率的物质或制剂。

H11——致突变性物质，如吸入或者摄食，或通过皮肤渗透，会引发遗传性的基因突变或者增加此类突变发生率的物质或制剂。

H12——与水、空气或者酸接触后会产生有毒或者剧毒气体的物质或制剂。

H13——经处置后通过某种方式会产生另一类危险物质的物质或制剂，如产生具有上述列出的危险特性的渗滤液。

H14——生态毒性物质，如会对环境的某个系统产生直接或延时的危险的物质或制剂。

此外，欧盟也对上述危险特性的危险废物制定了鉴别浓度标准。

（3）日本

日本的危险废物名录根据废物来源分为“特别管理产业废弃物”和“特别管理一般废弃物”（王琪等，2006）。日本危险废物的分类较为明确，并且与废物鉴别标准紧密结合。

依据《废弃物清扫法》第二条第 2 款和第 4 款的规定，产业废弃物的定义是伴随产业活动而产生的废弃物中，燃烧残渣、污泥、废油、废酸、废塑料类以及其他法令、条例规定的废弃物。产业废弃物有两种类型：①伴随着事业活动产生；②由专门的生产工艺产生。产业废弃物如果含有汞、镉等有害成分，通过溶出试验浸出的有害成分超出规定的浓度标准则定义为特别管理产业废弃物，即工业危险废物。特别管理产业废弃物定义为产业废弃物中具有爆炸性、毒性、感染性的以及其他对人体和生活环境有危害性的，在相关政令中指定的废弃物。有害物质的溶出方法依据《环境省告示第 13 号》所制定的“产业废弃物中所含重金属等测定方法”。一般废弃物是排除产业废弃物外的废弃物，其中一部分含有有害物质或具备危险特性的废弃物为特别管理废弃物，属于危险废物的范畴。

依据废物定义、分类原则及溶出标准等，日本环境省制定了特别管理废物种类列表，其中特别管理一般废弃物包括家用电器设备中使用印制电路板（PCB）的部件、生活垃圾焚烧设施产生的烟尘和一般感染性废弃物；特别管理产业废弃物包括易燃性废油、废酸（pH＜2.0）、废碱（pH＞12.5）、感染性产业废弃物、特定有害产业废弃物（如废 PCB，受 PCB 污染的废物，特定废水处理污泥、矿渣及处理后矿渣，废石棉，含有汞或汞化合物的粉尘，含有镉或镉化合物的粉尘和燃烧残渣等 45 类废弃物）。有害产业废弃物中的溶出有毒害物质如果超出规定的基准才按照危险废物管理，溶出基准依据废物的最终处理和处置方式确定。

在遵照《控制危险废物越境转移及其处置巴塞尔公约》（以下简称《巴塞尔公约》）定义的危险特性基础上，日本定义了具有自己特点的危险特性及其鉴别标准。法律规定的危险特性有易爆性、毒性和感染性等对人体健康和环境造成危害的特性，并规定危险特性为：①易燃烧的废油，包括废油中挥发油类、煤油类、轻油类；②有明显腐蚀性的废酸、废碱，包括废酸（pH≤2.6）、废碱（pH≥12）；③感染性废弃物；④特定有害产业废弃物，包括废 PCB（废 PCB 及含 PCB 的废油）与 PCB 污染物（沾有 PCB 的废纸、塑料、铁屑等）、废石棉或含有石棉、沾有石棉的产业废弃物等。

与欧盟及美国相比，日本的危险废物特性中规定了一些具体的危险废物来源，如易燃性废物指定了废油，还包括特定有害产业废弃物。总体来说，日本的危险废物特性的特点主要体现在浸出毒性鉴别标准上。日本的浸出毒性鉴别标准是根据废物的最终处置方法进行分类的，共分为产业废物填埋处置鉴别标准、产业废物海洋投入处置鉴别标准、特别管理产业废物填埋处置鉴别标准三大类，在这些标准中规定了汞和有机磷等 33 类重金属和有毒有机物的浸出浓度判定指标。所有的鉴定方法根据处置方式采用不同的浸出液进行有害物质测定。土地填埋处置的废物检定采用 pH 为 5.8～6.3 的微酸性水溶液进行浸取，而海洋投入处置的废物则采用纯水进行浸取。另外日本还制定了含油废物、含 PCBs 废物的判定基准及入场基准。

（4）中国

我国危险废物鉴别采取《国家危险废物名录》、危险特性鉴别标准以及专家判定相结合的原则（陈蓓蓓，2014）。根据此鉴别方法，列入《国家危险废物名录》的废物，属于危险废物；不在《国家危险废物名录》内的废物，应按照危险特性鉴别标准进行危险废物鉴别，具有危险特性的属于危险废物；前两种都无法判定的由国务院生态环境主管部门组织专家认定。目前，我国制定的《国家危险废物鉴别标准》包括通则、腐蚀性、易燃性、反应性、浸出毒性、毒性物质含量和急性毒性初筛共 7 个标准。

1.3 我国危险废物鉴别体系

1.3.1 我国危险废物鉴别体系

危险废物鉴别工作是实现危险废物全过程规范化管理的重要组成部分，是防止危险废物环境污染事故的有力保障，建立完善的危险废物鉴别体系对提升危险废物规范化管理水平具有极为重大的意义。现阶段，我国危险废物鉴别体系主要由标准体系、技术体系和管理体系三个方面构成（图 1-1）。

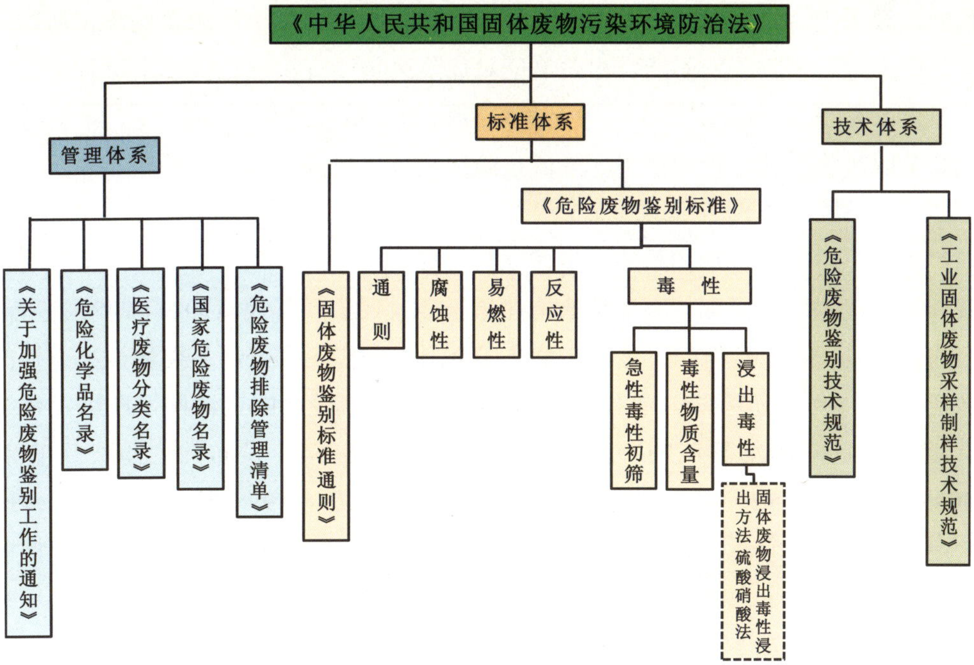

图 1-1　我国危险废物鉴别体系

1.3.1.1　建立健全危险废物鉴别体系的意义

（1）有助于摸清危险废物底数

目前，我国危险废物产生单位存在将危险废物按照一般废物管理或将一般废物按照危险废物管理的现象，这直接导致了我国危险废物的底数不清。建立健全的危险废物鉴别体系，进一步统一和规范产生源的危险废物属性判定，有助于提高危险废物调查和摸底工作的准确性。

（2）有助于提高危险废物利用处置设施使用效能

2017 年，我国危险废物产生量为 6 581.45 万 t，综合利用和处置量为 5 972.78 万 t，年末累积贮存量为 8 881.16 万 t。虽然“十三五”期间持证单位危险废物处理量和危险废物焚烧设施负荷率显著提高，我国部分地区仍存在危险废物“无出路”和利用处置设施“吃不饱”的矛盾现象，即一方面存在危险废物找不到妥善利用处置设施，大量堆积；另一方面又存在危险废物利用处置设施“吃不饱”，利用处置能力大量闲置。建立健全的危险废物鉴别体系，有助于在摸清危险废物底数的基础上，进一步分析地区危险废物产生和分布情况，科学规划危险废物利用及处置方式和处置设施，充分发挥危险废物利用处置设施使用效能。

（3）有助于降低危险废物环境风险

近年来危险废物非法转移和倾倒频发，非法利用处置危险废物活动猖獗，成为突发环境事件的重要诱因。此类事件频发一方面是因为危险废物相关单位的守法意识薄弱，而另一方面是因为危险废物鉴别不清，相关单位对危险废物没有按照相关要求进行管理。建立健全的危险废物鉴别体系，有助于督促危险废物相关单位严格落实各项危险废物法律制度，提高危险废物规范化管理水平，降低危险废物环境风险。

1.3.1.2 我国危险废物鉴别体系基本情况

（1）我国危险废物鉴别体系的初步建立与发展

我国危险废物鉴别标准体系框架的构建始于 20 世纪 90 年代。1990 年，我国签署了《巴塞尔公约》，随后于 1995 年 10 月，在第八届全国人民代表大会常务委员会第十六次会议上正式通过第一版《固废法》，首次以立法的形式对危险废物的全过程管理进行系统性的规范，明确了危险废物环境的管理办法和责任。1996 年，发布的危险废物鉴别标准（GB 5085.1～GB 5085.3）确立了统一的危险废物鉴别标准。1998 年，我国参照《巴塞尔公约》制定并颁布了首版《国家危险废物名录》（以下简称《名录》），将危险废物按照一般来源以及危险组分分为 47 大类。2000 年以后，我国危险废物鉴别标准体系逐步完善。随着我国经济的不断发展及环境保护工作形式的改变，2004 年，《固废法》第一次修订工作完成，建立了危险废物申报登记、转移联单等八项制度。《固废法》修订后，《名录》及危险废物鉴别标准（GB 5085.1～GB 5085.3）已无法满足危险废物管理工作需求。2007 年，国家环境保护总局与国家质量监督检验检疫总局对危险废物鉴别标准进行了修订和扩充，增加了危险废物的易燃性、反应性、毒性物质含量鉴别等危险特性鉴别的标准方法，并制定颁布了《危险废物鉴别标准　通则》（GB 5085.7—2007），明确了危险废物鉴别程序、危险废物混合后判定规则。同年，《危险废物鉴别技术规范》（HJ 298—2007）首次发布，对危险废物特性鉴别工作中涉及的样品采集和检测，以及检测结果的判断等技术要求进行了规定。2008 年，在对我国危险废物产生特征和污染特征深入研究的基础上，完成《名录》的第一次修订，解决了原《名录》与《固废法》相冲突的问题，对推动《固废法》相关危险废物管理制度的实施起到了积极的作用。

2013—2016 年，全国人民代表大会常务委员会分别针对《固废法》中的危险废物转移制度、进口废物分类管理及生活垃圾处置设施等特定条款进行了修正。2016 年，完成了《名录》的第二次修订工作，首次引入危险废物分级分类管理理念，新增危险废物豁免管理清单（16 种），明确了医疗废物的管理内容，并提出了动态修订的原则。2019 年年初，生态环境部针对《国家危险废物名录》（2016 年版）［以下简称《名录》（2016 年版）］实施过程中发现的主要问题，启动《名录》的第三次修订工作。2019 年年底，《危险废物鉴别技术规范》及《废险废物鉴别标准　通则》修订完成，同时发布实施，解决了原版本中鉴别对象不明确、采样方法不具体、判定规则不够合理等问题。

2020 年 9 月，《固废法》经第二次修订后正式实施，展现了用最严格制度、最严密法治保护生态环境的思路。2020 年年底，在坚持问题导向、精准治污、风险管控原则的基础上完成了第四版《名录》的修订工作，新《名录》对正文、附表和附录三部分均进行了大幅的修改和完善，并在促进危险废物资源化利用、降低管理和处置成本等方面进一步发力。

2021 年，生态环境部办公厅发布了《关于加强危险废物鉴别工作的通知》（环办固体函〔2021〕419 号），明确了危险废物鉴别单位应具备的基本要求以及开展危险废物鉴别的具体情形，开展鉴别的技术依据、鉴别结果的认定程序、鉴别结论的主要应用等，以及各级生态环境部门的职责、危险废物鉴别信息管理、鉴别单位评价和鉴别报告复核等。为进一步完善危险废物鉴别制度，推进分级分类管理，生态环境部还发布了《危险废物排除管理清单（2021 年版）》（公告 2021 年 第 66 号），规定了符合清单要求的固体废物不属于危险废物，且清单会根据实际情况实行动态调整。这些文件不仅满足了我国危险废物环境管理和鉴别的新需求，而且使危险废物鉴别体系更具有可操作性，成为我国实现危险废物精细化管理的重要推手和抓手（图 1-2）。

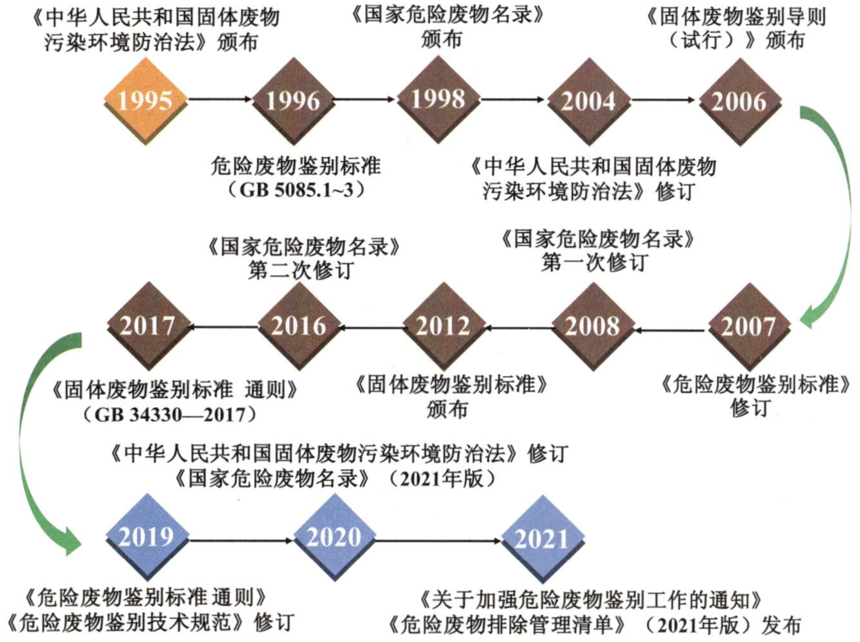

图 1-2　我国危险废物体系发展历程

（2）我国危险废物鉴别体系存在的问题

1）危险废物鉴别工作缺少应急机制

当前危险废物鉴别周期一般在 2～3 个月，最短也需 40 天左右。但在应对突发环境污染事件时，政府部门、生态环境主管部门、公安等相关执法部门存在废物特性快速鉴别的需求，按照现行的危险废物鉴别工作开展流程，即从资料收集、现场踏勘、采样、样品初筛、鉴别方案制定、样品检测，到出具检测结果，鉴别时长显然无法满足突发环境污染事件对危险废物鉴别的时效性要求（吴晓霞等，2022）。

2）危险废物鉴别结论与环境管理制度未完全衔接

《国家危险废物名录》（2021 年版）［以下简称《名录》（2021 年版）］第六条规定，经鉴别具有危险特性的，属于危险废物，应当根据其主要有害成分和危险特性确定所属废物类别，并按代码“900-000-××”（××为危险废物类别代码）进行归类管理。但由此新增的危险废物代码可会导致危险废物产生单位和经营单位需要对相应的危险废物管理计划、排污许可证、经营许可证及转移计划等进行变更，而以上信息的变更还可能涉及环境影响评价、环境监察、规范化考核、经营许可证管理以及排污许可管理等多个方面，这可能会对危险废物鉴别结果的归类准确性产生影响。

3）危险废物鉴别标准体系滞后于实际管理需求

根据《名录》（2021 年版），危险废物具有腐蚀性、毒性、易燃性、反应性或者感染性。但是，目前我国仅制定了腐蚀性、急性毒性、浸出毒性、易燃性和反应性等危险废物鉴别标准，缺乏感染性等危险特性的鉴别标准，极大地限制了危险废物的属性判定工作。此外，部分危险特性鉴别指标缺少量化标准、适用条件和范围，如遇水反应性、爆炸特性等采用定性而不是定量的标准，在实际操作中鉴别结果易受主观因素影响，急性毒性初筛试验中未明确各项指标相应的适用范围和条件。

（3）我国危险废物鉴别体系未来发展建议

1）建立危险废物鉴别应急机制

不断完善危险废物鉴别标准体系，出台危险废物鉴别应急检测执行程序及相关要求，建立一套完整的、高效的突发环境污染事件应急危险废物鉴别程序和机制，在保证危险废物鉴别结果准确、真实、可靠的前提下，缩短危险废物鉴别的周期，以满足突发环境污染事件应急对危险废物鉴别的时效性要求。此外，加强对提升危险废物鉴别能力的投入，研发危险废物快速初筛技术、快速检测仪器和设备，推动开展危险废物特性现场鉴别。

2）优化危险废物鉴别与环境管理制度的衔接

针对因危险废物鉴别而新增的危险废物代码的情况，制定简化的排污许可证、利用处置许可证及转移计划等变更手续的流程，缩短受理评估时间，适当地优化或减少变更手续环节，并设立手续变更绿色通道，从政策上推动危险废物鉴别工作的开展。

3）完善危险废物名录和鉴别标准

《名录》修订过程中，可充分借鉴美国和欧盟等发达国家和地区危险废物名录制度及豁免管理的经验，充分应用国家环保公益性项目针对重点行业危险废物风险防控技术研究成果，并有针对性地解决我国各级生态环境部门和企业在《名录》使用和管理中遇到的实际问题。

完善危险废物鉴别标准体系。根据危险废物的危险特性分类，分别研究和制定危险废物的感染性等危险特性鉴别标准。开展危险废物环境风险评价体系研究，建立以环境风险评价为基础的危险废物鉴别方法标准体系。

1.3.2　危险废物鉴别标准体系

危险废物鉴别标准（GB 5085.1～GB 5085.7）在制定过程中主要参考了美国危险废物鉴别标准体系，同时也参考了欧盟的相关指令、《巴塞尔公约》及我国台湾地区的危险废物鉴别标准。从适用性和实验方法的可行性方面考虑，以及目前对危险废物的认识水平，危险废物鉴别标准包括通则、易燃性、反应性、腐蚀性、浸出毒性、急性毒性初筛和毒性物质含量共 7 个标准。

1.3.2.1　《危险废物鉴别标准　通则》

《危险废物鉴别标准　通则》（GB 5085.7—2019）作为危险废物鉴别标准体系的一部分，起着统领危险废物鉴别的重要作用。它规定了危险废物鉴别的程序和 3 个特殊规定，即混合规则、衍生规则和豁免规则。根据这些规则，具有毒性（包括浸出毒性、有毒物质含量等鉴别特性）和感染性一种以上危险特性的危险废物，无论是与其他固体废物混合还是进行处理改变了物理特性和化学组成，这种物质仍然属于危险废物。这是由于与其他 3 种特性（易燃性、反应性和腐蚀性）相比，毒性化学品显示的毒性风险典型依赖于很多因素，毒性危害评估更复杂，涉及更多的变量。即使其毒性水平低于制定的毒性特征标准，由于化学品通过环境迁移，能积累、显示长期慢性风险，因此不论做何种处理，危险废物的毒性特征仍是不可能完全消除的，即使处理后其毒性水平有所降低，甚至低于危险废物鉴别标准，但是这些废物中的毒性仍然由于具有持久性、生物积累性等特性而对人体健康和环境造成潜在威胁。因此，对于这类废物，该标准中规定按照危险废物来管理。但是如果具有毒性的危险废物经过处理后满足专用标准（或者符合特殊规定），则可以得到豁免管理。

1.3.2.2　其他危险废物鉴别标准

（1）基本介绍

《固废法》将危险废物定义为具有危险特性的固体废物，但是到目前为止我国还没有关于危险特性的标准分类和定义。在对国际上的鉴别体系和对我国危险废物的产生特性进行研究的基础上，提出了我国危险废物特性的标准分类：H1—易燃性（I）；H2—腐蚀性（C）；H3—反应性（R）；H4—毒性（T）和 H5—感染性（In）。

（2）标准内容

危险废物的危险特性是指对生态环境和人体健康具有有害影响的特性，包括腐蚀性、易燃性、反应性、毒性和感染性。

1）腐蚀性

腐蚀性是指易于腐蚀或溶解组织、金属等物质，且具有酸或碱性的性质。根据《危险废物鉴别标准　腐蚀性鉴别》（GB 5085.1—2007），符合下列条件之一的固体废物，属于腐蚀性危险废物。

①按照《固体废物　腐蚀性测定　玻璃电极法》（GB/T 15555.12—1995）的规定制备的浸出液，pH≥12.5 或者 pH≤2.0。

②在 55℃条件下，对 GB/T 699 中规定的 20 号钢材的腐蚀速率≥6.35 mm/a。

常见的具有腐蚀性的危险废物有废酸、废碱等。

2）易燃性

易燃性是指易于着火和维持燃烧的性质。根据《危险废物鉴别标准　易燃性鉴别》（GB 5085.4—2007），易燃性危险废物包括液态易燃性危险废物、固态易燃性危险废物与气态易燃性危险废物。

液态易燃性危险废物指的是闪点温度低于 60℃（闭杯试验）的液体、液体混合物或含有固体物质的液体。

固态易燃性危险废物指的是在标准温度和压力（25℃，101.3 kPa）下因摩擦或自发性燃烧而起火，经点燃后能剧烈而持续地燃烧并产生危害的固态废物。

气态易燃性危险废物指的是在 25℃、101.3 kPa 状态下，在与空气的混合物中体积分数≤13%时可点燃的气体，或者在该状态下，不论易燃下限如何，与空气混合，易燃范围的易燃上限与易燃下限之差大于或等于 12 个百分点的气体。

3）反应性

反应性是指易于发生爆炸或剧烈反应，或反应时会挥发有毒气体或烟雾的性质。根据《危险废物鉴别标准　反应性鉴别》（GB 5085.5—2007），符合下列任何条件之一的固体废物，属于反应性危险废物。

①具有爆炸性质；

②与水或酸接触易产生易燃气体或有毒气体；

③废弃氧化剂或有机过氧化物。

4）毒性

一般来说，判断危险废物的毒性包括有浸出毒性、毒性物质含量和急性毒性 3 种方法。

①浸出毒性

浸出毒性是指固体废物按规定浸出方法得到的浸出液中危害成分超过规定值，从而会对环境造成污染的特性。根据《危险废物鉴别标准　浸出毒性鉴别》（GB 5085.3—2007），按照《固体废物　浸出毒性浸出方法　硫酸硝酸法》（HJ/T 299—2007）制备的固体废物浸出液中任何一种危害成分超过标准浓度限值的固体废物属于具有浸出毒性的危险废物。

浸出液中的危害成分分为4类，共50种，包括无机元素及化合物（16种）、有机农药类（10种）、非挥发性有机化合物（12种）与挥发性有机化合物（12种）。

②毒性物质含量

根据《危险废物鉴别标准 毒性物质含量鉴别》（GB 5085.6—2007），危险废物中的毒性物质包括剧毒物质、有毒物质、致癌性物质、致突变性物质、生殖毒性物质与持久性有机污染物。含有以上一种或一种以上毒性物质含量超过标准限值的固体废物属于危险废物。

剧毒物质指的是具有非常强烈毒性危害的化学物质，包括人工合成的化学品及其混合物和天然毒素，共39种，包括苯硫酚、丙酮氰醇、丙烯醛等。

有毒物质指的是经吞食、吸入或皮肤接触后可能造成死亡或严重健康损害的物质，共143种，包括氨基三唑、钯、百草枯等。

致癌性物质指的是可诱发癌症或增加癌症发生率的物质，共63种，包括4-氨基-3-氟苯酚、4-氨基联苯、4-氨基偶氮苯等。

致突变性物质指的是可引起人类的生殖细胞突变并能遗传给后代的物质，共7种，包括苯并[*a*]芘、丙烯酰胺、1,2-二溴-3-氯丙烷等。

生殖毒性物质指的是对成年男性或女性性功能和生育能力及后代的发育具有有害影响的物质，共11种，包括醋酸铅、叠氮化铅、二醋酸铅等。

持久性有机污染物指的是具有毒性、难降解和生物蓄积等特性，可以通过空气、水和迁徙物种长距离迁移并沉积，在沉积地的陆地生态系统和水域生态系统中蓄积的有机化学物质，共11种，包括多氯联苯、氯丹、滴滴涕等。

③急性毒性

急性毒性是指机体（人或实验动物）一次（或24小时内多次）接触外来化合物之后所引起的中毒甚至死亡的效应。根据《危险废物鉴别标准 急性毒性初筛》（GB 5085.2—2007），符合下列条件之一的固体废物属于具有急性毒性的危险废物。

a. 经口摄取：固体 LD_{50}（半数致死量）≤200 mg/kg，液体 LD_{50}≤500 mg/kg。

b. 经皮肤接触：LD_{50}≤1 000 mg/kg。

c. 蒸汽、烟雾或粉尘吸入：LC_{50}（半数致死浓度）≤10 mg/L。

5）感染性

感染性是指携带病原微生物，具有引发感染性疾病传播等风险的特性。具有感染性危险废物主要包括医疗废物中的感染性废物、损伤性废物、病理性废物及处理处置感染性危险废物过程中产生的废水处理污泥、残渣（液）等。目前，我国还未发布有关感染性鉴别标准。

6大类标准针对的物质及鉴别标准总结见表1-1。

表 1-1 危险废物鉴别标准

标准名称	特性	废物类型	鉴别标准
《危险废物鉴别标准 腐蚀性鉴别》(GB 5085.1—2007)	腐蚀性	液态废物和固态、半固态废物	按照 GB/T 15555.12—1995 的规定制备的浸出液，pH≥12.5 或者 pH≤2.0
		非水溶剂的液态废物	在 55℃条件下，对 GB/T 699 中规定的 20 号钢材的腐蚀速率≥6.35 mm/a
《危险废物鉴别标准 易燃性鉴别》(GB 5085.4—2007)	易燃性	液态废物	闪点温度低于 60℃（闭杯试验）的液体、液体混合物或含有固体物质的液体
		固态废物	在标准温度和压力（25℃，101.3 kPa）下因摩擦或自发性燃烧而起火，经点燃后能剧烈而持续地燃烧并产生危害的固态废物
		气态废物	在 20℃，101.3 kPa 状态下，在与空气的混合物中体积分数≤13%时可点燃的气体，或者在该状态下，不论易燃下限如何，与空气混合，易燃范围的易燃上限与易燃下限之差大于或等于 12 个百分点的气体
《危险废物鉴别标准 反应性鉴别》(GB 5085.5—2007)	反应性	具有爆炸性质废物	(1) 常温常压下不稳定，在无引爆条件下，易发生剧烈变化。 (2) 标准温度和压力下（25℃，101.3 kPa），易发生爆轰或爆炸性分解反应。 (3) 受强起爆剂作用或在封闭条件下加热，能发生爆轰或爆炸反应
		与水或酸接触产生易燃气体或有毒气体	(1) 与水混合发生剧烈化学反应，并放出大量易燃气体和热量。 (2) 与水混合能产生足以危害人体健康或环境的有毒气体、蒸气或烟雾。 (3) 在酸性条件下，每千克含氰化物废物分解产生≥250 mg 氰化氢气体，或者每千克含硫化物废物分解产生≥500 mg 硫化氢气体
		废弃氧化剂或有机过氧化物	(1) 极易引起燃烧或爆炸的废弃氧化剂。 (2) 对热、震动或摩擦极为敏感的含过氧基的废弃有机过氧化物
《危险废物鉴别标准 浸出毒性鉴别》(GB 5085.3—2007)	浸出毒性	固体废物	按照《固体废物 浸出毒性浸出方法 硫酸硝酸法》(HJ/T 299—2007)（液固比 10∶1；浸出剂初始 pH 为 3.2±0.0，浸提剂类型为硫酸∶硝酸=10∶1）制备固体废物浸出液，限值项目共 50 项（包括重金属类、有机农药类、非挥发性有机物和挥发性有机物）
《危险废物鉴别标准 急性毒性初筛》(GB 5085.2—2007)	急性毒性	固体废物	(1) 经口摄取：固体 LD_{50}≤200 mg/kg，液体 LD_{50}≤500 mg/kg。 (2) 经皮肤接触：LD_{50}≤1 000 mg/kg。 (3) 蒸汽、烟雾或粉尘吸入：LC_{50}≤10 mg/L

标准名称	特性	废物类型	鉴别标准
《危险废物鉴别标准　毒性物质含量鉴别》（GB 5085.6—2007）	毒性物质含量	剧毒物质	总含量≥0.1%
		有毒物质	总含量≥3%
		致癌性物质	总含量≥0.1%
		生殖毒性物质	总含量≥0.1%
		致突变性物质	总含量≥0.5%
		累计毒性	累计毒性≥1

1.3.3　危险废物鉴别技术体系

近年来国家连续修订、出台了一系列固体废物鉴别标准、危险废物鉴别标准和技术规范，包括《工业固体废物采样制样技术规范》（HJ/T 20—1998）、《固体废物鉴别标准　通则》（GB 34330—2017）、《危险废物鉴别标准　通则》（GB 5085.7—2019）、《危险废物鉴别技术规范》（HJ 298—2019）等，从固体废物产生来源、利用和处置过程、排除原则以及鉴别技术规程、判定规则、样品采集、检测方法、标准值等方面，对危险废物鉴别遵循的技术流程进行了规范，形成了较为完善的危险废物鉴别技术体系，为各地开展危险废物鉴别工作提供了技术支撑。

1.3.4　危险废物鉴别管理体系

我国危险废物鉴别管理体系主要包括《固废法》《名录》《关于加强危险废物鉴别工作的通知》（以下简称《通知》）等。

（1）《固废法》是危险废物鉴别管理的法律依据

2020年9月1日起施行的《固废法》（以下简称新《固废法》）第七十五条对我国危险废物鉴别管理制度进行了修订。新《固废法》除了保持原《固废法》中规定的“国务院生态环境主管部门应当会同国务院有关主管部门制定国家危险废物名录，规定统一的危险废物鉴别标准、鉴别方法和识别标志”，还增加了“国务院生态环境主管部门应当规定鉴别单位管理要求”和“国家危险废物名录应当动态调整”的规定，体现了危险废物名录与鉴别管理制度的重要性以及新的要求。

根据新《固废法》，国务院生态环境主管部门对危险废物鉴别过程实施管理，一是制定国家危险废物名录；二是统一固体废物危险特性技术指标，制定危险废物鉴别标准、鉴别方法；三是制定鉴别单位管理要求，对鉴别过程实施管理。根据固体废物的危害性质将应予以严格控制和重点管理的固体废物按种类、名称汇集，制定《名录》。凡列入《名录》的废物，均应按国家危险废物有关规定进行管理。《名录》划定危险废物的种类和范围，不仅涉及科学技术问题，也涉及国家经济发展和危险废物污染防治监督管理的实际要求和能力。危险废物的特性鉴别是指根据规定的标准、方法和规范，对固体废物的危险特性进行分析、测试，以确定某种废物是否属于危险废物的过程。《名录》所列类别有限，所列类别之外的固体废物应通过危险废物特性鉴别其是否属于危险废物。

（2）《名录》是危险废物鉴别管理的重要基石

危险废物鉴别是危险废物环境管理的技术基础和关键依据，《名录》是危险废物管理的“基石”，在危险废物的环境管理中发挥着重要作用。《名录》是危险废物环境管理工作的技术基础。首先，危险废物鉴别是摸清我国危险废物底数的重要手段，目前危险废物的申报登记与统计主要都是基于《名录》开展的，因此，《名录》直接影响我国危险废物产生、流向、贮存、处置等统计数据，体现我国危险废物的产生和管理现状，为我国危险废物的相关管理规划、政策的制定提供科学的依据。其次，危险废物鉴别还涉及设施的环境影响评价、环境监察、规范化考核、经营许可证管理以及排污许可管理等多个方面，对我国固体废物管理，乃至整个污染防治工作都有重要作用。最后，《名录》是环境污染司法案件审理的重要依据。2016 年《最高人民法院　最高人民检察院关于办理环境污染刑事案件适用法律若干问题的解释》发布，对于涉及固体废物和危险废物的环境污染刑事案件，废物的属性认定是量刑的重要依据。

（3）《通知》是危险废物鉴别管理的顶层设计

2021 年 9 月，为贯彻落实《固废法》，加强危险废物鉴别环境管理工作，规范危险废物鉴别单位管理，生态环境部发布了《通知》，从国家层面规定了鉴别工作开展的流程和鉴别结果的应用，为地方制定工作细则，规范开展鉴别工作奠定了基础。目前，江苏、浙江、重庆、甘肃、宁夏、上海、河北、青海、福建和江西 10 个省（自治区、直辖市）制定了危险废物鉴别程序和规范，对危险废物鉴别工作加以规范。

参考文献

[1] 岳战林. 中国危险废物鉴别体系完善性研究[J]. 节能与环保，2009（1）：27-29.

[2] 林锋，姚琪，张艳，等. 我国危险废物鉴别工作现状、问题及建议研究[J]. 江西化工，2016（3）：106-108.

[3] 孙绍锋，胡华龙，郭瑞，等. 我国危险废物鉴别体系分析[J]. 环境与可持续发展，2015，40（2）：37-39.

[4] 杨玉飞. 固体废物鉴别与管理[M]. 郑州：河南科学技术出版社，2016.

[5] 王琪，黄启飞，段华波，等. 我国危险废物特性鉴别技术体系研究[J]. 环境科学研究，2006（5）：165-179.

[6] 陈蓓蓓. 危险废物鉴别实验室能力建设浅析 [J]. 环境保护科学，2014，40（3）：4.

[7] 吴晓霞，孙袭明，李根强，等. 危险废物鉴别标准体系的发展与实践研究[J]. 再生资源与循环经济，2022，15（2）：15-17.

第 2 章

危险废物名录动态修订和鉴别需求

《名录》自 1998 年首次发布实施以来，至今经历了 2008 年、2016 年和 2021 年 3 次修订，逐步完善。作为我国危险废物管理的重要依据和基础，《名录》在危险废物环境管理中发挥了积极作用。但危险废物类别繁多、性质复杂，而且随着经济高速发展不断涌现出新的类别。因此，新《固废法》明确提出了国家危险废物名录动态修订的原则。在此背景下，针对《名录》（2016 年版）实施过程中存在的一些问题，修订发布了《名录》（2021 年版）。

2.1 《名录》（2021 年版）调整情况

2.1.1 《名录》（2021 年版）修订背景及意义

2.1.1.1 《名录》（2016 年版）存在的问题

《名录》（2016 年版）实施过程中存在以下几个方面的问题。

（1）部分危险废物类别定义不准确、范围过大

因对部分危险废物产生源和危险物质采用了较为宽泛的定义，导致将部分不具有危险特性的固体废物纳入《名录》（2016 年版）中，造成部分行业（如表面处理行业等）的固体废物属性争议较大，亟须进行调整。

（2）不能完全满足当前危险废物经营许可证管理需求

各地在危险废物管理中，已经将《名录》作为管理名录或者危险废物分类名录使用。部分危险废物存在归类不清的问题，影响了各地危险废物经营许可证的审批发放工作。

（3）部分环境风险小的危险废物需要纳入豁免管理

《名录》（2016 年版）推行危险废物豁免管理，在环境风险可控的前提下，将部分危险废物纳入豁免管理清单。在豁免管理制度实施过程中社会反响较好，进一步扩大豁免管理范围的需求增大。

2.1.1.2 《名录》（2021 年版）修订的意义

我国目前危险废物类别繁多、性质复杂、且新类别不断出现。因此，为落实新《固废法》关于国家危险废物名录应当动态修订等规定（黄启飞等，2020），生态环境部会同国家发展和改革委员会、公安部、交通运输部和国家卫生健康委对《名录》进行了修订。

《名录》修订工作是贯彻落实习近平总书记关于精准治污、科学治污、依法治污的重要指示精神的具体行动，也是落实新《固废法》的具体举措，对加强危险废物污染防治、保障人民群众身体健康具有重要意义。

2.1.2　《名录》（2021 年版）修订原则

《名录》（2021 年版）修订坚持三个主要原则：

2.1.2.1　坚持问题导向

重点针对《名录》（2016 年版）实施过程中环境管理工作方面反映问题较为集中的废物进行修订。例如铅锌冶炼废物、煤焦化废物等。

2.1.2.2　坚持精准治污

通过细化类别的方式，确保列入《名录》的危险废物的准确性，推动危险废物精细化管理。例如，从《名录》中排除了脱墨渣等不具有危险特性的废物。

2.1.2.3　坚持风险管控

按照新《固废法》关于实施分级分类管理的规定，在环境风险可控前提下，《名录》新增了一批在特定环节满足相关条件时实施豁免管理的危险废物。

2.1.3　《名录》（2021 年版）修订的主要内容

2.1.3.1　总体情况

《名录》（2021 年版）由正文、附表和附录三部分构成。其中，正文规定原则性要求，附表规定具体危险废物种类、名称和危险特性等，附录规定危险废物豁免管理要求。本次修订对三部分均进行了修改和完善。

（1）正文部分

增加了“第七条　本名录根据实际情况实行动态调整”的内容，删除了《名录》（2016 年版）中“第三条　医疗废物属于危险废物。医疗废物分类按照《医疗废物分类目录》执行”和“第四条　列入《危险化学品目录》的化学品废弃后属于危险废物”的规定。

（2）附表部分

主要对部分危险废物类别进行了增减、合并以及表述的修改。《名录》（2021 年版）共计列入 467 种危险废物，较《名录》（2016 年版）减少了 12 种。

（3）附录部分

新增可实施豁免管理危险废物 21 个种类，豁免的危险废物共计达到 32 个种类。

2.1.3.2　附表部分修订内容

（1）减少的内容

《名录》（2021 年版）较《名录》（2016 年版）减少了 8 种危险废物，具体见表 2-1。

表 2-1 《名录》（2021 年版）减少危险废物情况

编号	废物类别	行业来源	废物代码	危险废物
1	HW01 医疗废物	非特定行业	900-001-01	为防治动物传染病而需要收集和处置的废物
2	HW11 精（蒸）馏残渣	煤炭加工	252-015-11	焦炭生产过程中熄焦废水沉淀产生的焦粉及筛焦过程中产生的粉尘
3		基础化学原料制造	261-112-11	苯直接氯化生产氯苯过程中产生的重馏分
4		常用有色金属冶炼	321-001-11	有色金属火法冶炼过程中产生的焦油状残余物
5	HW12 染料、涂料废物	纸浆制造	221-001-12	废纸回收利用处理过程中产生的脱墨渣
6	HW15 爆炸性废物	非特定行业	900-018-15	报废机动车拆解后收集的未引爆的安全气囊
7	HW45 含有机卤化物废物	非特定行业	900-036-45	其他生产、销售及使用过程中产生的含有机卤化物废物（不包括 HW06 类）
8	HW49 其他废物	非特定行业	900-040-49	无机化工行业生产过程中集（除）尘装置收集的粉尘

（2）新增的内容

《名录》（2021 年版）较《名录》（2016 年版）新增了 5 种危险废物，具体见表 2-2。

表 2-2 《名录》（2021 年版）新增危险废物情况

编号	废物类别	行业来源	废物代码	危险废物
1	HW11 精（蒸）馏残渣	煤炭加工	252-017-11	固定床气化技术生产化工合成原料气、燃料油合成原料气过程中粗煤气冷凝产生的焦油和焦油渣
2		石墨及其他非金属矿物制品制造	309-001-11	电解铝及其他有色金属电解精炼过程中预焙阳极、碳块及其他碳素制品制造过程烟气处理所产生的含焦油废物
3	HW48 有色金属冶炼废物	常用有色金属冶炼	321-034-48	铝灰热回收铝过程、铝冶炼和再生过程烟气处理集（除）尘装置收集的粉尘
4	HW49 其他废物	环境治理	772-006-49	采用物理、化学、物理化学或生物方法处理或处置毒性或感染性危险废物过程中产生的废水处理污泥、残渣（液）
5	HW49 其他废物	非特定行业	900-053-49	已禁止使用的《关于持久性有机污染物的斯德哥尔摩公约》受控化学物质；已禁止使用的《关于汞的水俣公约》中氯碱设施退役过程中产生的汞；所有者申报废弃的，以及有关部门依法收缴或接收且需要销毁的《关于持久性有机污染物的斯德哥尔摩公约》及《关于汞的水俣公约》受控化学物质

（3）合并以及表述修改的内容

《名录》（2021 年版）合并以及表述修改的危险废物共涉及 64 种。其中，类别合并的 20 种，表述修改的 44 种。类别合并及表述修改（包括危险废物范围的缩小或扩大以及文字的修改等）的危险废物清单，具体见表 2-3。

表 2-3　《名录》（2021 年版）合并以及表述修改情况

<table>
<tr><th>编号</th><th>废物类别</th><th>行业来源</th><th>废物代码</th><th>原名录</th><th>修订稿</th></tr>
<tr><td>1</td><td rowspan="8">HW02
医药废物</td><td rowspan="4">化学药品制剂制造</td><td>272-001-02</td><td>化学药品制剂生产过程中的原料药提纯精制、再加工产生的蒸馏及反应残余物</td><td rowspan="2">271-001-02，化学药品制剂生产过程中原料药提纯精制、再加工产生的蒸馏及反应残余物</td></tr>
<tr><td>2</td><td>272-002-02</td><td>化学药品制剂生产过程中的原料药提纯精制、再加工产生的废母液及反应基废物</td></tr>
<tr><td>3</td><td>272-003-02</td><td>化学药品制剂生产过程中产生的废脱色过滤介质</td><td rowspan="2">272-003-02，化学药品制剂生产过程中产生的废脱色过滤介质及吸附剂</td></tr>
<tr><td>4</td><td>272-004-02</td><td>化学药品制剂生产过程中产生的废吸附剂</td></tr>
<tr><td>5</td><td rowspan="2">兽用药品制造</td><td>275-005-02</td><td>其他兽药生产过程中产生的废脱色过滤介质及吸附剂</td><td rowspan="2">275-005-02，其他兽药生产过程中产生的废脱色过滤介质及吸附剂</td></tr>
<tr><td>6</td><td>275-007-02</td><td>兽药生产过程中产生的废吸附剂</td></tr>
<tr><td>7</td><td rowspan="2">生物药品制品制造</td><td>276-002-02</td><td>利用生物技术生产生物化学药品、基因工程药物过程中产生的废母液、反应基和培养基废物（不包括利用生物技术合成氨基酸、维生素过程中产生的培养基废物）</td><td>276-002-02，利用生物技术生产生物化学药品、基因工程药物（不包括利用生物技术合成氨基酸、维生素、他汀类降脂药物、降糖类药物）过程中产生的废母液、反应基和培养基废物</td></tr>
<tr><td>8</td><td>276-003-02</td><td>利用生物技术生产生物化学药品、基因工程药物过程中产生的废脱色过滤介质（不包括利用生物技术合成氨基酸、维生素过程中产生的废脱色过滤介质）</td><td>276-003-02，利用生物技术生产生物化学药品、基因工程药物（不包括利用生物技术合成氨基酸、维生素、他汀类降脂药物、降糖类药物）过程中产生的废脱色过滤介质</td></tr>
<tr><td>9</td><td>HW03
废药物、药品</td><td>非特定行业</td><td>900-002-03</td><td>生产、销售及使用过程中产生的失效、变质、不合格、淘汰、伪劣的药物和药品（不包括 HW01、HW02、900-999-49 类）</td><td>900-002-03，销售及使用过程中产生的失效、变质、不合格、淘汰、伪劣的化学药品和生物制品（不包括列入《国家基本药物目录》中的维生素、矿物质类药，调节水、电解质及酸碱平衡药），以及《医疗用毒性药品管理办法》中所列的毒性中药</td></tr>
</table>

编号	废物类别	行业来源	废物代码	原名录	修订稿
10	HW04 农药废物	农药制造	263-007-04	溴甲烷生产过程中反应器产生的废水和酸干燥器产生的废硫酸；生产过程中产生的废吸附剂和废水分离器产生的废物	263-007-04，溴甲烷生产过程中产生的废吸附剂、反应器产生的蒸馏残液和废水分离器产生的废物
11			263-008-04	其他农药生产过程中产生的蒸馏及反应残余物	263-008-04，其他农药生产过程中产生的蒸馏及反应残余物（不包括赤霉酸发酵滤渣）
12		非特定行业	900-003-04	销售及使用过程中产生的失效、变质、不合格、淘汰、伪劣的农药产品	900-003-04，销售及使用过程中产生的失效、变质、不合格、淘汰、伪劣的农药产品，以及废弃的与农药直接接触或含有农药残余物的包装物
13	HW06 废有机溶剂与含有机溶剂废物	非特定行业	900-401-06	工业生产中作为清洗剂或萃取剂使用后废弃的含卤素有机溶剂，包括四氯化碳、二氯甲烷、1,1-二氯乙烷、1,2-二氯乙烷、1,1,1-三氯乙烷、1,1,2-三氯乙烷、三氯乙烯、四氯乙烯	900-401-06，工业生产中作为清洗剂、萃取剂、溶剂或反应介质使用后废弃的四氯化碳、二氯甲烷、1,1-二氯乙烷、1,2-二氯乙烷、1,1,1-三氯乙烷、1,1,2-三氯乙烷、三氯乙烯、四氯乙烯，以及在使用前混合的含有一种或多种上述卤化溶剂的混合/调和溶剂
14			900-402-06	工业生产中作为清洗剂或萃取剂使用后废弃的有毒有机溶剂，包括苯、苯乙烯、丁醇、丙酮	900-402-06，工业生产中作为清洗剂、萃取剂、溶剂或反应介质使用后废弃的有机溶剂，包括苯、苯乙烯、丁醇、丙酮、正己烷、甲苯、邻二甲苯、间二甲苯、对二甲苯、1,2,4-三甲苯、乙苯、乙醇、异丙醇、乙醚、丙醚、乙酸甲酯、乙酸乙酯、乙酸丁酯、丙酸丁酯、苯酚，以及在使用前混合的含有一种或多种上述溶剂的混合/调和溶剂
15			900-403-06	工业生产中作为清洗剂或萃取剂使用后废弃的易燃易爆有机溶剂，包括正己烷、甲苯、邻二甲苯、间二甲苯、对二甲苯、1,2,4-三甲苯、乙苯、乙醇、异丙醇、乙醚、丙醚、乙酸甲酯、乙酸乙酯、乙酸丁酯、丙酸丁酯、苯酚	
16			900-404-06	工业生产中作为清洗剂或萃取剂使用后废弃的其他列入《危险化学品目录》的有机溶剂	900-404-06，工业生产中作为清洗剂、萃取剂、溶剂或反应介质使用后废弃的其他列入《危险化学品目录》的有机溶剂，以及在使用前混合的含有一种或多种上述溶剂的混合/调和溶剂

编号	废物类别	行业来源	废物代码	原名录	修订稿
17	HW06 废有机溶剂与含有机溶剂废物	非特定行业	900-405-06	900-401-06 中所列废物再生处理过程中产生的废活性炭及其他过滤吸附介质	900-405-06，900-401-06、900-402-06、900-404-06 中所列废有机溶剂再生处理过程中产生的废活性炭及其他过滤吸附介质
18			900-406-06	900-402-06 和 900-404-06 中所列废物再生处理过程中产生的废活性炭及其他过滤吸附介质	
19			900-407-06	900-401-06 中所列废物分馏再生过程中产生的高沸物和釜底残渣	900-407-06，900-401-06、900-402-06、900-404-06 中所列废有机溶剂分馏再生过程中产生的高沸物和釜底残渣
20			900-408-06	900-402-06 和 900-404-06 中所列废物分馏再生过程中产生的釜底残渣	
21			900-409-06	900-401-06 中所列废物再生处理过程中产生的废水处理浮渣和污泥（不包括废水生化处理污泥）	900-409-06，900-401-06、900-402-06、900-404-06 中所列废有机溶剂再生处理过程中产生的废水处理浮渣和污泥（不包括废水生化处理污泥）
22			900-410-06	900-402-06 和 900-404-06 中所列废物再生处理过程中产生的废水处理浮渣和污泥（不包括废水生化处理污泥）	
23	HW08 废矿物油与含矿物油废物	天然气开采	072-001-08	以矿物油为连续相配制钻井泥浆用于天然气开采所产生的废弃钻井泥浆	072-001-08，以矿物油为连续相配制钻井泥浆用于天然气开采所产生的钻井岩屑和废弃钻井泥浆
24		精炼石油产品制造	251-003-08	石油炼制过程中隔油池产生的含油污泥，以及汽油提炼工艺废水和冷却废水处理污泥（不包括废水生化处理污泥）	251-003-08，石油炼制过程中含油废水隔油、气浮、沉淀等处理过程中产生的浮油、浮渣和污泥（不包括废水生化处理污泥）
25		非特定行业	900-222-08	石油炼制废水气浮、隔油、絮凝沉淀等处理过程中产生的浮油和污泥	
26			900-210-08	油/水分离设施产生的废油、油泥及废水处理产生的浮渣和污泥（不包括废水生化处理污泥）	900-210-08，含油废水处理中隔油、气浮、沉淀等处理过程中产生的浮油、浮渣和污泥（不包括废水生化处理污泥）
27			900-249-08	其他生产、销售、使用过程中产生的废矿物油及含矿物油废物	其他生产、销售、使用过程中产生的废矿物油及沾染矿物油的废弃包装物

编号	废物类别	行业来源	废物代码	原名录	修订稿
28	HW11 精（蒸）馏残渣	炼焦	252-002-11	炼焦过程中澄清设施底部的焦油渣	252-002-11，煤气净化过程中氨水分离设施底部的焦油和焦油渣
29			252-014-11	焦炭生产过程中煤气净化产生的残渣和焦油	
30			252-003-11	炼焦副产品回收过程中萘、粗苯精制产生的残渣	炼焦副产品回收过程中萘精制产生的残渣
31			252-005-11	煤焦油精炼过程中焦油储存设施中的焦油渣	252-005-11，煤焦油加工过程中焦油储存设施中的焦油渣
32			252-006-11	煤焦油分馏、精制过程中产生的焦油渣	
33			252-008-11	轻油回收过程中蒸馏、澄清、洗涤工序产生的残渣	252-009-11，轻油回收过程中的废水池残渣
34			252-009-11	轻油精炼过程中的废水池残渣	
35			252-010-11	炼焦及煤焦油加工利用过程中产生的废水处理污泥（不包括废水生化处理污泥）	252-010-11，炼焦、煤焦油加工和苯精制过程中产生的废水处理污泥（不包括废水生化处理污泥）
36			252-011-11	焦炭生产过程中产生的酸焦油和其他焦油	252-011-11，焦炭生产过程中硫铵工段煤气除酸净化产生的酸焦油
37			252-012-11	焦炭生产过程中粗苯精制产生的残渣	252-012-11，焦化粗苯酸洗法精制过程中产生的酸焦油及其他精制过程中产生的蒸馏残渣
38		基础化学原料制造	261-026-11	氯苯生产过程中的蒸馏及分馏残渣	261-026-11，氯苯、二氯苯生产过程中的蒸馏及分馏残渣
39		非特定行业	900-013-11	其他精炼、蒸馏和热解处理过程中产生的焦油状残余物	900-013-11，其他化工生产过程（不包括以生物质为主要原料的加工过程）中精馏、蒸馏和热解工艺产生的高沸点釜底残余物
40	HW13 有机树脂类废物	合成材料制造	265-101-13	树脂、乳胶、增塑剂、胶水/胶合剂生产过程中产生的不合格产品	265-101-13，树脂、合成乳胶、增塑剂、胶水/胶合剂合成过程中产生的不合格产品（不包括热塑型树脂生产过程中聚合产物经脱除单体、低聚物、溶剂及其他助剂后产生的废料，以及热固型树脂固化后的固化体）

编号	废物类别	行业来源	废物代码	原名录	修订稿
41	HW13 有机树脂类废物	合成材料制造	265-103-13	树脂、乳胶、增塑剂、胶水/胶合剂生产过程中精馏、分离、精制等工序产生的釜底残液、废过滤介质和残渣	265-103-13，树脂（不包括水性聚氨酯乳液、水性丙烯酸乳液、水性聚氨酯丙烯酸复合乳液）、合成乳胶、增塑剂、胶水/胶合剂生产过程中精馏、分离、精制等工序产生的釜底残液、废过滤介质和残渣
42			265-104-13	树脂、乳胶、增塑剂、胶水/胶合剂生产过程中产生的废水处理污泥（不包括废水生化处理污泥）	265-104-13，树脂（不包括水性聚氨酯乳液、水性丙烯酸乳液、水性聚氨酯丙烯酸复合乳液）、合成乳胶、增塑剂、胶水/胶合剂合成过程中产生的废水处理污泥（不包括废水生化处理污泥）
43		非特定行业	900-014-13	废弃的粘合剂和密封剂	900-014-13，废弃的粘合剂和密封剂（不包括水基型和热熔型粘合剂和密封剂）
44			900-015-13	废弃的离子交换树脂	900-015-13，湿法冶金、表面处理和制药行业重金属、抗生素提取、分离过程中产生的废弃离子交换树脂，以及工业废水处理过程中产生的废弃离子交换树脂
45	HW17 表面处理废物	金属表面处理及热处理加工	336-064-17	金属和塑料表面酸（碱）洗、除油、除锈、洗涤、磷化、出光、化抛工艺产生的废腐蚀液、废洗涤液、废槽液、槽渣和废水处理污泥	336-064-17，金属或塑料表面酸（碱）洗、除油、除锈、洗涤、磷化、出光、化抛工艺产生的废腐蚀液、废洗涤液、废槽液、槽渣和废水处理污泥［不包括铝、镁材（板）表面酸（碱）洗、粗化、硫酸阳极处理、磷酸化学抛光废水处理污泥，铝电解电容器用铝电极箔化学腐蚀、非硼酸系化成液化成废水处理污泥，铝材挤压加工模具碱洗（煲模）废水处理污泥，碳钢酸洗除锈废水处理污泥］
46	HW21 含铬废物	毛皮鞣制及制品加工	193-002-21	皮革切削工艺产生的含铬皮革废碎料	193-002-21，皮革、毛皮鞣制及切削过程中产生的含铬废碎料
47	HW29 含汞废物	照明器具制造	387-001-29	含汞电光源生产过程中产生的废荧光粉和废活性炭	387-001-29，电光源用固汞及含汞电光源生产过程中产生的废活性炭和废水处理污泥

编号	废物类别	行业来源	废物代码	原名录	修订稿
48	HW29 含汞废物	非特定行业	900-023-29	生产、销售及使用过程中产生的废含汞荧光灯管及其他废含汞电光源	900-023-29，生产、销售及使用过程中产生的废含汞荧光灯管及其他废含汞电光源，以及废弃含汞电光源处理处置过程中产生的废荧光粉、废活性炭和废水处理污泥
49			900-024-29	生产、销售及使用过程中产生的废含汞温度计、废含汞血压计、废含汞真空表和废含汞压力计	900-024-29，生产、销售及使用过程中产生的废含汞温度计、废含汞血压计、废含汞真空表、废含汞压力计、废氧化汞电池和废汞开关
50	HW45 含有机卤化物废物	基础化学原料制造	261-084-45	其他有机卤化物的生产过程中产生的残液、废过滤吸附介质、反应残余物、废水处理污泥、废催化剂（不包括上述 HW06、HW39 类别的废物）	261-084-45，其他有机卤化物的生产过程（不包括卤化前的生产工段）中产生的残液、废过滤吸附介质、反应残余物、废水处理污泥、废催化剂（不包括上述 HW04、HW06、HW11、HW12、HW13、HW39 类别的废物）
51	HW48 有色金属采选和冶炼废物	常用有色金属冶炼	321-022-48	铅锌冶炼过程中产生的废水处理污泥	321-022-48，铅锌冶炼烟气净化产生的污酸除砷处理过程产生的砷渣
52			321-023-48	电解铝过程中电解槽维修及废弃产生的废渣	321-023-48，电解铝生产过程中电解槽阴极内衬维修、更换产生的废渣（大修渣）
53			321-024-48	铝火法冶炼过程中产生的初炼炉渣	321-024-48，电解铝铝液转移、精炼、合金化、铸造过程中熔体表面产生的铝灰渣，以及回收铝过程中产生的盐渣和二次铝灰
54			321-025-48	电解铝过程中产生的盐渣、浮渣	321-025-48，电解铝生产过程中产生的炭渣
55			321-026-48	铝火法冶炼过程中产生的易燃性撇渣	321-026-48，再生铝和铝材加工过程中，废铝及铝锭重熔、精炼、合金化、铸造熔体表面产生的铝灰渣，以及回收铝过程中产生的盐渣和二次铝灰
56	HW49 其他废物	非特定行业	900-039-49	化工行业生产过程中产生的废活性炭	900-039-49，烟气、VOCs 治理过程（不包括餐饮行业油烟治理过程）中产生的废活性炭，化学原料和化学制品脱色（不包括有机合成食品添加剂脱色）、除杂、净化过程中产生的废活性炭（不包括 900-405-06、772-005-18、261-053-29 、 265-002-29 、384-003-29、387-001-29 类废物）

编号	废物类别	行业来源	废物代码	原名录	修订稿
57	HW49 其他废物	非特定行业	900-042-49	由危险化学品、危险废物造成的突发环境事件及其处理过程中产生的废物	900-042-49，环境事件及其处理过程中产生的沾染危险化学品、危险废物的废物
58			900-044-49	废弃的铅蓄电池、镉镍电池、氧化汞电池、汞开关、荧光粉和阴极射线管	900-044-49，废弃的镉镍电池、荧光粉和阴极射线管
59			900-045-49	废电路板（包括废电路板上附带的元器件、芯片、插件、贴脚等）	900-045-49，废电路板（包括已拆除或未拆除元器件的废弃电路板）及废电路板拆解过程中产生的废弃 CPU、显卡、声卡、内存、含电解液的电容器、含金等贵金属的连接件
60			900-046-49	离子交换装置再生过程中产生的废水处理污泥	900-046-49，离子交换装置（不包括饮用水、工业纯水和锅炉软化水制备装置）再生过程中产生的废水处理污泥
61			900-047-49	研究、开发和教学活动中，化学和生物实验室产生的废物（不包括 HW03、900-999-49）	900-047-49，生产、研究、开发、教学、环境检测（监测）活动中，化学和生物实验室(不包含感染性医学实验室及医疗机构化验室)产生的含氰、氟、重金属无机废液及无机废液处理产生的残渣、残液，含矿物油、有机溶剂、甲醛有机废液，废酸、废碱，具有危险特性的残留样品，以及沾染上述物质的一次性实验用品(不包括按实验室管理要求进行清洗后的废弃的烧杯、量器、漏斗等实验室用品)、包装物(不包括按实验室管理要求进行清洗后的试剂包装物、容器)、过滤吸附介质等
62			900-999-49	未经使用而被所有人抛弃或者放弃的；淘汰、伪劣、过期、失效的；有关部门依法收缴以及接收的公众上交的危险化学品	900-999-49，被所有者申报废弃的，或未申报废弃但被非法排放、倾倒、利用、处置的，以及有关部门依法收缴或接收且需要销毁的列入《危险化学品目录》的危险化学品（不含该目录中仅具有加压气体物理危险性的危险化学品）
63	HW50 废催化剂	农药制造	263-013-50	农药生产过程中产生的废催化剂	263-013-50，化学合成农药生产过程中产生的废催化剂
64		非特定行业	900-049-50	废汽车尾气净化催化剂	900-049-50，机动车和非道路移动机械尾气净化废催化剂

（4）废物代码及危险特性修订的内容

《名录》（2021 年版）根据《国民经济行业分类》（GB/T 4754—2017）调整了 55 种危险废物的代码，具体见表 2-4。明确了附表中所列危险废物的主要危险特性，对 44 种危险废物的危险特性进行了修订，具体见表 2-5。

表 2-4 《名录》（2021 年版）危险废物代码修订情况

废物类别	行业来源	废物代码（2016 年版）	废物代码（2021 年版）
HW01 医疗废物	卫生	831-001-01	841-001-01
		831-002-01	841-002-01
		831-003-01	841-003-01
		831-004-01	841-004-01
		831-005-01	841-005-01
	非特定行业	900-001-01	已删除
HW02 医疗废物	化学药品制剂制造	272-002-02	合并至 272-001-02
		272-004-02	合并至 272-003-02
	兽用药品制造	275-007-02	合并至 275-005-02
HW06 废有机溶剂与含有机溶剂废物	非特定行业	900-403-06	合并至 900-402-06
		900-406-06	合并至 900-405-06
		900-408-06	合并至 900-407-06
		900-410-06	合并至 900-409-06
HW08 废矿物油与含矿物油废物	电子元件及专用材料制造	900-212-08	398-001-08
	橡胶制品业	900-211-08	291-001-08
	非特定行业	900-222-08	251-003-08
HW11 精（蒸）馏残渣	煤炭加工	252-006-11	合并至 252-005-11
		252-008-11	合并至 252-009-11
		252-014-11	合并至 252-002-11
		252-015-11	已删除
		—	新增 252-017-11
	燃气生产和供应业	450-001-11	451-001-11
		450-002-11	451-002-11
		450-003-11	451-003-11
	基础化学原料制造	261-112-11	已删除
	石墨及其他金属矿物制品制造	—	新增 309-001-11
	常用有色金属冶炼	321-001-11	已删除
HW12 染料、涂料废物	纸浆制造	221-001-12	已删除
HW15 爆炸性废物	非特定行业	900-018-15	已删除

<table>
<tr><th>废物类别</th><th>行业来源</th><th>废物代码（2016 年版）</th><th>废物代码（2021 年版）</th></tr>
<tr><td rowspan="3">HW16 感光材料废物</td><td>电子元件及电子专用材料制造</td><td>397-001-16</td><td>398-001-16</td></tr>
<tr><td>影视节目制作</td><td>863-001-16</td><td>873-001-16</td></tr>
<tr><td>其他专业技术服务业</td><td>749-001-16</td><td>806-001-16</td></tr>
<tr><td>HW17 表面处理废物</td><td>金属表面处理及热处理加工</td><td>HW21-336-100-21</td><td>336-100-17</td></tr>
<tr><td rowspan="5">HW22 含铜废物</td><td rowspan="2">常用有色金属冶炼</td><td>321-101-22</td><td>HW48-321-002-48、
HW48-321-031-48</td></tr>
<tr><td>321-102-22</td><td>HW48-321-032-48</td></tr>
<tr><td rowspan="3">电子元件及电子专用材料制造</td><td>397-004-22</td><td>398-004-22</td></tr>
<tr><td>397-005-22</td><td>398-005-22</td></tr>
<tr><td>397-051-22</td><td>398-051-22</td></tr>
<tr><td>HW23 含锌废物</td><td>炼钢</td><td>HW31-312-001-31</td><td>312-001-23</td></tr>
<tr><td rowspan="2">HW29 含汞废物</td><td rowspan="2">常用有色金属冶炼</td><td>HW48-321-030-48</td><td>321-030-29</td></tr>
<tr><td>HW48-321-029-48</td><td>321-033-29</td></tr>
<tr><td rowspan="3">HW31 含铅废物</td><td>电子元件及电子专用材料制造</td><td>397-052-31</td><td>398-052-31</td></tr>
<tr><td>炼钢</td><td>312-001-31</td><td>调整至
HW23-312-001-23</td></tr>
<tr><td>废弃资源综合利用</td><td>421-001-31</td><td>调整至
HW31-900-052-31</td></tr>
<tr><td rowspan="4">HW34 废酸</td><td>钢压延加工</td><td>314-001-34</td><td>313-001-34</td></tr>
<tr><td rowspan="3">电子元件及电子专用材料制造</td><td>397-005-31</td><td>398-005-31</td></tr>
<tr><td>397-006-31</td><td>398-006-31</td></tr>
<tr><td>397-007-31</td><td>398-007-31</td></tr>
<tr><td>HW36 石棉废物</td><td>汽车零部件及配件制造</td><td>366-001-36</td><td>367-001-36</td></tr>
<tr><td>HW45 含有机卤化物废物</td><td>非特定行业</td><td>900-036-45</td><td>已删除</td></tr>
<tr><td>HW46 含镍废物</td><td>电池制造</td><td>394-005-56</td><td>384-005-46</td></tr>
<tr><td>HW48 有色金属冶炼废物</td><td>常用有色金属冶炼</td><td>—</td><td>新增 321-034-48</td></tr>
<tr><td rowspan="3">HW49 其他废物</td><td>环境治理</td><td>—</td><td>新增 772-006-49</td></tr>
<tr><td rowspan="2">非特定行业</td><td>900-040-49</td><td>已删除</td></tr>
<tr><td>—</td><td>新增 900-053-49</td></tr>
</table>

表 2-5 《名录》（2021 年版）危险废物危险特性修订情况

<table>
<tr><th>废物类别</th><th>行业来源</th><th>废物代码(2021 年版)</th><th>危险特性(2016 年版)</th><th>危险特性(2021 年版)</th></tr>
<tr><td>HW01 医疗废物</td><td>卫生</td><td>841-004-01</td><td>T</td><td>T/C/I/R</td></tr>
<tr><td rowspan="4">HW06 废有机溶剂与含有机溶剂废物</td><td rowspan="4">非特定行业</td><td>900-402-06</td><td>T，I</td><td>T，I，R</td></tr>
<tr><td>900-404-06</td><td>T/I</td><td>T，I，R</td></tr>
<tr><td>900-405-06</td><td>T</td><td>T，I，R</td></tr>
<tr><td>900-407-06</td><td>T</td><td>T，I，R</td></tr>
</table>

废物类别	行业来源	废物代码（2021年版）	危险特性（2016年版）	危险特性（2021年版）
HW07 热处理含氰化合物	金属表面处理及热处理加工	336-001-07	T	T，R
		336-002-07	T	T，R
		336-003-07	T	T，R
		336-004-07	T	T，R
		336-049-07	T	T，R
HW11 精（蒸）馏残渣	基础化学原料制造	261-101-11	T	T，R
		261-104-11	T	T，R
HW12 染料、涂料废物	非特定行业	900-256-12	T	T，I，C
HW15 爆炸性废物	炸药、火工及焰火产品制造	267-001-15	R	R，T
		267-002-15	R	R，T
		267-004-15	R	T，R
HW34 废酸	精炼石油产品制造	251-014-34	C	C，T
	涂料、油墨、颜料及类似产品制造	264-013-34	C	C，T
	基础化学原料制造	261-057-34	C	C，T
		261-058-34	C	C，T
	金属表面处理及热处理加工	336-105-34	C	C，T
	电子元件及电子专用材料制造	398-005-34	C	C，T
		398-006-34	C	C，T
		398-007-34	C	C，T
	非特定行业	900-300-34	C	C，T
		900-301-34	C	C，T
		900-302-34	C	C，T
		900-303-34	C	C，T
		900-304-34	C	C，T
		900-305-34	C	C，T
		900-306-34	C	C，T
		900-307-34	C	C，T
		900-308-34	C	C，T
		900-349-34	C	C，T
HW35 废碱	毛皮鞣制及制品加工	193-003-35	C	C，R
	非特定行业	900-353-35	C	C，T
		900-354-35	C	C，T
		900-355-35	C	C，T

废物类别	行业来源	废物代码（2021 年版）	危险特性（2016 年版）	危险特性（2021 年版）
HW35 废碱	非特定行业	900-356-35	C	C，T
		900-359-35	C	C，T
HW46 含镍废物	非特定行业	900-037-46	T	T，I
HW48 有色金属冶炼废物	常用有色金属冶炼	321-024-48	T	R，T
HW49 其他废物	石墨及其他非金属矿物制品制造	309-001-49	R/C	R，C
	非特定行业	900-999-49	T	T/C/I/R

2.1.3.3　附录部分修订内容

《名录》（2021 年版）较《名录》（2016 年版）新增了 20 种类别危险废物在不同环节的豁免管理，其中，全环节豁免的有 2 种，分别是医疗废物焚烧处置产生的底渣、生物制药产生的培养基废物经生活垃圾焚烧厂焚烧处置产生的焚烧炉底渣，经水煤浆化炉协同处置产生的气化炉渣、经燃煤电厂燃煤锅炉和生物质发电厂焚烧炉协同处置以及培养基废物专用焚烧炉焚烧处置产生的炉渣和飞灰。具体见表 2-6。

表 2-6　《名录》（2021 年版）新增危险废物豁免类别变化情况

序号	废物类型/代码	危险废物	豁免环节	豁免条件
1	900-003-04	农药使用后被废弃的农药直接解除或含有农药残余物的包装物	运输	满足《农药包装废弃物回收处理管理办法》中的运输要求
			利用	进入依据《农药包装废弃物回收处理管理科办法》确定的资源化利用单位进行资源化利用
			处置	进入生活垃圾填埋场填埋或进入生活垃圾焚烧厂焚烧
2	900-210-08	船舶含油污水及残油经船上或港口配套设施预处理后产生的需通过船舶转移的废矿物油与含废矿物油废物	运输	按照水运污染危害性货物实施管理
3	900-249-08	废铁质油桶（不包括 900-041-49 类）	利用	封口处于打开状态、静置无滴漏且经打包压块后用于金属冶炼
4	900-200-08、900-006-09	金属制品机械加工行业珩磨、研磨、打磨过程，以及使用切削油或切削液进行机械加工过程中产生的属于危险废物的含油金属屑	利用	经压榨、压滤、过滤除油达到静置无滴漏后打包压块用于金属冶炼

序号	废物类型/代码	危险废物	豁免环节	豁免条件
5	900-451-13	采用破碎分选方式回收废覆铜板、线路板、电路板中金属后的废树脂粉	处置	满足《生活垃圾填埋场污染控制标准》（GB 16889—2008）要求进入生活垃圾填埋场填埋，或满足《一般工业固体废物贮存和填埋污染控制标准》（GB 18599—2020）要求进入一般工业固体废物处置场处置
6	772-003-18	医疗废物焚烧处置产生的底渣	全部环节	满足《生活垃圾填埋场污染控制标准》（GB 16889—2008）要求进入生活垃圾填埋场填埋
7	772-003-18	生物制药产生的培养基废物经生活垃圾焚烧厂焚烧处置产生的焚烧炉底渣、经水煤浆化炉协同处置产生的气化炉渣、经燃煤电厂燃煤锅炉和生物质发电厂焚烧炉协同处置以及培养基废物专用焚烧炉焚烧处置产生的炉渣和飞灰	全部环节	生物制药产生的培养基废物焚烧处置或协同处置过程不应混入其他危险废物
8	193-002-21	含铬皮革废碎料（不包括鞣制工段修边、削匀过程产生的革屑和边角料）	运输	运输工具满足防雨、防渗漏、防遗撒要求
			处置	满足《生活垃圾填埋场污染控制标准》（GB 16889—2008）要求进入生活垃圾填埋场填埋，或满足《一般工业固体废物贮存和填埋污染控制标准》（GB 18599—2020）要求进入一般工业固体废物处置场处置
9	900-052-31	未破损的废铅蓄电池	运输	运输工具满足防雨、防渗漏、防遗撒要求
10	092-003-33	采用氰化物进行黄金选矿过程中产生的氰化尾渣	处置	满足《黄金行业氰渣污染控制技术规范》（HJ 943—2018）要求进入尾矿库处置或进入水泥窑协同处置
11	HW34	仅具有腐蚀性危险特性的废酸	利用	作为生产原料综合利用
			利用	作为工业污水处理厂污水处理中和剂利用，且满足以下条件：废酸中第一类污染物含量低于该污水处理厂排放标准，其他《危险废物鉴别标准　浸出毒性》（GB 5085.3—2007）所列特征污染物含量低于 GB 5085.3—2007 限值的 1/10
12	HW35	仅具有腐蚀性危险特性的废碱	利用	作为生产原料综合利用
			利用	作为工业污水处理厂污水处理中和剂利用，且满足以下条件：液态碱或固态碱按 HJ/T 299—2007 方法制取的浸出液中第一类污染物含量低于该污水处理厂排放标准，其他《危险废物鉴别标准　浸出毒性》（GB 5085.3—2007）所列特征污染物低于 GB 5085.3—2007 限值的 1/10

序号	废物类型/代码	危险废物	豁免环节	豁免条件
13	321-024-48、321-026-48	铝灰渣和二次铝灰	利用	回收金属铝
14	323-001-48	仲钨酸铵生产过程中碱分解产生的碱煮渣（钨渣）和废水处理污泥	处置	满足《水泥窑协同处置固体废物污染控制标准》（GB 30485—2013）和《水泥窑协同处置固体废物环境保护技术规范》（HJ 662—2013）要求进入水泥窑协同处置
15	突发环境事件产生的危险废物	突发环境事件及处理过程中产生的 HW 900-042-49 类危险废物和其他需要按危险废物进行处理处置的固体废物，以及事件现场遗留的其他危险废物和废弃危险化学品	运输	按事发地的县级以上人民政府确定的处置方案进行运输
			利用、处置	按事发地的县级以上人民政府确定的处置方案进行利用或处置
16	历史遗留危险废物	历史填埋场地清理，以及水体环境治理过程中产生的需要按危险废物进行处理处置的固体废物	运输	按事发地的设区市级以上生态环境部门同意的处置方案进行运输
			利用、处置	按事发地的设区市级以上生态环境部门统一的处置方案进行利用或处置
		实施土壤污染风险管控、修复活动中，属于危险废物的污染土壤	运输	修复施工单位制订转运计划，依法提前报所在地和接收地的设区市级以上生态环境部门
			处置	满足《水泥窑协同处置固体废物污染控制标准》（GB 30485—2013）和《水泥窑处置固体废物环境保护技术规范》（HJ 662—2013）要求进入水泥窑协同处置
17	772-007-50	烟气脱硝过程中产生的废钒钛系催化剂	运输	运输工具满足防雨、防渗漏、防遗撒要求
18	251-017-50	催化裂化废催化剂	运输	采用密闭罐车运输
19	900-049-50	机动车和非道路移动机械尾气净化废催化剂	运输	运输工具满足防雨、防渗漏、防遗撒要求
20	—	未列入《危险废物豁免管理清单》中的危险废物或利用过程不满足《危险废物豁免管理清单》所列豁免条件的危险废物	利用	在环境风险可控的前提下，根据省级生态环境部门确定的方案，实行危险废物“点对点”定向利用，即：一家单位产生的一种危险废物，可作为另外一家单位环境治理或工业原料生产的替代原料进行使用

2.2　《名录》（2021 年版）实施过程中存在的问题

《名录》（2021 年版）做了较大的改动，较前几个版本也更完善，但《名录》（2021 年版）在实施过程中仍然存在一些问题，主要体现在以下几个方面：

2.2.1 “点对点”定向利用豁免制度不健全

豁免管理制度在《名录》（2016 年版）中首次提出，《名录》（2021 年版）又提出“在环境风险可控的前提下，根据省级生态环境部门确定的方案，实行危险废物‘点对点’定向利用”。同时，生态环境部 2019 年印发实施《关于提升危险废物环境监管能力、利用处置能力和环境风险防范能力的指导意见》中也提出了“点对点”定向利用危险废物的豁免管理制度相关内容。但危险废物“点对点”定向利用在实施过程中还存在很多困难，很多省级生态环境部门尚未出台实施细则，无法组织开展具体工作。

2.2.2 《名录》更新后造成部分固体废物危险特性不明，需要开展危险废物鉴别

《名录》（2021 年版）中用括号注明的“不包括……”的废物，以及含有或沾染腐蚀性、易燃性危险废物的废弃包装物等，均属于未列入《名录》的废物。对于这些废物，若不能通过工艺分析等排除其存在危险特性，则需进一步根据危险废物鉴别标准（GB 5085.1～GB 5085.7）和《危险废物鉴别技术规范》（HJ 298—2019）等判定是否属于危险废物。

2.3 我国危险废物鉴别需求分析

2.3.1 各种固体废物的鉴别需求分析

（1）全国危险废物鉴别案例分析

根据全国危险废物鉴别信息公开服务系统信息公开情况，2021 年 9 月至 2022 年 1 月，信息公开危险废物鉴别报告 59 份，其中 2 份报告的鉴别结果属于危险废物，其余 57 份报告的鉴别结果不属于危险废物。

经统计，开展危险特性鉴别的固体废物主要包括污泥、废盐、残渣、重金属污染土壤、飞灰等，各类固体废物危险特性鉴别情况见图 2-1，其中污泥、废盐、残渣类占比最高，分别为 47%、17%、10%。

（2）生态环境部华南环境科学研究所完成的危险废物鉴别案例分析

生态环境部华南环境科学研究所近年完成了 193 项危险废物鉴别报告。经统计，主要涉及的固体废物有污泥、历史遗留固体废物、废渣、废盐、废液、飞灰等，各类固体废物危险特性鉴别情况见图 2-2，其中污泥、历史遗留固体废物、废渣、废盐类占比最高，分别为 31%、31%、15%、12%。

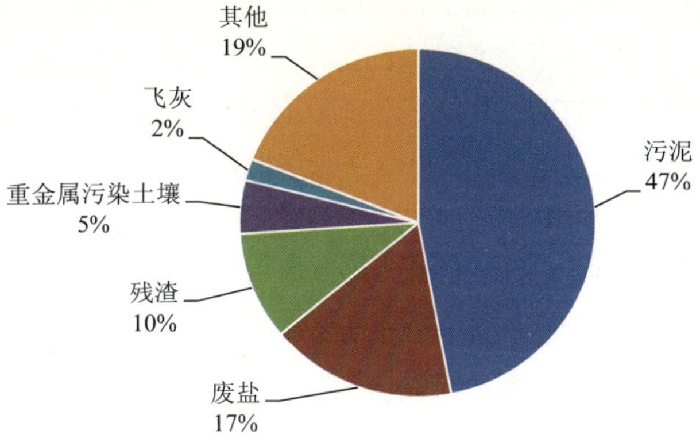

图 2-1 我国开展危险特性鉴别的固体废物种类

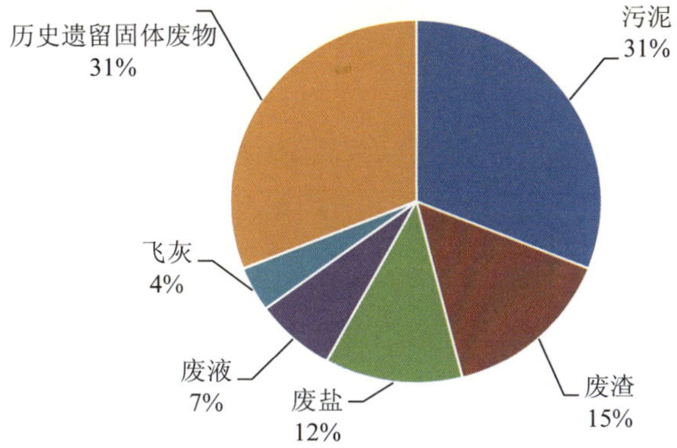

图 2-2 生态环境部华南环境科学研究所开展危险特性鉴别的固体废物种类

综上所述，现阶段我国开展危险废物鉴别需求较多的固体废物包括有污泥、废盐、历史遗留固体废物、废渣（残渣）、飞灰和受污染土壤等，其中废渣（残渣）及飞灰主要来源于固体废物利用处置相关企业。

2.3.2 各个行业的鉴别需求分析

（1）全国危险废物鉴别案例涉及行业情况

根据全国固体废物和化学品管理信息系统信息公开情况，2021 年 9 月至 2022 年 1 月，信息公开危险废物鉴别报告 59 份，开展危险废物鉴别主要涉及化学原料和化学制品制造业，生态保护和环境治理业，医药制造业，计算机、通信和其他电子设备制造业，有色金属冶炼和压延加工业，金属制品业，石油、煤炭及其他燃料加工业，废弃资源综合利用业以及电力、热力生产和供应等行业。其中化学原料和化学制品制造业、生态保护和环境治理业、医药制造业开展危险废物鉴别案例的占比较大，分别为 35.6%、15.3%、8.5%。

（2）生态环境部华南环境科学研究所完成的危险废物鉴别案例涉及行业情况

生态环境部华南环境科学研究所近年完成了 193 项危险废物鉴别报告，主要涉及化学原料和化学制品制造业，计算机、通信和其他电子设备制造业，医药制造业，金属制品业，造纸和纸制品业，废弃资源综合利用业，热力生产和供应等行业，占比分别为 28.57%、20.00%、17.14%、14.29%、8.57%、5.71%、5.71%。

综上所述，化学原料和化学制品制造业，医药制造业，计算机、通信和其他电子设备制造业是我国现阶段开展危险废物鉴别需求较多的 3 个行业。

参考文献

[1] 黄启飞，杨玉飞，黄泽春. 危废名录与鉴别管理制度日趋重要[J]. 中国生态文明，2020（4）：32-34.

第 3 章

危险废物鉴别原则、程序和技术路线

危险废物鉴别是明确固体废物属性的重要依据，也是危险废物管理和处置的前提和依据。而危险废物鉴别工作具有很强的专业性，为提升鉴别技术水平以及鉴别报告质量，确保鉴别结论科学可信，明确危险废物鉴别原则，规范危险废物鉴别程序，形成具有可操作性的危险废物鉴别技术路线至关重要。近年来，我国连续修订、出台了一系列固体废物鉴别标准、危险废物鉴别标准和技术规范，包括《危险废物鉴别标准　通则》和《危险废物鉴别技术规范》等，从固体废物产生来源，利用和处置过程，排除原则以及鉴别技术规程、判定规则、样品采集、检测方法、标准值等方面，对危险废物鉴别遵循的技术流程进行了规范，形成了较为完善的危险废物鉴别技术体系，为各地开展危险废物鉴别工作提供了技术支撑。

3.1　危险废物鉴别原则

3.1.1　客观公正原则

危险废物种类繁多、性质复杂，危险废物鉴别作为《名录》判定的补充手段，其重要性不言而喻。随着危险废物鉴别需求的增加，第三方鉴别单位鉴别技术水平参差不齐，在一定程度上影响了鉴别结果的可靠性和真实性。因此，根据《通知》要求，危险废物鉴别单位应在全国危险废物鉴别信息公开服务平台注册，并应主动公开基本情况等信息，并声明和承诺对公布内容的真实性、准确性负责，主动接受社会监督。危险废物鉴别单位应当是能够依法独立承担法律责任，坚持客观、公正、科学的原则，遵守国家有关法律法规和标准规范，对危险废物鉴别报告的真实性、规范性和准确性负责的单位。

3.1.2　顺序性原则

危险废物鉴别遵循先名录鉴别、再特性检测鉴别、后专家判定的顺序（岳战林，2016）。目前，我国危险废物的鉴别方法有 3 种，第一种是名录鉴别法，即根据《名录》查阅待判定的固体废物是否列入在《名录》中，如果《名录》中已经列入则可判定其为危险废物，但不能就未列入《名录》即判定其不是危险废物。第二种是危险特性检测法，对未列入《名录》的危险废物进行危险特性检测，结果高于鉴别标准则可以判定是危险废物，低于标准的不一定是危险废物。前两种鉴别都属于肯定性单项判别，鉴别方法是结果的充分非必要条件。第三种是专家判定法，前两种都无法判定的由国务院生态环境主管部门组织专家认定其是否是危险废物，鉴别方法是结果的充分必要条件。三种危险废物的判别方法相互补充，共同组成了我国危险废物的鉴别体系（张瑜和沈丽萍，2017）。

3.1.3　优先性原则

因危险废物鉴别程序中未充分利用理论分析的作用，故往往导致鉴别工作中发生过度检测情况。危险废物鉴别的检测项目应根据固体废物的产生源特性确定，必要时可向与该固体废物危险特性鉴别工作无直接利害关系的行业专家咨询。在综合分析固体废物产生过程中的生产工艺、原辅材料、产生环节和主要危害成分的基础上，经确定不存在的危险特性，不用进行检测。需要检测的，应优先选择可能存在的主要危险特性进行检测。腐蚀性、急性毒性、易燃性、反应性、浸出毒性和毒性物质含量中任何一项检测结果可判定该固体废物具有危险特性时，可不再检测其他危险特性，直接判定为危险废物。

3.1.4　代表性原则

危险废物鉴别需严格按照国家现行的危险废物鉴别体系，确定准确的最佳采样时间及最佳采样方式，控制固体废物产生工段的最大污染负荷，科学地进行采样，保证采集的样品能够代表所产生废物中有毒有害物质含量的实际情况，以便于鉴别结果具有代表性，但这个代表性不一定具有长期性。此外，《危险废物鉴别技术规范》中对生产、生活和其他活动中产生的固体废物以及环境污染事件涉及的固体废物的样品采集对象的确定和样品采集提出了更加明确和精准的要求。

3.2　危险废物鉴别程序

《危险废物鉴别标准　通则》规定，我国的危险废物鉴别应按照如下程序进行：

第一步，要判断待鉴别的废物是否属于固体废物。危险废物鉴别的首要步骤是依据《固废法》和《固体废物鉴别标准　通则》，判断待鉴别的废物是否属于固体废物。如果待鉴别的废物不属于固体废物，那它就不属于危险废物。2006 年颁布的《固体废物鉴别导则（试行）》是固体废物鉴别不可或缺的依据，其中建立了一些明确的判断原则，有利于鉴别判断，但也存在程序性内容和不确定性内容较多等不足，不利于鉴别应用。自 2017 年 10 月 1 日起实施的《固体废物鉴别标准　通则》属于国家强制性标准，具有更高的法律执行效力，在涵盖了《固体废物鉴别导则（试行）》中全部合理内容的基础上，将《固体废物鉴别导则（试行）》中合理的或有利于判断的规则上升为该标准的条款，进一步补充和完善了依据产生来源的固体废物鉴别准则、在利用和处置过程中的固体废物鉴别准则、不作为固体废物管理的物质、不作为液态废物管理的物质以及监督管理要求。

第二步，依据《名录》来判断。《名录》（2021 年版）在修订思路上发生了很大变化，其中不但增加或删减了许多危险废物种类，而且对危险废物的来源和特性等表征其危险特性的描述比以前更加具体和有针对性，提高了《名录》实施的可操作性。《名录》（2021 年版）

规定，分列入《名录》中的废物即为危险废物，不需要做进一步的特性鉴别。《名录》划定危险废物的种类和范围，不仅涉及科学技术问题，也涉及国家经济发展和危险废物污染防治监督管理的实际要求和能力。当待鉴别的固体废物未列入《名录》，且根据其生产的原辅材料和工艺就可以排除其具有危险特性，则可以不开展危险特性检测工作或辅助性检测工作，直接作出该固体废物不具有危险特性的属性认定，避免了危险废物鉴别过程的过度检测。

第三步，根据《危险废物鉴别标准》来判断。《名录》所列类别有限，所列类别之外的固体废物无法排查其危险特性，应通过危险特性鉴别确定其是否属于危险废物。我国危险废物鉴别标准由以下 7 个标准组成：《危险废物鉴别标准　通则》《危险废物鉴别标准　腐蚀性鉴别》《危险废物鉴别标准　急性毒性初筛》《危险废物鉴别标准　浸出毒性鉴别》《危险废物鉴别标准　易燃性鉴别》《危险废物鉴别标准反应性鉴别》《危险废物鉴别标准　毒性物质含量鉴别》。根据规定的标准、方法和规范，对固体废物的危险特性进行分析、测试，凡具有腐蚀性、毒性、易燃性、反应性等一种或一种以上危险特性的，属于危险废物。

第四步，专家认定。对未列入《名录》（2021 年版）或根据现有的《危险废物鉴别标准》无法进行鉴别，但同时又怀疑此类废物可能对人体健康或生态环境造成有害影响时，国务院生态环境主管部门应组织专家按照一事一议原则，依据一定的认定程序确认此类废物是否属于危险废物。专家认定法作为《名录》鉴定和《危险废物鉴别标准》鉴定的补充，只有在无法通过《名录》和《危险废物鉴别标准》鉴别时才使用的非常规鉴定途径，用以弥补《名录》鉴定和《危险废物鉴别标准》鉴定手段的不足，在实际工作中很少使用。

我国危险废物鉴别程序如图 3-1 所示。

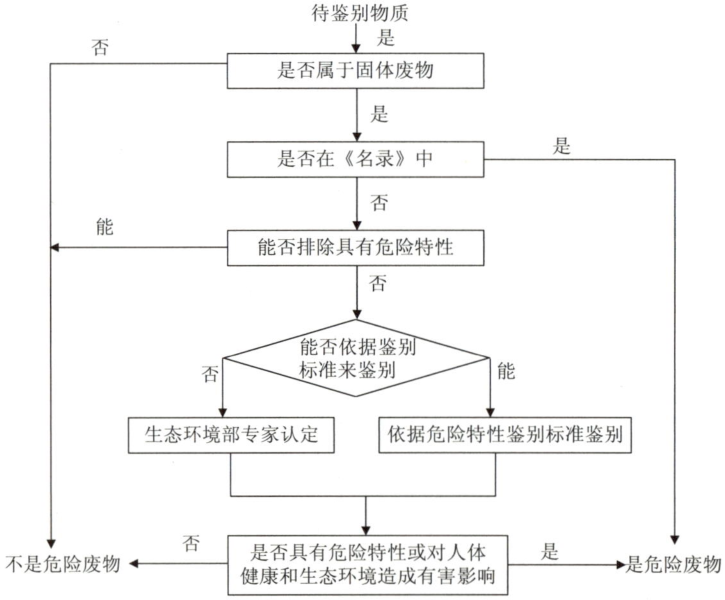

图 3-1　我国危险废物鉴别程序

3.3　危险废物鉴别工作技术路线

根据《危险废物鉴别标准　通则》《危险废物鉴别技术规范》《通知》等标准或政策文件，危险废物鉴别工作技术路线主要包括危险废物鉴别前技术准备、固体废物属性判断、《名录》比对、危险特性识别和筛选、鉴别检测项目的确定、采样和检测及质量控制、检测结果判断及鉴别结果应用等工作环节，具体鉴别技术路线如图 3-2 所示。

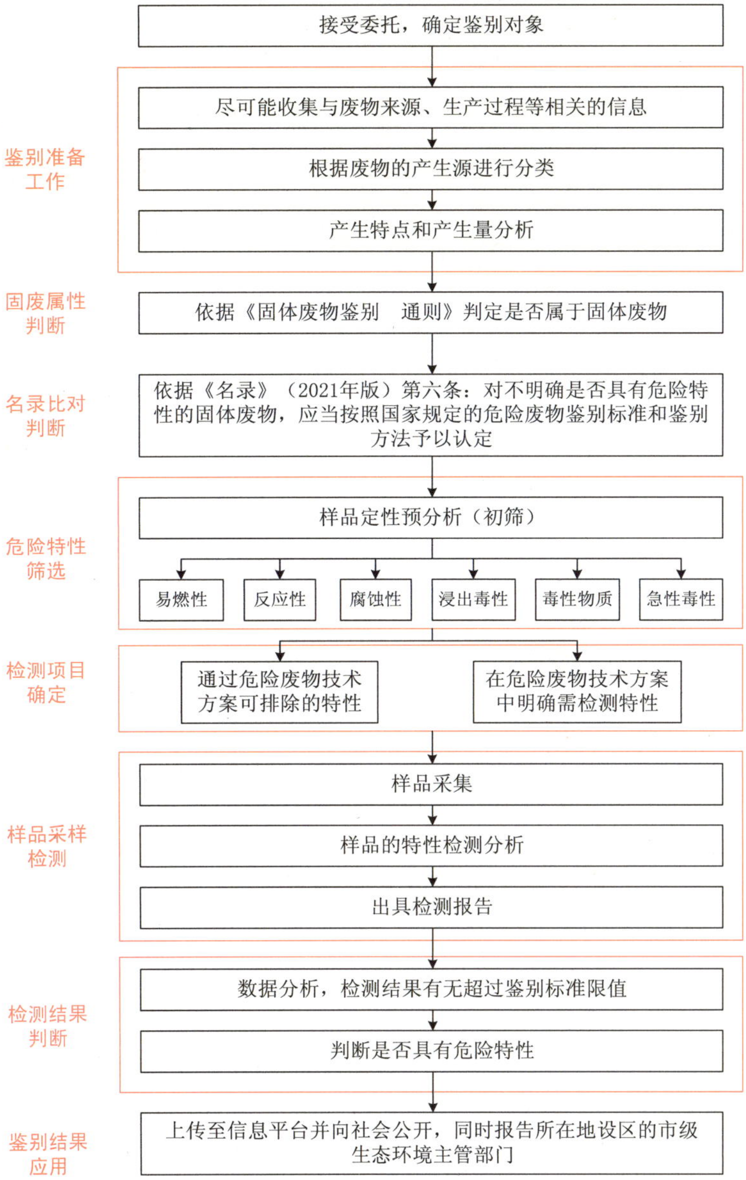

图 3-2　危险废物鉴别工作技术路线

参考文献

[1] 岳战林. 危险废物属性鉴别方法实践与研究[J]. 中国环境管理干部学院学报，2016，26（2）：73-76.

[2] 张瑜，沈莉萍. 我国各省市危险废物鉴别体系研究[J]. 江西化工，2017（3）：38-41.

第 4 章

危险废物鉴别技术方法和质量控制

危险废物鉴别技术是危险废物管理中不可或缺的技术支撑和关键环节，然而，目前我国还未针对不同来源、不同类别的固体废物危险特性鉴别工作出台相应的技术指南或工作指引，导致部分鉴定机构出具的鉴别报告科学性、客观性不足。因此，在开展危险废物鉴别过程中，应做好基础性数据的收集、分析和研究，并结合不同来源、不同类型的待鉴别物不断优化危险特性分析方法，以提高鉴别结果的科学性、准确性。本书通过总结在产企业固体废物、历史遗留固体废物和污染土壤的危险废物鉴别工作经验，梳理出不同来源、不同类型的固体废物危险特性鉴别技术和工作思路，供读者参考。

4.1 危险废物鉴别准备工作

4.1.1 在产企业危险废物鉴别准备工作要点

开展危险废物鉴别前，应明确待鉴别物的名称，特别是规范化的名称，待鉴别物所属建设项目名称及产生来源，初步判断其主要成分及主要有毒有害成分，并识别待鉴别物是否已列入《名录》。启动危险废物鉴别工作后，首先须与鉴别委托方沟通，确定鉴别的原因和目的，并要求鉴别委托方提供鉴别申请表（见附录 1），鉴别申请表中应详细列出与待鉴别物相关的生产工艺、原辅材料及废物产量等信息。

4.1.2 其他重要来源危险废物鉴别准备工作要点

4.1.2.1 历史遗留固体废物危险特性鉴别准备工作

溯源是历史遗留固体废物危险特性鉴别的首要工作。因此，启动历史遗留固体废物危险特性鉴别工作前，应当尽可能收集与废物来源、生产过程等相关的信息，并通过分析类似生产工艺，识别同类固体废物主要成分和有毒有害成分，结合《名录》初步判断其是否具有危险特性。此外，启动危险废物鉴别工作后，应要求鉴别委托方提供鉴别申请表，尽可能收集历史遗留固体废物的堆存时间、废物种类、堆存量和堆存方式等相关信息。

4.1.2.2 污染土壤危险特性鉴别准备工作

2019 年 4 月选登的一条生态环境部部长信箱回复——关于污染土壤外运是否需要进行危险废物鉴定的回复，引起了业内广泛关注与讨论。回复中提到了早在 2017 年就发布的《固体废物鉴别标准　通则》（GB 34330—2017），该标准明确：①修复后作为土壤用途使用的污染土壤不作为固体废物管理；②在污染地块修复、处置过程中，采用下列任何一种方式处置或利用的污染土壤属于固体废物：a. 填埋；b. 焚烧；c. 水泥窑协同处置；d. 生产砖、瓦、筑路材料等其他建筑材料。同时回复明确“经鉴别属于固体废物的，需要进行危险废物鉴定”。也就是说，在污染地块修复过程中，采用填埋、焚烧、水泥窑协同处置、生产建材等方式处置或利用污染土壤时，应该进行危险废物鉴别。因此，启动污染土壤危险特性鉴别前，应核实是否属于可鉴别污染土壤的范畴。

污染地块土壤成为固体废物前，经过了系统的污染状况调查、风险评估或修复效果评估，这些前期资料一是为危险特性鉴别提供了大量基础资料，为鉴别指标的选择提供依据；二是污染状况调查、修复效果评估的一些测试项目与危险废物特性鉴别高度重合，甚至于已有检测结果足以支撑危险废物鉴别。开展危险废物特性鉴别前应充分利用地块污染调查、修复效果评估的数据，合理判别属性。另外，在污染地块的调查、评估、修复方案编制和效果评估工作过程中，判断土壤可能按照固体废物进行处理处置时，也建议在上述环节考虑与危险废物鉴别相关工作进行衔接。

4.2 现场勘查方法和要点

4.2.1 在产企业危险废物鉴别现场勘查要点

（1）现场勘查前要做好准备工作

在开展在产企业现场勘查前，应结合委托方提供的环评报告、环保竣工验收报告等资料，分析研究待鉴别物相关的生产信息，并制订现场勘查工作计划。

（2）应现场核实企业生产情况跟环评审批内容是否相符

现场勘查首要工作，应通过生产设备、产品种类、废物产生环节和废物种类等信息，识别实际生产情况与原环评审批内容是否相符，尤其要明确待鉴别物是否列入建设项目的环评文件中。

（3）与待鉴别物相关的生产环节要做到应查尽查

现场勘查时，与待鉴别物有直接相关性的生产环节，应重点核查。例如开展废水处理污泥危险特性鉴别时，现场勘查要重点关注废水来源、废水处理工艺、原辅材料使用情况、污泥来源及干化工艺等，这些都是与待鉴别的污泥有直接相关性的。但是，也不能忽略与待鉴别物间接相关的信息。例如废水处理污泥危险特性鉴别时，也应勘查废水来源相关的生产企业的生产工艺、原辅材料使用情况等。

4.2.2 其他重要来源危险废物鉴别现场勘查

4.2.2.1 历史遗留固体废物危险特性鉴别现场勘查要点

对于可溯源的历史遗留固体废物，应当重点勘查与固体废物来源相关的生产企业，勘查要点可参考“4.2.1　在产企业危险废物鉴别现场勘查要点”的有关内容。对不可溯源的历史遗留固体废物，应借助手持式 XRF 光谱仪、便携式 GC-MS 和无人机等设备，核实历史遗留固体废物的种类和堆存量等，并现场调查固体废物的堆存方式及所在地的环境现状。

4.2.2.2 污染土壤危险特性鉴别现场勘查要点

污染土壤的危险特性鉴别现场勘查工作与历史遗留固体废物的危险特性鉴别现场勘查工作思路基本一致。对于可溯源的污染土壤（或相关企业属于在产状态），应该重点勘查与污染土壤相关的生产过程。对于无法溯源的污染土壤（或者相关企业已停产），可借助手持式 XRF 光谱仪、便携式 GC-MS 等现场识别设备，界定污染土壤的边界。一般来说，位置不相连的污染土壤应视为不同待鉴别物分别鉴别。同一区域的污染土壤，如通过场地环境调查、详细采样、监测，发现主要污染物（或者现场快速检测）呈现显著不均且可以分区的，可以按主要污染物不同进行分区。每个分区内的污染土壤作为一类待鉴别物。

4.3 固体废物属性判断

4.3.1 固体废物属性判断方法

根据危险废物鉴别程序，开展危险废物鉴别前，应依据相关法律规定和《固体废物鉴别标准 通则》（GB 34330—2017），判断待鉴别的物品、物质是否属于固体废物，不属于固体废物的，则不属于危险废物。在这项工作中，需严格依据 GB 34330—2017 与相关法律中对于固体废物的定义规范进行，确保判断结果的准确性。

根据物质或物品来源和过程分析，可归纳总结出 7 个固体废物属性判断原则。

4.3.1.1 丧失原有使用价值的物质判断原则

包括如下种类：

（1）在生产过程中产生的因为不符合国家、地方制定或行业通行的产品标准（规范），或者因为质量原因，而不能在市场出售、流通或者不能按照原用途使用的物质，如不合格品、残次品、废品等。但符合国家、地方制定或行业通行的产品标准中等外品级的物质以及在生产企业内进行返工（返修）的物质除外。

（2）因为超过质量保证期，而不能在市场出售、流通或者不能按照原用途使用的物质。

（3）因为沾染、掺入、混杂无用或有害物质使其质量无法满足使用要求，而不能在市场出售、流通或者不能按照原用途使用的物质。

（4）在消费或使用过程中产生的，因为使用寿命到期而不能继续按照原用途使用的物质。

（5）执法机关查处没收的需报废、销毁等无害化处理的物质，包括（但不限于）假冒伪劣产品、侵犯知识产权产品、毒品等禁用品。

（6）以处置废物为目的生产的，不存在市场需求或不能在市场上出售、流通的物质。

（7）因为自然灾害、不可抗力因素和人为灾难因素造成损坏而无法继续按照原用途使用的物质。

（8）因丧失原有功能而无法继续使用的物质。

（9）由于其他原因而不能在市场出售、流通或者不能按照原用途使用的物质。

4.3.1.2　生产过程中产生的副产物判断原则

包括以下种类：

（1）产品加工和制造过程中产生的下脚料、边角料、残余物质等。

（2）在物质提取、提纯、电解、电积、净化、改性、表面处理以及其他处理过程中产生的残余物质，包括（但不限于）以下物质：

1）在黑色金属冶炼或加工过程中产生的高炉渣、钢渣、轧钢氧化皮、铁合金渣、锰渣；

2）在有色金属冶炼或加工过程中产生的铜渣、铅渣、锡渣、锌渣、铝灰（渣）等火法冶炼渣，以及赤泥、电解阳极泥、电解铝阳极炭块残极、电积槽渣、酸（碱）浸出渣、净化渣等湿法冶炼渣；

3）在金属表面处理过程中产生的电镀槽渣、打磨粉尘。

（3）在物质合成、裂解、分馏、蒸馏、溶解、沉淀以及其他过程中产生的残余物质，包括（但不限于）以下物质：

1）在石油炼制过程中产生的废酸液、废碱液、白土渣、油页岩渣；

2）在有机化工生产过程中产生的酸渣、废母液、蒸馏釜底残渣、电石渣；

3）在无机化工生产过程中产生的磷石膏、氨碱白泥、铬渣、硫铁矿渣、盐泥。

（4）金属矿、非金属矿和煤炭开采、选矿过程中产生的废石、尾矿、煤矸石等。

（5）石油、天然气、地热开采过程中产生的钻井泥浆、废压裂液、油泥或油泥砂、油脚和油田溅溢物等。

（6）火力发电厂锅炉、其他工业和民用锅炉、工业窑炉等热能或燃烧设施中，燃料燃烧产生的燃煤炉渣等残余物质。

（7）在设施设备维护和检修过程中，从炉窑、反应釜、反应槽、管道、容器以及其他设施设备中清理出的残余物质和损毁物质。

（8）在物质破碎、粉碎、筛分、碾磨、切割、包装等加工处理过程中产生的不能直接作为产品或原材料或作为现场返料的回收粉尘、粉末。

（9）在建筑、工程等施工和作业过程中产生的报废料、残余物质等建筑废物。

（10）畜禽和水产养殖过程中产生的动物粪便、病害动物尸体等。

（11）农业生产过程中产生的作物秸秆、植物枝叶等农业废物。

（12）教学、科研、生产、医疗等实验过程中，产生的动物尸体等实验室废弃物质。

（13）其他生产过程中产生的副产物。

4.3.1.3 环境治理和污染控制过程中产生的物质判断原则

包括以下种类：

（1）烟气和废气净化、除尘处理过程中收集的烟尘、粉尘，包括粉煤灰。

（2）烟气脱硫产生的脱硫石膏和烟气脱硝产生的废脱硝催化剂。

（3）煤气净化产生的煤焦油。

（4）烟气净化过程中产生的副产硫酸或盐酸。

（5）水净化和废水处理产生的污泥及其他废弃物质。

（6）废水或废液（包括固体废物填埋场产生的渗滤液）处理产生的浓缩液。

（7）化粪池污泥、厕所粪便。

（8）固体废物焚烧炉产生的飞灰、底渣等灰渣。

（9）堆肥生产过程中产生的残余物质。

（10）绿化和园林管理中清理产生的植物枝叶。

（11）河道、沟渠、湖泊、航道、浴场等水体环境中清理出的漂浮物和疏浚污泥。

（12）烟气、臭气和废水净化过程中产生的废活性炭、过滤器滤膜等过滤介质。

（13）在污染地块修复、处理过程中，采用下列任何一种方式处置或利用的污染土壤：

1）填埋；

2）焚烧；

3）水泥窑协同处置；

4）生产砖、瓦、筑路材料等其他建筑材料。

（14）在其他环境治理和污染修复过程中产生的各类物质。

4.3.1.4 其他情况

（1）法律禁止使用的物质。

（2）国务院生态环境主管部门认定为固体废物的物质。

4.3.1.5 利用和处置过程中的固体废物鉴别原则

（1）在任何条件下，固体废物按照以下任何一种方式利用或处置时，仍然作为固体废物管理［包含在 4.3.1.6 第（2）条中的除外］：

1）以土壤改良、地块改造、地块修复和其他土地利用方式直接施用于土地或生产施用于土地的物质（包括堆肥），以及生产筑路材料；

2）焚烧处置（包括获取热能的焚烧和垃圾衍生燃料的焚烧），或用于生产燃料，或包含于燃料中；

3）填埋处置；

4）倾倒、堆置；

5）国务院生态环境主管部门认定的其他处置方式。

（2）利用固体废物生产的产物同时满足下述条件的，不作为固体废物管理，按照相应的产品管理［按照 4.3.1.5 第（1）条进行利用或处置的除外］：

1）符合国家、地方制定或行业通行的被替代原料生产的产品质量标准；

2）符合相关国家污染物排放（控制）标准或技术规范要求，包括该产物生产过程中排放到环境中的有害物质限值和该产物中有害物质的含量限值；当没有国家污染控制标准或技术规范时，该产物中所含有害成分含量不高于利用被替代原料生产的产品中的有害成分含量，并且在该产物生产过程中，排放到环境中的有害物质浓度不高于利用所替代原料生产产品过程中排放到环境中的有害物质浓度，当没有被替代原料时，不考虑该条件；

3）有稳定、合理的市场需求。

4.3.1.6　不作为固体废物管理的物质判断原则

（1）以下物质不作为固体废物管理：

1）任何不需要修复和加工即可用于其原始用途的物质，或者在产生点经过修复和加工后满足国家、地方制定或行业通行的产品质量标准并且用于其原始用途的物质；

2）不经过贮存或堆积过程，而在现场直接返回到原生产过程或返回其产生过程的物质；

3）修复后作为土壤用途使用的污染土壤；

4）供实验室化验分析用或科学研究用固体废物样品。

（2）按照以下方式进行处置后的物质，不作为固体废物管理：

1）金属矿、非金属矿和煤炭采选过程中直接留在或返回到采空区的符合《一般工业固体废物贮存和填埋污染控制标准》（GB 18599—2020）中第Ⅰ类一般工业固体废物要求的采矿废石、尾矿和煤矸石。但是带入除采矿废石、尾矿和煤矸石以外的其他污染物质的除外；

2）工程施工中产生的按照法规要求或国家标准要求就地处置的物质。

（3）国务院生态环境主管部门认定不作为固体废物管理的物质。

4.3.1.7　不作为液态废物管理的物质判断原则

（1）满足相关法规和排放标准要求可排入环境水体或者市政污水管网和处理设施的废水、污水。

（2）经过物理处理、化学处理、物理化学处理和生物处理等废水处理工艺处理后，可以满足向环境水体或市政污水管网和处理设施排放的相关法规和排放标准要求的废水、污水。

（3）废酸、废碱中和处理后产生的满足 4.3.1.7 第（1）条或 4.3.1.7 第（2）条要求的废水。

4.3.1.8 固体废物属性判断注意事项

事实上，几乎所有固体废物都可找到合理的利用方式和途径。具有经济利用价值甚至较高经济价值并不是固体废物的本质特征，也与其是否属于固体废物没有必然的联系，它只是决定固体废物流向和处置利用的动因。但需注意的是，对于企业来说，不具有经济价值的物品肯定属于废物。待鉴别物品是固体废物还是副产品需把握以下几点（陈小亮和吕晶，2014）：

（1）物品是有意产生还是无意产生。若该物品的生产目的明确，或有围绕其生产流程的控制措施，或有其质量标准和规范，则可以视为副产品，否则可能属于固体废物。

（2）需要把握物品的社会属性，即需要考虑行业的通行做法和市场需求，产生量很大、有稳定市场需求时就不能判断为废物，反之则可能属于废物。例如，某化工企业在乙烯利生产过程中产生盐酸，其质量控制标准按照中华人民共和国化工行业标准《副产盐酸》（HG/T 3783—2005）执行，根据物品是有意产生还是无意产生的判断原则，该盐酸产物应属于副产品。但随着市场的变化，该盐酸产物目前已失去了市场，丧失了原有的经济价值，因此该盐酸产物对于企业来说应该属于 HW34 废酸。

（3）物品归入副产品还是固体废物具有相对性。例如，裂解石脑油、轻柴油等生产乙烯的过程中，伴随着 C5 馏分和异戊二烯产生，若此分离后的混合物用作 C5 或者异戊二烯的生产原料，则不可视为废物，因为生产 C5 或异戊二烯的原料本身就为混合物，并没有严格的组分比例标准；但若其仅用作一般燃料，则应视为 HW08 废矿物油。再如精对苯二甲酸生产过程中产生的氧化残渣，若企业自用于生产聚酯多元醇产品，则可以不视为废物；但若企业将其转移给其他企业利用，则该氧化残渣对于产生企业应视为固体废物。

4.3.2 《名录》鉴别方法

《名录》鉴别通常指依据《名录》和《危险废物鉴别标准　通则》，不需要通过样品采集和分析，直接对固体废物的危险特性进行认定。常用的方法是根据固体废物的来源，确定是否明确列入《名录》。如果列入《名录》，则可直接判断为危险废物；如果未列入《名录》，可通过《危险废物鉴别标准　通则》中危险废物混合后判定原则和危险废物利用处置后判定规则进行判定。

4.3.2.1 《名录》判定方法

在分析鉴别固体废物危险特性过程中，《名录》是重要参考文件。在《名录》中，详细列出了危险废物的行业来源、类别、废物代码、危险特性等重要列表，在分析鉴别过程中必须严格按照相关列表以及列表中的内容规范查询。此外，为保证固体废物危险特性鉴别结果的准确性，在对照《名录》查询过程中，还需掌握一定的查询方法（梁耀新等，2019），具体为：首先，对比废物产生的行业来源，之后再查找非特定行业，这样有助于物质大致所属范围的确定。其次，在对比废物行业来源查找过程中，需对废物生产的工艺、环节进行分析把握，在此基础上将其与具备危险性的废物来源特征进行对比分析，有助于鉴别待检测物质是否具备危险性。在具体鉴别过程中，若遇到已经形成一产多业格局的大型企业申请废物危险特性鉴别的情形，就不能简单地按照企业注册的行业进行废物相关信息的查询，必须结合具体的废物产生环节与工艺进行。

4.3.2.2　危险废物混合后判定规则

（1）具有毒性、感染性中一种或两种危险特性的危险废物与其他物质混合，导致危险特性扩散到其他物质中，混合后的固体废物属于危险废物。

（2）仅具有腐蚀性、易燃性、反应性中一种或一种以上危险特性的危险废物与其他物质混合，混合后的固体废物经鉴别不再具有危险特性的，不属于危险废物。

（3）危险废物与放射性废物混合，混合后的废物应按照放射性废物管理。

4.3.2.3　危险废物利用处置后判定规则

（1）仅具有腐蚀性、易燃性、反应性中一种或一种以上危险特性的危险废物利用过程中中和处置后产生的固体废物，经鉴别不再具有危险特性的，不属于危险废物。

（2）具有毒性危险特性的危险废物利用过程中产生的固体废物，经鉴别不再具有危险特性的，不属于危险废物。除国家有关法规、标准另有规定的外，具有毒性危险特性的危险废物处置后产生的固体废物，仍属于危险废物。

（3）除国家有关法规、标准另有规定的外，具有感染性危险特性的危险废物利用处置后，仍属于危险废物。

4.4　危险特性的识别与筛选

4.4.1　待鉴别物危险特性的识别方法

4.4.1.1　在产企业固体废物危险特性识别方法

在产企业的固体废物，主要通过其产生过程识别危险特性。在进行固体废物产生过程分析时，要对生产工艺流程、产污环节、生产所需原辅材料、主副反应产物及其理化特性等内容重点把握。

（1）分析生产工艺流程及固体废物产生环节。通过查阅建设项目环评文件、现场勘查等方式，分析生产工艺流程及固体废物产生环节。根据分析结果详细、准确地介绍待鉴别固体废物涉及的反应装置，绘制相应的工艺流程图，在流程图上标明涉及的产污环节。此处，未参与待鉴别固体废物产生的装置及产污环节可以不描述，减少不必要的分析过程。

（2）根据生产工艺，全面列出固体废物产生过程所涉原辅材料、主副反应生成物。准确描述上述所列物质的种类、消耗指标及来源，然后对所涉物质进行逐一分析。分析时，查询《危险化学品目录》、原辅材料的相关产品标准及文献等相关资料，明确危险化学品分类信息及急性毒性数据，溯源原辅材料可能引入至待鉴别固体废物中的危害物质，深入分析原辅材料可能影响到待鉴别固体废物中的危险特性。

4.4.1.2 其他重要来源固体废物危险特性识别方法

（1）历史遗留固体废物危险特性识别方法

1）可溯源的固体废物危险特性识别

历史遗留固体废物的溯源对其危险特性识别尤其重要，因此，开展历史遗留固体废物危险特性鉴别时，首先应该启动溯源工作。通过充分收集相关的信息资料，并结合历史遗留固体废物外观、气味和堆存状态等，分析研究其行业、工艺及来源。在确定历史遗留固体废物来源的情况下，可通过产生过程的分析直接识别其危险特性。

2）无法溯源的固体废物危险特性识别

目前国家尚未出台对不明来源的固体废物危险特性鉴别的技术规范，国内各鉴别单位对此也仅限于初步探索阶段。针对无法溯源的固体废物，应首先对这种固体废物进行全成分元素分析和水分、有机分、灰分分析，根据结果初步识别其危险特性并确定检测项目。针对固态待鉴别物，也可借助现场快速检测设备（手持式 XRF 光谱仪、便携式 GC-MS 等）初步分析其金属元素、挥发性有机物和非挥发性有机物的含量，根据快速检测测试结果识别其危险特性；针对液态待鉴别物，可通过 pH 试纸快速识别其腐蚀性。

（2）作为固体废物管理的污染土壤危险特性识别方法

污染地块土壤成为固体废物前，经过了系统的污染状况调查、风险评估或修复效果评估，这些前期资料为污染土壤危险废物鉴别提供了大量基础资料，为鉴别指标的选择提供依据。因此，土壤污染状况调查、土壤环境风险评估报告、场地修复方案等调查、评估结果是待鉴别污染土壤危险特性识别的重要依据。鉴别机构也可以自行调查或进行补充调查，以查明污染土壤的污染情况，在相关调查、评估的基础上根据危险废物鉴别标准（GB 5085.1～GB 5085.6）识别污染土壤的危险特性并确定鉴别检测项目。对于可排除的有害物质或特性，应逐项说明理由，相应检测项目可不进行检测。一般情况下，受污染土壤应重点关注腐蚀性、浸出毒性和毒性物质含量的危险特性。

4.4.2 待鉴别固体废物危险特性初筛方法

为快速、全面了解待鉴别物的成分组成及危险特性，降低后续鉴别测试成本，在进行鉴别采样工作前，可根据鉴别工作需要采集 3～5 个待鉴别物样品开展危险特性初筛工作。进行固体废物危害特性初筛分析时，应通过各种技术手段，对鉴别固体废物进行全面分析，逐一排除不可能存在的危险特性，排除时应尽可能采用相关实验数据作为排除依据。待鉴别物危害特性初筛工作一般在鉴别方案编制前完成，初筛时可按照反应性、易燃性、腐蚀性、浸出毒性、毒性物质含量、急性毒性等依次分析（闫纪宪和王红娟，2021）。

4.4.2.1 反应性危险特性初筛

反应性初筛主要分析待鉴别固体废物是否具有爆炸性、与酸或水接触是否产生易燃气体或有毒气体、是否含有废弃氧化物或有机过氧化物。①爆炸性分析时，首先分析待鉴别物质是否具有爆炸性原子团，如果物质不含有爆炸性原子团，则不需要进行爆炸性试验测试，物质不具有爆炸性；如果物质含有爆炸性原子团，但分解热低于 500 J/g，放热分解温度低于 500℃，则也不需要进行爆炸性试验，物质不具有爆炸性。②分析与酸或水接触是否产生易燃气体或有毒气体，首先需要结合 XRF 分析结果，分析待鉴别固体废物是否具有反应元素或基团，然后利用遇水放出易燃气体测试仪进一步测试放出易燃气体的反应速率。有毒气体的检测可以利用实验室相关仪器自制相关设备进行测试验证。通常碱金属、金属粉末、金属有机化合物、氰化物、盐型碳化物等遇水或酸可放出可燃气体，盐型磷化物、金属有机化合物、酸性腐蚀品、含有特征基团的盐类等遇水或酸混合后可放出有毒气体。③废弃氧化剂和有机过氧化物本身不燃烧，但是由于具有氧化性，在外力作用下如受热等容易释放出氧气及大量的热，增加了与其接触的可燃物发生火灾的危险性和剧烈程度。大多数氧化剂和液体酸类接触会发生剧烈反应，散发有毒气体。常见的氧化剂有过氧化钠、过氧化钾、过氧化镁、高锰酸钾、高氯酸盐、硝酸盐等。

4.4.2.2 易燃性危险特性初筛

结合待鉴别固体废物的物理状态，确定需要进一步测试的相关特征指标，利用闪点测试仪或固体燃烧速率测试仪进一步验证是否具有易燃性。液态闪点温度低于 60℃时，则属于液态易燃性危险废物；在标准温度下因摩擦或自发性燃烧而起火，经点燃能剧烈而持续地燃烧并产生危害的固态废物，属于固态易燃性危险废物。剧烈而持续地燃烧是指将待测物质堆成长 250 mm、宽 20 mm、高 10 mm 的样品带，在样品带的一端点燃待测物质，当样品燃烧到 80 mm 处开始计时，记录样品带燃烧到 180 mm 处时的燃烧时间，由此确定燃烧速率，当燃烧速率超过 2.2 mm/s，或 100 mm 样品带的燃烧时间小于 45 s，则认为待测固体物质具有易燃性；气态易燃性危险废物是指贮存在密闭容器内呈压缩状态或液态的气体，通常在 20℃、101.3 kPa 状态下，在与空气的混合物中体积分数≤13%时可点燃的气体，或者在该状态下，不论易燃下限如何，与空气混合，易燃上限与易燃下限之差≥12%的气体，均属于气态易燃性危险废物。常见的气态易燃性危险废物有甲烷、乙烷、丙烷、一氧化碳、氢气、乙炔等。

4.4.2.3 腐蚀性危险特性初筛

分析腐蚀性时需采用 pH 和反应速率相结合的方式，对于固态、半固态的固体废物浸出液和水溶性液态废物，通常采用 pH 计测 pH 的方法进行判断，对于非水溶性的液态废物则需要采用金属挂片腐蚀测试仪进一步测试反应速率。

4.4.2.4 浸出毒性初筛

目前我国鉴别标准中浸出毒性检测项目共 50 种。检测时，首先，分别采用《固体废物 挥发性有机物的测定 顶空/气相色谱-质谱法》（HJ 643—2013）和《固体废物 半挥发性有机物的测定 气相色谱-质谱法》（HJ 760—2015）对待测样品挥发性有机物和半挥发性有机物进行初筛，对比《危险废物鉴别标准 浸出毒性鉴别》（GB 5085.3—2007）中挥发性有机物检测项目和非挥发性有机物检测项目，确定是否有需要进一步检测的项目。然后分析反应原辅材料的危险化学品分类结果及其急性毒性数据表、工艺可能引入的危害物质溯源表及原辅材料的危害物质溯源结果，对比《危险废物鉴别标准 浸出毒性鉴别》中有机农药类的检测项目，确定是否具有需要检测的有机农药项目。采用《固体废物 22 种金属元素的测定 电感耦合等离子体发射光谱法》（HJ 781—2016）测定样品及浸出液中无机元素含量，采用《水质 烷基汞的测定 气相色谱法》（GB/T 14204—1993）测定浸出液中烷基汞的含量，对比《危险废物鉴别标准 浸出毒性鉴别》中无机元素及化合物检测项目确定是否具有需要检测的相关项目。

4.4.2.5 毒性物质含量初筛

按照规定，毒性物质含量鉴别主要是分析待鉴别物质中是否具有 GB 5085.3—2007 附录 A～附录 F 中所规定的剧毒物质、有毒物质、致癌性物质、致突变性物质、生殖毒性物质和持久性有机污染物。分析时主要是根据企业生产工艺检测待鉴别样品中无机元素、挥发性及半挥发性有机物，同时要注重分析反应原辅材料的危险化学品分类结果及其急性毒性数据表、工艺可能引入的危害物质溯源表及原辅材料的危害物质溯源结果等相关支撑资料，然后对比 GB 5085.6—2017 中剧毒物质名录、有毒物质名录、致癌性物质名录、致突变性物质名录、生殖毒性物质名录及持续性有机污染物名录，进一步确定待鉴别物质中是否含有需要鉴别分析的项目指标。发现确定有需要鉴别分析的项目指标时，严格按照毒性物质含量判断标准①～⑦进行严格判断。同时，《危险废物鉴别技术规范》中规定：在进行毒性物质含量危险特性判断时，当同一种毒性成分在一种以上毒性物质中存在时，以分子量最高的物质进行计算和结果判断。此处的分子量最高原则上应当指的是摩尔当量的目标元素对应的分子量最高。以待鉴别物质中出现镍元素为例，镍元素通常以羰基镍、次硫化镍、二氧化镍、硫化镍、三氧化二镍、一氧化镍等形式出现在附录 A 和附录 C 中，假如测定 1 g 固体物质中含有镍元素为 0.647 1 mg，则含有 1 mg 硫化镍，硫化镍的总含量为 0.1%，如果换算为三氧化二镍的含量为 0.91 mg，三氧化二镍的总含量为 0.091%，按照《危

险废物鉴别标准　毒性物质含量鉴别》4 鉴别标准中的 4.3 含有本标准附录 C 中的一种或一种以上致癌性物质的总含量≥0.1%，满足上述要求即为危险废物，此时，如果按照三氧化二镍计算则不是危险废物，以硫化镍计算则为危险废物。因此，虽然三氧化二镍的分子量大于硫化镍，但是硫化镍的摩尔当量分子量（90.77）大于三氧化二镍的摩尔当量分子量（82.7）。

4.4.2.6　急性毒性初筛

急性毒性初筛参数通常包括口服毒性半数致死量 LD_{50}、皮肤接触毒性半数致死量 LD_{50}、吸入毒性半数致死浓度 LC_{50}。鉴别时，首先要根据待鉴别物质的具体性质判断选择何种初筛参数，如果待鉴别物质可能分布、迁移到饮水和食物中，通过动物消化系统进入体内，则选择口服毒性半数致死量 LD_{50} 作为初筛参数；如果待鉴别物质容易通过蒸汽、烟雾或粉尘等形式吸入人体，则选择吸入毒性半数致死浓度 LC_{50} 作为初筛参数；一般情况下皮肤是肌体与外界环境隔离的良好屏障，对环境污染物通透性较弱，因此皮肤不是主要的暴露途径，通常不选择皮肤接触毒性半数致死量 LD_{50} 作为初筛参数。

4.4.3　危险特性鉴别检测项目的确定

固体废物危险特性鉴别的检测项目应根据固体废物的产生源特性及初筛结果确定，必要时可向与该固体废物危险特性鉴别工作无直接利害关系的行业专家咨询。经综合分析固体废物产生过程生产工艺、原辅材料、产生环节、主要危害成分和初筛结果，确定不存在的危险特性，不进行检测。

4.5　采样和检测工作方案及质量控制

4.5.1　采样工作方案与质控要求

危险废物的鉴别过程中，其样品的采集是非常重要的环节，所采集的样品必须具有真实性和代表性。危险废物样品的采集和制备，应按照《工业固体废物采样制样技术规范》和《危险废物鉴别技术规范》等标准的要求进行。

4.5.1.1　采样对象的确定

（1）应根据固体废物的产生源进行分类采样，禁止将不同产生源的固体废物混合。

（2）生产原辅材料、工艺路线、产品均相同的两个或两个以上生产线，可以采集单条生产线产生的固体废物代表该类固体废物。

（3）固体废物为 GB 34330—2017 所规定的丧失原有使用价值的物质时，每类物质作为一类固体废物，分别采样鉴别。采样应满足以下要求：

1）如危险特性全部来源于该物质本身，且在使用过程中危险特性不变或降低，应采集该物质未使用前的样品。

2）如危险特性全部或部分来源于使用过程，应在该物质不能继续按照原有设计用途使用时采样。

（4）固体废物为 GB 34330—2017 所规定的生产过程（含固体废物利用、处置过程）中产生的副产物，应根据产生工艺节点确定固体废物类别，每类固体废物分别采样鉴别。采样应满足以下要求：

1）应在该固体废物从正常生产工艺或利用工艺中分离出来的工艺环节采样。

2）应在生产设施、设备、原辅材料和生产负荷稳定的生产期采样。

（5）固体废物为 GB 34330—2017 所规定的环境治理和污染控制过程中产生的物质，应在污染控制设施污染物来源、设施运行负荷和效果稳定的生产期采样；应根据环境治理和污染控制工艺流程，对不同工艺环节产生的固体废物分别进行采样。

（6）堆存状态的固体废物，采样应满足以下要求：

1）如其产生过程尚未终止，应按（3）～（5）采集原产生工艺样品。

2）如其产生过程已经终止，则采集堆存的固体废物。

3）环境事件涉及的固体废物，按 HJ 298—2019 第 8 章相关要求采样。

（7）固体废物为生产和服务设施更换或拆除的固定式容器、反应容器和管道，粉状、半固态、液体产品使用后产生的包装物或容器，以及产品维修或产品类废物拆解过程产生的粉状、半固态、液体物料的盛装容器，采样对象应为容器中的内容物，每类内容物作为一类固体废物，分别采样。

（8）水体环境、污染地块治理与修复过程产生的，需要按固体废物进行处理处置的水体沉积物及污染土壤等环境介质，应尽可能在未发生二次扰动的情况下，根据水体、污染地块污染物的扩散特征和环境调查结果，对不同污染程度的环境介质进行分类采样。

（9）需要开展危险废物鉴别的建筑废物，应尽可能在拆除、清理之前或过程中，根据建筑物的组成和污染特性进行分类，分别采样。

4.5.1.2 份样数的确定

（1）危险废物鉴别需根据待鉴别固体废物的质量确定采样份样数［下列第（4）条所列情形除外］，表 4-1 为需要采集的固体废物的最小份样数。

（2）堆存状态的固体废物，应以堆存的固体废物总量为依据，按照表 4-1 确定需要采集的最小份样数。

（3）生产工艺过程中产生的固体废物，以生产设施自试生产以来的实际最大生产负荷时的固体废物产生量为依据，按照表 4-1 确定需要采集的最小份样数。满足 4.5.1.1 第（2）条规定的固体废物，以固体废物产生量最大的单条生产线最大产生量为依据，按照表 4-1 确定需要采集的最小份样数。固体废物产生量根据以下方法确定：

表 4-1　固体废物采集最小份样数

固体废物质量（以 q 表示）/t	最小份样数/个
$q \leqslant 5$	5
$5 < q \leqslant 25$	8
$25 < q \leqslant 50$	13
$50 < q \leqslant 90$	20
$90 < q \leqslant 150$	32
$150 < q \leqslant 500$	50
$500 < q \leqslant 1\ 000$	80
$q > 1\ 000$	100

1）连续产生固体废物时，以确定的工艺环节 1 个月内的固体废物产生量为依据，按照表 4-1 确定需要采集的最小份样数。如果连续产生时段小于 1 个月，则以 1 个产生时段内的固体废物产生量为依据。

2）间歇产生固体废物时，如固体废物产生的时间间隔小于或等于 1 个月，应以确定的工艺环节 1 个月内的固体废物最大产生量为依据，按照表 4-1 确定需要采集的最小份样数。如固体废物产生的时间间隔大于 1 个月，以每次产生的固体废物总量为依据，按照表 4-1 确定需要采集的最小份样数。

（4）以下情形固体废物的危险特性鉴别可以不根据固体废物的产生量确定采样份样数：

1）鉴别样品为 4.5.1.1 第（2）条 1）中所规定的物质，可适当减少采样份样数，份样数不少于 2 个。固体废物为 4.5.1.1 第（7）条所规定的废弃包装物、容器时，内容物的采样参照本条执行。

2）固体废物为废水处理污泥，如废水处理设施的废水的来源、类别、排放量、污染物含量稳定，可适当减少采样份样数，份样数不少于 5 个。

3）固体废物来源于连续生产工艺，且设施长期运行稳定、原辅材料类别和来源固定，可适当减少采样份样数，份样数不少于 5 个。

4）贮存于贮存池、不可移动大型容器、槽罐车内的液态废物，可适当减少采样份样数。敞口贮存池和不可移动大型容器内液态废物采样份样数不少于 5 个；封闭式贮存池、不可移动型容器和槽罐车，如不具备在卸除废物过程中采样条件的，采样份样数不少于 2 个。

5）贮存于可移动的小型容器（容积≤1 000 L）中的固体废物，当容器数量少于根据表 4-1 所确定的最小份样数时，可适当减少采样份样数，每个容器采集 1 个固体废物样品。

6）固体废物非法转移、倾倒、贮存、利用、处置等环境事件涉及固体废物的危险特性鉴别，因环境事件处理或应急处置要求，可适当减少采样份样数，每类固体废物的采样份样数不少于 5 个。

7）水体环境、污染地块治理与修复过程产生的，需要按照固体废物进行处理处置的水体沉积物及污染土壤等环境介质，以及突发环境事件及其处理过程中产生的固体废物，如鉴别过程已经根据污染特征进行分类，可适当减少采样份样数，每类固体废物的采样份样数不少于 5 个。

4.5.1.3 份样量的确定

（1）固态废物样品采集的份样量应同时满足下列要求：

1）满足分析操作的需要；

2）依据固态废物的原始颗粒最大粒径，不小于表 4-2 中规定的质量。

表 4-2 不同颗粒直径的固态废物的一个份样所需采集的最小份样量

原始颗粒最大粒径（以 *d* 表示）/cm	最小份样量/g
$d \leqslant 0.50$	500
$0.50 < d \leqslant 1.0$	1 000
$d > 1.0$	2 000

（2）半固态和液态废物样品采集的份样量应满足分析操作的需要。

4.5.1.4 采样的时间和频次

（1）连续产生。样品应分次在 1 个月（或一个产生时段）内等时间间隔采集；每次采样在设备稳定运行的 8 小时（或一个生产班次）内完成。每采集 1 次，作为 1 个份样。

（2）间歇产生。根据确定的工艺环节 1 个月内的固体废物的产生次数进行采样：如固体废物产生的时间间隔大于 1 个月，仅需要选择一个产生时段采集所需的份样数；如 1 个月内固体废物的产生次数大于或者等于所需的份样数，遵循等时间间隔原则在固体废物产生时段采样，每次采集 1 个份样；如 1 个月内固体废物的产生次数小于所需的份样数，将所需的份样数均匀分配到各产生时段采样。

（3）历史遗留固体废物、作为固体废物管理的污染土壤或环境案件涉及固体废物的鉴别采样，仅需要采集 1 次。

4.5.1.5 采样方法

（1）固体废物采样工具、采样程序、采样记录和盛样容器参照《工业固体废物采样制样技术规范》（HJ/T 20—1998）的要求进行，固体废物采样安全措施参照 GB/T 3723—1999。采样时，应记录固体废物名称、来源、数量、性状、包装、贮存、处置、环境、编号、份样量、份样数、采样点、采样方法、采样日期、采样人员等。必要时，根据记录填写采样报告。固体废物采样记录表模板可参考本书附录 3。

（2）在采样过程中应采取措施防止危害成分的损失、交叉污染和二次污染。

（3）生产工艺过程产生的固体废物应在固体废物排（卸）料口按照下列方法采集：

1）由卸料口排出的固体废物

采样过程应预先清洁卸料口，并适当排出固体废物后再采集样品。采样时，采用合适的容器接住卸料口，根据需要采集的总份样数或该次需要采集的份样数，等时间间隔接取所需份样量的固体废物。每接取一次固体废物，作为 1 个份样。

2）板框压滤机

将压滤机各板框顺序编号，用 HJ/T 20—1998 中的随机数表法抽取与该次需要采集的份样数相同数目的板框作为采样单元采取样品。采样时，在压滤脱水后取下板框，刮下固体废物。每个板框内采取的固体废物，作为 1 个份样。

（4）堆存状态固体废物采样

1）散状堆积固态、半固态废物

对于堆积高度小于或者等于 0.5 m 的散状堆积固态、半固态废物，将固体废物堆平铺为厚度 10～15 cm 的矩形，划分为 5 n 个（n 为根据第 4.5.1.2 确定的所需采样的总份样数，下同）面积相等的网格，顺序编号；用 HJ/T 20—1998 中的随机数表法抽取 n 个网格作为采样单元，在网格中心位置处用采样铲或锹垂直采取全层厚度的固体废物。每个网格采取的固体废物，作为 1 个份样。

对于堆积高度大于 0.5 m 的散状堆积固态、半固态废物，应分层采取样品；采样层数应不小于 2 层，按照固态、半固态废物堆积高度等间隔布置；每层采取的份样数应相等。分层采样可以用采样钻或者机械钻探的方式进行。

2）敞口贮存池或不可移动大型容器中的固体废物

将容器（包括建筑于地上、地下、半地下的）划分为 5 n 个面积相等的网格，顺序编号。

液态废物，用 HJ/T 20—1998 中的随机数表法抽取 n 个网格作为采样单元采取样品。对于无明显分层的液态废物，采用玻璃采样管或者重瓶采样器进行采样。将玻璃采样管或者重瓶采样器从网格的中心位置处垂直缓慢插入液面至容器底；待采样管或采样器内装满液态废物后，缓缓提出，将样品注入采样容器。对于有明显分层的液态废物，采用玻璃采样管或者重瓶采样器进行分层采样。每采取一次，作为 1 个份样。

固态、半固态废物，固体废物厚度小于 2 m 时，用 HJ/T 20—1998 中的随机数表法抽取 n 个网格作为采样单元采取样品。采样时，在网格的中心位置处用土壤采样器或长铲式采样器垂直插入固体废物底部，旋转 90° 后抽出。每采取一次固体废物，作为 1 个份样。固体废物厚度大于或等于 2 m 时，用 HJ/T 20—1998 中的随机数表法抽取 $\frac{n+1}{3}$（四舍五入取整数）个网格作为采样单元采取样品。采样时，应分为上部（深度为 0.3 m 处）、中部（1/2

深度处）、下部（5/6 深度处）三层分别采取样品。每采取一次，作为 1 个份样。

3）小型可移动袋、桶或其他容器中的固体废物

将各容器顺序编号，用 HJ/T 20—1998 中的随机数表法抽取 *n* 个容器作为采样单元采取样品。根据固体废物性状，分别使用长铲式采样器、套筒式采样器或者探针进行采样。每个采样单元采取 1 个份样。当容器最大边长或高度大于 0.5 m 时，应分层采取样品，采样层数应不小于 2 层，各层样品混合作为 1 个份样。

如样品为液态废物，将容器内液态废物混匀（含易挥发组分的液态废物除外）后打开容器，将玻璃采样管或者重瓶采样器从容器口中心位置处垂直缓缓插入液面至容器底；待采样管或采样器内装满液体后，缓缓提出，将样品注入采样容器。

4）封闭式贮存池、不可移动大型容器或槽罐车中的固体废物

贮存于封闭式贮存池、不可移动大型容器或槽罐车中的固体废物应尽可能在卸除固体废物过程中按第（3）条 1）中的方法采取样品。如不能在卸除固体废物过程中采样，按第（4）条 2）中的方法从贮存池、容器上部开口采集样品。如存在卸料口，则同时在卸料口按第（3）条 1）中的方法采集不少于 1 个份样。

4.5.1.6 制样、样品的保存

采集的固体废物样品应按照 HJ/T 20—1998 中的要求进行制样和样品的保存。

（1）每份样品保存量至少应为试验和分析需用量的 3 倍。

（2）对光敏废物，样品应装入深色容器中并置避光处。

（3）对易挥发废物，采取无顶空存样，并采取冷冻方式保存。

（4）样品保存应防止受潮或受灰尘等污染。

（5）对与水、酸、碱等易发生反应的废物应在隔绝水、酸、碱等条件下贮存。

（6）样品保存期为 1 个月，易变质的不受此限。

（7）样品应在特定场所由专人保管。

（8）撤销的样品不许随意丢弃，应送回原采样处或安全处置场所。

4.5.1.7 质量控制

（1）为保证在允许误差范围内获得固体废物具有代表性的样品，应在采样的过程中进行质量控制。

（2）在固体废物采样前，应制订详细的采样方案（采样计划）；在采样过程中，应认真按采样方案进行操作。

（3）对采样人员应进行培训。固体废物采样是一项技术性很强的工作，应由受过专门培训、有经验的人员承担。采样人员应熟悉固体废物性状、掌握采样技术、懂得安全操作的有关知识和处理方法。采样时，应有 2 人以上在场进行操作。

（4）采样工具、设备所用材质不能和待采固体废物有任何反应，不能使待采固体废物

污染、分层和损失。采样工具应干燥、清洁，便于使用、清洗、保养、维修。任何采样装置（特别是自动采样器）在正式使用前应做可行性试验。

（5）采样过程中要防止待采固体废物受到污染和发生质变。与水、酸、碱有反应的固体废物，应在隔绝水、酸、碱的条件下采样（如反应十分缓慢，则在采样精度允许条件下，通过快速采样消除这一影响）；组成随温度变化的固体废物（含液态废物），应在其正常组成所需求的温度下采样。

（6）盛样容器应满足以下要求：

1）盛样容器材质与样品物质不起作用，没有渗透性；

2）具有符合要求的盖、塞和阀门，使用前应洗净、干燥；

3）对光敏性固体废物样品，盛样容器应是不透光的（或使用深色材质容器外套）。

（7）样品盛入容器后，在容器壁上应随即贴上标签。标签内容包括：

1）样品名称及编号；

2）固体废物批次及批量；

3）产生单位（来源）；

4）采用部位（位置）；

5）采样日期；

6）采样人员。

（8）样品运输过程中，应防止不同固体废物样品之间交叉污染；盛样容器不可倒置、倒放，应防止破损、浸湿和污染。

（9）采样全过程应由专人负责，采样记录经审核无问题后应及时存档。

（10）如有委外采样，委外部分采样应从采样阶段、样品流转等方面进行质量控制。

1）采样阶段：采样阶段现场派驻管理人员全程进行采样管理及监督，要求采样人员应由受过专门培训、有经验的人员承担，采样人员应熟悉待采固体废物的外观特性、掌握采样技术，懂得安全操作的知识和处理方法。采样时，应由 2 人以上在场进行操作，确保采样工具应干燥、清洁；样品制备完成后，检查样品瓶上标明编号等采样信息，做好现场采样记录，并且确认平行样的采集，所有样品采集后放入储存箱中，及时送至实验室进行分析。

2）样品流转阶段：对样品及样品交接单进行核对和管理，确保样品交接准确无误。

4.5.2　检测工作方案与质控要求

4.5.2.1　样品前处理

根据 GB 5085.3—2007 及 HJ 298—2019 的要求，固体废物需进行前处理后方可进行检测。固体废物前处理方法有：元素样品［除铬（六价）、无机氟化物、氰化物外］的前处理法（GB 5085.3—2007 附录 S）、铬（六价）及其化合物样品前处理方法（GB 5085.3—2007 附录 T）、有机物样品的前处理方法（GB 5085.3—2007 附录 U、附录 V、附录 W）、半挥发性有机物样品的前处理方法（GB 5085.6—2007 附录 G）等。

4.5.2.2 检测方法

（1）腐蚀性检测

根据危险废物鉴别标准 GB 5085.1—2007 的要求，固体废物腐蚀性的检测内容有 pH 和腐蚀速率。

1）pH 的测试：按照 GB/T 15555.12—1995 的规定制备浸出液，并采用玻璃电极法测定其 pH。

2）腐蚀速率的测试：按照《金属材料实验室均匀腐蚀全浸试验方法》（JB/T 7901—1999）的要求测试 GB/T 699 中规定的 20 号钢材的腐蚀速率。

（2）急性毒性初筛检测

根据危险废物鉴别标准 GB 5085.2—2007 的要求，急性毒性初筛检测内容包括口服毒性半数致死量 LD_{50}、皮肤接触毒性半数致死量 LD_{50} 和吸入毒性半数致死浓度 LC_{50}。经口 LD_{50}、经皮 LD_{50} 和吸入 LC_{50} 的测定按照《化学品测试导则》（HJ/T 153—2004）中指定的方法进行。

（3）浸出毒性检测

根据危险废物鉴别标准 GB 5085.3—2007 的要求，固体废物浸出毒性的监测内容包括无机元素及化合物、有机农药类、非挥发性有机化合物及挥发性有机化合物，共 50 种之多。

固体废物浸出毒性按照 HJ/T 299—2007 规定的方法浸出，浸出液中危害成分分析方法为 GB 5085.3—2007 附录 A～附录 Q、《固体废物　六价铬的测定　二苯碳酰二肼分光光度法》（GB/T 15555.4—1995）和 GB/T 14204—1993，见表 4-3。

表 4-3　浸出毒性鉴别标准值和分析方法

类别	序号	危害成分项目	浸出液中危害成分浓度限值/（mg/L）	分析方法
无机元素及化合物	1	铜（以总铜计）	100	GB 5085.3—2007 附录 A～附录 D
	2	锌（以总锌计）	100	GB 5085.3—2007 附录 A～附录 D
	3	镉（以总镉计）	1	GB 5085.3—2007 附录 A～附录 D
	4	铅（以总铅计）	5	GB 5085.3—2007 附录 A～附录 D
	5	总铬	15	GB 5085.3—2007 附录 A～附录 D
	6	铬（六价）	5	GB/T 15555.4—1995

类别	序号	危害成分项目	浸出液中危害成分浓度限值/（mg/L）	分析方法
无机元素及化合物	7	烷基汞	甲基汞＜10 ng/L，乙基汞＜20 ng/L	GB/T 14204—1993
	8	汞（以总汞计）	0.1	GB 5085.3—2007 附录 B
	9	铍（以总铍计）	0.02	GB 5085.3—2007 附录 A～附录 D
	10	钡（以总钡计）	100	GB 5085.3—2007 附录 A～附录 D
	11	镍（以总镍计）	5	GB 5085.3—2007 附录 A～附录 D
	12	总银	5	GB 5085.3—2007 附录 A～附录 D
	13	砷（以总砷计）	5	GB 5085.3—2007 附录 C、附录 E
	14	硒（以总硒计）	1	GB 5085.3—2007 附录 B、附录 C、附录 E
	15	无机氟化物（不包括氟化钙）	100	GB 5085.3—2007 附录 F
	16	氰化物（以 CN^- 计）	5	GB 5085.3—2007 附录 G
有机农药类	17	滴滴涕	0.1	GB 5085.3—2007 附录 H
	18	六六六	0.5	GB 5085.3—2007 附录 H
	19	乐果	8	GB 5085.3—2007 附录 I
	20	对硫磷	0.3	GB 5085.3—2007 附录 I
	21	甲基对硫磷	0.2	GB 5085.3—2007 附录 I
	22	马拉硫麟	5	GB 5085.3—2007 附录 I
	23	氯丹	2	GB 5085.3—2007 附录 H
	24	六氯丹	5	GB 5085.3—2007 附录 H
	25	毒杀芬	3	GB 5085.3—2007 附录 H
	26	灭蚁灵	0.05	GB 5085.3—2007 附录 H
非挥发性有机化合物	27	硝基苯	20	GB 5085.3—2007 附录 J
	28	二硝基苯	20	GB 5085.3—2007 附录 K
	29	对硝基氯苯	5	GB 5085.3—2007 附录 L
	30	2,4-二硝基氯苯	5	GB 5085.3—2007 附录 L
	31	五氯酚及五氯芬钠（以五氯酚计）	50	GB 5085.3—2007 附录 L
	32	苯酚	3	GB 5085.3—2007 附录 K
	33	2,4-二氯苯酚	6	GB 5085.3—2007 附录 K
	34	2,4,6-三氯苯酚	6	GB 5085.3—2007 附录 K
	35	苯并[*a*]芘	0.000 3	GB 5085.3—2007 附录 K、附录 M
	36	邻苯二甲酸二丁酯	2	GB 5085.3—2007 附录 K
	37	邻苯二甲酸二辛酯	3	GB 5085.3—2007 附录 L
	38	多氯联苯	0.002	GB 5085.3—2007 附录 N

类别	序号	危害成分项目	浸出液中危害成分浓度限值/（mg/L）	分析方法
挥发性有机化合物	39	苯	1	GB 5085.3—2007 附录 O、附录 P、附录 Q
	40	甲苯	1	GB 5085.3—2007 附录 O、附录 P、附录 Q
	41	乙苯	4	GB 5085.3—2007 附录 P
	42	二甲苯	4	GB 5085.3—2007 附录 O、附录 P
	43	氯苯	2	GB 5085.3—2007 附录 O、附录 P
	44	1,2-二氯苯	4	GB 5085.3—2007 附录 K、附录 O、附录 P、附录 R
	45	1,4-二氯苯	4	GB 5085.3—2007 附录 K、附录 O、附录 P、附录 R
	46	丙烯腈	20	GB 5085.3—2007 附录 Q
	47	三氯甲烷	3	GB 5085.3—2007 附录 Q
	48	四氯化碳	0.3	GB 5085.3—2007 附录 Q
	49	三氯乙烯	3	GB 5085.3—2007 附录 Q
	50	四氯乙烯	1	GB 5085.3—2007 附录 Q

（4）易燃性检测

根据危险废物鉴别标准 GB 5085.4—2007 的要求，易燃性危险废物的检测内容包括液态易燃性、固态易燃性和气态易燃性。液态易燃性危险废物的检测按照《闪点的测定　宾斯基-马丁闭口杯法》（GB/T 261—2021）的规定进行，固态易燃性危险废物的检测按照《易燃固体危险货物危险特性检验安全规范》（GB 19521.1—2004）的规定进行，气态易燃性危险废物的检测按照《易燃气体危险货物危险特性检验安全规范》（GB 19521.3—2004）的规定进行。

（5）反应性检测

根据危险废物鉴别标准 GB/T 5085.5—2007 的要求，反应性的检测内容有：具有爆炸性、与水或酸接触产生易燃气体或有毒气体、废弃氧化剂或有机过氧化物。

1）具有爆炸性的检测方法

爆炸性危险废物的鉴别主要依据专业知识，在必要时可按照《民用爆炸品危险货物危险特性检验安全规范》（GB 19455—2004）中第 6.2 条和第 6.4 条规定进行试验和判定。

2）与水混合反应产生易燃气体和热量的检测方法

固体废物与水混合后产生大量易燃气体和热量反应的检测，采用《遇水放出易燃气体危险货物危险特性检验安全规范》（GB 19521.4—2004）中第 5.5.1 条和第 5.5.2 条规定进行试验和判试。

3）与水混合反应产生有毒气体、蒸气或烟雾的检测

固体废物与水混合能产生足以危害人体健康或环境的有毒气体、蒸气或烟雾的检测，主要依据专业知识和经验来判断。

4）在酸性条件下，产生氰化氢或硫化氢气体的检测

固体废物在酸性条件下，能产生氰化氢气体或硫化氢气体的检测，采用《危险废物鉴别标准　反应性鉴别》（GB 5085.5—2007）的附录“固体废物　遇水反应性的测定”进行测试。

5）极易引起燃烧或爆炸的废弃氧化剂的检测

极易引起燃烧或爆炸的废弃氧化剂的检测，采用《氧化性危险货物危险特性检测安全规范》（GB 19452—2004）进行测试。

6）对热、震动或摩擦极为敏感的含过氧化基的废弃有机过氧化物的检测

对热、震动或摩擦极为敏感的含过氧化基的废弃有机过氧化物的检测，采用《有机过氧化物危险货物危险特性检验安全规范》（GB 19521.12—2004）进行测试。

（6）毒性物质含量的检测

根据《危险废物鉴别标准　毒性物质含量鉴别》（GB 5085.6—2007）的要求，毒性物质含量鉴别的内容有剧毒物质、有毒物质、致癌物质、致突变性物质、生殖毒性物质、持久性有机污染物等。各毒性物质的测定，除执行规定的标准分析方法外，暂按 GB 5085.6—2007 附录 A～附录 F 规定的方法执行；待适用于测定特定毒性物质的国家环境保护标准发布后，按标准的规定执行。

4.5.2.3　质量控制

检测质量控制包括对制样、样品前处理和样品分析过程进行质量控制。通过质量控制，核查整个检测过程是否处于受控状态，反应实验室工作过程中可能发生的变化，以及这些变化可能产生的质量问题，便于分析人员及时发现异常，立即采取纠正与预防措施。

（1）检测记录：检测记录写明检测时间、检测人员、检测项目、预处理方法、制样数量、制样方式、检测方法等。

（2）样品制备：样品制备过程坚持保持样品原有的化学组成，不能被污染，不能把样品编号弄混淆的原则。样品检测前严防阳光直射样品，通风良好，整洁，无尘，无易挥发性化学物质。制样时应由 2 人以上在场。制样结束后，应填写制样记录。

（3）样品前处理：根据样品性质和检测要求，严格按照前处理方法处理样品。

（4）样品分析：通过实验室内部控制，减小随机误差，防止过失误差。对样品分析的全过程，包括分析人员、工作环境、分析方法、分析人员对分析方法的正确理解与操作、试剂及标准溶液的配制、工作曲线的绘制、空白试验、仪器的调试和校准、背景的扣除和校正、原始记录的书写、数据的修约和处理等实施有效控制。

（5）委外部分检测质量控制。委外部分检测质量控制从检测方法、试验检测两方面进行质量控制。

1）检测方法：确保委外部分检测因子检测方法按照国家标准规范进行。

2）试验检测：对试验检测过程中校准曲线进行核查，并要求实验室控制样品回收率符合实验室内部质量控制要求。

4.6 检测结果的判断标准和判断方法

（1）在对固体废物样品进行检测后，检测结果超过 GB 5085.1—2007、GB 5085.2—2007、GB 5085.3—2007、GB 5085.4—2007、GB 5085.5—2007 和 GB 5085.6—2007 中相应标准限值的份样数大于或者等于表 4-4 中的超标份样数限值，即可判定该固体废物具有该种危险特性［下列第（3）条除外］。

表 4-4 检测结果判断方案

单位：个

份样数	超标份样数限值	份样数	超标份样数限值
5	2	32	8
8	3	50	11
13	4	80	15
20	6	≥100	22

（2）如果采集的固体废物份样数与 HJ 298—2019 表 3 中的份样数不符，按照表 4-3 中与实际份样数最接近的较小份样数进行结果的判断。

（3）根据 4.5.1.2 第（4）条采样，采样份样数小于表 4-1 规定最小份样数时，检测结果超过 GB 5085.1—2007、GB 5085.2—2007、GB 5085.3—2007、GB 5085.4—2007、GB 5085.5—2007 和 GB 5085.6—2007 中相应标准限值的份样数大于或者等于 1，即可判定该固体废物具有该种危险特性。

（4）在进行毒性物质含量危险特性判断时，当同一种毒性成分在一种以上毒性物质中存在时，以分子量最高的物质进行计算和结果判断。此外，对含铬毒性物质，应根据铬（六价）含量（不是总铬含量）来进行换算和结果判断。六价铬化合物的种类应根据固体废物的产生源进行判断；如果根据产生源无法判断铬化合物种类的，应选择该固体废物中可能存在的含六价铬化合物中［分子量/（铬原子量×铬原子数）］值最大的化合物进行换算和结果判断。

（5）经鉴别具有危险特性的，应当根据其主要有害成分和危险特性确定所属危险废物类别，并按代码“900-000-××”（××为《名录》中危险废物类别代码）进行归类。

参考文献

[1] 陈小亮，吕晶．固体废物危险特性鉴别有关问题的思考研究[J]．环境科学与管理，2014，39（4）：48-51．

[2] 梁耀新，苏流坤，许子平，等. 固体废物危险特性鉴别问题探讨[J]. 绿色科技，2019（16）：168-169.

[3] 闫纪宪，王红娟. 浅析当前固体废物危险特性鉴别工作中的问题及建议[J]. 工业安全与环保，2021，47（11）：81-84.

第 5 章

鉴别方案与鉴别报告的编制

对于长期以来存在的我国危险废物鉴别程序和报告内容不规范的问题，《通知》明确了鉴别流程、鉴别结果认定程序等，并对鉴别方案和鉴别报告编制作出了统一要求。同时，采用社会监督方式强化监管：即鉴别报告通过全国危险废物鉴别信息公开服务平台向全社会公开 10 个工作日且无异议的，或者按照省级危险废物鉴别专家委员会评估意见修改并公开 10 个工作日且无异议的，或者按照最终评估意见修改并再次公开的，鉴别结论方可作为环境管理依据。

5.1　鉴别方案的编制和技术论证

鉴别方案编制是固体废物危险特性鉴别中的一个重要环节，鉴别方案是否规范、科学、合理，决定了鉴别报告乃至整个鉴别工作的质量和可靠性。

5.1.1　鉴别方案框架内容

《通知》附件 2 对于危险废物鉴别方案编制要求进行了明确，见表 5-1。相关要求扩展解读见表 5-2。

表 5-1　危险废物鉴别方案编制要求

危险废物鉴别过程需要进行样品采集和危险特性检测工作的，危险废物鉴别单位应在开展鉴别工作前编制鉴别方案，并组织专家对鉴别方案进行技术论证。鉴别方案应包括但不限于以下内容： 1. 前言。包括鉴别委托方概况、鉴别目的和技术路线。 2. 鉴别对象概况。包括鉴别对象产生过程的详细描述、与鉴别对象危险特性相关的生产工艺、原辅材料及特征污染物分析。 3. 固体废物属性判断。包括鉴别对象是否属于固体废物的判断及依据、鉴别对象是否属于国家危险废物名录中废物的判断和依据等。 4. 危险特性识别和筛选。包括鉴别对象危险特性的识别和危险特性鉴别检测项目筛选的判断和依据。 5. 采样工作方案。包括采样技术方案、组织方案和质量控制措施。 6. 检测工作方案。包括检测技术方案、组织方案和质量控制措施。 7. 检测结果的判断标准和判断方法。

注：摘自《关于加强危险废物鉴别工作的通知》（环办固体函〔2021〕419 号）。

表 5-2 危险废物鉴别方案编制要求解读

序号	标题	主要内容	相关要求扩展解读
1	前言	包括鉴别委托方概况、鉴别目的和技术路线	（1）委托方概况：包括委托方名称、地理位置、所属行业、主要原辅材料、产品类别、生产工艺等情况。对于突发环境事件涉及的或不可溯源历史遗留固体废物的危险特性鉴别方案，该部分内容可简化或省略；对于可溯源的历史遗留固体废物，应该将溯源情况介绍清楚。 （2）鉴别目的：项目来源、背景以及项目开展情况等。 （3）除委托方概况、鉴别目的、技术路线三部分内容外，前言通常还需说明鉴别依据，包括法律法规、技术规范、标准、委托方提供材料等，以及鉴别工作原则、工作程序等相关内容
2	鉴别对象概况	包括鉴别对象产生过程的详细描述、与鉴别对象危险特性相关的生产工艺、原辅材料及特征污染物分析	（1）鉴别对象来源：鉴别对象相关的产生工艺、产生环节、产生量、产生规律（连续或间歇）及状态（历史堆存或正在产生），与鉴别对象有关的生产能力和生产现状，鉴别对象的环境管理情况。对于突发环境事件涉及的或不可溯源历史遗留固体废物的危险特性鉴别方案，该部分内容可简化或省略；对于可溯源的历史遗留固体废物，应将鉴别对象相关的产生工艺、产生环节、产生量等介绍清楚。 （2）鉴别对象基本特性：包括鉴别对象物理化学性质、组成成分、可能存在的危害成分分析等内容
3	固体废物属性判断	包括鉴别对象是否属于固体废物的判断及依据、鉴别对象是否属于国家危险废物名录中废物的判断和依据等	（1）固体废物属性判定：根据《固体废物鉴别标准　通则》的规定，判断鉴别对象是否属于固体废物，说明判断依据。经判断不属于固体废物的，则不属于危险废物；经判断属于固体废物的，需作进一步鉴别。 （2）危险废物属性判别：涉及工业生产过程的或通过溯源分析能确定固体废物来源的，对照《名录》，确定鉴别对象是否列入《名录》。鉴别对象为列入《名录》的固体废物，属于危险废物，可终止鉴别并出具鉴别报告；鉴别对象未列入《名录》，且不能排除危险特性的，需通过采样和检测分析确定其危险特性
4	危险特性识别和筛选	包括鉴别对象危险特性的识别和危险特性鉴别检测项目筛选的判断和依据	依据危险废物鉴别标准（GB 5085.1～GB 5085.7）的规定，确定被鉴别物危险特性鉴别的具体方案。通常情况下，鉴别项目应当根据被鉴别废物的性质，结合其产生源特性，在相应的危险废物鉴别标准中筛选确定。根据被鉴别物的产生过程，对照危险废物鉴别标准，经综合分析，对确定不存在、不产生的有害物质，可不进行相应的项目检测。鉴别方案中应尽可能逐项说明鉴别项目筛选和排除的依据
5	采样工作方案	包括采样技术方案、组织方案和质量控制措施	（1）依据《危险废物鉴别技术规范》，确定鉴别对象样品采集的份样数、份样量、采样位置、采样方法等，提出采样记录要求；明确具体采样计划，包括采样时间、采样人员、运输方法等。 （2）参照《工业固体废物采样　制样技术规范》等相关规范要求，确定采样工具、采样程序、采样记录、盛装容器、样品保存等内容。 （3）对采样过程提出详细的质量控制措施

序号	标题	主要内容	相关要求扩展解读
6	检测工作方案	包括检测技术方案、组织方案和质量控制措施	(1)依据危险废物鉴别标准(GB 5085.1～GB 5085.7),说明检测时间、检测人员,明确检测项目及相应的预处理、制样数、制样方式、分析检测方法等。 (2)对制样、预处理和检测分析全过程提出详细的质量控制措施
7	检测结果的判断标准和判断方法	—	在对鉴别对象样品进行检测后,对照危险废物鉴别标准(GB 5085.1～GB 5085.7),判定单个样品的危险特性。针对所测样品的超标数量,对照《危险废物鉴别技术规范》进行检测结果判断,给出分析结果判断方案
8	附件	—	各省(自治区、直辖市)生态环境主管部门对鉴别方案的附件要求不尽相同,通常包括: (1)危险废物鉴别申请书; (2)委托方营业执照; (3)鉴别对象产生工艺环评批复; (4)企业台账资料(原辅材料使用情况、鉴别对象产生情况等); (5)原辅材料 MSDS 文件; (6)危险废物鉴别现场踏勘记录表; (7)采样记录; (8)样品检测报告(成分分析报告、样品初筛检测报告、质控报告); (9)检测机构资质证明材料
9	其他要求	规范性要求	危险废物鉴别单位和相关人员应当在相应位置加盖公章并签字,对其真实性、规范性和准确性负责

5.1.2 鉴别方案编制注意事项

固体废物危险特性鉴别方案编制的相关注意事项如下:

(1)鉴别方案中涉及的重要数据资料(如生产管理台账、监测数据、相关证明等)必须真实可信,禁止造假;一旦发现有造假行为,审核过程将实行一票否决,鉴别方案不予通过。

(2)鉴别报告应确保内容齐全,前言、鉴别对象概况、固体废物属性判断、危险特性的识别和筛选、采样及检测工作方案、检测结果的判断标准和判断方法以及相关支撑性附件等基本内容不能出现遗漏。

(3)鉴别方案中的相关数据应翔实可靠,现场调查及资料收集工作应充分到位,足以支撑鉴别方案中的关键性结论。鉴别方案结论应与方案中给出的支撑材料及数据相协调。

(4)在鉴别方案编制过程中,如发现委托方生产工艺或原辅材料发生重大变动,对鉴别结论可能产生重大影响,应中止鉴别工作,视情况重新编制鉴别方案。

(5)鉴别方案编制完成并通过技术论证后,后续采样和检测工作必须严格遵照鉴别方案。

（6）检测报告应按照中国计量认证的要求进行编写，至少包括任务范围、采样与检测时间、采样及检测使用的主要仪器、采样方法、采样工作情况、样品保存情况、样品预处理方法、检测分析方法、检测结果、质量控制等信息。

5.1.3 鉴别方案技术论证要点

目前我国对于危险废物鉴别方案的技术论证，主要以省（自治区、直辖市）为单位进行，根据《通知》有关要求，生态环境部负责全国危险废物鉴别环境管理工作，组织成立国家危险废物鉴别专家委员会；省级生态环境主管部门负责行政区域内的危险废物鉴别环境管理工作，组织成立省级危险废物鉴别专家委员会。鉴别方案由省级或国家危险废物鉴别专家委员会出具评估意见。参与技术论证的专家通常应包括危险废物环境管理、分析测试及相关行业工艺等领域的专家。

鉴别方案技术论证要点主要包括鉴别对象的来源分析（产生过程的详细描述）、鉴别对象危险特性的识别、危险特性鉴别检测项目的筛选三个方面。

①鉴别对象的来源分析。应详细说明鉴别对象相关的原辅材料、产生工艺、产生环节、产生规律及数量等相关内容。若鉴别方案中生产工艺、原辅材料等相关重要内容存在重大遗漏或错误的，审核过程可实行一票否决，鉴别方案应不予通过。

②鉴别对象危险特性的识别。根据鉴别对象的来源、产生过程和原辅材料等情况，结合鉴别对象成分分析结果，对照危险废物鉴别标准（GB 5085.1～GB 5085.7），逐一判断被鉴别物是否具备反应性、易燃性、腐蚀性、浸出毒性、毒性物质含量、急性毒性，对不具备的危险特性可直接排除并逐项说明理由。若鉴别对象危险特性识别存在重大遗漏或错误的，审核过程可实行一票否决，鉴别方案应不予通过。

③鉴别对象检测项目的确定。根据鉴别对象危险特性识别结果，详细说明检测项目的确定依据，对于可排除的有害物质或危险特性，应逐项说明理由，相应检测项目可不进行检测。若鉴别对象检测项目确定依据等内容存在重大遗漏或错误的，审核过程可实行一票否决，鉴别方案应不予通过。

④环境污染案件或历史遗留固体废物的危险特性鉴别方案应以溯源分析为重点，对样品的物理性质、化学性质等进行分析检测，以确定固体废物的名称、产生源和危险特性。

5.2 鉴别报告的编制和评估要求

5.2.1 鉴别报告框架内容

《通知》附件 2 对于危险废物鉴别报告编制要求进行了明确，基本要求为：危险废物鉴别报告应信息齐全、内容真实、编制规范、结论明确。危险废物鉴别单位和相关人员应当在相应位置加盖公章并签字，对其真实性、规范性和准确性负责。鉴别报告编制要求具体见表 5-3，解读见表 5-4。

表 5-3　危险废物鉴别报告编制要求

危险废物鉴别报告包括正文和附件。其中，正文应包括但不限于以下内容： 1. 基本情况。包括鉴别委托方概况、鉴别目的和技术路线、鉴别对象概况等。 2. 工作过程。包括鉴别方案简述、鉴别方案论证及修改情况、采样检测过程。 3. 综合分析。包括检测数据分析、检测结果判断和依据。 4. 结论与建议。根据检测结果，依据危险废物鉴别相关标准和规范，对鉴别对象是否属于危险废物作出结论，提出后续环境管理建议。 附件包括鉴别方案、采样记录和检测报告、技术论证意见、检验检测机构相关资质等材料，具体内容根据危险废物鉴别工作情况确定。

注：摘自《关于加强危险废物鉴别工作的通知》（环办固体函〔2021〕419 号）。

表 5-4　危险废物鉴别报告编制要求解读

序号	标题	主要内容	相关要求扩展解读
1	基本情况	包括鉴别委托方概况、鉴别目的和技术路线、鉴别对象概况等	同鉴别方案
2	工作过程	包括鉴别方案简述、鉴别方案论证及修改情况、采样检测过程	（1）鉴别方案简述：通常包括鉴别对象固体废物属性判别、《名录》相符性分析、鉴别对象危险特性识别、检测项目确定、采样工作方案等，其中检测项目和份样数确定过程需重点论述。 （2）采样检测过程：样品采集及检测过程相关情况说明，并附样品采集照片
3	综合分析	包括检测数据分析、检测结果判断和依据	（1）检测项目和检测方法：对照经论证的鉴别方案，说明实际检测项目和检测方法的一致性。 （2）检测结果分析判断：汇总检测结果，并对照危险废物鉴别标准（GB 5085.1～GB 5085.7）限值，判定检测结果的超标情况
4	结论与建议	根据检测结果，依据危险废物鉴别相关标准和规范，对鉴别对象是否属于危险废物作出结论，提出后续环境管理建议	（1）根据相关法律法规、鉴别标准和检测结果，结合鉴别对象的产生源特性，系统分析被鉴别物是否具有腐蚀性、毒性、易燃性、反应性和感染性等危险特性，作出危险特性是否超过危险废物鉴别标准的判断，最终给出鉴别对象是否属于危险废物的明确结论。 （2）若属于危险废物的，应对照《名录》危险废物类别代码进行归类，并提出处置和管理要求。 （3）明确本鉴别结果有效条件以及再鉴别情况

序号	标题	主要内容	相关要求扩展解读
5	附件	包括鉴别方案、采样记录和检测报告、技术论证意见、检验检测机构相关资质等材料，具体内容根据危险废物鉴别工作情况确定	危险废物鉴别方案应包含鉴别方案专家评审意见
6	其他要求	规范性要求	危险废物鉴别单位和相关人员应当在相应位置加盖公章并签字，对其真实性、规范性和准确性负责

5.2.2 鉴别报告编制注意事项

鉴别机构对待鉴别对象作出是否属于危险废物的判断，向鉴别委托方出具鉴别报告，与现场踏勘记录等其他相关资料一并在全国危险废物鉴别信息公开服务平台公开，同时报告鉴别委托方所在地设区的市级生态环境主管部门。鉴别报告编制相关注意事项如下：

（1）鉴别报告中涉及的重要数据资料（如生产管理台账、监测数据、相关证明等）必须真实可信，禁止造假。鉴别报告在全国危险废物鉴别信息公开服务平台公示期间，若发现有造假行为，鉴别报告将不予通过。鉴别报告在省级或全国危险废物鉴别专家委员会评估过程中一旦发现有造假行为，将实行一票否决，鉴别报告不予通过。

（2）鉴别报告应确保内容齐全，鉴别基本情况、工作过程、综合分析、鉴别结论与建议以及相关附件等基本内容不能出现遗漏。

（3）鉴别报告中的相关数据应翔实可靠，现场调查及资料收集工作应充分到位，足以支撑鉴别报告中的关键性结论。鉴别报告结论应与报告中给出的支撑材料及数据相协调。

（4）通常来说，鉴别报告结论为基于相关前提条件而给出，如企业生产工况稳定、鉴别对象产生工艺及原辅材料种类不变等，这些前提条件须在鉴别报告结论中予以明确，同时提出鉴别对象后续处置和管理建议。当委托方鉴别对象的产生工艺、原辅材料等发生变化时，需重新开展危险特性鉴别工作。

（5）鉴别报告中的检测报告应按照中国计量认证的要求进行编写，至少包括任务范围、采样与检测时间、采样及检测使用的主要仪器、采样方法、采样工作情况、样品保存情况、样品预处理方法、检测分析方法、检测结果、质量控制等信息。

（6）鉴别单位应将鉴别报告（包括鉴别委托书、鉴别方案、检测报告等重要文件资料）进行存档，存档时间满足所在省（自治区、直辖市）生态环境主管部门的要求。

5.2.3 鉴别报告评估工作要点

鉴别完成后，鉴别委托方应将危险废物鉴别报告和现场踏勘记录等其他相关资料上传至全国危险废物鉴别信息公开服务平台并向社会公开，同时报告鉴别委托方所在地设区的市级生态环境主管部门。通常情况下，鉴别报告也建议进行一次专家评审，以确保鉴别过程的规范性与鉴别结论的可靠性。

鉴别报告技术评估工作要点主要包括四个方面：

（1）与鉴别方案的一致性。是否严格按照鉴别方案确定的检测项目、采样及检测工作方案进行采样和检测。

（2）采样、检测工作的规范性。采集样品是否具有代表性，采样时企业生产工况是否符合要求，采样过程、样品运输及保存过程是否规范，检测方法是否正确，采样和检测工作是否采取了规范的质量控制措施。

（3）检测结果与鉴别结论判断的准确性。检测结果的分析、计算是否正确（如毒性物质含量、急性毒性计算），检测结果、鉴别结论的判断是否准确。

（4）后续管控建议的合理性。经鉴别属于危险废物的，建议产生固体废物的单位应严格按照危险废物相关法律制度要求管理；经鉴别不属于危险废物的，应对鉴别对象的后续处理处置提出合理可行的建议，同时对其产生、贮存、转移、处置均提出相应管控要求。若委托方生产工艺或原辅材料发生重大变动，对鉴别结论可能产生重大影响的，应建议重新开展鉴别工作。

5.2.4 鉴别报告抽查审核工作要点

国家危险废物鉴别专家委员会按照《通知》附件 2《危险废物鉴别报告编制要求》，每年不定期对已在全国危险废物鉴别信息公开服务平台注册且可供委托方选择的鉴别机构的鉴别报告进行随机抽查。

鉴别报告抽查审核关注的问题通常包括：文字或格式错误、文件引用错误、鉴别对象错误、鉴别依据错误、采集样品不具代表性、质量控制不规范、危险特性识别错误、危险特性排除依据不足或计算错误、结论错误、蓄意弄虚作假等。其中抽查审核重点为：是否存在申报信息不实、鉴别程序缺失（如以检测报告代替鉴别报告、未进行溯源而大量检测等）、鉴别程序不规范、鉴别报告失实（如依据检测数据计算的危险特性与鉴别结论不一致）或者弄虚作假等行为，一经发现，将依法依规进行处理，并将相关处理结果在信息平台公开。

5.3 危险废物鉴别异议评估工作要求

5.3.1 异议评估规程

《通知》对于危险废物鉴别的异议评估提出了相关工作流程要求。异议评估包括省级和国家级两个层次。

对信息平台公开的危险废物鉴别报告存在异议的，可向鉴别委托方所在地省级危险废物鉴别专家委员会提出评估申请，并提供相关异议的理由和有关证明材料，由省级危险废物鉴别专家委员会进行异议评估，评估完成后相关材料再次向社会公开。

对省级危险废物鉴别专家委员会评估意见存在异议的，可向国家危险废物鉴别专家委员会提出评估申请，并提供相关异议的理由和有关证明材料。国家危险废物鉴别专家委员会对异议评估过程全程跟踪，编制省级评估意见异议反馈表和省级评估意见异议处理意见表，用于异议反馈和处理意见的存档。评估完成后相关材料再次向社会公开。

为全面贯彻落实《通知》有关要求，加强危险废物鉴别环境管理工作，上海市、贵州省、重庆市等多个省（自治区、直辖市）陆续发布了《危险废物鉴别异议评估规程》，以指导省级危险废物鉴别异议评估工作的具体开展。各地的异议评估规程基本相似，包括适用范围、评估程序、形式审查、技术评估、报告复核五个方面的内容。异议评估程序见图 5-1。

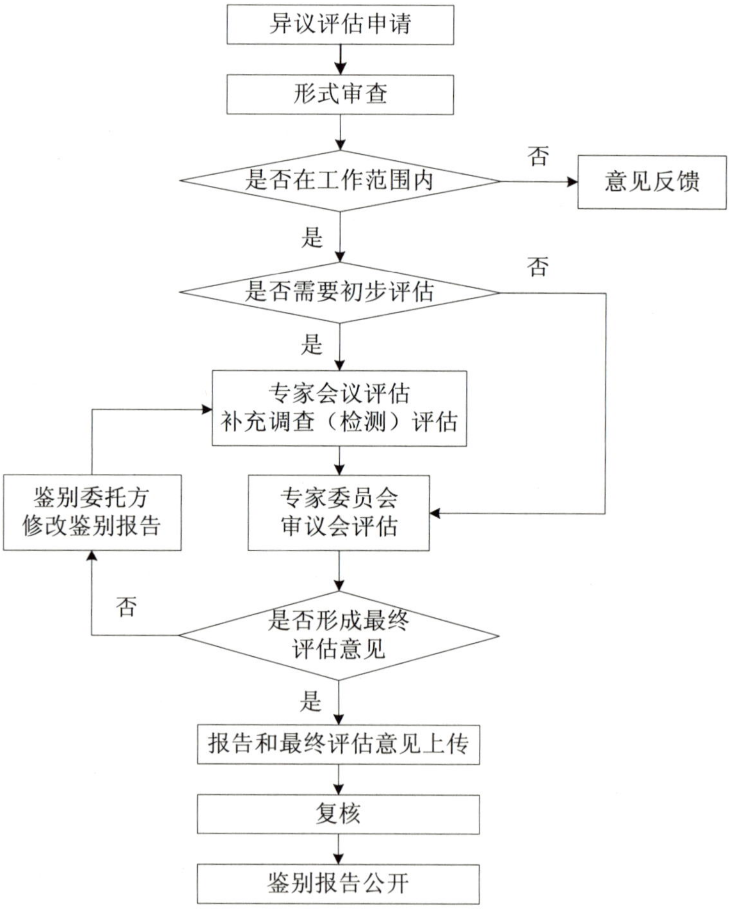

图 5-1 危险废物鉴别异议评估程序

5.3.2 异议评估重点

异议评估的重点主要为针对提出的异议内容进行评估与核实，如认为鉴别对象错误、采集的样品不具代表性、样品检测质量控制不规范、数据分析错误、危险特性识别和判断错误等。具体评估要点与鉴别报告、鉴别方案评估工作要点基本一致。

第 6 章

危险废物鉴别现状、问题与对策

危险废物鉴别是环境管理工作的重要技术支撑，也是危险废物管理和处置的前提和依据。近年来，随着《名录》的动态更新及危险废物管理政策、标准等文件相继发布，我国危险废物鉴别需求激增。本书结合危险废物鉴别的实践情况，阐述了我国目前危险废物鉴别的工作现状，指出了危险废物鉴别报告质量、鉴别机构水平和鉴别全过程监管等存在的一些问题和不足，并有针对性地提出了一些改进建议与措施。

6.1　危险废物鉴别工作现状

随着我国经济的快速发展，国民经济行业种类大幅增加，危险废物存在行业来源广泛，产生种类繁多，产生量巨大，危险特性复杂等诸多问题。尽管在《名录》中已经列出多种危险废物，但仍有部分可能具有腐蚀性、毒性等危险特性的固体废物尚未列入《名录》。开展危险废物鉴别工作，对其危险特性进行明确鉴别和分析，是危险废物环境管理的技术基础。自 1996 年，我国相继颁布《危险废物鉴别标准》《国家危险废物名录》《危险废物鉴别技术规范》《固体废物鉴别标准》等标准和规范，至今已经初步建立起危险废物鉴别体系。

近年来，我国危险废物环境管理政策逐年趋严，《名录》及其他相关危险废物鉴别标准规范的修订年限也逐渐缩短。《危险废物鉴别标准》《国家危险废物名录》《危险废物鉴别技术规范》《固体废物鉴别标准》等标准和规范，自 1996 年发布以来也历经了多次修订。2021 年，《强化危险废物监管和利用处置能力改革实施方案》《“十四五”全国危险废物规范化环境管理评估工作方案》《危险废物转移管理办法》《危险废物排除管理清单（2021 年版）》《关于开展小微企业危险废物收集试点的通知》《关于加强危险废物鉴别工作的通知》等危险废物管理性文件相继出台，也说明我国对危险废物的监管要求在不断强化。

根据危险废物管理工作实际需要，我国部分省份已开展了危险废物鉴别试行工作，已有省份正式行文组织开展危险废物鉴别工作。从鉴别工作的管理模式来看主要有以下几类：

（1）江西、青海等省份采用鉴别机构名录制的管理模式。由省级生态环境主管部门委托省级固体废物和化学品管理中心（以下简称固管中心）负责危险废物鉴别管理事宜。企业自行委托鉴别机构开展鉴别工作，鉴别报告送省级生态环境主管部门备案。由省级生态环境主管部门组织对鉴别方案和鉴别报告进行技术审查，有效保障鉴别方案和鉴别报告质量。该模式与国家危险废物鉴别思路基本一致，现已是大多数省（自治区、直辖市）采用的鉴别管理模式。

（2）浙江、福建等省份采用以第三方鉴别和评估为主，生态环境主管部门监督的管理模式。由市县级生态环境部门对鉴别工作进行监管，企业自行委托有资质有能力的第三方鉴别机构开展危险废物鉴别工作。委托方应当将鉴别报告向所在地县级生态环境主管部门备案，经备案的鉴别报告可作为被鉴别物环境管理的依据。

（3）重庆、上海等省份采用省级固管中心免费提供危险废物鉴别的管理模式。固体废物产生企业向省级固管中心提出固体废物危险特性鉴别申请，委托方向鉴别机构或检测中心委托固体废物危险特性鉴别工作或检测工作，经专家论证后完成鉴别及出具报告。省级固管中心依据鉴别报告作出鉴别结果判定。鉴别报告和鉴别结果在地县级生态环境主管部门备案。

虽然，由生态环境管理部门进行鉴别方案和报告的编制，组织专家进行论证的方式能有效保证鉴别结果的科学性和真实性，但因行政管理部门还同时承担着其他管理或技术事务，可能发生鉴别结论给出较慢及自编自审风险高等问题。若全面放松对鉴别机构的监管，不再对鉴别方案和鉴别报告进行必要的技术审查，将会产生鉴别报告质量参差不齐、鉴别结果造假等不良后果，增加固体废物管理风险。

为贯彻落实新《固废法》，进一步加强危险废物鉴别环境管理工作，规范危险废物鉴别单位管理，2021 年生态环境部办公厅颁布了《关于加强危险废物鉴别工作的通知》。《通知》对危险废物鉴别单位管理、危险废物鉴别报告编制、危险废物鉴别流程与鉴别结果应用等提出明确要求。《通知》的发布，强化了危险废物鉴别的组织管理，由生态环境部门负责危险废物鉴别环境管理工作，并组织成立国家、省级危险废物鉴别专家委员会，由生态环境部组织建设并运行全国危险废物鉴别信息公开服务平台，由生态环境主管部门组织不定期抽取一定比例的危险废物鉴别单位及鉴别报告开展复核工作并在信息平台公开。《通知》发布后，重庆、四川、上海、广东、河北等省（直辖市）相继发布了省级危险废物鉴别管理文件或危险废物鉴别专家委员会章程和异议评估规程，为提高危险废物鉴别水平和规范鉴别单位的日常管理提供了重要保障。

6.2 危险废物鉴别工作存在的问题

（1）部分鉴别报告质量参差不齐、鉴别结论失真

1）部分鉴别报告质量水平低，甚至出现鉴别结论错误等问题

危险废物鉴别涉及的固体废物来源广、种类多、特性复杂，不同类型危险废物鉴别思路、关注重点和鉴定方法差异性较大。根据对全国危险废物鉴别信息公开服务平台公示鉴别报告的研究，大部分鉴别机构出具的鉴别报告结构和内容千篇一律，鉴别检测因子仅仅关注少量的无机类或有机类物质的浸出毒性和毒性物质含量，导致鉴别结论可靠性和科学性不强。例如，重庆市某鉴别机构在信息公开服务平台公示了一份受污染土壤危险特性鉴别报告后，鉴别检测因子准确性、采样规范性等受到群众的质疑，开展了多次鉴别结果异议评估均难以达成一致意见，严重制约了该污染土壤的后续处理处置工作。此外，由于缺

少不同类型固体废物危险特性鉴别案例的指导，不同鉴别机构针对同一种固体废物鉴别的思路及关注点也不一致，导致鉴别结论差异性较大，难以支撑政府部门的固体废物管理工作。

2）部分鉴别方案专家评审针对性不强，鉴别结论存疑

在实际鉴别工作中，管理部门缺乏对鉴别工作的全过程监管，加上鉴别方案专家评审工作一般由鉴别委托方或鉴别机构组织，没有严格按照《通知》有关要求邀请鉴别相关领域的专家，导致鉴别方案专家评审针对性不强，鉴别方案的专家意见未能真正地发挥指导性作用。此外，从全国危险废物鉴别信息公开服务平台公示的鉴别报告结论来看，绝大部分的固体废物危险特性的鉴别结论均不属于危险废物。在已公示的鉴别案例中，废物产生单位将《名录》中明确为危险废物或者需要进行危险废物鉴别的废物作为一般工业固体废物处理或作为副产品出售的现象较多，增大了转移和后续处理处置的环境风险。

（2）鉴别机构技术水平和鉴别能力有待提高

1）鉴别机构技术水平参差不齐

随着危险废物鉴别需求的增加，部分社会实验室参与危险废物鉴别分析实验工作，在一定程度上影响了鉴别结果的准确性和真实性。危险废物鉴别工作与其他一般类检测分析工作存在较大差异，社会检测机构的分析人员，缺少对待鉴别物的溯源与污染特性分析能力，在鉴别工作中存在以测代鉴的情况，可能会造成鉴别检测因子选择不全面、鉴别检测的数据失真等问题。更有甚者，在鉴别工作开展时，有些社会鉴别机构没有按照危险废物鉴别程序对鉴别对象进行分析，判断其是否需要进一步鉴定；企业生产过程中产生的固体废物为危险废物，不需要进行危险废物鉴别，但有些无资质的社会鉴别机构检测人员却将其作为鉴别对象进行了鉴别，且鉴别为一般工业固体废物；或者有些鉴别机构对《名录》的解读存在偏差及对危险废物鉴别标准中有毒有害物质的知识缺失等，都会造成企业对固体废物的不合理处置，从而对环境造成危害以及发生后续处置成本过高等问题，甚至导致申请鉴别的企业花费了大量鉴别费用进行鉴别后却出现无效鉴别结论的情况。

2）大部分鉴别机构检测能力不全

危险废物鉴别涉及的检测项目多，仅浸出毒性和毒性物质含量的检测项目就有 324 种，每个检测项目均有对应的标准检测方法，还有易燃性、腐蚀性、反应性和急性毒性初筛等鉴别项目。目前，我国大部分社会检测机构都只具有其中少部分检测项目的检测资质。此外，大部分鉴别机构缺乏固体废物危险特性快速识别技术，难以支撑历史遗留固体废物或环境事件中涉及的固体废物的危险特性鉴别工作。总体来说，鉴别检测和鉴别技术支撑的不足已经阻碍了我国危险废物鉴别工作的有效推进。

（3）危险废物鉴别全过程监管机制有待完善

1）鉴别采样检测缺乏监督

目前危险废物鉴别检测机构的入门条件不高，只需获得计量行政部门对其检测能力认

可而授予的 CMA 认证标志，没有专门的鉴别检测资质认定（唐娜等，2017）。而危险废物鉴别结论主要依据于危险废物鉴别检测的数据，其真实性是确保鉴别结论质量的重要条件。目前，没有专门文件要求对采样鉴别检测的真实性进行管控，鉴别检测机构的采样监测行为缺乏监督。

2）缺乏鉴别后期的监管和动态管理手段和措施

目前我国已有部分省（自治区、直辖市）试行开展了危险废物鉴别工作，如浙江、上海、重庆、甘肃、河北、宁夏、青海、江苏等。虽鉴别程序有所差别，但总体的鉴别思路和程序基本一致。其中重要的一个鉴别思路是依据现行的危废鉴别技术导则、标准规范和鉴别程序，委托第三方鉴别机构对企业委托的危险废物开展鉴别工作（沈莉萍等，2017）。但在后期的监管和动态管理上缺乏好的手段和措施，尤其是在目前的鉴别程序下，保障鉴别结论可靠性和有效性的重要前提是，企业的产品方案、原辅材料、生产工艺、废水水质类型、废水处理工艺、废水处理运行工况等与鉴别期间应保持一致。但企业实际运营过程中，以上因素均可能会因技术、市场、政策等多种原因发生变化。现有的危险废物鉴别政策未对鉴定后的委托方提供相应的动态管理管控措施，从而可能造成鉴别结论的时效性低和可靠性差等问题，这也不利于监管工作的开展。

6.3 危险废物鉴别发展对策

（1）依托全国危险废物鉴别专家委员会，积极开展危险废物鉴别案例研究，为鉴别实践工作提供案例指导

2022 年 11 月 1 日，生态环境部成立了第一届国家危险废物鉴别专家委员会。根据《国家危险废物鉴别专家委员会章程（试行）》，国家危险废物鉴别专家委员会为危险废物鉴别环境管理工作提供技术支撑，主要职责包括：指导省级危险废物鉴别专家委员会开展异议评估，承担针对省级危险废物鉴别专家委员会的异议评估，不定期对危险废物鉴别单位及鉴别报告抽查复核，对鉴别单位进行综合评价等工作，承担生态环境部委托的其他鉴别相关工作。因此，建议依托全国危险废物鉴别专家委员会，针对不同类型固体废物危险特性鉴别开展案例研究，形成不同类型固体废物危险特性鉴别工作方法和典型案例汇总，为全国危险废物鉴别实践工作提供案例指导，从而提高危险废物鉴别结论的科学性和可靠性。

（2）充分发挥全国危险废物鉴别专家委员会和省级危险废物鉴别专家委员会的指导作用，强化鉴别报告的质量管控和鉴别机构的监督管理

各地应认真落实《通知》文件要求，依法严格开展危险废物鉴别工作，规范危险废物鉴别流程与鉴别结果应用，强化危险废物鉴别组织管理。

依法严格开展危险废物鉴别主要包括：①落实危险废物鉴别的主体责任，按规定主动

开展危险废物鉴别；②危险废物鉴别单位应满足《危险废物鉴别单位管理要求》，在全国危险废物鉴别信息公开服务平台注册并主动公开相关信息；③明确应开展危险废物鉴别的固体废物。

规范危险废物鉴别流程与鉴别结果应用，主要包括：①鉴别委托方应在全国危险废物鉴别信息公开服务平台及时公开拟开展危险废物鉴别情况；②危险废物鉴别单位严格按照国家相关要求开展危险废鉴别，并上传相关资料向社会公开；③对存在异议的鉴别报告，经所在地省级和国家危险废物鉴别专家委员会评估后再次向社会公开；④省级鉴别专家委员会应建立鉴别全过程监管机制，加强对危险废物鉴别相关的样品采样与检测监督、鉴别专家评审管理和鉴别后期监管等。

强化危险废物鉴别组织管理主要包括：①加快推进各省级危险废物鉴别专家委员会的成立，专家委员会应独立、客观、公正地开展工作，并接受社会监督；②在全国危险废物鉴别信息公开服务平台及时公开鉴别委托方、危险废物鉴别单位及鉴别报告等相关信息，确保公开信息的真实性、准确性、及时性和完整性；③生态环境主管部门依法组织不定期抽查危险废物鉴别单位及鉴别报告开展复核工作，及时在信息平台公开相关结果。

（3）依托国家和区域性危废风险防控中心，加强危险废物鉴别技术研究

依托国家与六个区域性危废风险防控中心，开展典型危险废物鉴别技术方法研究，提高现有危险废物鉴别水平和鉴别能力。研究制定危险废物的危险特性分析和环境监测实验室仪器配置标准，以及危险废物鉴别实验室准入条件。重点依托国家以及省级环境监测机构建设危险废物鉴别实验室，加强危险废物鉴别分析测试相关的能力建设，并将危险废物鉴别分析测试工作纳入每年工作计划。鼓励符合要求的社会机构开展危险废物鉴别实验相关工作。

加快研发固体废物危险特性快速识别与检测技术，提高危险废物应急鉴别水平。快速分析技术的应用，能缩短鉴别周期，使整个鉴别过程更高效，为危险废物的监测提供更多技术支持，有效推动危险废物监测过程，切实保障环境权益。

参考文献

[1]　沈莉萍，姚琪，张瑜. 危险废物鉴别管理的调研评估及现状分析[J]. 绿色科技，2017（16）：104-106.

[2]　唐娜，徐凤，杨瑞. 我国危险废物鉴别现状及规范建议[J]. 环境与发展，2017，29（7）：254，256.

第 7 章

废水处理污泥危险特性鉴别案例

《名录》（2021 年版）将 79 类废水处理污泥列入危险废物管理，但不包括 7 种生化处理污泥。原环境保护部发布的《关于污（废）水处理设施产生污泥危险特性鉴别有关意见的函》（环函〔2010〕129 号）提出：专门处理工业废水（或同时处理少量生活污水）的处理设施产生的污泥，可能具有危险特性，应按《名录》、《危险废物鉴别技术规范》和危险废物鉴别标准的规定，对污泥进行危险特性鉴别。因此，污泥危险特性鉴别是日常鉴别工作中涉及最多的一类鉴别。污水处理设施所产生污泥的危险特性与其处理的废水性质息息相关，本章重点介绍单一废水和多源（或园区）废水处理污泥危险特性鉴别案例，以供参考。

7.1　案例一：某企业单一废水处理污泥危险特性鉴别

某企业主要生产铝箔制品，设有化成工序。化成工序产生的清洗废水经“前处理—物化—生化—过滤”工艺处理后排放。化成工序清洗废水的物化和生化处理工艺环节分别产生物化污泥和生化污泥，两种污泥经管道泵进入污泥浓缩池混合，并经板框压滤机脱水后外运处置。为了明确该污泥的危险特性，降低后续处理处置和管理环境风险，需开展危险废物鉴别工作。

7.1.1　废水来源及污泥产生过程分析

7.1.1.1　废水来源

本次鉴别对象为某铝箔制品生产企业化成废水处理过程产生的混合污泥。铝箔制品的生产原理为电解反应，具体生产工艺如图 7-1 所示。

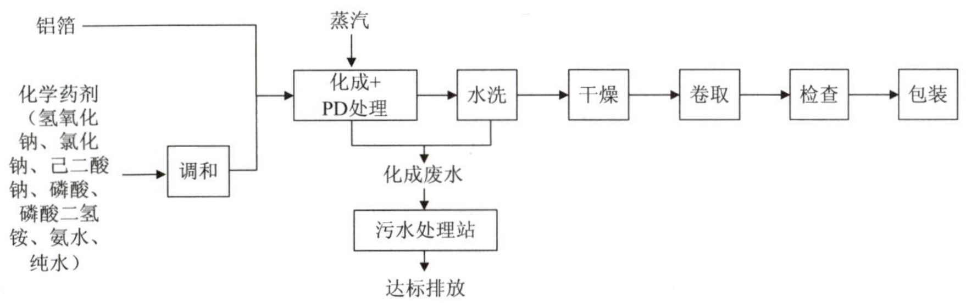

图 7-1　铝箔制品生产工艺流程

生产工艺原理说明：

（1）化成

利用电化学原理，通过液体供电，在化成液（己二酸铵和磷酸等）存在的情况下，水

中电解出的氧原子与铝原子结合，在铝箔表面形成一层耐特定电压的氧化膜介质层，将铝箔进行阳极氧化。发生的化学反应为

$2A^- + H_2O \longrightarrow 2HA + [O] + 2e$（$A^-$为己二酸根离子）

$3[O] + 6e \longrightarrow 3O_2$（在金属与化成液界面发生）

$2Al \longrightarrow 2Al^{3+} + 6e$

$4Al^{3+} + 3O_2 \longrightarrow 2Al_2O_3$

其中液体供电，就是直流电源侧接于供电槽内阳极电极与化成槽内阴极电极之间。供电槽内，电源正极输出正电荷，通过供电电极进入供电液，流向铝箔。铝箔进入化成槽后，铝箔为阳极，槽内电极为阴极，进行电解作用，使铝箔表面形成阳极氧化铝膜介质层。其电极反应为

阴极：$2H^+ + 2e \longrightarrow H_2$；

阳极：$2OH^- - 2e \longrightarrow H_2O + [O]$；$3[O] + 2Al \longrightarrow Al_2O_3$

（2）PD 处理

即采用磷酸为化成液对铝箔进行化成，其化成原理与化成工序相同，经进一步化成处理后，铝箔表面的氧化膜更加致密。

铝箔制品生产过程中的原辅材料包括有铝箔、氢氧化钠、氯化钠、己二酸铵、磷酸、磷酸二氢铵和氨水，其主要理化特性如表 7-1 所示。其中，铝箔主要成分为铝，经现场使用 XRF 重金属快速检测仪检测，铝箔还含有极少量的钙、铁、钠、钾、锌、钡、铜、汞、银、镍、砷、硒等金属。其他生产原料属于无机盐、酸或碱，都属于强电解质，主要用于化成工序，利用其极易与金属（铝）发生氧化还原反应的特性，为铝箔化成提供反应条件。在铝箔制品生产过程中，这些原料极易解离成离子，在水中自由移动。

表 7-1　生产中使用的原料主要成分及理化特性说明

序号	化学原料名称	主要成分	性质
1	铝箔	主要为铝，含极少量其他金属（钙、铁、钠、钾、锌、钡、铜、汞、银、镍、砷、硒等）	银白色箔状，有延展性。 铝属于活泼金属，在空气中能形成一层防止金属腐蚀的氧化膜。铝箔在空气中加热能猛烈燃烧，并发出炫目的白色火焰。易溶于稀硫酸、硝酸、盐酸、氢氧化钠和氢氧化钾溶液，不溶于水
2	氢氧化钠（工业级）	氢氧化钠＞99%	白色固体。 熔点：318.4℃，相对密度（水=1）：2.12，沸点：1 390℃。 溶解性：易溶于水、乙醇、甘油，不溶于丙醇。 稳定性：稳定。 禁配物：强酸、易燃或可燃物、二氧化碳、过氧化物、还原剂、碱类、醇类、碱金属、铜、胺类、水

序号	化学原料名称	主要成分	性质
3	食盐（工业级）	氯化钠＞99%	白色颗粒。 pH：6.5～9.0。 溶解性：易溶于水、乙醇、甘油，不溶于丙醇。 稳定性：稳定。 禁忌物：强酸、易燃或可燃物、二氧化碳、过氧化物、水
4	氢氧化钠（TG 级）	氢氧化钠≥95%	白色均匀粒状或片状固体，易吸收空气中水分及二氧化碳，易溶于水。 熔点：318.4℃，相对密度（水=1）：2.12，沸点：1 390℃。 溶解性：易溶于水、乙醇、甘油，不溶于丙醇。 稳定性：稳定。 禁配物：强酸、易燃或可燃物、二氧化碳、过氧化物、还原剂、碱类、醇类、碱金属、铜、胺类、水
5	己二酸铵	己二酸铵＞99%	白色结晶固体或粉末，略带氨味。 pH：6.5～7.5（0.1 mol/L 水溶液，30℃）。 溶解性：溶于水、醇，水中溶解度：58 g/100 g 水（18.5℃）。 与氢氧化物相混合会产生氨气。 LD_{50}：1 980 mg/kg（内服），属微毒类
6	磷酸（电容级）	磷酸＞85%，其余为水	无色黏稠液体，无味。 熔点：42.35℃，相对密度（水=1）：1.87，沸点：260℃。 溶解性：与水混溶，可溶于乙醇。 与氢氧化物发生中和反应，与某些有机胺、氨基化合物反应，与硝基甲烷、发烟硫酸、有机酸酐、强氧化剂接触发生爆炸，与大多数金属反应。 LD_{50}：1 530 mg/kg（大鼠经口），2 740 mg/kg（兔经皮）
7	磷酸二氢铵	磷酸二氢铵＞99%	白色晶体，无臭。 pH：4.0～4.5（1%水溶液，30℃）。 熔点：180℃，相对密度（水=1）：1.803。 溶解性：溶于水，水中溶解度 36 g/100 g 水（20℃）。 化学性质：稳定。 LD_{50}：5 750 mg/kg（大鼠经口）
8	氨水（电容级）	氨水 25%±3%，其余为水	无色透明液体，强烈氨臭。 相对密度（水=1）：0.91。 溶解性：溶于水、乙醇。 化学性质：与酸剧烈反应，能腐蚀铝、铜、铅、锡、锌及其合金。 有毒

根据生产原理及发生的化学反应，铝箔生产工艺的实质为铝箔表面酸洗。化成过程中，化成液电离出的 $C_5H_{10}O_4^-$、磷酸根离子、氯离子、氢氧根离子、铵根离子、铝离子、钠离

子等在化成槽中不断累积，化成液逐渐失效形成化成废水，一段时间后重新更换新鲜的化成液。化成后的铝箔需进行清洗，清洗过程中，铝箔表面沾染的乙二酸根、磷酸根、铝离子和其他金属离子也随之进入清洗废水。化成废水和清洗废水属于铝箔表面酸洗废水，需一同进入污水处理站处理。

污水处理站运营以来进水水质情况如表 7-2 所示。由表中数据可知，废水进水 pH 为 2.0，呈酸性；COD、氨氮、磷酸盐含量均较高，结合铝箔制品生产原料，判断 COD 主要来源于己二酸铵，氨氮主要来源于磷酸二氢铵和氨水，磷酸盐主要来源于磷酸。

表 7-2 污水处理站进水水质（最大值）

监测指标	2019 年	2020 年
pH（量纲一）	2.0	2.0
COD/（mg/L）	570	412
氨氮/（mg/L）	141	132
磷酸盐/（mg/L）	443	342

7.1.1.2 污泥产生过程

该企业污水处理站采用“前处理+物化+生化+过滤”工艺，工艺流程如图 7-2 所示。废水处理过程中产生物化污泥和生化污泥，经混合收集并压滤脱水后委外处置。

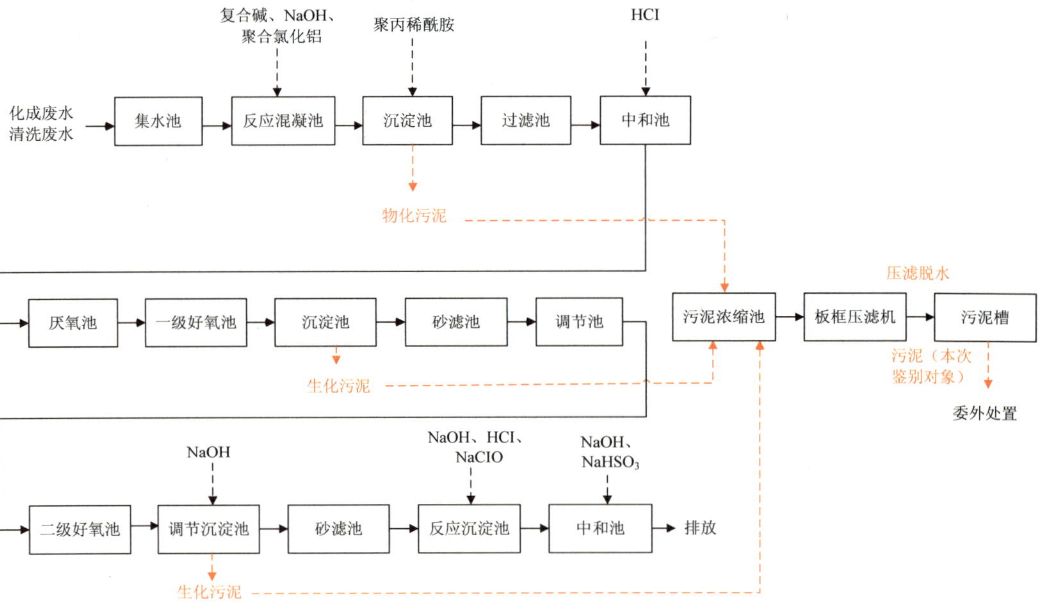

图 7-2 污水处理工艺

根据该企业实际运行情况，污水处理站的污泥产生量如表 7-3 所示，最大月产生量为 16 t（2019 年 1 月）。

表 7-3　污泥产生量统计

单位：t

2019 年		2020 年	
年产生总量	最大月产生量	年产生总量	最大月产生量
119	16（1 月）	68	9（12 月）

废水处理使用的化学辅料主要为复合碱、PAC、PAM、氢氧化钠等化学药剂，这些化学药剂在废水处理过程中可能进入产生的污泥，使污泥表征出相应的危险特性。废水处理过程涉及的原辅材料理化特性如表 7-4 所示。

表 7-4　各类化学辅料主要成分及理化特性说明

序号	辅料名称	主要成分	性质
1	复合碱	氢氧化钙 90%，其他（活性白泥、硅藻土、活性炭、饱和碱）10%	白色不透明固体，易潮解。 熔点：5 220℃，相对密度（水=1）：2.24。 溶解性：易溶于水、乙醇、甘油，不溶于丙酮。 危险特性：不会燃烧，遇水和水蒸气少量放热，形成腐蚀性溶液。与酸发生中和反应并放热。具有强腐蚀性。 稳定性：稳定。 禁忌物：强酸、易燃或可燃物、二氧化碳、过氧化物、水
2	聚合氯化铝	氯化铝 28%，铝酸钙粉、盐酸、铝矾土 72%	黄色颗粒，易潮解。 熔点：5 220℃。 溶解性：易溶于水、乙醇、甘油，不溶于丙酮。 危险特性：不会燃烧，遇水形成黑色液体，形成中性溶液。 稳定性：稳定。 禁忌物：强酸、易燃或可燃物、二氧化碳、过氧化物、水
3	聚丙烯酰胺	聚丙烯酰胺 100%	白色颗粒，易潮解。 熔点：5 220℃，相对密度（水=1）：2.24。 溶解性：易溶于水、乙醇、甘油，不溶于丙酮。 危险特性：不会燃烧，遇水形成透明连黏液体，形成中性溶液。 稳定性：稳定。 禁忌物：强酸、易燃或可燃物、二氧化碳、过氧化物、水
4	次氯酸钠	次氯酸钠 10%，其余为水	微黄色溶液，有似氯气的气味。 pH：12（160 g/L 水，20℃），熔点：96～99℃，相对密度（水=1）：1.17～1.19。 溶解性：与水互溶。 稳定性：稳定。 禁忌物：酸、还原剂、过氧化氢等。 分解产物：受热分解产生氯化物。 急性毒性：LD_{50}：8 200 mg/kg（大鼠经口）（纯物质）；眼发炎测试：灼烧（兔子）

序号	辅料名称	主要成分	性质
5	亚硫酸氢钠	亚硫酸氢钠10%，其余为水	白色透明液体。 熔点：150℃，相对密度（水=1）：2.24。 溶解性：易溶于水，微溶于醇、乙醚。 危险特性：不会燃烧，具有还原性，具有腐蚀性。 稳定性：不稳定。 禁忌物：强酸、易燃或可燃物、二氧化碳、过氧化物、水
6	氢氧化钠（液碱）	氢氧化钠 99%，其余为水	无色透明液体。 熔点：318.4℃，相对密度（水=1）：2.12，沸点：1 390℃。 溶解性：易溶于水、乙醇、甘油，不溶于丙醇。 稳定性：稳定。 禁配物：强酸、易燃或可燃物、二氧化碳、过氧化物、还原剂、碱类、醇类、碱金属、铜、胺类、水
7	盐酸	盐酸 31%，其余为水	无色或微黄色发烟液体，有刺鼻酸味。 熔点：−114.8℃（纯），相对密度（水=1）：1.20，沸点：108.6℃。 溶解性：与水混溶，溶于碱液。 禁配物：碱类、胺类、碱金属、易燃或可燃物
8	碳酸钠	碳酸钠	白色粉末，味涩。 熔点：851℃，相对密度（水=1）：2.53。 溶解性：易溶于水，不溶于乙醇、乙醚等。 禁配物：强酸、铝、氟

7.1.2 固体废物属性判断

本次鉴别的污泥来源于污水处理工序，该物质符合《固体废物鉴别标准　通则》（GB 34330—2017）中的“4.3 环境治理和污染控制过程中产生的物质 e）水净化和废水处理产生的污泥及其他废弃物质”的判断条件，属于固体废物。

7.1.3 危险废物名录相符性分析

该企业铝箔化成的原理为铝箔与己二酸铵和磷酸等化学药剂发生电解反应，铝箔化成和清洗工序产生的废水属于铝电极箔化学腐蚀、非硼酸系化成液化成废水，废水经污水处理站处理后产生的污泥属于《名录》（2016 年版）中的 HW17 表面处理废物，废物代码为 336-064-17，对应的危险废物为金属和塑料表面酸（碱）洗、除油、除锈、洗涤、磷化、出光、化抛工艺产生的废腐蚀液、废洗涤液、废槽液、槽渣和废水处理污泥。

2021 年 1 月 1 日起，《名录》（2021 年版）开始实施，关于上述危险废物的描述改为 336-064-17 金属或塑料表面酸（碱）洗、除油、除锈、洗涤、磷化、出光、化抛工艺产生的废腐蚀液、废洗涤液、废槽液、槽渣和废水处理污泥［不包括铝、镁材（板）表面酸（碱）

洗、粗化、硫酸阳极处理、磷酸化学抛光废水处理污泥，铝电解电容器用铝电极箔化学腐蚀、非硼酸系化成液化成废水处理污泥，铝材挤压加工模具碱洗（煲模）废水处理污泥，碳钢酸洗除锈废水处理污泥］。根据该企业行业类别和生产工艺情况，该公司所产生的污泥满足《名录》（2021 年版）中“铝电解电容器用铝电极箔化学腐蚀、非硼酸系化成液化成废水处理污泥”的描述，因此，该污泥不属于《名录》（2021 年版）中的代码为“336-064-17”类别，也不属于《名录》（2021 年版）中的其他类别危险废物（表 7-5）。

表 7-5　《名录》（2021 年版）中涉金属表面处理及热处理加工行业危险废物的摘录

废物类别	行业来源	废物代码	危险废物	危险特性
HW17 表面处理废物	金属表面处理及热处理加工	336-050-17	使用氯化亚锡进行敏化处理产生的废渣和废水处理污泥	T
		336-051-17	使用氯化锌、氯化铵进行敏化处理产生的废渣和废水处理污泥	T
		336-052-17	使用锌和电镀化学品进行镀锌产生的废槽液、槽渣和废水处理污泥	T
		336-053-17	使用镉和电镀化学品进行镀镉产生的废槽液、槽渣和废水处理污泥	T
		336-054-17	使用镍和电镀化学品进行镀镍产生的废槽液、槽渣和废水处理污泥	T
		336-055-17	使用镀镍液进行镀镍产生的废槽液、槽渣和废水处理污泥	T
		336-056-17	使用硝酸银、碱、甲醛进行敷金属法镀银产生的废槽液、槽渣和废水处理污泥	T
		336-057-17	使用金和电镀化学品进行镀金产生的废槽液、槽渣和废水处理污泥	T
		336-058-17	使用镀铜液进行化学镀铜产生的废槽液、槽渣和废水处理污泥	T
		336-059-17	使用钯和锡盐进行活化处理产生的废渣和废水处理污泥	T
		336-060-17	使用铬和电镀化学品进行镀黑铬产生的废槽液、槽渣和废水处理污泥	T
		336-061-17	使用高锰酸钾进行钻孔除胶处理产生的废渣和废水处理污泥	T
		336-062-17	使用铜和电镀化学品进行镀铜产生的废槽液、槽渣和废水处理污泥	T
		336-063-17	其他电镀工艺产生的废槽液、槽渣和废水处理污泥	T
		336-064-17	金属或塑料表面酸（碱）洗、除油、除锈、洗涤、磷化、出光、化抛工艺产生的废腐蚀液、废洗涤液、废槽液、槽渣和废水处理污泥［不包括铝、镁材（板）表面酸（碱）洗、粗化、硫酸阳极处理、磷酸化学抛光废水处理污泥，铝电解电容器用铝电极箔化学腐蚀、非硼酸系化成液化成废水处理污泥，铝材挤压加工模具碱洗（煲模）废水处理污泥，碳钢酸洗除锈废水处理污泥］	T

废物类别	行业来源	废物代码	危险废物	危险特性
HW17 表面处理 废物	金属表面 处理及热 处理加工	336-066-17	镀层剥除过程中产生的废槽液、槽渣和废水处理污泥	T
		336-067-17	使用含重铬酸盐的胶体、有机溶剂、黏合剂进行旋流式抗蚀涂布产生的废渣和废水处理污泥	T
		336-068-17	使用铬化合物进行抗蚀层化学硬化产生的废渣和废水处理污泥	T
		336-069-17	使用铬酸镀铬产生的废槽液、槽渣和废水处理污泥	T
		336-100-17	使用铬酸进行阳极氧化产生的废槽液、槽渣和废水处理污泥	T
		336-101-17	使用铬酸进行塑料表面粗化产生的废槽液、槽渣和废水处理污泥	T

7.1.4 危险特性识别和筛选

7.1.4.1 污泥有害物质分析

（1）从废水来源识别污泥的物质组成

废水主要来源于铝箔制品生产过程的化成工序，经相关生产工艺、原辅材料、废水处理工艺和废水处理使用的化学辅料等，对鉴别对象中可能存在的物质进行逐一识别，如表 7-6 所示。

表 7-6 从废水来源识别污泥的物质组成

序号	污泥中可能存在的物质	该物质的产生工艺环节	涉及的原辅材料	该物质进入鉴别对象的途径	该物质的危险特性
1	强酸、强碱	化成工序、污水处理工序	盐酸、磷酸、氢氧化钠、复合碱（氢氧化钙）	在通电条件下，盐酸、磷酸、氢氧化钠发生解离，废水中存在氢离子和氢氧根离子，呈离子状态游离在废水中，通过污水处理工序进入污泥； 污水处理工序中使用氢氧化钠、复合碱（氢氧化钙）作为化学辅料，可能进入污泥	腐蚀性
2	Al^{3+}、Fe^{3+}、Cu^{2+}、K^{+}、Na^{+}、Ca^{2+}、Zn^{2+}、Ba^{2+}、Hg^{+}、Ag^{+}、Ni^{+}、Se^{3+}、Sn^{2-}等金属离子	化成工序、污水处理工序	铝箔； 氢氧化钠、氯化钠、聚合氯化铝、次氯酸钠、亚硫酸氢钠、碳酸钠、复合碱（氢氧化钙）	在通电条件下，铝箔中的金属物质（铝、铁、铜、钾、钠、钙、锌、钡、汞、银、镍、硒、锡）与化成液（含氢氧化钠、氯化钠）发生反应，生成离子游离在废水中，通过污水处理工序进入污泥； 污水处理工序中使用聚合氯化铝、氢氧化钠、次氯酸钠、亚硫酸氢钠、碳酸钠、复合碱（氢氧化钙）作为化学辅料，可能进入污泥	毒性

序号	污泥中可能存在的物质	该物质的产生工艺环节	涉及的原辅材料	该物质进入鉴别对象的途径	该物质的危险特性
3	Cl^-、PO_3^{2-}、ClO^-、CO_3^{2-}、HSO_4^-、OH^-、NH_4^+	化成工序、污水处理工序	盐酸、磷酸、氨水、己二酸铵、磷酸二氢铵；聚合氯化铝、次氯酸钠、亚硫酸氢钠、碳酸钠、复合碱（氢氧化钙）	在通电条件下，铝箔中的金属物质和化成液（盐酸、磷酸、氨水、己二酸铵、磷酸二氢铵、氢氧化钠）发生解离，生成离子游离在废水中，通过污水处理工序进入污泥； 污水处理工序中使用聚合氯化铝、氢氧化钠、次氯酸钠、亚硫酸氢钠、碳酸钠、复合碱（氢氧化钙）作为化学辅料，可能进入污泥	毒性、反应性
4	丙烯酰胺	污水处理工序	聚丙烯酰胺	污水处理工序中使用聚丙烯酰胺作为化学辅料，可能进入污泥	毒性

（2）鉴别对象物质成分测试和分析

为进一步明确污泥中的物质成分及其含量，采集 2 个污泥样品，开展含水率和元素含量测试。测试结果如表 7-7 所示。

表 7-7　污泥的含水率和元素含量测试结果

检测项目	单位	样品编号		测试方法	检出限值
		DGJDJ-01#	DGJDJ-02#		
含水率	%	72.80	72.85	《固体废物　浸出毒性浸出方法　醋酸缓冲溶液法》（HJ/T 300—2007）	—
碳	%	3.46	3.38	《生活垃圾化学特性通用检测方法》（CJ/T 96—2013 16）	0.15
氢	%	3.23	3.35		0.15
氧	%	24.8	25.1		0.6
氮	%	0.43	0.56		0.15
硫	%	3.26	3.27		0.15
汞	mg/kg	1.84	1.93	《固体废物　汞、砷、硒、铋、锑的测定　微波消解/原子荧光法》（HJ 702—2014）	0.002
砷	mg/kg	0.408	0.404		0.01
硒	mg/kg	0.034	0.030		0.01
钙	mg/kg	52 200	55 700	《固体废物　22 种金属元素的测定　电感耦合等离子体发射光谱法》（HJ 781—2016）	6.9
钠	mg/kg	384	416		7.8
钡	mg/kg	8.6	8.9		3.6
钴	mg/kg	ND	ND		0.5
钾	mg/kg	62.3	67.9		7.7
铁	mg/kg	882	917		8.9
铅	mg/kg	ND	ND		1.4

检测项目	单位	样品编号		测试方法	检出限值
		DGJDJ-01#	DGJDJ-02#		
铜	mg/kg	5.2	5.6	《固体废物　22 种金属元素的测定　电感耦合等离子体发射光谱法》（HJ 781—2016）	0.4
铝	mg/kg	16 500	18 900		8.9
银	mg/kg	1.0	1.0		0.1
锌	mg/kg	11.2	10.8		1.2
镉	mg/kg	ND	ND		0.1
镍	mg/kg	0.9	1.1		0.4
铬（以六价铬计）	mg/kg	ND	ND	《固体废物　六价铬的测定　碱消解/火焰原子吸收分光光度法》（HJ 687—2014）	2

注：“ND”表示未检出，下同。

根据测试结果，污泥的含水率达到 70%以上。此外，污泥中无机元素主要有氧、钙、碳、硫、氢、铝、氮、铁、钠、钾、锌、钡、铜、汞、银、镍、砷、硒等（含量从高至低）。该元素测试结果跟以废水来源分析污泥物质组成的结果基本一致。

7.1.4.2　污泥危险特性识别与筛选

（1）根据废水来源可直接排除的危险特性

根据该企业铝箔制品生产工艺及原料、污水处理站废水来源及特性、废水处理使用的化学辅料种类及理化特性、污泥产生过程及污泥成分分析结果，可以直接排除感染性、易燃性、有机类浸出毒性以及部分有机类毒性物质含量危险特性，识别结果及依据见表 7-8。

表 7-8　污泥危险特性的初步识别结果及依据

序号	危险特性		初步识别	排除依据
1	感染性		排除	根据该企业铝箔制品生产工艺及原料、污水处理站废水来源及特性、废水处理使用的化学辅料种类及理化特性、污泥产生过程及污泥成分分析结果判断，污泥不具有感染性危险特性
2	反应性	爆炸性质	排除	污泥含水率达到 70%以上，常温常压下稳定，在无引爆条件下，不会发生剧烈变化；在标准温度和压力下（25℃，101.3 kPa）以及受强起爆剂作用或在封闭条件下加热，不会发生爆轰或爆炸性分解反应。污泥不具有爆炸性质
		遇水反应性	排除	污泥含水率达到 70%以上，其产生过程中并未发生剧烈化学反应，不放出大量易燃气体和热量，也不产生足以危害人体健康或环境的有毒气体、蒸汽或烟雾
		遇酸反应性	可能具备	污泥含硫率达到 3.2%以上，污泥中含有硫化物，在酸性条件下，污泥可能分解产生硫化氢气体
		废弃氧化剂或有机过氧化物属性	排除	污泥不属于废弃氧化剂或有机过氧化物，产生过程不使用强氧化剂，无氧化性或过氧化性

序号	危险特性		初步识别		排除依据
3	易燃性		排除		污泥含水率达到 70%以上，不能由明火点燃，常温常压下性质稳定，不会因摩擦或自发性燃烧起火
4	腐蚀性		可能具备		污水处理站进水水质 pH 为 2.0，呈酸性。污水处理使用到复合碱、碱式氯化铝、氢氧化钠等碱性物质，污泥可能含有酸性或碱性成分，可能具有腐蚀性危险特性
5	浸出毒性	无机元素及化合物（16 种）	可能具备		污泥中含有锌、钡、铜、汞、银、镍、砷、硒等重金属元素，可能具备无机元素及化合物浸出毒性危险特性
		有机农药类（10 种）	排除		污泥产生过程不涉及有机农药类物质，污泥中不存在有机农药类物质
		非挥发性有机化合物（12 种）	排除		污泥产生过程不涉及非挥发性有机化合物，污泥中不存在非挥发性有机化合物
		挥发性有机化合物（12 种）	排除		污泥产生过程不涉及挥发性有机化合物，污泥中不存在挥发性有机化合物
6	毒性物质含量	剧毒物质（附录 A）	有机类	排除	污泥产生过程不涉及有机类剧毒物质，污泥中不存在有机类剧毒物质
			无机类	可能具备	污泥中含有锌、钡、铜、汞、银、镍、砷、硒等重金属元素，可能含有 GB 5085.6—2007 中附录 A 所列无机类物质
		有毒物质（附录 B）	有机类	排除	污泥产生过程不涉及有机类有毒物质，污泥中不存在有机类有毒物质
			无机类	可能具备	污泥中含有锌、钡、铜、汞、银、镍、砷、硒等重金属元素，可能含有 GB 5085.6—2007 中附录 B 所列无机类物质
		致癌性物质（附录 C）	有机类	排除	污泥产生过程不涉及有机类致癌性物质，污泥中不存在有机类致癌性物质
			无机类	可能具备	污泥中含有锌、钡、铜、汞、银、镍、砷、硒等重金属元素，可能含有 GB 5085.6—2007 中附录 C 所列无机类物质
		致突变性物质（附录 D）	有机类	可能具备	废水处理过程使用到聚丙烯酰胺，污泥可能含有丙烯酰胺
			无机类	可能具备	污泥中含有锌、钡、铜、汞、银、镍、砷、硒等重金属元素，可能含有 GB 5085.6—2007 中附录 D 所列无机类物质
		生殖毒性物质（附录 E）	有机类	排除	污泥产生过程不涉及有机类生殖毒性物质，污泥中不存在有机类生殖毒性物质
			无机类	可能具备	污泥中含有锌、钡、铜、汞、银、镍、砷、硒等重金属元素，可能含有 GB 5085.6—2007 中附录 E 所列无机类物质
		持久性有机污染物（附录 F）	排除		污泥产生过程不涉及持久性有机污染物，污泥中不存在持久性有机污染物
7	急性毒性		可能具备		污泥中含有锌、钡、铜、汞、银、镍、砷、硒等重金属元素，可能具有急性经口毒性危险特性

（2）根据初筛测试结果可排除的危险特性

结合鉴别对象危险特性识别结果，为进一步验证和排除鉴别对象的其他危险特性，采集2个污泥样品，进行腐蚀性、遇酸反应性、无机类浸出毒性、无机类和丙烯酰胺毒性物质含量和急性毒性危险特性初筛。污泥初筛样品采集期间铝箔制品生产设施和污水处理站稳定运行，样品具有代表性。

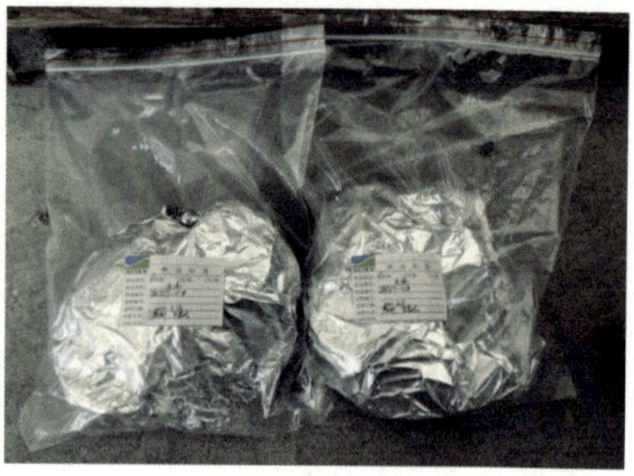

图 7-3　污泥初筛样品

1）腐蚀性初筛检测结果

根据腐蚀性初筛检测结果（表 7-9），2 个污泥样品的 pH 都大于 2.0 且小于 12.5，腐蚀速率小于 6.35 mm/a，未超出《危险废物鉴别标准　腐蚀性鉴别》（GB 5085.1—2007）中的相应标准限值。

表 7-9　腐蚀性危险特性初筛检测结果

检测项目	样品编号		测试方法	检出限值
	DGJDJ-01#	DGJDJ-02#		
pH（量纲一）	3.46	3.38	《固体废物　浸出毒性浸出方法　水平振荡法》（HJ 557—2010）；《固体废物　腐蚀性测定　玻璃电极法》（GB/T 15555.12—1995）	—
腐蚀速率/（mm/a）	0.117	0.115	《固体废物　浸出毒性浸出方法　水平振荡法》（HJ 557—2010）；《金属材料实验室均匀腐蚀全浸试验方法》（JB/T 7901—1999）	—

由于废水的进水水质 pH 为 2.0，且污泥初筛测试结果显示污泥的 pH 为酸性。因此，在下一个鉴别阶段应继续检测污泥的 pH 指标，以进一步明确污泥的腐蚀性危险特性。

2）反应性初筛检测结果

根据反应性初筛检测结果（表 7-10），2 个污泥样品遇酸后分解产生的氰化氢气体和硫化氢气体含量远低于《危险废物鉴别标准　反应性鉴别》（GB 5085.5—2007）中的相应标准限值。结合铝箔制品生产工艺及原料、污水处理站的废水来源及特性、废水处理使用的化学辅料种类及理化特性、污泥产生过程及污泥成分分析结果，污泥不具有遇酸反应性危险特性，在下一个鉴别阶段无须进一步检测。

3）浸出毒性初筛检测结果

根据浸出毒性初筛检测结果（表 7-11），2 个污泥样品的铅、镉、铍、钡、镍、铬、银、硒、铬（六价）、烷基汞检测结果为未检出，汞、铜、锌、砷、无机氟化物、氰化物有检出。

表 7-10 遇酸反应性危险特性初筛检测结果

检测项目		样品编号		测试方法	检出限值
		DGJDJ-01#	DGJDJ-02#		
氰化氢	总有效/（mg/kg）	ND	1.44×10^{-5}	《危险废物鉴别标准 反应性鉴别》（GB 5085.5—2007）的附录 固体废物 遇水反应性的测定	0.02
	比释放率 *R*/［mg/（kg·s）］	ND	ND		1.11×10^{-5}
硫化氢	总有效/（mg/kg）	ND	0.026		0.025
	比释放率 *R*/［mg/（kg·s）］	ND	ND		1.39×10^{-5}

表 7-11 浸出毒性危险特性初筛检测结果 单位：mg/L

检测项目		样品编号		标准限值	检测方法	检出限值
		DGJDJ-01#	DGJDJ-02#			
无机元素及化合物	汞	0.000 11	0.000 12	0.1	《固体废物 浸出毒性浸出方法 硫酸硝酸法》（HJ/T 299—2007）；《固体废物 汞、砷、硒、铋、锑的测定 微波消解/原子荧光法》（HJ 702—2014）	0.000 02
	砷	0.000 52	0.000 47	5		0.000 1
	硒	ND	ND	1		0.000 1
	铜	0.02	0.02	100	《固体废物 浸出毒性浸出方法 硫酸硝酸法》（HJ/T 299—2007）；《固体废物 22 种金属元素的测定 电感耦合等离子体发射光谱法》（HJ 781—2016）	0.01
	锌	0.38	0.48	100		0.01
	铅	ND	ND	5		0.03
	镉	ND	ND	1		0.01
	铍	ND	ND	0.02		0.004
	钡	ND	ND	100		0.06
	镍	ND	ND	5		0.02
	铬	ND	ND	15		0.02
	银	ND	ND	5		0.01
	铬（六价）	ND	ND	5	《固体废物 浸出毒性浸出方法 硫酸硝酸法》（HJ/T 299—2007）；《固体废物 六价铬的测定 二苯碳酰二肼分光光度法》（GB/T 15555.4—1995）	0.004
	无机氟化物	0.524	1.65	100	《固体废物 浸出毒性浸出方法 水平振荡法》（HJ 557—2010）；《危险废物鉴别标准 浸出毒性鉴别》（GB 5085.3—2007）的附录 F 固体废物 氟离子、溴酸根、氯离子、亚硝酸根、氰酸根、溴离子、硝酸根、磷酸根、硫酸根的测定 离子色谱法	0.014 8

检测项目			样品编号		标准限值	检测方法	检出限值
			DGJDJ-01#	DGJDJ-02#			
无机元素及化合物	氰化物		0.004 4	0.004 0	5	《固体废物　浸出毒性浸出方法　硫酸硝酸法》（HJ/T 299—2007）；《危险废物鉴别标准　浸出毒性鉴别》（GB 5085.3—2007）的附录 G 固体废物　氰根离子和硫离子的测定　离子色谱法	0.000 1
	烷基汞	甲基汞	ND	ND	不得检出	《固体废物　浸出毒性浸出方法　硫酸硝酸法》（HJ/T 299—2007）；《水质　烷基汞的测定　气相色谱法》（GB/T 14204—1993）	0.000 01
		乙基汞	ND	ND			0.000 02

根据污泥有害物质分析结果，汞、铜、锌、砷这四项指标都有检出。结合铝箔制品生产工艺及原料、污水处理站废水来源及特性、废水处理使用的化学辅料种类及理化特性，汞、铜、锌、砷主要来源于铝箔原料，在下一阶段工作中，将这 4 项指标作为污泥浸出毒性危险特性鉴别的检测项目。

本次污泥浸出毒性初筛检测中，无机氟化物和氰化物均有检出。根据铝箔制品生产工艺及原料、污水处理站废水来源及特性、废水处理使用的化学辅料种类及理化特性、污泥产生过程及成分分析结果，理论上污泥中不存在无机氟化物和氰化物，但实际应用中，无法排除铝箔生产原料和废水处理使用的化学辅料中夹带极少量的氟化物和氰化物的可能性。为进一步确定污泥中无机氟化物和氰化物的含量，在下一个鉴别阶段也将这两项指标作为污泥浸出毒性危险特性鉴别的检测项目。

4）毒性物质含量初筛检测结果

根据毒性物质含量初筛检测结果（表 7-12），2 个污泥样品的汞、砷、硒、钡、镍有检出，根据检测结果折算出的对应毒性物质含量结果未超过标准限值；钴、铅、镉、铬［以铬（六价）计］、丙烯酰胺未检出，按照保守估计原则，根据检出限折算对应的毒性物质含量，折算结果未超过标准限值。GB 5085.6—2007 附录 A～附录 E 毒性累计值也未超过标准限值。

表 7-12　毒性物质含量危险特性初筛结果

检测项目	检测结果/（mg/kg）		对应的毒性物质名称	毒性物质所属附录	毒性物质含量折算结果		标准限值
	DGJDJ-01#	DGJDJ-02#			DGJDJ-01#	DGJDJ-02#	
汞	1.84	1.93	氯化汞	GB 5085.6—2007 附录 A	0.000 249%	0.000 262%	0.1%

检测项目	检测结果/（mg/kg）		对应的毒性物质名称	毒性物质所属附录	毒性物质含量折算结果		标准限值
	DGJDJ-01#	DGJDJ-02#			DGJDJ-01#	DGJDJ-02#	
砷	0.408	0.404	砷酸及其盐	GB 5085.6—2007 附录 C	0.000 082%	0.000 081%	0.1%
硒	0.034	0.030	氯化硒	GB 5085.6—2007 附录 A	0.000 010%	0.000 009%	0.1%
钡	8.6	8.9	氯化钡	GB 5085.6—2007 附录 B	0.001 306%	0.001 351%	3%
钴	ND	ND	二氯化钴	GB 5085.6—2007 附录 C	0.000 110%	0.000 110%	0.1%
铅	ND	ND	磷酸铅	GB 5085.6—2007 附录 E	0.000 549%	0.000 549%	0.5%
镉	ND	ND	氯化镉	GB 5085.6—2007 附录 C	0.000 016%	0.000 016%	0.1%
镍	0.9	1.1	三氧化二镍	GB 5085.6—2007 附录 D	0.000 252%	0.000 308%	0.1%
铬（以六价计）	ND	ND	三氧化铬	GB 5085.6—2007 附录 C	0.000 385%	0.000 385%	0.1%
丙烯酰胺	ND	ND	丙烯酰胺	GB 5085.6—2007 附录 D	0.000 000 003 2%	0.000 000 003 2%	0.1%
GB 5085.6—2007 附录 A～附录 E 毒性累计值					0.013	0.013	1

注：钴、铅、镉、铬［以铬（六价）计］的元素分析结果和丙烯酰胺的毒性物质含量测试结果为未检出，按照检出限折算对应的毒性物质含量。

结合铝箔制品生产工艺及原料、污水处理站废水来源及特性、废水处理使用的化学辅料种类及理化特性，有检出的汞、砷、硒、钡、镍 5 种重金属离子主要来源于铝箔原料，应在下一个鉴别阶段，将这 5 项指标作为污泥毒性物质含量危险特性鉴别的检测项目。另外，结合浸出毒性初筛检测结果，氰化物和无机氟化物的浸出毒性均有检出，无法直接排除氰化物和无机氟化物毒性，因此，将氰化物（氰化汞）和无机氟化物（氟化铅）也作为毒性物质含量危险特性鉴别的检测项目。

5）急性毒性初筛检测结果

根据急性毒性初筛检测结果（表 7-13），2 个污泥样品的急性经口毒性检测结果大于 GB 5085.2—2007 规定的标准限值，不具有急性毒性危险特性。结合铝箔制品生产工艺及原料、污水处理站的废水来源及特性、废水处理使用的化学辅料种类及理化特性、污泥产生过程及成分分析结果，污泥不具有急性毒性危险特性，在下一个鉴别阶段无须开展检测。

表 7-13　急性毒性危险特性初筛检测结果　单位：mg/kg

检测项目	样品编号		标准限值	检测方法
	DGJDJ-01#	DGJDJ-02#		
经口 LD_{50}	＞2 057.0	＞2 007.5	200	《危险废物鉴别标准　急性毒性初筛》（GB 5085.2—2007）

7.1.5 鉴别检测项目的确定

根据污泥的危险特性识别和初筛检测结果，可判断该污泥不具有感染性、易燃性、反应性、浸出毒性（仅限于有机农药类、挥发性和非挥发性有机化合物）、毒性物质含量（仅限于有机类毒性物质）和急性毒性 5 种危险特性，不需要对其进行检测。在下一个鉴别阶段须检测腐蚀性（pH）、浸出毒性（部分无机元素及化合物）、毒性物质含量（部分无机类毒性物质）项目，检测项目如表 7-14 所示。

表 7-14 危险废物鉴别检测项目

序号	检测项目	测试指标
1	腐蚀性	pH
2	浸出毒性	汞、铜、锌、砷、无机氟化物、氰化物
3	毒性物质含量	汞（以氯化汞计）、砷（以砷酸及其盐计）、硒（以氯化硒计）、钡（以氯化钡计）、镍（以三氧化二镍计）、氟化物（以氟化铅计）、氰化物（以氰化汞计）

7.1.6 采样和检测工作方案

7.1.6.1 采样工作方案

（1）采样要求

1）样品采集现场条件、生产工况与鉴别方案描述一致。

2）采样期间铝箔制品的生产工艺、原料来源和种类、污水处理工艺、化学辅料来源和种类不变。

3）采样期间铝箔制品生产设施和污水处理站稳定运行。

4）对采样过程进行全程拍照或录像。

5）采样时记录样品的名称、来源、数量、性状、包装、贮存、编号、份样量、份样数、采样点、采样方法、采样日期、采样人等。

（2）采样份样数

污泥最大产生量为 16 t/月，因此，本次鉴别采样份样数为 8 个。

（3）采样份样量

污泥鉴别检测项目包括腐蚀性、浸出毒性和毒性物质含量，需采集满足检测方法规定的份样量，并考虑 1 年保存期的预留样品量，则采样份样量为 2 500 g。

（4）采样时间和频次

根据企业的生产情况及污泥的产生特点，1 个月内出泥 8 次。因此，本次鉴别采集的 8 个样品安排在每次出泥时采集。

（5）采样点位和方法

根据《危险废物鉴别技术规范》和《工业固体废物采样制样技术规范》的要求采样。

本次污泥的采样点位设在板框压滤机处（图 7-4）。每次采样时，将压滤机各板框按顺序编号，用 HJ/T 20—1998 中的随机数表法抽取 1 个板框作为采样单元采取 1 个份样样品。采样时，在压滤脱水后取下板框，使用采样勺刮下污泥，再将污泥装至样品袋。

图 7-4　污泥采样点

（6）采样质量控制

1）采样前，将采样要求、对象、份样数、份样量、时间和频次、方法告知采样人员，采样人员应熟知上述内容及操作规范。

2）告知采样人员污泥的性状，采样人员掌握采样技术，懂得安全操作知识和处理方法。

3）采样过程中隔绝在有水、酸、碱的条件下采样，运输过程中样品放置于避热避光的采样箱中，并防止危害成分的损失、交叉污染和二次污染。

4）采样工作结束后采样人员要进行自检，检查内容包括：采集样品个数、样品重量、样品标签、记录的完整性和准确性。

5）每天采样结束后采样组要及时将样品送至实验室，采样组与检测组交接样品时，双方均需确认样品数量和样品标签信息准确、样品完好、采样记录完整无误。

6）采样记录经审核无问题后存档。

7.1.6.2　检测工作方案

（1）检测方法

本次鉴别检测项目为腐蚀性、浸出毒性和毒性物质含量，对应检测方法见表 7-15。

表 7-15　鉴别检测项目与检测方法

危险特性	检测指标	检测方法	检出限值	仪器名称及型号
腐蚀性	pH	《固体废物　腐蚀性测定　玻璃电极法》（GB/T 15555.12—1995）	—	pH 计 pHS-3E
浸出毒性	浸出率	《固体废物浸出毒性浸出方法　硫酸硝酸法》（HJ/T 299—2007）	—	—
	汞	《固体废物　汞、砷、硒、铋、锑的测定　微波消解　原子荧光法》（HJ 702—2014）	0.02 μg/L	原子荧光分光光度计 AFS-8220
	砷		0.1 μg/L	
	铜	《危险废物鉴别标准　浸出毒性鉴别》（GB 5085.3—2007）附录 D 金属元素的测定　火焰原子吸收光谱法	0.02 mg/L	原子分光光度计 AA-6880
	锌		0.005 mg/L	

危险特性	检测指标	检测方法	检出限值	仪器名称及型号
浸出毒性	氟化物	《固体废物　氟化物的测定　离子选择性电极法》（GB/T 15555.11—1995）	0.05 mg/L	离子计 PXSJ-216F
	氰化物	《危险废物鉴别标准　浸出毒性鉴别》（GB 5085.3—2007）附录 G 固体废物　氰根离子和硫离子的测定　离子色谱法	0.1 μg/L	离子色谱仪 Dionex Integrion
毒性物质含量	氯化汞	《固体废物　汞、砷、硒、铋、锑的测定　微波消解　原子荧光法》（HJ 702—2014）	0.002 mg/kg	原子荧光分光光度计 AFS-8220
	砷酸及其盐		0.010 mg/kg	
	氯化硒	《危险废物鉴别标准　浸出毒性鉴别》（GB 5085.3—2007）附录 E 砷、锑、铋、硒的测定　原子荧光法	0.02 mg/kg	原子荧光分光光度计 AFS-8220
	氯化钡	《固体废物　金属元素的测定　电感耦合等离子体质谱法》（HJ 766—2015）	6.3 mg/kg	原子分光光度计 AA-6880
	三氧化二镍	《固体废物　镍和铜的测定　火焰原子吸收分光光度法》（HJ 751—2015）	3 mg/kg	原子分光光度计 AA-6880
	氟化铅	《固体废物　氟的测定　碱熔-离子选择电极法》（HJ 999—2018）	0.03 g/kg	台式 pH 计 pH S-3E
	氰化汞	《城市污水处理厂污泥检验方法》（CJ/T221—2005）蒸馏后吡啶-巴比妥酸光度法 9	0.02 mg/kg	紫外可见光分光光度计 754

（2）检测质量控制

检测质量控制包括对制样、样品前处理和样品分析过程进行质量控制。通过质量控制，核查整个检测过程是否处于受控状态，反应实验室工作过程中可能发生的变化，以及这些变化可能产生的质量问题，便于分析人员及时发现异常，立即采取预防与纠正措施。

1）样品制备：样品制备过程坚持保持样品原有的化学组成，不能被污染，不能把样品编号弄混淆的原则。样品检测前严防阳光直射样品，通风良好，整洁，无尘，无易挥发性化学物质。制样时应有 2 人以上在场。制样结束后，应填写制样记录。

2）样品前处理：根据样品性质和检测要求，严格按照前处理方法处理样品。

3）样品分析：通过实验室内部控制，减小随机误差，防止过失误差。

对样品分析的全过程，包括分析人员、工作环境、分析方法、分析人员对分析方法的正确理解与操作、试剂及标准溶液的配制、工作曲线的绘制、空白试验、仪器的调试和校准、背景的扣除和校正、原始记录的书写、数据的修约和处理等实施有效控制。

7.1.7 检测结果和鉴别结论

7.1.7.1 检测结果分析

（1）腐蚀性检测结果

8 个污泥样品的腐蚀性检测结果如表 7-16 所示。

表 7-16　腐蚀性检测结果

序号	样品编号	检测结果（量纲一）
1	DGJDJ-01	7.27
2	DGJDJ-02	7.55
3	DGJDJ-03	7.19
4	DGJDJ-04	7.61
5	DGJDJ-05	6.87
6	DGJDJ-06	7.48
7	DGJDJ-07	7.79
8	DGJDJ-08	7.34

根据检测结果，8 个污泥样品的 pH 都大于 2.0 且小于 12.5，未超出《危险废物鉴别标准　腐蚀性鉴别》（GB 5085.1—2007）中的相应标准限值。因此，8 个污泥样品均不具有腐蚀性危险特性。

（2）浸出毒性检测结果

8 个污泥样品的浸出毒性检测结果如表 7-17 所示，各项指标的检出率和最大占标率如表 7-18 所示。其中，汞、砷的检出率为 100%，检测结果最大占标率分别为 0.69%、0.028 8%；氰化物的检出率为 87.5%，检测结果最大占标率为 0.154%；铜、锌、氟化物的检出率均为 0，按照检出限值计算出的占标率分别为 0.4%、0.005%和 0.05%。

表 7-17　污泥样品浸出毒性检测结果　　单位：mg/L

样品编号	检测指标与检测结果					
	汞	铜	锌	砷	氟化物	氰化物
DGJDJ-01	6.4×10^{-4}	ND	ND	1.2×10^{-4}	ND	3.9×10^{-3}
DGJDJ-02	6.8×10^{-4}	ND	ND	1.26×10^{-3}	ND	2.6×10^{-3}
DGJDJ-03	6.9×10^{-4}	ND	ND	1.03×10^{-3}	ND	3.2×10^{-3}
DGJDJ-04	6.0×10^{-4}	ND	ND	1.30×10^{-3}	ND	ND
DGJDJ-05	4.4×10^{-4}	ND	ND	1.44×10^{-3}	ND	2.5×10^{-3}
DGJDJ-06	4.9×10^{-4}	ND	ND	1.37×10^{-3}	ND	5.1×10^{-3}
DGJDJ-07	5.9×10^{-4}	ND	ND	7.9×10^{-4}	ND	7.7×10^{-3}
DGJDJ-08	5.2×10^{-4}	ND	ND	9.6×10^{-4}	ND	4.4×10^{-3}
评价标准	0.1	5	100	5	100	5

表 7-18　各项浸出毒性指标检出率和最大占标率

浸出毒性指标	砷	汞	铜	锌	氟化物	氰化物
样品总数量/个	8					
有检出的样品数量/个	8	8	0	0	0	7
检出率/%	100	100	0	0	0	87.5
最大占标率/%	0.028 8	0.69	0.4	0.005	0.05	0.154

综上可知，8 个污泥样品浸出液中检测指标的检出浓度均未超过《危险废物鉴别标准 浸出毒性鉴别》（GB 5085.3—2007）规定的标准限值，因此，8 个污泥不具有浸出毒性危险特性。

（3）毒性物质含量检测结果

8 个污泥样品的汞、砷、硒、钡、镍、氰化物、氟化物含量检测结果如表 7-19 所示；各项指标对应的可能存在的最大分子量毒性物质依次为氯化汞、砷酸及其盐、氯化硒、氯化钡、三氧化二镍、氰化铅、氟化汞，折算成对应毒性物质含量和累计毒性物质含量如表 7-20 所示（以最有可能存在且分子量最大的物质折算，检测结果为未检出的用检出限折算）。

表 7-19 污泥样品毒性物质含量检测结果 单位：mg/kg

样品编号	检测结果						
	汞	砷	硒	钡	镍	氰化物	氟化物
DGJDJ-01	4.43	0.390	0.15	ND	ND	ND	750
DGJDJ-02	4.19	0.396	0.16	ND	ND	ND	700
DGJDJ-03	4.14	0.331	0.13	ND	ND	ND	720
DGJDJ-04	3.01	0.402	0.15	ND	ND	ND	730
DGJDJ-05	3.42	0.375	0.14	ND	ND	ND	760
DGJDJ-06	3.36	0.344	0.14	ND	ND	ND	690
DGJDJ-07	3.34	0.336	0.12	ND	ND	ND	720
DGJDJ-08	3.66	0.422	0.11	ND	ND	ND	740

根据检测结果和毒性物质含量折算结果，8 个污泥样品含有 GB 5085.6—2007 附录 A～附录 C 的一种或一种以上毒性物质的总含量均未超过对应的标准限值，累计毒性物质含量均未超过 1，因此，8 个污泥样品均不具有毒性物质含量危险特性。

7.1.7.2 鉴别结果判断

根据 HJ 298—2019 文件中的“7.1 在对固体废物样品进行检测后，检测结果超过 GB 5085.1～GB 5085.6 中相应标准限值的份样数大于或者等于 HJ 298—2019 表 3 中的超标份样数限值，即可判定该固体废物具有该种危险特性”，本次鉴别采集的份样数为 8，对应的超标份样数限值为 3。即如果具备危险特性的份样数为 3 或超过 3，则污泥属于危险废物；如未超过 3，则不属于危险废物。

表 7-20　污泥样品毒性物质含量折算结果

样品编号	毒性物质含量折算结果										累计毒性
	GB 5085.5—2007 附录 A				GB 5085.5—2007 附录 B			GB 5085.5—2007 附录 C			
	氯化汞	氰化汞	氯化硒	合计	氯化钡	氟化铅	合计	三氧化二镍	砷酸及其盐	合计	
DGJDJ-01	0.000 60%	0.000 074%	0.000 022%	0.000 70%	0.000 96%	0.000 42%	0.001 4%	0.000 010%	0.000 16%	0.000 17%	0.009 12
DGJDJ-02	0.000 56%	0.000 075%	0.000 023%	0.000 66%	0.000 96%	0.000 42%	0.001 4%	0.000 010%	0.000 16%	0.000 17%	0.008 74
DGJDJ-03	0.000 56%	0.000 063%	0.000 019%	0.000 64%	0.000 96%	0.000 42%	0.001 4%	0.000 010%	0.000 13%	0.000 14%	0.008 28
DGJDJ-04	0.000 41%	0.000 076%	0.000 022%	0.000 51%	0.000 96%	0.000 42%	0.001 4%	0.000 010%	0.000 16%	0.000 17%	0.007 24
DGJDJ-05	0.000 46%	0.000 071%	0.000 021%	0.000 55%	0.000 96%	0.000 42%	0.001 4%	0.000 010%	0.000 15%	0.000 16%	0.007 58
DGJDJ-06	0.000 45%	0.000 065%	0.000 020%	0.000 54%	0.000 96%	0.000 42%	0.001 4%	0.000 010%	0.000 14%	0.000 15%	0.007 31
DGJDJ-07	0.000 45%	0.000 064%	0.000 017%	0.000 53%	0.000 96%	0.000 42%	0.001 4%	0.000 010%	0.000 14%	0.000 15%	0.007 27
DGJDJ-08	0.000 49%	0.000 080%	0.000 015%	0.000 59%	0.000 96%	0.000 42%	0.001 4%	0.000 010%	0.000 17%	0.000 18%	0.008 11
评价标准	0.1%				3%			0.1%			1

表 7-21 《危险废物鉴别技术规范》（HJ 298—2019）中的表 3 单位：个

份样数	超标份样数下限	份样数	超标份样数下限
5	2	32	8
8	3	50	11
13	4	80	15
20	6	≥100	22

根据 8 个污泥样品检测结果，腐蚀性、浸出毒性和毒性物质含量超标份样数均为 0，小于超标份样数限值 3，可判定本次鉴别的污泥不具有腐蚀性、浸出毒性和毒性物质含量危险特性。

7.1.8 利用处置及环境风险防控建议

根据鉴别结论，对污泥的后续处置和环境风险防控提出以下建议：

（1）本次鉴别污泥的处理处置与其他固体废物的处理处置一样，应遵循减量化、稳定化、无害化的要求，结合当地的实际情况就近处理，并提倡在保证环境安全的前提下采用资源化利用的处理处置方式。

（2）企业应将本次鉴别的污泥交给具有相应资质或处理处置能力的单位进行资源化利用或者最终处置，不得随意倾倒。本次鉴别的污泥不得与企业其他固体废物混合储存、转运和处置。

（3）本次鉴别的污泥的产生、储存、转移和处置应报当地生态环境主管部门备案，另外根据固体废物相关管理要求，做好污泥的转移运输、处置等相关记录。

（4）如企业的生产工艺、原辅材料种类及特性等发生重大变更，所产生的污泥应该重新鉴别，以进一步明确其危险特性。

7.1.9 单一废水处理污泥危险特性鉴别要点

开展单一废水处理污泥的危险特性鉴别工作时，首先，结合污泥的产生过程判断它是否属于《名录》（2021 年版）中涉及的 79 种污泥类危险废物；其次，应根据废水来源、相关原辅材料的种类及特性，初步判断污泥可能存在的有害物质及危险特性，并借助 XRF 等设备的现场快速检测结果明确污泥的毒性鉴别检测因子。此外，污泥的采样点应设置在污泥脱水或干化设备的卸料环节（蔡彬等，2021）。

（1）《名录》相符性判断要点

《名录》涉及污泥类的废物共有 79 种。因此，开展单一废水处理污泥危险特性鉴别工作之前，应结合产泥企业的行业类别、废水污染特性、废水处理工艺及污泥特性（如是否属于生化污泥）等方面，判断待鉴别污泥是否在《名录》中。如待鉴别污泥在《名录》中，则可直接判断该污泥属于危险废物，无须开展危险特性鉴别工作。

（2）毒性检测因子确定方法

首先，应根据废水来源，明确涉及废水排放的生产工序。梳理涉及废水产生工序的工艺原理、使用原辅材料的种类和特性，并结合废水处理工艺及原辅材料使用情况，准确分析污泥中可能存在的有害物质，在此基础上初步判断待鉴别污泥的危险特性。其次，借助 X 射线荧光光谱仪（XRF）等设备，快速分析污泥中的元素种类或物质成分，以明确污泥的毒性鉴别检测因子。

（3）污泥采样点的设置要点

为降低污泥运输及处置成本，废水处理站一般设有污泥脱水或干化设备。污泥危险特性鉴别采样点应设置在污泥脱水或干化设备的卸料环节。例如，在鉴别设有板框压滤机的污水处理站产生的污泥时，污泥采样点应设置在压滤机卸料环节，采样时应对压滤机各板框按顺序编号，用随机数表法抽取与该次需要采集的样品数相同数目的板框作为采样单元，在压滤脱水后取下板框并刮下污泥，以每个板框内采集的污泥作为 1 个样品。

7.2 案例二：某化工园区多源废水处理生化污泥危险特性鉴别

某化工园区建有污水处理厂 1 座，设计处理能力为 300 m^3/h，接纳废水包括化工园区内的生活污水、初期雨水以及生产离子膜烧碱、保险粉、PVC 糊树脂和三氯化铁产品的化工企业生产废水。该污水处理厂采用物化和生化工艺处理化工园区内的各类废水，并产生物化污泥和生化污泥。根据《名录》，物化污泥属于危险废物，需按照危险废物管理；而生化污泥未列入《名录》中，现要求对生化污泥进行危险特性鉴别，以确定生化污泥的管理属性。

7.2.1 废水来源及污泥产生过程分析

7.2.1.1 废水来源

（1）离子烧碱膜生产企业工业废水

1）生产工艺介绍

离子膜烧碱项目设计生产能力为 20 万 t/a，生产过程包括一次盐水加工、电解、蒸发、氯气处理、氢气处理和氯化氢合成等工序，生产工艺流程如图 7-5～图 7-8 所示。

工艺流程说明：

①一次盐水工序

原盐自盐库由带式输送机卸入化盐池中，与淡盐水、经过处理的卤水在配水槽中用压缩空气进行搅拌后由化盐给料泵送入化盐池中，用电解工序经脱氯并 SRS 系统除去部分硫酸根后的淡盐水、装置回收水和补充水溶解制得饱和粗盐水。

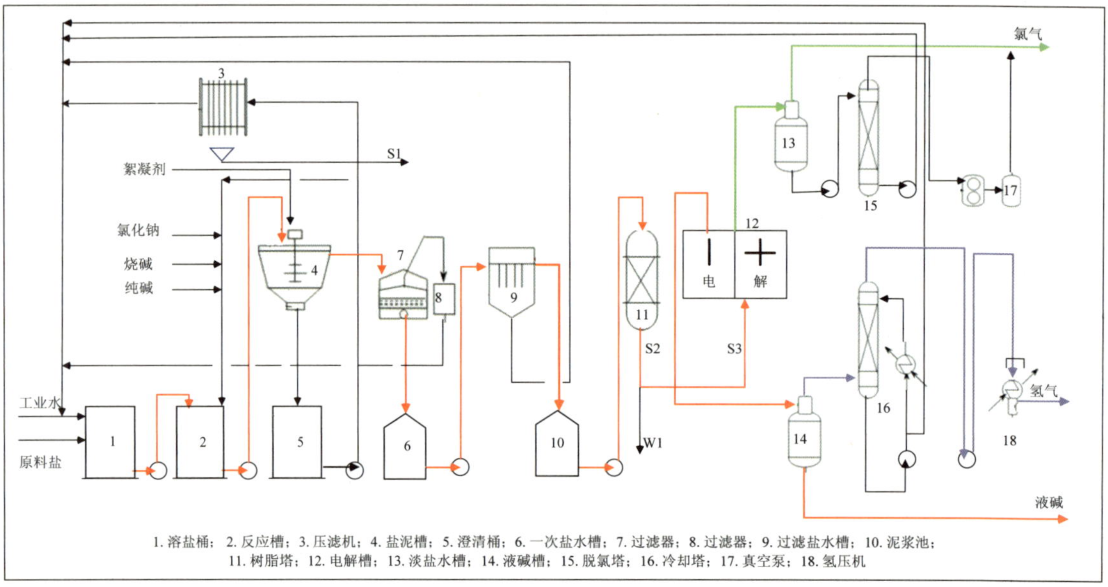

图 7-5 烧碱生产电解及氢气处理工艺流程

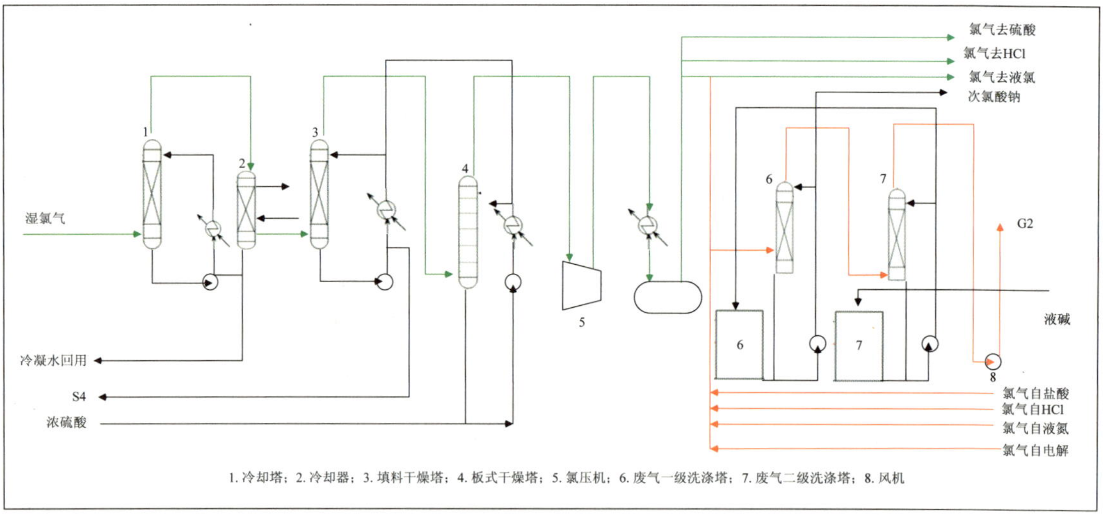

图 7-6 烧碱生产氯气处理及事故氯气处理流程

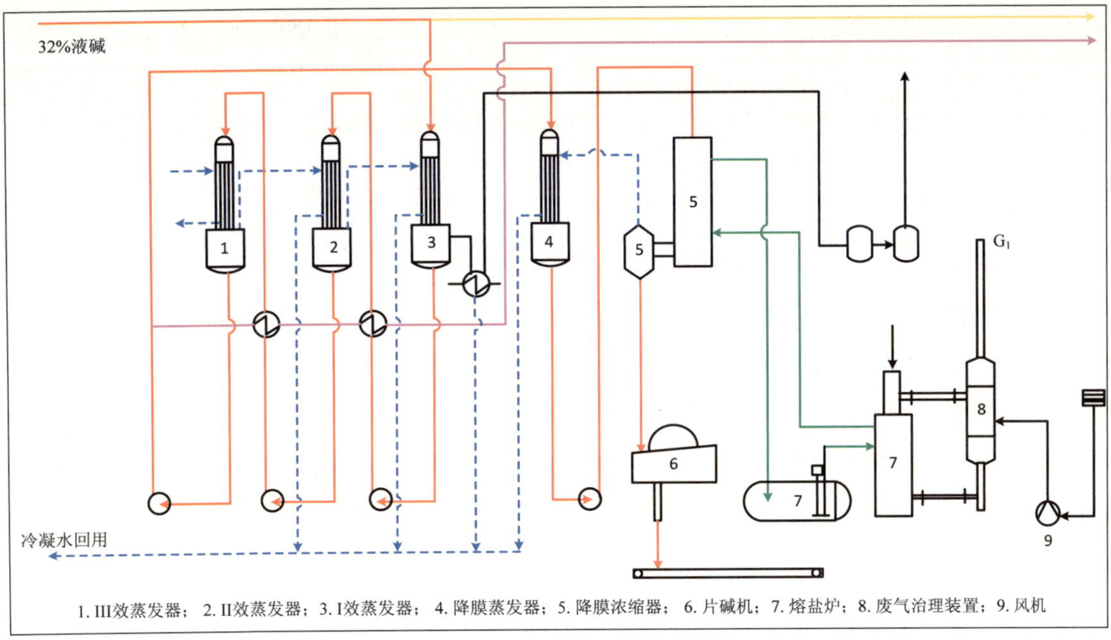

图 7-7　烧碱生产液碱蒸发及片碱生产工艺流程

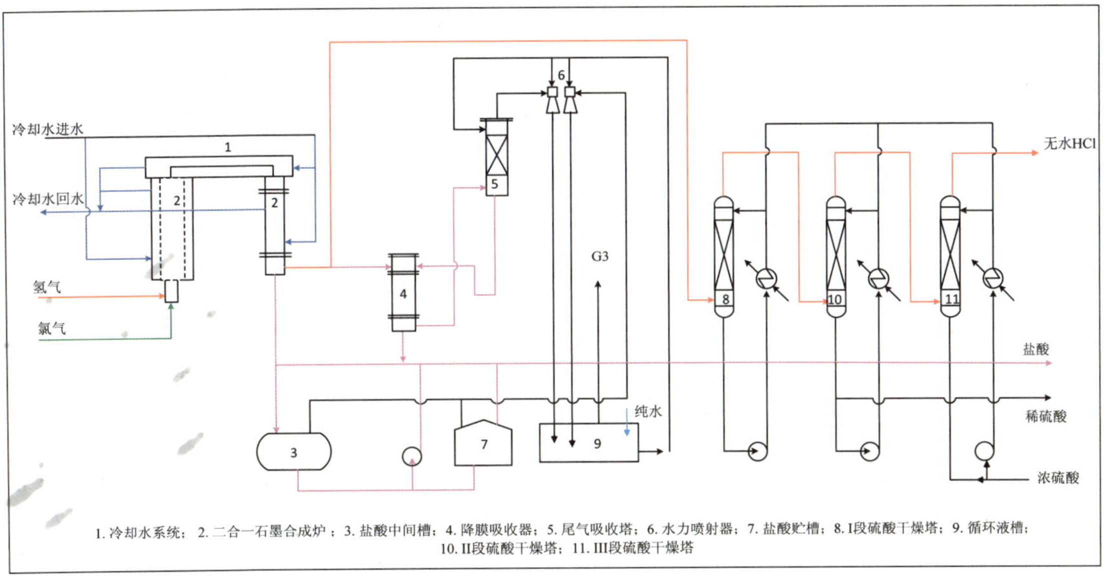

图 7-8　烧碱生产氯化氢合成及高纯盐酸工艺流程

粗盐水在流入前反应槽之前于前折流槽内按工艺要求，分别加入精制剂氢氧化钠、次氯酸钠溶液，在前反应槽内粗盐水中的镁离子与精制剂氢氧化钠反应生成氢氧化镁，菌藻类、腐殖酸等有机物则被次氯酸钠氧化分解成为小分子有机物；然后用加压泵将前反应槽内的粗盐水送出，在气水混合器中与空气混合后进入加压溶气罐再进入预处理器，并在预处理器进口加氯化铁溶液，经过预处理后的盐水进入折流槽，加碳酸钠后进入后反应槽，盐水中的钙离子与碳酸钠反应形成碳酸钙沉淀，充分反应后的盐水进入中间槽，经过滤器进料泵打入膜过滤器，过滤前的盐水加入亚硫酸钠溶液除去盐水中的游离氯后进入一次盐水贮槽；过滤器截留的滤渣排入渣桶。过滤膜运行一定时间后，为了保持较高的过滤能力和较低的过滤压力，须用15%盐酸溶液进行化学再生。

②电解工序

在电解槽阳极室，盐水进行电解生成氯气。反应式如下：

$NaCl-e \longrightarrow Na^{+}+1/2Cl_2\uparrow$

在电解槽阴极室，水进行电解生成氢气，反应式如下：

$H_2O+e \longrightarrow OH^{-}+1/2H_2\uparrow$

钠离子由阳极室迁移进入阴极室，与氢氧根离子结合生成浓度为32%的烧碱，反应式如下：

$Na^{+}+OH^{-} \longrightarrow NaOH$

电解工序包括二次盐水精制、电解、淡盐水脱氯三部分。

③蒸发片碱工序

来自电解工序的32%烧碱进入1#降膜蒸发器蒸发后，由碱液中间泵送入碱液预热器换热后，进入2#降膜蒸发器。在2#降膜蒸发器中蒸发生成的60%烧碱通过碱液泵送至降膜浓缩器。经在2#降膜蒸发器生成的二次蒸汽进入1#降膜蒸发器，加热32%烧碱后生成二次蒸汽冷凝液。在降膜浓缩器中液碱与熔盐换热后，脱水至熔融碱，经分离器与二次蒸汽分离后，进入片碱机制成片碱。熔盐由熔盐罐用熔盐泵抽送至熔盐炉中加热，降温后的熔盐返回至熔盐罐。熔盐的加热采用氢气，产生熔盐炉尾气（G_1）经30 m高烟囱排空。

④氯气处理工序

从电解工序来的湿氯气先经氯气洗涤塔洗涤后，进入氯气冷却器以冷冻水进行冷却，使氯气温度降至12～15℃，经水雾分离器送到填料塔与硫酸逆流接触进行第一步脱水，从填料塔出来的氯气再送到泡罩塔与浓硫酸进行逆流接触进一步脱水，从泡罩塔出来后的氯气经酸雾捕沫器后，其氯中含水量低于50×10^{-6}，然后经氯气压缩机压缩加压后输送给氯气用户。酸洗后的废硫酸作为副产品外售。

⑤次氯酸钠工序

32%的液碱送入配碱槽中配制成15%的液碱。用淡碱泵送入淡碱高位槽，流经尾气塔进入降膜吸收器的顶部。同时氯气由氯气缓冲罐进入降膜吸收器，碱液与氯气反应生成次氯酸钠并进入次氯酸钠槽，将吸收液制成10%的次氯酸钠产品送乙炔装置纯净工序使用。

本工段中还同时有一套废氯处理装置。来自电解工序32%的液碱有一部分送入循环槽，用循环泵经钛板冷却器送入废气吸收塔，同时各工段的废氯及开停车废氯经废氯缓冲罐进入废气吸收塔底部，碱液由塔顶喷淋在塔内与废氯充分接触初步反应后，流回循环槽。循环槽内的循环液再由碱液泵送入循环碱高位槽，经尾气塔进入另一台降膜吸收器，与氯气反应，生成次氯酸钠成品进入次氯酸钠槽。尾气经吸收塔吸收，使排出尾气达标后经风机在 30 m 高处排至大气。

⑥氢气处理工序

从电解工序来的湿氢气，温度约为 85℃，进入氢气洗涤塔下部，与塔内喷林的循环液直接进行冷却和洗涤，氢气中所含的碱雾及蒸汽冷凝水被循环液带走，氢气温度降至 45℃。再送入氢气压缩机增压至 0.1 MPa.G，温度降至约 10℃，再经分配台送出界区。开车时浓度较低的氢气经分配台的放空管道和氢气阻火器排入大气。大部分循环液经过循环液泵送到循环液冷却器中经冷却后进入洗涤塔，小部分循环液由泵送去化盐。

⑦液氯工序

自氯气处理工序来的氯气进入液化器，在液化器中，氯气与制冷剂换热被液化，经液氯分离器分离后，液氯流入液氯贮槽，再经液氯泵加压后装瓶或汽化后送往氯化氢合成系统。液氯分离器顶部出来的不凝气，经分配台送往废气处理装置或氯化氢合成及高纯盐酸工序。

⑧氯化氢合成及高纯盐酸工序

由氯氢处理工序来的原料氢气，经氢气缓冲罐调节压力后，送入二合一炉。氯气与氢气燃烧反应生成氯化氢，反应式如下：

$Cl_2+H_2 \longrightarrow 2HCl$

原料氯气可为氯氢处理工序来的氯气也可为液氯工序来的液氯尾气。氯气由氯气缓冲罐调节压力后也送入二合一炉，生成的氯化氢气体被送至界区外的聚氯乙烯装置。液化尾气和补充的原料氯气在三合一合成炉内生成高纯盐酸，尾气经过尾气吸收塔后，高纯盐酸吸收尾气（G_3）经 30 m 高排气筒放空。

离子膜烧碱项目生产中使用的各种原辅材料理化特性如表 7-22 所示。

表 7-22 生产中使用的原料主要成分及理化特性说明

序号	化学原料名称	主要成分*	性质
1	原盐	氯化钠（含量大于 94%），并有少量的水、镁离子、钙离子	白色晶体，无明显危害性。 pH 等于 7，为中性；密度为 2.165 g/cm^3，沸点为 1 465℃。有非常好的稳定性，不会与其他物质发生较强的化学反应，半数致死量为 3 000 mg/kg
2	浓硫酸	98%的浓硫酸，其余为水	无色油状液体，属于危险化学品。 难挥发，但易溶于水，能以任意比与水混溶，并且放出大量热。具有强腐蚀性、刺激性，属中等毒类物质，对皮肤黏膜具有很强的腐蚀性。本身虽不燃，但很多反应却会起火或爆炸，如与金属会产生可燃性气体，与水混合会大量放热

序号	化学原料名称	主要成分*	性质
3	卤水	氯化镁（$MgCl_2$）（占70%以上）、硫酸钙（$CaSO_4$）、氯化钙（$CaCl_2$）及氯化钠（NaCl）等多种盐类物质	卤水由海水或盐湖水经化学反应和物理方法制食盐（NaCl）后，残留于盐池内的母液，主要成分有氯化镁（$MgCl_2$）（占70%以上）、硫酸钙（$CaSO_4$）、氯化钙（$CaCl_2$）及氯化钠（NaCl）等多种盐类物质，味苦。卤水对皮肤、黏膜有很强的刺激作用，对中枢神经系统有抑制作用，不可直接食用
4	亚硫酸钠	$NaSO_3$（含量大于96%）、并有少量的硫酸钠、氯化钠、碳酸钠和铁元素等	白色结晶或粉末、无臭。pH 为 9～9.5，呈碱性，不稳定，亚硫酸钠在空气中易风化并氧化为硫酸钠；热分解而生成硫化钠和硫酸钠，与强酸接触分解成相应的盐类而放出二氧化硫。对眼睛、皮肤、黏膜有刺激作用

注：*原料主要成分数据引用委托方提供的原料 MSDS 资料。

2）废水产生情况

离子膜烧碱项目产生的废水包括有螯合树脂再生废水、氢气冷凝水、设备和地面冲洗废水、生活污水及初期雨水，以上各类废水最大产生量为 22 m^3/h，通过管网进入园区的污水处理厂集中处理。废水来源及危险特性如表 7-23 所示。

表 7-23 离子膜烧碱项目废（污）水产生及排放情况一览表

废水来源	最大废水量/（m^3/h）	废水中可能存在的化合物（污染物）	危险特性	污染物来源	排放方式	备注
螯合树脂再生废水	7.1	镁、钙、Na 盐类（Cl^-）、氢氧化钠、硫酸钠、亚硫酸钠、碳酸钠	腐蚀性	原料、反应中间产物	间断	通过地下污水管网排入园区污水处理厂的调节池
氢气冷凝水	1.9	氢氧化钠	腐蚀性	反应中间产物（碱雾）	连续	
设备及地面冲洗水	10	氯化钠、硫酸钠、氢氧化钠等	腐蚀性	原料、反应中间产物	间断	
生活/化验废水	3	COD_{Cr}、BOD_5、SS	无	原料	间断	
初期雨水	50 m^3/次	COD_{Cr}、BOD_5、氯离子	无	地面沉降物	间断	通过地下雨水管网排入园区污水处理厂的调节池
合计	22	氢氧化钠、硫酸根离子、氯离子、镁离子、钙离子	腐蚀性	反应中间产物	连续	不计初期雨水
氯气冷凝水	6	氯气	—	—	连续	回收循环利用回用，不排入园区污水处理厂
液碱蒸发冷凝水	21.25	氢氧化钠	腐蚀性	蒸发碱雾	连续	回收循环利用回用，不排入园区污水处理厂

（2）PVC 糊树脂生产企业工业废水

1）生产工艺介绍

PVC 糊树脂项目生产过程包括乙炔生产、聚乙烯合成、压缩、精馏和糊聚合等工段，生产工艺流程如图 7-9 所示。

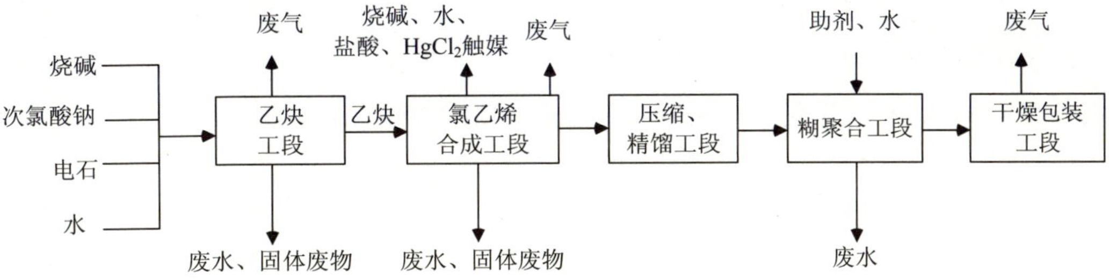

图 7-9　PVC 糊树脂生产工艺流程

工艺流程说明：

①乙炔工段

破碎合格的电石通过带式输送机送入乙炔发生器第一贮斗，经第二贮斗，再通过双密闭给料斗及电磁振动加料器连续地加入到发生器内。电石与水反应生成乙炔，电石中的杂质同时也发生副反应。

乙炔生成反应：

$$CaC_2+2H_2O \longrightarrow C_2H_2+Ca(OH)_2$$

副反应：

$$CaS+2H_2O \longrightarrow H_2S+Ca(OH)_2$$

$$Ca_3P_2+6H_2O \longrightarrow 2PH_3+3Ca(OH)_2$$

$$Ca_3N_2+6H_2O \longrightarrow 2NH_3+3Ca(OH)_2$$

$$Ca_3As+6H_2O \longrightarrow 2AsH_3+3Ca(OH)_2$$

$$CaO+H_2O \longrightarrow Ca(OH)_2$$

乙炔净化反应：粗乙炔中含有硫化氢、磷化氢、氨气和砷化氢等杂质，采用次氯酸钠进行净化。反应式如下：

$$4H_2S+4NaClO \longrightarrow H_2SO_4+4NaCl$$

$$PH_3+4NaClO \longrightarrow H_3PO_4+4NaCl$$

$$AsH_3+4NaClO \longrightarrow H_3AsO_4+4NaCl$$

湿法乙炔生产过程包括乙炔发生、乙炔净化及干燥、电石渣浆处理等。在乙炔发生器中，电石与水反应生成乙炔，粗乙炔经水洗塔用循环水洗涤冷却，净化塔用次氯酸钠洗涤除去杂质，碱洗塔除去酸性杂质、水洗除碱、低温水冷却、变压吸附干燥后送去氯乙烯

（VCM）合成。电石水解反应生成乙炔的同时产生副产品电石渣，主要成分是氢氧化钙，并含有硫化物等杂质。电石渣澄清液部分返回乙炔发生系统回收利用，部分排出系统。粗乙炔洗涤冷却过程中有废水排放，净化过程中有次氯酸钠废液排放，碱洗除酸过程中有废碱液排放，所有废液和废水作为乙炔发生器补水进入乙炔工段发生补水。

②氯乙烯合成工段

乙炔法氯乙烯生产采用乙炔与氯化氢固定床气相催化合成技术。以活性炭为载体的氯化汞为催化剂，乙炔与氯化氢反应生成氯乙烯，反应方程如下：

主反应：

$C_2H_2+HCl \longrightarrow CH_2CHCl$

副反应：

$C_2H_2+2HCl \longrightarrow C_2H_4Cl_2$（1,2-二氯乙烷）

氯乙烯生产包括原料气混合、预热、氯乙烯合成、氯乙烯净化、压缩、精馏、残液回收、尾气回收等单元。电石乙炔经变温吸附单元进行脱水干燥，氯化氢经冷却、除雾、三段硫酸干燥、除酸雾。干燥乙炔和干燥氯化氢按 1∶1.05 分子比混合，然后进入预热器预热，再分配至各台反应器进行加成反应。从一级反应器来的反应物汇合后再进行分配，在二级反应器中完成反应。合成反应气经汞吸附器除去物流中的升华汞，经冷却器冷却后进入降膜吸收器经酸洗吸收大部分未反应的氯化氢，经水洗塔用水吸收残余的氯化氢，再经碱洗塔洗涤残存的酸性物质后，氯乙烯合成气压缩液化。本工程采用两段压缩、两段冷却冷凝技术，在全凝器中，加压的合成气首先用循环水冷却冷凝，未凝气再用冷冻水进一步冷凝，得到的液态粗氯乙烯送入球罐中贮存。全凝器排出的不凝气进入尾气冷凝器，采用冷冻盐水冷凝冷却，以尽可能减少尾气中的氯乙烯。最后，氯乙烯尾气采用变压吸附技术进行回收其中的氯乙烯及乙炔。液态氯乙烯采用三塔精馏系统进行精制。低沸塔除去低沸物；高沸塔除去高沸物，高沸塔顶得到浓度为 99.99%的氯乙烯单体，经固碱干燥脱水得到聚合级单体送去聚合单元。

考虑到稀酸含有一定杂质，从系统中排放少量 22%恒沸酸废液，用电石渣浆或废碱中和、硫氢化钠脱汞后送污水处理站生化处理。本装置反应区收集的废水、废碱液及部分脱吸稀酸送至汞处理槽中和，然后加入硫氢化钠，与其中的氯化汞反应生成难溶于水的硫化汞，向处理槽中加入助滤剂并经过滤后，废水含汞量可降至 20×10^{-9} 以下，尽可能循环利用，不平衡水送污水处理站。助滤剂及硫化汞经压滤装桶送含汞催化剂厂家回收汞。

③PVC 糊树脂聚合工段

PVC 糊树脂聚合工段生产过程中包括单体和无离子水准备、溶液配制、防粘釜剂配制及高压水清釜、聚合、单体回收、浆料汽提、离心干燥、混料和包装等单元，基本上与普通聚氯乙烯树脂生产工艺相同，只是在正式聚合前加入种子制备过程。

种子釜经抽真空处理后，加入脱盐水和各种助剂，由精馏工段送来的氯乙烯单体在过量助剂的作用下在种子釜中制备种子。制备好的种子送入种子贮槽，再由种子加料泵送入聚合釜中，并加入乳化剂、缓冲剂及 VCM，在少量种子的作用下，新加入的 VCM 只在种子表面进行聚合反应，不再形成新的活性中心。在聚合过程中，不断向聚合釜内加入活化剂，以控制聚合反应速度。如果停止向釜内加活化剂，聚合反应立即减慢，釜内温度下降，这是 MSP-3 工艺特有的技术。在控制温度的条件下进行聚合反应，使种子颗粒成长为符合要求粒径的颗粒。聚合结束后，回收未反应的 VCM 送往氯乙烯气柜。聚合胶乳通过出料泵和过滤器送往胶乳贮槽，经汽提后送去干燥工段。普通聚氯乙烯树脂干燥和包装过程有废气（G_4、G_5）排入大气，废气中含有聚氯乙烯树脂粉尘和微量的氯乙烯污染物。

PVC 糊树脂生产中使用的各种原辅材料理化特性如表 7-24 所示。

表 7-24　生产中使用的原料主要成分及理化特性说明

序号	化学原料名称	主要成分	性质
1	电石	碳化钙（含量大于 98%），并有少量砷化钙、磷化钙、硫化钙和氮化钙等杂质	白色晶体。 遇水呈碱性，不稳定，遇水发生化学反应，产生乙炔等气体；损害皮肤，引起皮肤瘙痒、炎症、“鸟眼”样溃疡、黑皮病
2	氯化汞触媒	氯化汞（含量大于 10%）	白色颗粒。 剧毒物质，具有致癌性和致突变性
3	氯化氢	氯化氢（含量大于 99.5%），其他杂质主要为氧气	无色而有刺激性气味的气体
4	烧碱	氢氧化钠（含量大于 99.95%），少量杂质主要为氯化钠、氯酸钠和三氧化二铁等	无色液体、强碱，具有腐蚀性
5	次氯酸钠	主要成分是次氯酸钠，少量杂质主要为氯化钠等	微黄色溶液，有似氯气的气味；遇酸易发生反应产生有毒气体
6	助剂	烷基酚与环氧乙烷缩合物、过硫酸钾（$K_2S_2O_8$）、硫酸铜和氯化铝	助剂种类主要包括乳化剂、引发剂、活化剂和絮凝剂

2）废水产生情况

PVC 糊树脂生产过程产生废水包括有电石渣浆澄清水、VCM 盐酸解析废酸、聚合/废水汽提排水、设备及地面冲洗水和生活污水。以上各类废水最大产生量为 173 m^3/h，经车间预处理装置（絮凝沉淀+活性炭吸附）处理达标后通过地下管网排入园区污水处理厂处理；另外有乙炔冷却洗涤废水、次氯酸钠废水、乙炔碱洗废水和过滤母液回收排水全部回用于生产工序，不排入园区污水处理厂。

PVC 糊树脂项目废水产生情况如表 7-25 所示。

表 7-25 PVC 糊树脂项目废水产生情况一览表

废水来源	最大废水量/（m^3/h）	废水中可能存在的化合物（污染物）	危险特性	污染物来源	排放方式	备注
电石渣浆澄清水	123	硫离子、氰根离子、氨氮含量指标、氯离子、砷酸根离子	浸出毒性、腐蚀性、反应性	乙炔工段原料、反应中间产物	连续	经车间预处理装置处理后通过地下污水管网排入园区污水处理厂调节池
氯乙烯盐酸解析废酸	1	氯化氢、氯乙烯、汞离子、1,2-二氯乙烷	腐蚀性、毒性物质、浸出毒性	氯乙烯合成工段原料、反应中间产物	连续	
VCM 碱洗废水	2	氢氧化钠、碳酸钠、氯乙烯、氯离子、汞离子、1,2-二氯乙烷	腐蚀性、毒性物质、浸出毒性	氯乙烯合成工段原料、反应中间产物	连续	
聚合/废水汽提排水	35	氯乙烯、铜离子	毒性物质、浸出毒性	聚氯乙烯合成工段原料、反应中间产物	连续	
设备及地面冲洗水	10	氯乙烯、氯离子、汞离子	无	原料、反应中间产物	间断	
生活污水	2	COD_{Cr}、SS	无	生活、办公	间断	
合计	173	氯离子、硫离子、氰根离子、酸或碱、氯乙烯、1,2-二氯乙烷、汞离子、铜离子、氨氮含量指标、砷酸根离子	浸出毒性、腐蚀性、反应性、毒性物质	原料、反应中间产物	连续	
乙炔冷却洗涤废水	110	硫离子、氰根离子、氨氮含量指标、乙炔	腐蚀性、反应性	原料、反应中间产物	连续	回收利用，不排入园区污水处理厂
次氯酸钠废水	100	次氯酸钠、氢氧化钠、氯化钠、乙炔、酸或碱	腐蚀性、反应性	原料、反应中间产物	连续	
乙炔碱洗废水	0.2	氢氧化钠、碳酸钠、乙炔、氯离子	腐蚀性、反应性	原料、反应中间产物	间断	
过滤母液回收排水	45	氯乙烯、COD_{Cr}、BOD_5、SS	毒性物质	原料、反应中间产物	连续	

（3）保险粉生产企业工业废水

1）生产工艺介绍

保险粉项目生产工艺见图 7-10。

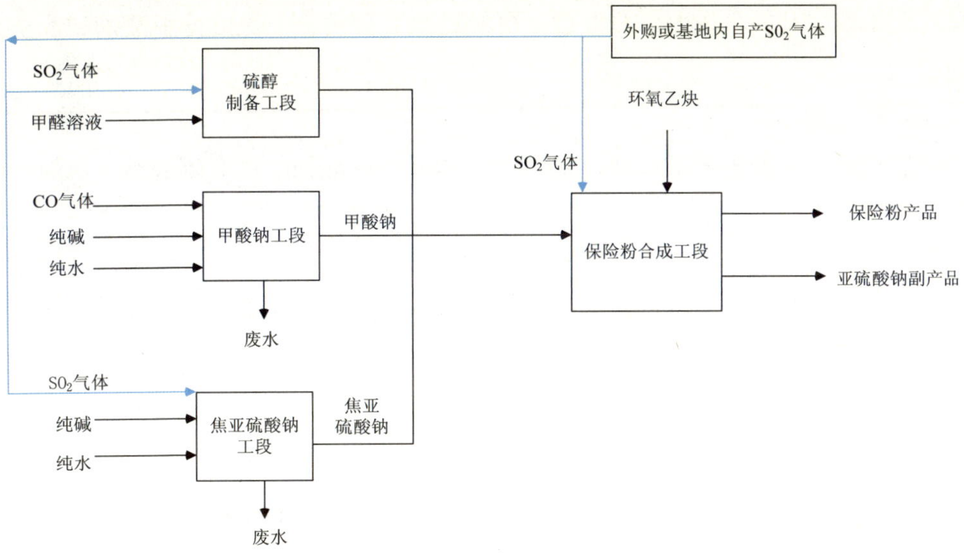

图 7-10　保险粉生产工艺流程

工艺流程简述：

①硫醇溶液制备

将二氧化硫气体通入成品槽、填料塔，与冷冻甲醇充分接触溶解得硫醇溶液，其二氧化硫浓度为 300 g/L，供保险粉合成使用；尾气送至焦亚硫酸钠工序合成焦亚硫酸钠。

②焦亚硫酸钠工段

焦亚硫酸钠生产原料采用二氧化硫气体和纯碱（Na_2CO_3）。其化学反应方程式如下：

$$Na_2CO_3+2SO_2 \longrightarrow Na_2S_2O_5+CO_2$$

经过净化后的二氧化硫气体，通入串联的反应器，与碱液进行逆向吸收反应，生产成品自反应器放入离心机甩干，再经气流干燥，热风温度控制在 140～160℃，干燥后的成品立即进行包装，供保险粉合成使用。从串联反应器出来的尾气，经吸收塔用碱液吸收达标后排出。离心机分离出来的母液，供纯碱配浆用。

③甲酸钠工段

一氧化碳自缓冲罐至煤气压缩机后，压力达到 1.8～2.0MPa，经混合器进入预热管，再进入合成反应管道。一氧化碳和氢氧化钠在合成反应管道内反应后产生液体甲酸钠，反应式如下：

$$CO+NaOH \xrightarrow{1.8\sim2.0\ MPa} HCOONa$$

甲酸钠（液体）经过气液分离后，气体排空，甲酸钠（液体）流入稀甲酸钠贮槽，然后用泵送至Ⅰ效、Ⅱ效蒸发器，蒸发后，再经过离心分离、干燥可得甲酸钠成品供保险粉合成使用。

④保险粉合成工段

将二氧化硫与甲醇配制成硫醇溶液待用，然后将甲酸钠、焦亚硫酸钠、二氧化硫、环氧乙烷按一定比例加入合成釜，反应过程中滴加硫醇溶液，控制合成反应的 pH、温度和压力，直至达到反应终点；然后将得到的保险粉悬浮液压至“四合一”釜，经过滤、洗涤后再用热水间接加热干燥，所得成品加入一定量稳定剂混合即可包装。反应产生的精馏残液进入双级浓缩与处理工艺，浓缩后的滤液进入焚烧锅炉焚烧，冷凝液进入粉煤浆用水，产生的盐类物质外售。

生产保险粉的主要化学反应方程式有：

$$SO_2+H_2O+HCOONa \longrightarrow NaHSO_3+HCOOH$$

$$Na_2S_2O_5+H_2O \longrightarrow 2NaHSO_3$$

$$HCOOH+2NaHSO_3 \longrightarrow Na_2S_2O_4+CO_2+H_2O$$

副反应：

$$HCOOH+CH_3OH \longrightarrow HCOOCH_3+H_2O$$

上述二氧化硫工序、焦亚钠工序、甲酸钠工序和保险粉工序是生产保险粉的主要原料生产工序。

保险粉生产中使用的各种原辅材料理化特性如表 7-26 所示。

表 7-26　生产中使用的原料主要成分及理化特性说明

序号	化学原料名称	主要成分	性质
1	甲醇	甲醇（CH_3OH）	无色透明易燃易挥发的极性液体，其蒸气与空气可形成爆炸性混合物，遇明火、高热能引起燃烧爆炸。属于危险化学品（有毒物质），LD_{50} 5 628 mg/kg（大鼠经口）；15 800 mg/kg（兔经皮）；LC_{50} 82 776 mg/kg，4 小时（大鼠吸入）；人经口 5～10 mL，潜伏期 8～36 小时，致昏迷；人经口 15 mL，48 小时内产生视网膜炎，失明；人经口 30～100 mL 中枢神经系统严重损害，呼吸衰弱，死亡
2	纯碱	碳酸钠（Na_2CO_3）（含量大于 99.5%），少量杂质主要为碳酸氢钠等	白色粉末。溶液呈碱性，遇酸产生二氧化碳气体
3	环氧乙烷	环氧乙烷（CH_2CH_2O）	低温下为无色透明液体，在常温下为无色带有醚刺激性气味的气体，属于危险化学品（致突变性物质）

2）废水产生情况

保险粉生产过程产生废水包括有甲酸钠工段废水、焦亚硫酸钠工段废水和生活污水等，以上各类废水最大产生量为 47.85 m^3/h，通过地下管网排入园区污水处理厂。保险粉项目废水产生情况如表 7-27 所示。

表 7-27 保险粉项目废水产生情况一览表

废水来源	最大废水量/（m^3/h）	废水中可能存在的化合物（污染物）	危险特性	污染物来源	排放方式	备注
甲酸钠工段蒸发冷凝废水	13	甲酸钠（HCOONa）、酸或碱	腐蚀性	原料、反应中间产物	连续	排入园区污水处理厂
甲酸钠工段其他废水	11.35	甲酸钠（HCOONa）、酸或碱	腐蚀性	原料、反应中间产物	连续	
焦亚硫酸钠工段废水	23	硫离子（S^{2-}）、酸或碱、甲醇	腐蚀性、毒性物质、反应性	原料、反应中间产物	连续	
生活污水及其他（设备地面清洗等）	0.5	甲酸钠（HCOONa）、酸或碱、甲醇、环氧乙烷	无	生活、办公	间断	
合计	47.85	甲酸钠（HCOONa）、硫离子（S^{2-}）、酸或碱、甲醇、环氧乙烷	腐蚀性、毒性物质、反应性	原料、反应中间产物	连续	

（4）三氯化铁生产企业工业废水

1）生产工艺介绍

三氯化铁项目生产工艺见图 7-11。

工艺流程简述：

本项目采用铁屑氯化生产无水三氯化铁工艺，三氯化铁得率为 96.6%。

主反应方程式：

$2Fe + 3Cl_2 \!=\!=\! 2FeCl_3$

该反应过程中，有可能会发生副反应：

$2FeCl_3+Fe \!=\!=\! 3FeCl_2$（三氯化铁在高温下分解为二氯化铁，二氯化铁与氯气再次反应生成三氯化铁，三氯化铁成品中含有少量的二氯化铁）；

$4Fe+3O_2 \!=\!=\! 2Fe_2O_3$（微量氧气与铁反应生成三氧化二铁，进入炉渣中。氧气主要来自原料氯气，含量非常低，约为 1%）。

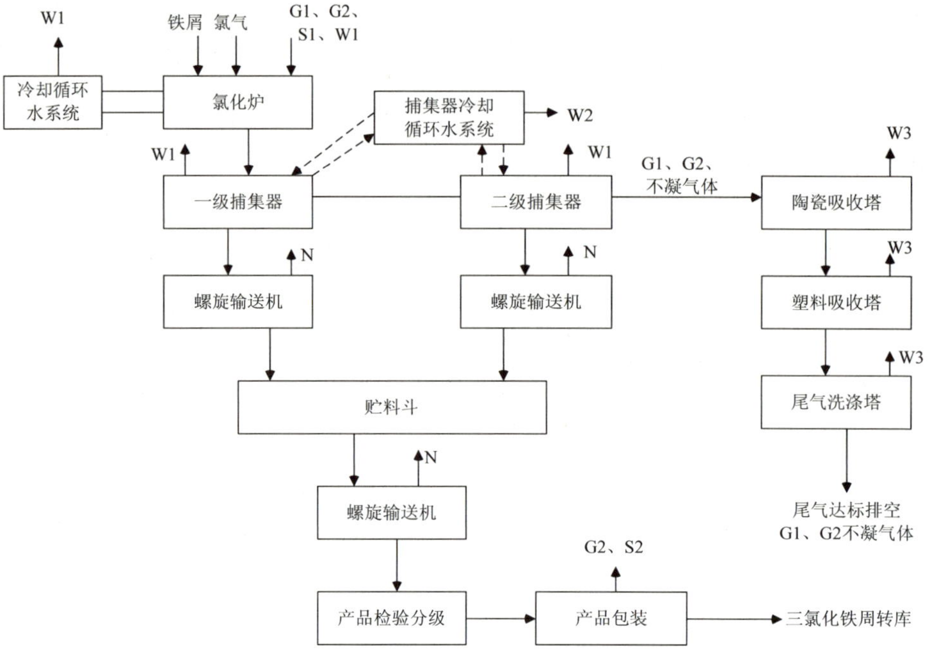

G1—Cl_2；G2—三氯化铁粉尘；S1—炉渣；S2—废包装材料；N—噪声；

W1—设备冲洗废水；W2—冷却循环系统排水；W3—废氯化亚铁溶液

图 7-11　三氯化铁生产工艺流程

以废铁屑和氯气为原料，在一立式反应炉内反应，生成的三氯化铁蒸气和尾气由炉上部排出，进入捕集器凝华为固体结晶，即成品。尾气中含有少量未反应的氯气、游离三氯化铁，用氯化亚铁溶液吸收氯气和游离三氯化铁，得到三氯化铁溶液，作为副产品。生产操作中管道和设备要密封良好，整个系统在微负压下操作。

三氯化铁生产中使用的各种原辅材料理化特性如表 7-28 所示。

表 7-28　生产中使用的原料主要成分及理化特性说明

序号	名称	主要成分	理化特性
1	铁屑	铁元素为主（含量占 99%以上），另外还有少量碳、硅、硫、磷、铜、镍和铬等元素	主要以铁元素为主（含量占 99%以上）的金属
2	氯气	氯气	通常情况下为有强烈刺激性气味的黄绿色的有毒气体，熔沸点较低，常温常压下，熔点为−101.00℃，沸点为−34.05℃，常温下把氯气加压至 600～700 kPa 或在常压下冷却到−34℃都可以使其变成液氯，即 Cl_2，液氯是一种油状的液体，是氯碱工业的主要产品之一，可用作为强氧化剂。可溶于水，且易溶于有机溶剂，难溶于饱和食盐水

2）废水产生情况

三氯化铁生产过程中产生的废水包括废气喷淋系统定期产生的废水和生活污水。以上各类废水最大产生量为 0.53 m^3/h，排入园区污水处理厂。三氯化铁项目废水产生情况见表 7-29。

表 7-29　三氯化铁项目废水产生情况一览表

废水来源	最大废水量/（m^3/h）	废水中可能存在的化合物（污染物）	危险特性	污染物来源	排放方式	备注
废气喷淋系统定期外排废水（30%氯化亚铁溶液）	0.459	酸或碱、氯化亚铁、次氯酸根离子、铜、镍、铬	腐蚀性、反应性、浸出毒性	原料、产品、反应中间产物	间断	进入园区污水处理厂（作为废水处理药剂使用）
生活污水	0.07	COD、SS	无	生活、办公	间断	进入园区污水处理厂
合计	0.53	酸或碱、氯化亚铁、次氯酸根离子、铜、镍、铬	腐蚀性、反应性、浸出毒性	原料、产品	间断	—

（5）园区污水处理厂接纳废水来源及污染物分析

综上所述，该园区污水处理厂接纳废水包括园区的生活污水、初期雨水和离子膜烧碱项目、PVC 糊树脂项目、保险粉项目和三氯化铁项目产生的化工废水。根据前面章节分析，接纳废水来源及污染物情况如表 7-30 所示。

表 7-30　园区污水处理厂接纳废水来源及污染物产生情况一览表

废水来源	最大废水量/（t/h）	废水中可能存在的化合物（污染物）	危险特性	污染物来源	排放方式	备注
离子膜烧碱项目	22	氢氧化钠、硫酸根离子、氯离子、镁离子、钙离子	腐蚀性	反应中间产物	连续	直接进入园区污水处理厂
PVC 糊树脂项目	173	氯离子、硫离子、氰根离子、酸或碱、氯乙烯、1,2-二氯乙烷、汞离子、铜离子、氨氮含量指标、砷酸根离子	浸出毒性、腐蚀性、反应性、毒性物质	原料、反应中间产物	连续	厂区内建有废水预处理系统，废水经预处理后再排入园区污水处理厂

废水来源	最大废水量/（t/h）	废水中可能存在的化合物（污染物）	危险特性	污染物来源	排放方式	备注
保险粉项目	47.85	甲酸钠、硫离子、酸或碱、甲醇、环氧乙烷	腐蚀性、毒性物质、反应性	原料、反应中间产物	连续	直接进入园区污水处理厂
三氯化铁项目	0.53	酸或碱、氯化亚铁、次氯酸根离子、铜、镍、铬	腐蚀性、反应性、浸出毒性	原料、产品	间断	直接进入园区污水处理厂
合计	243.38	酸或碱、硫离子、氰根离子、氯乙烯、1,2-二氯乙烷、汞离子、铜离子、砷酸根离子、次氯酸根离子、甲醇、环氧乙烷、镍、铬	浸出毒性、腐蚀性、反应性、毒性物质	原料、反应中间产物、产品	连续	—

7.2.1.2 污泥产生过程

该园区污水处理厂采用“物化+生化”处理工艺，工艺流程如图 7-12 所示。废水处理过程中产生的生化污泥即为本次鉴别对象（图 7-13），而物化污泥按照危险废物管理不在本次鉴别范围内。

工艺说明：

（1）来自 PVC 糊树脂项目（氯乙烯工段）的可能含汞废水先进入调节池中。调节池中废水经检测如果超标（汞浓度＞0.003 mg/L），由泵打入反应池，人工加入液碱硫化钠直至将 pH 调到 8，与废水中的汞进行反应生产沉淀。沉淀后的颗粒经沉降分离进入污泥干化池自然干化。上清液经过活性炭吸附装置过滤并检测合格后，可排入污水总管。干化池的细沙及卵石需定期更换，换下来的细沙和卵石中含有汞，与干化污泥一并送有资质的危险废物处理单位处置。经预处理后的糊树脂项目生产废水中的汞和氯乙烯须满足《烧碱、聚氯乙烯工业污染物排放标准》（GB 15581—2016）中表 1 标准值（汞浓度小于 0.003 mg/L，氯乙烯浓度小于 0.5 mg/L），才能进入园区污水处理厂集中处理。

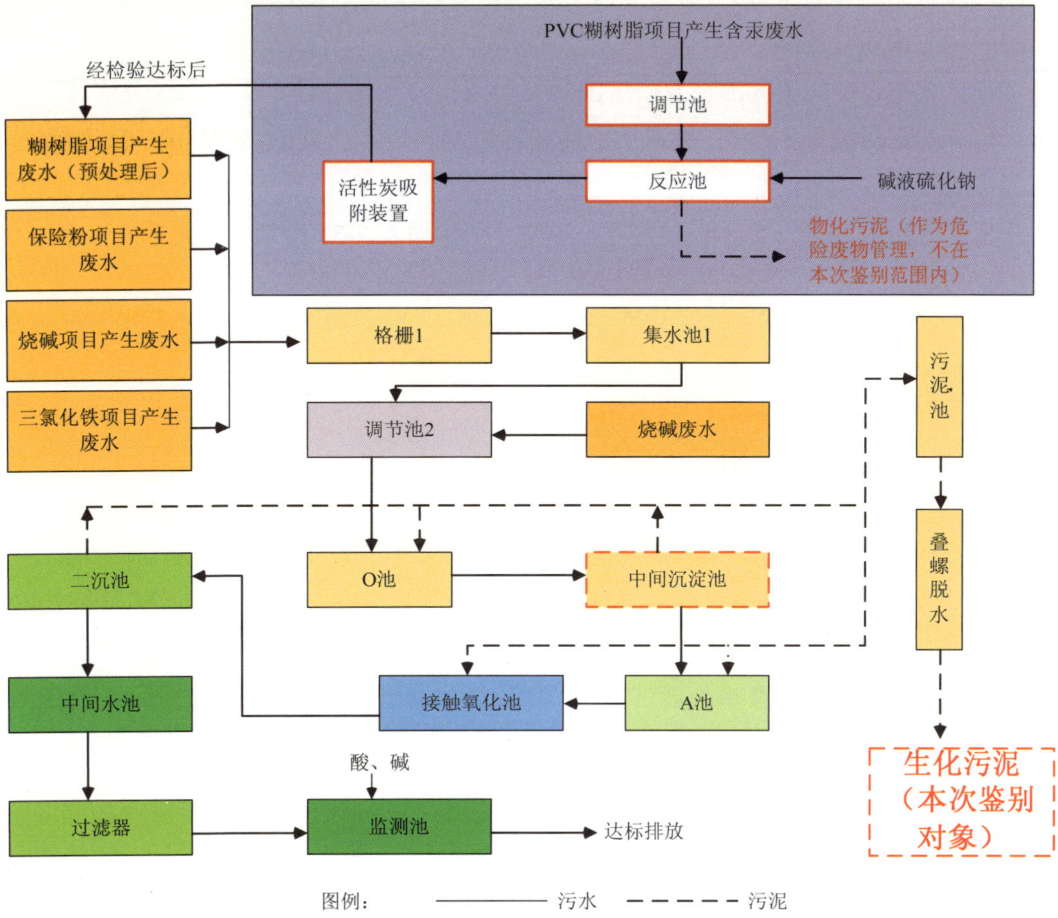

图 7-12　园区污水处理厂工艺流程

（2）PVC 糊树脂项目产生废水（预处理后）、保险粉项目废水、烧碱项目产生废水和三氯化铁项目产生废水经格栅 1，进入集水池后用泵提升至调节池 2，烧碱废水进入调节池 2，调节池 2 中曝气进行水质水量的调节；然后由泵提升至生化处理单元，生化处理单元由 O 池（活性污泥工艺）、中间沉淀池、A 池（厌氧池）和接触氧化池组成，废水经微生物的作用降解有机物后，出水流入二沉池进行泥水分离。上清液自流入中间水池后与由泵提升至过滤器过滤后进入监

图 7-13　园区污水处理厂物化污泥外观

测水池，经监测达标后排出。

（3）污泥浓缩与压滤

混凝沉淀槽、中间沉淀池以及二沉池污泥由泵提升至污泥池，浓缩后经叠螺式脱水机脱水（位于污泥压滤间二楼），脱水后的污泥经过漏口进入一楼的污泥暂存间。污泥池上清液和压滤液流入调节池 2。

根据园区污水处理厂实际运行情况，污泥产生量如表 7-31 所示，最大月产生量为 18 t（2020 年 10 月）。

表 7-31　污泥产生量

单位：t

污泥产生量	2019 年		2020 年	
	年产生总量	最大月产生量	年产生总量	最大月产生量
	160	15.8（11 月）	200	18（10 月）

废水处理使用的化学辅料主要为酸（盐酸）、碱（NaOH）、硫酸亚铁、絮凝剂（PAM 和 PAC）等化学药剂，这些化学药剂在废水处理过程中可能随之进入产生的污泥，使污泥表征出相应的危险特性。废水处理过程涉及的原辅材料理化特性如表 7-32 所示。

表 7-32　各类化学辅料主要成分及理化特性说明

序号	辅料名称	主要成分	性质
1	盐酸	氯化氢	无色液体。强酸性，具有腐蚀性，属于危险化学品
2	氢氧化钠（液碱）	氢氧化钠 99%，其余为水	无色透明液体。 熔点：318.4℃，相对密度（水=1）：2.12，沸点：1 390℃。 溶解性：易溶于水、乙醇、甘油，不溶于丙醇。 稳定性：稳定。 禁配物：强酸、易燃或可燃物、二氧化碳、过氧化物、还原剂、碱类、醇类、碱金属、铜、胺类、水
3	硫酸亚铁	硫酸亚铁	白色粉末。其结晶水合物在常温下为七水合物，俗称“绿矾”，浅绿色晶体，在干燥空气中风化，在潮湿空气中表面氧化成棕色的碱式硫酸铁，在 56.6℃时成为四水合物，在 65℃时成为一水合物。硫酸亚铁可溶于水，几乎不溶于乙醇。其水溶液冷时在空气中缓慢氧化，在热时较快氧化。加入碱或露光能加速其氧化。硫酸亚铁具有还原性，受高热分解放出有毒的气体
4	聚合氯化铝	氯化铝 28%，铝酸钙粉、盐酸、铝矾土 72%	黄色颗粒，易潮解。 熔点：5 220℃。 溶解性：易溶于水、乙醇、甘油，不溶于丙酮。 危险特性：本品不会燃烧，遇水形成黑色液体，形成中性溶液。 稳定性：稳定。 禁忌物：强酸、易燃或可燃物、二氧化碳、过氧化物、水

序号	辅料名称	主要成分	性质
5	聚丙烯酰胺	聚丙烯酰胺 100%	白色颗粒，易潮解。 熔点：5 220℃，相对密度（水=1）：2.24。 溶解性：易溶于水、乙醇、甘油，不溶于丙酮。 危险特性：不会燃烧，遇水形成透明连黏液体，形成中性溶液。 稳定性：稳定。 禁忌物：强酸、易燃或可燃物、二氧化碳、过氧化物、水

7.2.2　固体废物属性判断

本次鉴别的污泥来源于污水处理工序，该物质符合《固体废物鉴别标准　通则》（GB 34330—2017）中的“4.3 环境治理和污染控制过程中产生的物质 e）水净化和废水处理产生的污泥及其他废弃物质”的判断条件，属于固体废物。

7.2.3　危险废物名录相符性分析

根据园区内企业的行业类别及园区污水处理厂接纳的废水来源及特点，经比对《名录》（2021 年版）中涉污泥类危险废物的信息，本次鉴别的生化污泥均不属于《名录》（2021 年版）中的所有的废物类别。

7.2.4　危险特性识别和筛选

7.2.4.1　污泥危险特性初步识别

根据园区污水处理厂接纳废水来源及生产中使用的化学原辅材料特性，可初步识别污泥中可能存在的危险特性，如表 7-33 所示。

根据《危险废物鉴别技术规范》（HJ 298—2019）中“6.1 固体废物特性鉴别的检测项目应依据固体废物的产生源特性确定。根据固体废物的产生过程可以确定不存在的特性项目或者不存在、不产生的毒性物质，不进行检测”，通过废水来源及园区生产产品的原料种类和反应过程分析可直接排除感染性、浸出毒性中的有机农药类和非挥发性有机化合物、生殖毒性等危险特性，不需要进行检测。

表 7-33　污泥危险特性初步识别

序号	危险特性	初步识别	判断依据
1	感染性	排除	根据废水来源、西区生产工艺、使用原料和生产产品过程判断，不具有感染性危险特性
2	反应性	无法排除	污泥中可能含有硫离子、氰根离子、次氯酸根离子，遇酸可能会产生少量有毒气体

序号	危险特性			初步识别	判断依据
3	易燃性			无法排除	污泥中可能含有易挥发有机物、无法直接排除
4	腐蚀性			无法排除	废水来源及废水处理药剂中涉及大量酸和碱，可能沉入污泥中
5	浸出毒性	无机物质项目（16 种）		无法排除（可能有汞、铜、砷、锌、镍、铅、镉、铬等重金属）	原料中含有汞、铜、砷、镍、铬等重金属，可能随着废水沉入污泥中
		有机农药类和非挥发性有机化合物（22 种）		排除	根据生产过程的原料种类及生产产品条件判断，不具有有机农药类和非挥发性有机化合物项目浸出毒性危险特性
		挥发性有机化合物（12 种）		无法排除	根据氯乙烯合成条件，可能含有三氯甲烷、四氯化碳、三氯乙烯和四氯乙烯四种物质
6	毒性物质含量	剧毒物质	氯化汞	无法排除	PVC 糊树脂项目生产的原料中有氯化汞，可能会随着废水进入污泥中
			其他	排除	根据生产过程的原料种类及生产产品条件判断，不具有除氯化汞以外的其他剧毒物质
		有毒物质	甲醇	无法排除	保险粉项目生产原料中含有甲醇，可能随废水进入污泥中
			其他	排除	根据生产过程的原料种类及生产产品条件判断，不具有除甲醇以外的其他有毒物质
		致癌性物质	氯乙烯、1,2-二氯乙烷	无法排除	根据氯乙烯合成条件，会产生产物氯乙烯和 1,2-二氯乙烷，随着废水进入污泥中
			其他	排除	根据生产过程的原料种类及生产产品条件判断，不具有除氯乙烯和 1,2-二氯乙烷以外的其他致癌性物质
		致突变性物质	环氧乙烷	无法排除	保险粉项目生产原料中含有环氧乙烷，可能随废水进入污泥中
			其他	排除	根据生产过程的原料种类及生产产品条件判断，不具有除环氧乙烷以外的其他致突变性物质
		生殖毒性物质		排除	根据生产过程的原料种类及生产产品条件判断，不具有生殖毒性物质
		持久性有机污染物		排除	根据生产过程的原料种类及生产产品条件判断，不具有持久性有机污染物
7	急性毒性			无法排除	根据污泥的产生过程分析及所含主要污染物判断，本次鉴别废物基本可以正常接触皮肤，也不存在蒸汽、烟雾或粉尘吸入造成的毒性，因此采用经口摄取后的口服毒性半数致死量 LD_{50}（小鼠经口）进行急性毒性初筛

7.2.4.2　污泥危险特性筛选

结合鉴别对象危险特性识别结果，为进一步验证和排除鉴别对象的其他危险特性，采集 3 个污泥样品，进行反应性、腐蚀性、浸出毒性（16 项无机元素及化合物）、毒性物质含量（氯乙烯、1,2-二氯乙烷、氯化汞、甲醇和环氧乙烷等）和急性毒性危险特性初筛。污泥初筛样品采集期间园区内的生产企业和园区污水处理厂稳定运行，样品具有代表性。

图 7-14　污泥初筛样品

（1）腐蚀性初筛检测结果

根据腐蚀性初筛检测结果（表 7-34），3 个生化污泥样品的 pH 都大于 2.0 且小于 12.5，未超出《危险废物鉴别标准　腐蚀性鉴别》（GB 5085.1—2007）中的相应标准限值。

表 7-34　腐蚀性危险特性初筛检测结果

检测项目	检测方法	检测结果			鉴别标准
		生化污泥 1#	生化污泥 2#	生化污泥 3#	
腐蚀性	GB 5085.1—2007	6.82	7.18	7.04	pH≥12.5 或者 pH≤2.0，则具有腐蚀性

注：鉴于本次鉴别的生化污泥 pH 为中性，结合园区污水处理厂运行情况，污泥产生、输送过程中没有对使用的钢铁材料造成明显腐蚀，因此，无须继续测试钢材腐蚀速率指标。

污泥初筛测试结果显示污泥的 pH 为中性，且考虑到生化系统进水水质的 pH 为 6.0～8.0，因此，可判断本次鉴别的生化污泥不具备腐蚀性危险特性，在下一个鉴别阶段无须检测。

（2）易燃性初筛检测结果

根据易燃性初筛检测结果（表 7-35），3 个生化污泥样品摩擦不起火，且点燃时间>2 min。结合园区内企业生产工艺及原料、园区污水处理厂的废水来源及特性、废水处理使用的化学辅料种类和理化特性以及污泥初筛结果分析，可判断生化污泥不具有易燃性危险特性，在下一个鉴别阶段无须检测。

表 7-35　易燃性危险特性初筛检测结果

检测项目	检测方法	检测结果			鉴别标准
		生化污泥 1#	生化污泥 2#	生化污泥 3#	
易燃性	GB 5085.4—2007	摩擦不起火；点燃时间>2 min	摩擦不起火；点燃时间>2 min	摩擦不起火；点燃时间>2 min	在标准温度和压力（25℃，101.3 kPa）下因摩擦或自发性燃烧而起火，经点燃后能剧烈而持续地燃烧并产生危害的，属于危险废物

（3）反应性初筛检测结果

根据反应性初筛检测结果（表 7-36），3 个生化污泥样品遇水混合没有发生剧烈化学反应，在酸性条件下产生的氰化氢和硫化氢浓度均未超过《危险废物鉴别标准　反应性鉴别》（GB 5085.5—2007）标准值。结合园区内企业生产工艺及原料、园区污水处理厂的废水来源及特性、废水处理使用的化学辅料种类和理化特性以及污泥初筛结果，可判断生化污泥不具有反应性危险特性，在下一个鉴别阶段无须检测。

表 7-36　反应性危险特性初筛检测结果

检测项目	检测方法	检测结果			鉴别标准
		生化污泥 1#	生化污泥 2#	生化污泥 3#	
反应性	GB 5085.5—2007、HJ 484—2009、GB/T 16489—1996	与水混合没有发生剧烈化学反应产生；在酸性条件下，产生氰化氢气体 0.48 mg/kg 和硫化氢气体 0.64 mg/kg	与水混合没有发生剧烈化学反应产生；在酸性条件下，产生氰化氢气体 0.45 mg/kg 和硫化氢气体 0.91 mg/kg	与水混合没有发生剧烈化学反应产生；在酸性条件下，产生氰化氢气体 0.51 mg/kg 和硫化氢气体 0.83 mg/kg	①与水混合发生剧烈化学反应，并放出大量易燃气体和热量；②与水混合能产生足以危害人体健康或环境的有毒气体、蒸气或烟雾；③在酸性条件下，每千克含氰化物废物分解产生≥250 mg 氰化氢气体，或者每千克含硫化物废物分解产生≥500 mg 硫化氢气体

注：根据污泥产生过程及其特性，污泥不具备爆炸性质，也不属于废弃氧化剂或有机氧化物，因此，反应性鉴别检测只开展遇水或遇酸反应性测试。

（4）浸出毒性初筛检测结果

根据浸出毒性初筛检测结果（表 7-37），3 个生化污泥中的总铬、镍、锌、铜、砷、硒、钡、铅和氰化物的浸出毒性检测结果较低（其他指标均低于检出限），且所有指标的占标率均未超过 5%。因此，结合生化污泥产生过程及初筛检测结果，可排除污泥中无机元素及其化合物、三氯甲烷、四氯化碳、三氯乙烯和四氯乙烯等物质浸出毒性超标的可能性。

表 7-37　浸出毒性危险特性初筛检测结果　　单位：mg/L

检测项目	检测方法	检测结果			浸出液中危害成分浓度限值
		生化污泥 1#	生化污泥 2#	生化污泥 3#	
铍（以总铍计）	HJ 766—2015	$<7\times10^{-4}$	$<7\times10^{-4}$	$<7\times10^{-4}$	0.02
总铬	HJ 766—2015	1.99×10^{-2}	1.31×10^{-2}	4.08×10^{-2}	15
镍（以总镍计）	HJ 766—2015	0.251	9.60×10^{-2}	7.31×10^{-2}	5
铜（以总铜计）	HJ 766—2015	8.0×10^{-3}	1.68×10^{-2}	9.8×10^{-3}	100

检测项目	检测方法	检测结果			浸出液中危害成分浓度限值
		生化污泥 1#	生化污泥 2#	生化污泥 3#	
锌（以总锌计）	HJ 766—2015	0.223	0.101	0.183	100
砷（以总砷计）	HJ 766—2015	5.8×10^{-3}	2.05×10^{-2}	6.34×10^{-2}	5
硒（以总硒计）	HJ 766—2015	1.7×10^{-3}	$<1.3\times10^{-3}$	$<1.3\times10^{-3}$	1
总银	HJ 766—2015	$<2.9\times10^{-3}$	$<2.9\times10^{-3}$	$<2.9\times10^{-3}$	5
镉（以总镉计）	HJ 766—2015	$<1.2\times10^{-3}$	$<1.2\times10^{-3}$	$<1.2\times10^{-3}$	1
钡（以总钡计）	HJ 766—2015	7.74×10^{-2}	5.65×10^{-2}	4.10×10^{-2}	100
铅（以总铅计）	HJ 766—2015	$<4.2\times10^{-3}$	4.3×10^{-3}	4.2×10^{-3}	5
汞（以总汞计）	GB 5085.3—2007 附录 B	$<2\times10^{-4}$	$<2\times10^{-4}$	$<2\times10^{-4}$	0.1
铬（六价）	GB/T 15555.4—1995	<0.004	<0.004	<0.004	5
烷基汞	GB/T 14204—1993	未检出（甲基汞<10 ng/L，乙基汞<20 ng/L）	未检出（甲基汞<10 ng/L，乙基汞<20 ng/L）	未检出（甲基汞<10 ng/L，乙基汞<20 ng/L）	不得检出
三氯甲烷	GB 5085.3—2007 附录 O	<0.01	<0.01	<0.01	3
四氯化碳	GB 5085.3—2007 附录 O	<0.01	<0.01	<0.01	0.3
三氯乙烯	GB 5085.3—2007 附录 O	<0.01	<0.01	<0.01	3
四氯乙烯	GB 5085.3—2007 附录 O	<0.01	<0.01	<0.01	1
无机氟化物（不包括氟化钙）	GB 5085.3—2007 附录 F	<0.250	<0.250	<0.250	100
氰化物（以 CN^- 计）	GB 5085.3—2007 附录 G	0.047 7	0.045 1	0.050 8	5

鉴于园区污水处理厂接纳废水主要来源于 PVC 糊树脂和保险粉生产企业（废水量占 91%），且生产中使用含有汞、铜和砷 3 种重金属的原辅材料，因此，在下一阶段工作中，将 Hg、Cu、As 和烷基汞 4 个指标作为生化污泥浸出毒性危险特性鉴别的检测项目。

（5）毒性物质含量初筛检测结果

根据毒性物质含量初筛检测结果（表 7-38），3 个生化污泥中的剧毒物质氯化汞含量较低，远低于标准限值，而 1,2-二氯乙烷、氯乙烯、甲醇和环氧乙烷的毒性物质含量检测均未检出。

鉴于园区污水处理厂接纳废水主要来源于 PVC 糊树脂和保险粉生产企业（废水量占 91%），且生产过程涉及氯乙烯、1,2-二氯乙烷、氯化汞、甲醇和环氧乙烷 5 种毒性物质的使用和生成，可能导致上述物质随着废水进入生化污泥中，因此，在下一阶段工作中，将氯乙烯、1,2-二氯乙烷、氯化汞、甲醇和环氧乙烷 5 个指标作为生化污泥毒性物质含量危险特性鉴别的检测项目。

表 7-38 毒性物质含量初筛检测结果

检测项目	检测方法	检测结果/（mg/kg）			鉴别标准（含量超过以下限值，则属于危险废物）
		生化污泥1#	生化污泥2#	生化污泥3#	
1,2-二氯乙烷	GB 5085.3—2007 附录 O、附录 P	＜0.025	＜0.025	＜0.025	0.1%
氯乙烯	GB 5085.3—2007 附录 O、附录 P	＜0.5	＜0.5	＜0.5	
氯化汞	GB 5085.3—2007 附录 B	6.77	6.77	6.77	0.1%
甲醇	GB 5085.3—2007 附录 O	＜0.5	＜0.5	＜0.5	3%
环氧乙烷	GB 5085.3—2007 附录 O	＜0.5	＜0.5	＜0.5	0.1%

（6）急性毒性初筛检测结果

根据急性毒性初筛检测结果（表 7-39），3 个生化污泥样品的急性经口毒性检测结果大于 GB 5085.2—2007 规定的标准限值，不具有急性毒性危险特性。结合园区内企业生产工艺及原料、园区污水处理厂的废水来源及特性、废水处理使用的化学辅料种类和理化特性以及污泥初筛结果，可判断生化污泥不具有急性毒性危险特性，在下一个鉴别阶段无须检测。

表 7-39 急性毒性初筛结果

序号	样品编号	检测项目	检测方法	检测值	结论
1	生化污泥 1#	急性毒性	GB 5085.2—2007	急性经口摄取 LD_{50}＞200 mg/kg 体重	不具急性毒性
2	生化污泥 2#	急性毒性	GB 5085.2—2007	急性经口摄取 LD_{50}＞200 mg/kg 体重	不具急性毒性
3	生化污泥 3#	急性毒性	GB 5085.2—2007	急性经口摄取 LD_{50}＞200 mg/kg 体重	不具急性毒性

7.2.5 鉴别检测项目的确定

根据生化污泥的危险特性识别和初筛检测结果，可判断该污泥不具有感染性、腐蚀性、易燃性、反应性和急性毒性 4 种危险特性，不需要对其进行检测。在下一个鉴别阶段须检测浸出毒性（部分无机元素及化合物）和毒性物质含量（氯化汞和部分有机类毒性物质）项目，检测项目如表 7-40 所示。

表 7-40 生化污泥危险废物鉴别检测项目

序号	检测项目	测试指标
1	浸出毒性	Hg、Cu、As 和烷基汞
2	毒性物质含量	氯乙烯、1,2-二氯乙烷、氯化汞、甲醇和环氧乙烷

7.2.6　采样和检测工作方案

7.2.6.1　采样工作方案

（1）采样要求

①样品采集现场条件、生产工况与鉴别方案描述一致。

②采样期间园区内排水企业的生产工艺、原料来源和种类、污水处理工艺、化学辅料来源和种类不变。

③采样期间园区污水处理厂稳定运行。

④对采样过程进行全程拍照或录像。

⑤采样时记录样品的名称、来源、数量、性状、包装、贮存、编号、份样量、份样数、采样点、采样方法、采样日期、采样人等。

（2）采样份样数

生化污泥最大产生量为 18 t/月，因此，本次鉴别采样份样数为 8 个。

（3）采样份样量

生化污泥鉴别检测项目包括腐蚀性、浸出毒性和毒性物质含量，需采集满足检测方法规定的份样量，并考虑 1 年保存期的预留样品量，则采样份样量为 2 500 g。

（4）采样时间和频次

根据接纳废水产生特点及园区污水处理厂运行情况，1 个月内出泥 8 次。因此，本次鉴别采集的 8 个样品安排在每次出泥时采集。

（5）采样点位和方法

根据《危险废物鉴别技术规范》（HJ 298—2019）和《工业固体废物采样制样技术规范》（HJ/T 20—1998）的要求采样。

本次鉴别的生化污泥产生于经叠螺式污泥脱水机的卸料口。根据 HJ 298—2019 第 4.5.3 条款，“生产工艺过程产生的固体废物应在固体废物排（卸）料口按照下列方法采集：……a）由卸料口排出的固体废物采样过程应预先清洁卸料口，并适当排出固体废物后再采集样品。采样时，应采用合适的容器接住卸料口，根据需要采集的总份样数或该次需要采集的份样数，等时间间隔接取所需份样量的固体废物。每接取一次固体废物，作为 1 个份样。”

图 7-15　生化污泥采样点

因此，生化污泥的采样点位设在叠螺式污泥脱水机的卸料口（图 7-15）。每次采样时，先清洗卸料口，并使用采样勺刮下生化污泥，再将生化污泥装至样品袋。

（6）采样质量控制

为保证在允许误差范围内获得生化污泥的具有代表性的样品，在采样全过程进行质量控制。包括：

①采样前，制订详细的采样计划，取样人员熟知并规范操作。

②采样人员执有上岗证。取样人员熟悉生化污泥的性状、掌握采样技术，懂得安全操作知识和处理方法。

③对采样工具、设备所用的材质选用不与生化污泥有任何反应的工具，不具有渗透性和吸水性，保证所取样品不受采样工具影响。

④浸出毒性检测样品盛样选用密封袋（自封口胶袋）；毒性物质含量检测样品盛样工具为棕色广口瓶（或避光密封袋），以保证样品包装和保存符合要求。

⑤样品盛装后，随即在取样容器上贴上标签，标签内容包括样品名称及编号、批量、产生单位、采样部位、采样日期、采样人等，采用统一规定的样品编码。

⑥建立采样组自检制度，明确职责和分工。每日采样工作结束后进行自检，检查内容包括每天采集样品个数、样品重量、样品标签、记录完整性和准确性。

⑦样品运输过程中，为防止样品受外界污染，将所取样品放置于专用的容器内（塑料箱内）进行托运。

⑧采样全过程由专人负责。由于采样周期比较长，为保证样品的时效性，每天一次，把采集的样品送往实验室进行处理及分析。

⑨样品运回实验室后，测定有机污染物的样品，储存于硬质玻璃容器内，然后置于冷藏箱 4℃保存；其他样品，进行避光保存。

⑩采样的备份样品留存期限至少 1 年。

7.2.6.2 检测工作方案

（1）检测方法

本次鉴别检测项目为浸出毒性和毒性物质含量，对应检测方法见表 7-41。

（2）检测质量控制

检测质量控制包括对制样、样品前处理和样品分析过程进行质量控制。通过质量控制，核查整个检测过程是否处于受控状态，能够反映实验室工作过程中可能发生的变化，以及这些变化可能产生的质量问题，便于分析人员及时发现异常，立即采取纠正与预防措施。

1）样品制备：样品制备过程坚持保持样品原有的化学组成，不能被污染，不能把样品编号弄混淆的原则。样品检测前严防阳光直射样品，通风良好，整洁，无尘，无易挥发性化学物质。制样时应有 2 人以上在场。制样结束后，应填写制样记录。

2）样品前处理：根据样品性质和检测要求，严格按照前处理方法处理样品。

3）样品分析：通过实验室内部控制，减小随机误差，防止过失误差。

表 7-41　生化污泥鉴别检测项目与检测方法

危险特性	检测指标		检测方法	检出限值	仪器名称及型号
浸出毒性	浸出		《固体废物　浸出毒性浸出方法　硫酸硝酸法》（HJ/T 299—2007）	—	—
	汞		《固体废物　汞、砷、硒、铋、锑的测定　微波消解　原子荧光法》（HJ 702—2014）	0.02 μg/L	原子荧光分光光度计 AFS-8220
	砷			0.1 μg/L	
	铜		《危险废物鉴别标准　浸出毒性鉴别》（GB 5085.3—2007）附录 D 金属元素的测定 火焰原子吸收光谱法	0.02 mg/L	原子分光光度计 AA-6880
	烷基汞	甲基汞	《水质　烷基汞的测定　气相色谱法》（GB/T 14204—93）	0.000 01 mg/L	离子计 PXSJ-216F
		乙基汞		0.000 02 mg/L	气相色谱仪 GC-2010Plus
毒性物质含量	氯化汞		《固体废物　汞、砷、硒、铋、锑的测定　微波消解　原子荧光法》（HJ 702—2014）	0.002 mg/kg	原子荧光分光光度计 AFS-8220
	氯乙烯		《危险废物鉴别标准　浸出毒性鉴别》（GB 5085.3—2007）附录 O 挥发性有机化合物的测定　气相色谱/质谱法	0.5 mg/kg	气相色谱-质谱联用仪 7890B-5977A
	1,2-二氯乙烯			0.5 mg/kg	
	甲醇			0.5 mg/kg	
	环氧乙烷			0.5 mg/kg	

对样品分析的全过程，包括分析人员、工作环境、分析方法、分析人员对分析方法的正确理解与操作、试剂及标准溶液的配制、工作曲线的绘制、空白试验、仪器的调试和校准、背景的扣除和校正、原始记录的书写、数据的修约和处理等实施有效控制。

7.2.7　检测结果和鉴别结论

7.2.7.1　检测结果分析

（1）浸出毒性检测结果

8 个生化污泥样品的浸出毒性检测结果如表 7-42 所示。8 个生化污泥样品中，汞、砷、铜和烷基汞的浸出毒性超标率为 0。其中，氰化物和烷基汞均为未检出，汞的浸出毒性结果最大占标率为 1.28%，铜的浸出毒性结果最大占标率为 0.16%，砷的浸出毒性结果最大占标率为 7.36%。

综上可知，所有的生化污泥样品浸出液中测试指标的检出浓度均未超过《危险废物鉴别标准　浸出毒性鉴别》（GB 5085.3—2007）表 1 中所列的浓度限值。因此，本次鉴别的生化污泥样品不具有浸出毒性危险特性。

表 7-42 生化污泥样品浸出毒性鉴别检测结果 单位：mg/L

序号	样品编号	检测指标			
		汞	铜	砷	烷基汞
1	生化污泥-01	0.000 72	0.01	0.11	甲基汞：ND 乙基汞：ND
2	生化污泥-02	0.000 52	0.01	0.086 8	甲基汞：ND 乙基汞：ND
3	生化污泥-03	0.001 28	0.16	0.368	甲基汞：ND 乙基汞：ND
4	生化污泥-04	0.000 41	0.08	0.246	甲基汞：ND 乙基汞：ND
5	生化污泥-05	0.000 46	ND	0.286	甲基汞：ND 乙基汞：ND
6	生化污泥-06	0.000 72	ND	0.222	甲基汞：ND 乙基汞：ND
7	生化污泥-07	0.000 38	ND	0.258	甲基汞：ND 乙基汞：ND
8	生化污泥-08	0.000 22	ND	0.068 8	甲基汞：ND 乙基汞：ND
浸出毒性鉴别标准限值		0.1	100	5	不得检出

（2）毒性物质含量检测结果

8 个生化污泥样品的氯化汞、氯乙烯、1,2-二氯乙烷、甲醇和环氧乙烷含量检测结果如表 7-43 所示。

表 7-43 污泥样品毒性物质含量检测结果 单位：%

序号	样品编号	检测指标					累计毒性（量纲一）
		氯化汞	氯乙烯	1,2-二氯乙烷	甲醇	环氧乙烷	
1	生化污泥-01	0.001 031	＜0.000 05	＜0.000 05	＜0.000 05	＜0.000 05	＜0.011 827
2	生化污泥-02	0.000 498	＜0.000 05	＜0.000 05	＜0.000 05	＜0.000 05	＜0.006 497
3	生化污泥-03	0.001 408	＜0.000 05	＜0.000 05	＜0.000 05	＜0.000 05	＜0.015 597
4	生化污泥-04	0.001 516	＜0.000 05	＜0.000 05	＜0.000 05	＜0.000 05	＜0.016 677
5	生化污泥-05	0.001 381	＜0.000 05	＜0.000 05	＜0.000 05	＜0.000 05	＜0.015 327
6	生化污泥-06	0.002 193	＜0.000 05	＜0.000 05	＜0.000 05	＜0.000 05	＜0.023 447
7	生化污泥-07	0.002 152	＜0.000 05	＜0.000 05	＜0.000 05	＜0.000 05	＜0.023 037
8	生化污泥-08	0.001 651	＜0.000 05	＜0.000 05	＜0.000 05	＜0.000 05	＜0.018 027
毒性物质含量限值		0.1	0.1		3	0.1	1

注：氯乙烯、1,2-二氯乙烷、甲醇和环氧乙烷均未检出，因此以检出限值保守折算其毒性物质含量。

根据检测结果和毒性物质含量折算结果，8 个生化污泥样品含有 GB 5085.6—2007 附录 A～附录 D 的一种或一种以上毒性物质的总含量均未超过对应的标准限值，累计毒性物质含量均未超过 1，因此，8 个生化污泥样品不具有毒性物质含量危险特性。

7.2.7.2 鉴别结果判断

根据 HJ 298—2019 文件中的“7.1 在对固体废物样品进行检测后，检测结果超过 GB 5085.1～GB 5085.6 中相应标准限值的份样数大于或者等于 HJ 298—2019 表 3 中的超标份样数限值，即可判定该固体废物具有该种危险特性”。本次鉴别采集的份样数为 8，对应的超标份样数限值为 3。即如果具备危险特性的份样数为 3 或超过 3，则污泥属于危险废物；如未超过 3，则不属于危险废物。

根据 8 个生化污泥样品检测结果，浸出毒性和毒性物质含量超标份样数均为 0，小于超标份样数限值 3，可判定本次鉴别的生化污泥不具有浸出毒性和毒性物质含量危险特性。

7.2.8 利用处置建议及环境风险防控

根据鉴别结论，对该园区污水处理厂所产生化污泥的后续处置和环境风险防控提出以下建议：

（1）本次鉴别污泥的处理处置与其他固体废物的处理处置一样，应遵循减量化、稳定化、无害化的要求，结合当地的实际情况就近处理。建议在保证环境安全的前提下采用水泥窑协同处置或其他资源化处置方式。

（2）委托方应将本次鉴别的生化污泥交给具有相应资质或者处理能力的单位进行资源化利用或者最终处置，不得跟园区污水处理厂所产物化污泥混合处理或随意倾倒。

（3）本次鉴别的生化污泥处置方式需报当地环境主管部门备案，另外根据固体废物相关管理要求，做好生化污泥的转移运输、处置等相关记录等，并定期提交当地环境主管部门备案。

（4）为控制本次鉴别生化污泥的后续处置环境风险，园区污水处理厂经营方应定期（至少 1 年 1 次）跟踪测试生化污泥中的重金属汞，并将检测结果报送当地环境行政主管部门。

（5）如园区内排水企业的生产工艺、产品方案、原辅材料种类和特性以及园区污水处理厂的工艺及原辅材料种类等发生重大变更，所产生的生化污泥应该重新鉴别，以进一步明确其危险特性。

7.2.9 园区多源废水处理污泥危险特性鉴别要点

（1）应全面调查多源废水来源、特性和园区污水处理厂运行情况，并基于所接纳废水的行业类别、生产工艺特点、原辅材料种类和理化特性、废水污染特性和污泥产生情况等判断待鉴别污泥是否属于《名录》（2021 年版）中涉及的 79 种污泥类危险废物。

（2）应重点关注园区内排水量较大的企业生产情况，根据企业相关原辅材料的种类和特性，识别污泥中可能存在的有害物质和危险特性（潘平等，2020）。

（3）园区多源废水处理污泥的危险特性受进水的影响较大，而园区内各企业排水时间无法统一，将导致园区污水处理厂的水质波动性较大（杨云飞和邱阳，2018）。此外，各企业的生产工况对污泥危险特性的影响也较大，当含有有害成分的废水比例上升或毒性物质浓度较高时，污泥的属性可能会发生根本性的变化。因此，应对多源废水处理污泥进行长期跟踪监测，重点关注其主要污染物的变化情况，并根据跟踪监测结果及时调整污泥的处理处置方式。

参考文献

[1] 蔡彬，温勇，檀笑，等. 铝箔磷酸系化成废水处理污泥危险特性及鉴别要点[J]. 电镀与涂饰，2021，40（23）：1803-1808.

[2] 潘平，钱炜，刘丽，等. 高新技术园区污水处理厂污泥危险特性鉴别研究[J]. 环境影响评价，2020，42（6）：86-90.

[3] 杨云飞，邱阳. 某污水处理厂废水处理污泥危废鉴别实例分析及研究[J]. 科学技术创新，2018（16）：147-148.

第 8 章

固体废物处置后废物危险特性鉴别案例

近年来，迅速发展的工业窑炉协同处置固体废物技术是工业循环经济发展模式下的一种重要产物。采用现成的各行业工业窑炉协同利用与处置固体废物，可节省废弃物集中处置设施的投资及运行费用，同时为工业生产替代部分所需化石燃料甚至生产原料，在实现废弃物资源化的同时也提高了工业生产的经济效益，在节能降耗的基础上减少了工业生产的碳排放。但是，随着工业窑炉协同处置固体废物技术的广泛应用，出现处置后废物（如炉灰、炉渣等）产量大、危险特性不明和处置难等新环境问题（王建斌等，2022）。2020 年 1 月 1 日开始实施的《危险废物鉴别标准　通则》进一步细化了危险废物利用处置后判定规则，也导致固体废物（尤其是危险废物）利用处置后废物的危险特性鉴别需求激增。因此，本章重点介绍工业窑炉处置（协同处置）固体废物产生的炉灰、炉渣等典型废物危险特性鉴别案例，以供参考。

8.1　案例一：固体废物焚烧产生的一级除尘灰危险特性鉴别

某公司建有 1 台 95 t/h 固体废物焚烧炉，焚烧固体废物类别主要为废纸造纸废渣和造纸污泥，废物焚烧量约为 700 t/d。焚烧炉烟气治理采用“SNCR 脱硝→烟气骤冷→静电除尘→干法脱硫+一级布袋除尘→活性炭吸附+二级布袋除尘”工艺，其中烟气骤冷、静电除尘和一级布袋除尘工序均会产生飞灰（统称一级除尘灰），各类一级除尘灰经同一个管道输送至灰库；二级布袋除尘工序也产生飞灰（二级飞灰），且含有废活性炭，因此按照危险废物（废物代码为 772-005-18）管理。一级除尘灰中不含有废活性炭，亦不属于《名录》中规定的其他类别废物，不便于后续处理处置及环境管理，因此需对一级除尘灰开展危险特性鉴别以明确其属性。

8.1.1　一级除尘灰产生过程分析

8.1.1.1　焚烧炉工艺和燃料特性介绍

（1）焚烧炉工艺介绍

焚烧炉对废纸造纸废渣（包括轻渣和浆渣）及造纸污泥进行焚烧处理，同时利用焚烧炉产生的蒸汽发电，以实现热能利用。

焚烧炉系统主要包括：前处理及上料、进料系统、二燃室系统、余热锅炉系统、烟气处理系统、在线监测系统、发电系统、辅助系统（包含自控/仪表/电气系统、锅炉辅机及水处理系统、烟风系统、压缩空气系统、灰渣输送系统、冷却循环系统等）。焚烧工艺及烟气治理工艺流程如图 8-1 所示。

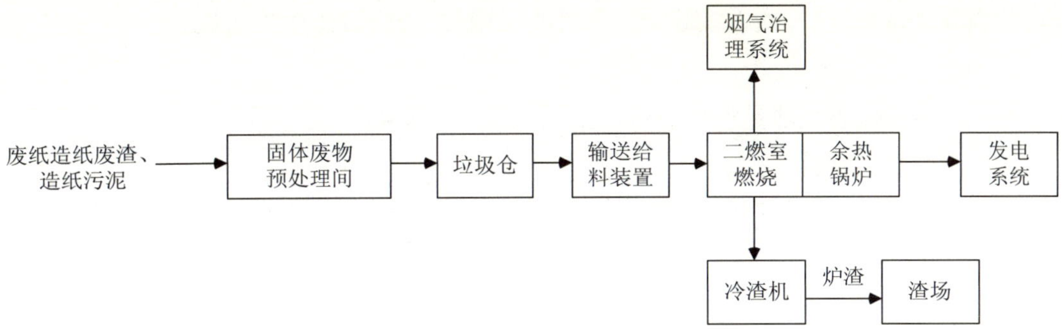

图 8-1　焚烧炉工艺流程

各工艺说明如下：

1）前处理及上料、进料系统

废纸造纸废渣和造纸污泥由造纸车间、污水处理厂运至焚烧站的固体废物预处理间，首先利用破碎机将以上物料打碎，再由叉车推至传送带上，经带式除铁器分选出金属物质，以减轻焚烧污染；经除铁处理之后的造纸废渣、污泥进入垃圾仓待用，所有物料通过垃圾仓上方抓斗起重机送进炉前垃圾仓，输送到炉膛。垃圾仓设置为密闭微负压，垃圾仓的废气经收集后送至焚烧炉进行焚烧。

2）二燃室系统

物料进入炉膛后，新送入的物料与已燃烧的物料在炉的逆推作用下混合，同时进行干燥和着火过程。炉膛采用绝热式结构，物料进入炉膛后，床温升至 850℃以上，至少保持 2 秒。物料充分燃烧后产生的烟气进入旋风分离器分离，分离出的大颗粒燃料返回炉膛维持床温燃烧，分离出的高温烟气则进入余热锅炉系统。

炉膛底部采用大口径半敞开式床面，有利于排渣，保持底部床料稳定。物料完全燃烧后，燃烬后的炉渣通过底部密封斗排出，经过冷渣机排向炉渣斗，最后排至渣场。

焚烧炉采用循环流化床锅炉，具有低温燃烧特性，能大大降低二氧化硫、氮氧化物等气体的排放量和排放浓度，同时其炉膛横截面积小、高度高的特点，可以保证燃烧产生的烟气可在高温区停留足够的时间，从而减少二噁英的产生量。

3）余热锅炉系统

离开旋风分离器的高温烟气由烟道进入余热锅炉。余热锅炉为单锅筒纵置式自然循环锅炉，巨型炉膛由三排吊挂式水冷壁把烟气隔为 4 个回程，烟气通过辐射换热的方式将管子里面的水加热成蒸汽进行发电。余热锅炉设计出口烟气温度为 550℃，主要避开二噁英和呋喃再生的温度区域。

4）烟气处理系统

高温烟气自余热锅炉进入烟气处理系统，烟气处理系统由“SNCR 脱硝→烟气骤冷→

静电除尘→干法脱硫+一级布袋除尘→活性炭吸附+二级布袋除尘”组成。

5）发电系统

余热锅炉吸收焚烧热量产生蒸汽，由发电机做功发电。

（2）焚烧燃料特性

焚烧炉燃料主要包括废纸造纸废渣（轻渣和浆渣）以及造纸污泥。各燃料的来源和主要成分如表 8-1 所示，各燃料外观见图 8-2。

表 8-1 焚烧燃料来源和成分特性

序号	项目		废纸造纸企业	
			造纸废渣	污泥
1	来源		废纸造纸过程中的水力碎浆机、高浓除砂器、粗筛系统、低浓除砂器、精筛系统、除渣系统	废纸造纸污水处理厂
2	含水率	收到基/%	58.54	58.29
		空气干燥基/%	—	—
3	高位热值	收到基/（kJ/kg）	—	—
		空气干燥基/（kJ/kg）	21 305.2	4 631.2
4	低位热值	收到基/（kJ/kg）	7 107.4	194.9
		空气干燥基/（kJ/kg）	—	—
5	挥发分	收到基/%	34.32	13.38
		空气干燥基/%	82.79	32.09
6	灰分	收到基/%	4.96	27.77
		空气干燥基/%	11.96	66.57
7	固定碳	收到基/%	2.18	0.56
		空气干燥基/%	5.25	1.34
8	碳	收到基/%	22.35	5.08
		空气干燥基/%	53.91	12.18
9	氢	收到基/%	3.1	1.22
		空气干燥基/%	7.48	2.92
10	氧	收到基/%	10.39	6.58
		空气干燥基/%	25.07	15.77
11	硫	收到基/%	0.05	0.23
		空气干燥基/%	0.09	0.538
12	氯	收到基/%	0.06	0.06
		空气干燥基/%	0.14	0.14
13	钙	收到基/（mg/kg）	15 246.56	24 306.94
		空气干燥基/（mg/kg）	36 774.15	58 276.06

序号	项目		废纸造纸企业	
			造纸废渣	污泥
14	钾	收到基/（mg/kg）	55.89	380.14
		空气干燥基/（mg/kg）	134.81	911.38
15	铝	收到基/（mg/kg）	862.14	6 814.33
		空气干燥基/（mg/kg）	2 079.46	16 337.41
16	镁	收到基/（mg/kg）	159.91	762.14
		空气干燥基/（mg/kg）	385.70	1 827.23
17	钠	收到基/（mg/kg）	262.83	248.38
		空气干燥基/（mg/kg）	633.94	595.5
18	钛	收到基/（mg/kg）	4.51	59.22
		空气干燥基/（mg/kg）	10.89	141.99
19	铁	收到基/（mg/kg）	321.69	10 991.74
		空气干燥基/（mg/kg）	775.91	26 352.76
20	硅	收到基/（mg/kg）	380.49	678.68
		空气干燥基/（mg/kg）	917.73	1 627.13
21	锌	收到基/（mg/kg）	145.41	595.21
		空气干燥基/（mg/kg）	350.73	1 427.02
22	砷	收到基/（mg/kg）	0.28	—
		空气干燥基/（mg/kg）	0.67	—
23	镉	收到基/（mg/kg）	1.19	—
		空气干燥基/（mg/kg）	2.88	—
24	铬	收到基/（mg/kg）	5.55	107.66
		空气干燥基/（mg/kg）	13.39	258.11
25	铅	收到基/（mg/kg）	14.22	8.93
		空气干燥基/（mg/kg）	34.29	21.42
26	汞	收到基/（mg/kg）	0.06	0.10
		空气干燥基/（mg/kg）	0.14	0.24

注：“—”表示未检。

由表 8-1 可知，造纸废渣的挥发分占比超过 34%，说明焚烧燃料中有机物含量较高；造纸污泥的灰分占比超过 25%，污泥焚烧量越大，则可能导致焚烧产生的飞灰量越大。各类焚烧物料的含硫率均较低，从源头上保证焚烧烟气含有的二氧化硫处于较低的水平；含碳率较高，焚烧烟气可能含有较多二氧化碳。此外，焚烧物料中含有钙、钾、铝、镁、钠、钛、铁、硅、锌、砷、镉、铬、铅、汞等金属成分。

造纸浆渣

造纸污泥

图 8-2 焚烧燃料外观

8.1.1.2 一级除尘灰产生过程

根据二燃室系统焚烧工艺以及焚烧燃料的成分特性，高温烟气中含有氮氧化物、二氧化硫、氯化氢、二氧化碳、重金属、有机物（主要为二噁英）、硫酸钙、亚硫酸钙、氯化钙、碳酸钙、氢氧化钙等，一同进入余热锅炉系统。高温烟气自余热锅炉进入烟气处理系统，烟气处理系统由“SNCR 脱硝→烟气骤冷→静电除尘→干法脱硫+一级布袋除尘→活性炭吸附+二级布袋除尘”组成，烟气治理工艺流程见图 8-3。

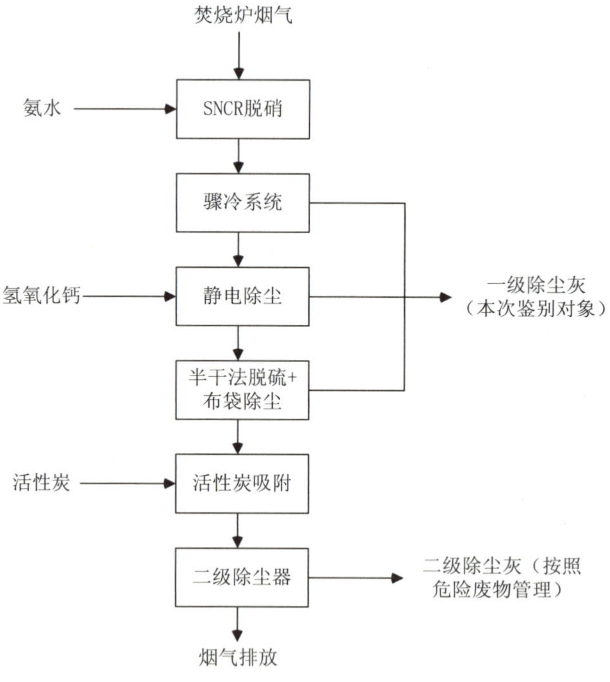

图 8-3 烟气治理工艺流程

烟气治理工艺流程说明：

（1）SNCR 脱硝

脱硝剂使用 20%的氨水，焚烧炉设置 10 个氨水喷射喷嘴，氨水用压缩空气雾化喷入二燃室的末端，降低烟气中的氮氧化物浓度，压缩空气通过套管连续冷却喷嘴。在该过程中，通过增温增压，使氨液体预雾化，再喷入反应区，从而保证 SNCR 工艺的脱硝效率。且二燃室的上部安装在线监控测定氨气值，根据监控值调节加入的氨水量，防止氨逃逸。

（2）骤冷系统

脱硝后的烟气进入两组旋风分离器，快速分离出骤冷灰，骤冷灰落入骤冷塔底部灰斗后，与静电灰和脱硫除尘灰一同输送至一级灰库。经旋风分离的烟气通过冷渣机冷却，带走烟气中的大量热值，使烟气温度在 1 s 内从 550℃降至 395℃，省煤器再将烟气温度从 395℃降至 165℃左右，可以避开二噁英再合成的温度段，从而达到抑制二噁英再生成的目的。此过程仅有温度降低这一物理反应，未发生化学反应。产生的骤冷灰主要含有硫酸钙、亚硫酸钙、氯化钙、碳酸钙、氢氧化钙以及少量的有机物（二噁英）和重金属等。旋风分离器会分离掉大部分的硫酸钙、亚硫酸钙、氯化钙、碳酸钙、氢氧化钙等粗尘粒，进入产生的骤冷灰中，此外，骤冷灰可能含有微量有机物（二噁英）和重金属等污染物。进入静电除尘器的烟气中硫酸钙、亚硫酸钙、氯化钙、碳酸钙、氢氧化钙等粗尘粒则大幅减少。

（3）静电除尘

温度降至 165℃左右的烟气进入静电除尘器，流过极板间时，烟气中的微小颗粒物获得荷电，一部分颗粒物带上正电、一部分带上负电（占绝大部分），在电场力的作用下向不同的电极运动而被吸附，形成静电灰，在振打装置的作用力下，静电灰落入底部灰斗后与骤冷灰和脱硫除尘灰一同输送至一级灰库。静电除尘效率达 95%以上。此过程未发生物理化学反应。产生的静电灰主要是较小粒径的硫酸钙、亚硫酸钙、氯化钙、碳酸钙、氢氧化钙和微量的有机物（二噁英）、重金属等。

（4）干法脱硫+一级布袋除尘

静电除尘后的烟气进入干法吸收塔，干法吸收塔采用氢氧化钙粉末作为吸收剂，烟气中的二氧化硫、氯化氢、二氧化碳等气体进一步与反应塔内喷入的氢氧化钙发生化学中和反应，生成硫酸钙、亚硫酸钙、氯化钙、碳酸钙等反应产物。干法脱硫后的烟气（含干法脱硫的反应产物及未反应完的氢氧化钙）由进风管送入一级布袋除尘器，在导流板的作用下通过进风调节阀进入各气室。烟气中的粗尘粒（即脱硫除尘灰）沉降至一级布袋除尘器底部灰斗，与骤冷灰和静电灰一同输送至一级灰库；细尘粒随气流转折向上进入过滤室，尘粒被阻留在滤袋表面，净化后的烟气进入过滤室后经滤袋口进入清洁室，由风管引入活性炭吸附舱。此过程干法脱硫发生化学反应。产生的脱硫除尘灰主要含有硫酸钙、亚硫酸钙、氯化钙、碳酸钙、氢氧化钙和微量有机物（二噁英）、重金属等。

（5）活性炭喷射

活性炭吸附舱喷射活性炭吸附烟气，利用活性炭具有极大的比表面积和极强的吸附能力的特点，去除烟气中的二噁英类毒害物质及重金属离子。

（6）二级布袋除尘

经活性炭喷射后的烟气进入二级布袋除尘器，在导流板的作用下通过进风调节阀进入各气室。烟气中的粗尘粒沉降至二级布袋除尘器底部灰斗，进入二级灰库；细尘粒随气流转折向上进入过滤室，尘粒被阻留在滤袋表面，净化后的烟气进入过滤室后经滤袋口进入清洁室，由烟囱排出。

整个烟气处理过程中，共有 4 个环节产生飞灰，分别为骤冷系统、静电除尘、一级布袋除尘和二级布袋除尘。其中，骤冷系统、静电除尘、一级布袋除尘产生的一级除尘灰统一输送至一级灰库，属于本次鉴别对象（图 8-4）；二级布袋除尘产生的二级除尘灰含活性炭，属于危险废物，经螯合固化后定期交有危险废物处置资质的单位处置。

根据焚烧炉运行情况，配套的烟气处理系统是连续运行，故一级除尘灰也视为连续性产生，其投产以来最大产生量为 1 100 t/月。焚烧炉烟气处理系统中骤冷系统、静电除尘和一级布袋除尘 3 个环节使用的原辅材料主要为氨水（浓度为 20%）和氢氧化钙。

图 8-4 一级除尘灰外观

8.1.2 固体废物属性判断

本次鉴别的一级除尘灰来源于造纸废渣和造纸污泥焚烧炉烟气治理环节，结合焚烧炉工艺特点、烟气治理情况以及一级除尘灰的产生过程，该物质符合《固体废物鉴别标准 通则》（GB 34330—2017）中的“4.3 环境治理和污染控制过程中产生的物质 h）固体废物焚烧炉产生的飞灰、底渣等灰渣”的判断条件，属于固体废物。综上所述，本次鉴别的一级除尘灰应当按照固体废物管理。

8.1.3 危险废物名录相符性分析

本次鉴别对象来源于固体废物焚烧炉烟气治理工艺中的烟气骤冷、静电除尘和一级布袋除尘工序，从工艺上可判断该一级除尘灰不含有废活性炭，不属于《名录》（2021 年版）中代码为“772-005-18”的废物类别。

此外，结合本次鉴别对象的来源、特性以及产废单位的行业类别，该鉴别对象跟《名录》（2021 年版）中其他危险废物类别的描述都不相符，不属于《名录》（2021 年版）中所列的废物种类（表 8-2）。

表 8-2　《名录》（2021 年版）相符性分析

鉴别对象	《名录》（2021 年版）					相符性
	废物类别	行业来源	废物代码	危险废物	危险特性	
废纸造纸废渣和造纸污泥焚烧炉烟气治理工艺中的一级除尘灰，不含废活性炭	HW18 焚烧处置残渣	环境治理	772-002-18	生活垃圾焚烧飞灰	T	不相符，该焚烧炉不焚烧生活垃圾
			772-003-18	危险废物焚烧、热解等处置过程产生的底渣、飞灰和废水处理污泥	T	不相符，该焚烧炉不焚烧危险废物
			772-004-18	危险废物等离子体、高温熔融等处置过程产生的非玻璃态物质和飞灰	T	不相符，该焚烧炉不焚烧危险废物
			772-005-18	固体废物焚烧处置过程中废气处理产生的废活性炭	T	不相符，本次鉴别的一级除尘灰不含有废活性炭

8.1.4　危险特性识别和筛选

8.1.4.1　一级除尘灰有害物质分析

（1）从工艺、原料识别鉴别对象的物质组成

经研究焚烧燃料来源及特性、焚烧工艺和烟气处理工艺等，对鉴别对象中可能存在的物质进行逐一识别，如表 8-3 所示。

表 8-3　从工艺和原辅材料特性方面分析鉴别对象的物质组成

序号	鉴别对象中可能存在的物质	该物质的产生工艺环节	涉及的原料	该物质进入鉴别对象的途径	该物质的危险特性
1	硫酸钙	烟气干法脱硫	造纸废渣、造纸污泥	造纸废渣、造纸污泥、皮革、织物焚烧产生的烟气中含有二氧化硫、氯化氢、二氧化碳等酸性气体，烟气干法脱硫过程中酸性气体与氢氧化钙发生反应，生成硫酸钙、亚硫酸钙、氯化钙、碳酸钙	无
2	亚硫酸钙				无
3	氯化钙				无
4	碳酸钙				无
5	氢氧化钙	烟气干法脱硫	烟气治理投加原料氢氧化钙	烟气干法脱硫时氢氧化钙未完全反应，进入一级除尘灰中	腐蚀性

序号	鉴别对象中可能存在的物质	该物质的产生工艺环节	涉及的原料	该物质进入鉴别对象的途径	该物质的危险特性
6	有机物（二噁英等）	固体废物焚烧	造纸废渣、造纸污泥	造纸废渣、造纸污泥等原料中存在塑料等有机物，塑料焚烧会生成二噁英等，进入一级除尘灰中	毒性
7	含氰根离子、硫离子化合物	固体废物焚烧	造纸废渣、造纸污泥	造纸废渣、造纸污泥、皮革、织物中存在含碳元素、氮元素、硫元素物质，焚烧过程中生成氰化物和硫化物，进入一级除尘灰中	遇酸反应性
8	锌、砷、镉、铬、铅、汞等重金属化合物	固体废物焚烧	造纸废渣、造纸污泥	造纸废渣、造纸污泥、皮革、织物等原料中存在锌、镉、铬、铅、汞等重金属元素及类金属元素砷成分，焚烧过程中，这些金属成分发生化学反应生成化合物，进入一级除尘灰中	毒性
9	钙、铁、铝、钾等金属化合物	固体废物焚烧	造纸废渣、造纸污泥以及烟气治理投加原料氢氧化钙	造纸废渣、造纸污泥、皮革、织物等原料中存在钙、铁、铝、钾等金属成分，焚烧过程中这些金属成分发生化学反应生成化合物，进入一级除尘灰中	无
10	氯、硅、磷等非金属元素	固体废物焚烧	造纸废渣、造纸污泥	造纸废渣、污泥、皮革、织物等原料中存在氯、硅、磷等非金属成分，焚烧过程中发生化学反应生成化合物，进入一级除尘灰中	无

（2）鉴别对象物质成分测试和分析

为进一步明确一级除尘灰中的物质成分及其含量，采集6个具有代表性一级除尘灰样品，采用X射线荧光光谱分析法（XRF）对飞灰样品的主要元素含量进行测试，试验测试使用美国热电公司生产的ARL ADVANT'X4200 X射线荧光光谱仪。

测试结果如表8-4所示，一级除尘灰中主要元素及其含量从高到低依次是钙、氯、铁、硅、钠、铝、镁、钾和硫，此外，一级除尘灰中还含少量的铜、锌、铅、钡、铬、镉、镍、银、硒和汞等重金属元素及类金属元素砷。

表8-4 一级除尘灰中主要元素种类及含量

主要元素种类	钙	硅	镁	铝	钠	钾	氯	硫	铁	钡
元素含量/%	26.64～33.12	0.88～1.58	0～0.50	0～0.72	0～1.35	0～0.33	4.49～11.86	0～0.13	0.89～1.94	0.019～0.058
主要元素种类	镍	锌	铜	铅	砷	硒	铬	镉	银	汞
元素含量/%	0.011～0.019	0.15～0.60	0.16～0.81	0.058～0.19	0～0.01	0～0.01	0.021～0.042	0.008～0.024	0.005～0.011	0～0.008

根据郭康鹰等（2021）的研究成果，造纸污泥中的金属元素主要是铝、铁、钙、钠和镁，铜、锌、汞等重金属含量很低。烟气治理中涉及的主要原材料是氨水（脱硝剂）和氢氧化钙（脱硫剂），因此，一级除尘灰中的金属元素主要来源于造纸废渣、造纸污泥或烟气治理过程投加的化学原料。

8.1.4.2　一级除尘灰危险特性识别与筛选

（1）根据一级除尘灰产生过程可直接排除的危险特性

根据焚烧炉及其烟气治理的工艺介绍、相关原料种类及其理化特性分析以及鉴别对象的成分分析结果，初步识别鉴别对象的危险特性。

1）反应性危险特性识别

根据《危险废物鉴别标准　反应性鉴别》（GB 5085.5—2007），反应性危险废物是指符合下述 3 个条件之一的固体废物：

①爆炸性质

常温常压下不稳定，在无引爆条件下，易发生剧烈变化。或标准温度和压力下（25℃，101.3 kPa），易发生爆轰或爆炸性分解反应。或受强起爆剂作用或在封闭条件下加热，能发生爆轰或爆炸反应。

本次鉴别对象来源于焚烧炉高温烟气处理工艺，属于焚烧炉燃料高温燃尽的产物，常温常压下稳定，在无引爆条件下，不会发生剧烈变化；在标准温度和压力下（25℃，101.3 kPa）以及受强起爆剂作用或在封闭条件下加热，均不会发生爆轰或爆炸性分解反应。因此，本次鉴别对象不具有爆炸性质。

②与水或酸接触产生易燃气体或有毒气体的性质

与水或酸接触产生易燃气体或有毒气体：与水混合发生剧烈化学反应，并放出大量易燃气体和热量。或与水混合能产生足以危害人体健康或环境的有毒气体、蒸汽或烟雾。或在酸性条件下，每千克含氰化物分解产生≥250 mg 氰化氢气体，或者每千克含硫化物废物分解产生≥500 mg 硫化氢气体。本次鉴别对象中可能含有氰化物和硫化物，遇酸会发生化学反应并产生有毒氰化氢和硫化氢气体。

③废弃氧化剂或有机过氧化物属性

废弃氧化剂或有机过氧化物包括极易引起燃烧或爆炸的废弃氧化剂。或对热、震动或摩擦极为敏感的含过氧基的废弃有机过氧化物。本次鉴别对象不属于废弃氧化剂或有机过氧化物，产生过程不使用强氧化剂，无上述氧化性或过氧化性。

综上，本次鉴别对象可能具有遇酸反应性危险特性，下一步需要对其进行遇酸反应性危险特性验证。

2）易燃性危险特性识别

根据《危险废物鉴别标准　易燃性鉴别》（GB 5085.4—2007）规定，“闪点温度低于

60℃（闭杯试验）的液体、液体混合物或含有固体物质的液体”，属于易燃性危险废物。

本次鉴别对象来源于焚烧炉高温烟气处理工艺，属于焚烧燃料高温燃烬的产物，不轻易燃烧。因此，本次鉴别对象不具有易燃性危险特性。

3）腐蚀性危险特性识别

根据《危险废物鉴别标准 腐蚀性鉴别》（GB 5085.1—2007）规定，符合下列任何条件之一的固体废物，属于腐蚀性危险废物。

①按照 GB/T 15555.12—1995 制备的浸出液，pH≥12.5，或者≤2.0；

②在 55℃条件下，对 GB/T 699 中规定的 20 号钢材的腐蚀速率≥6.35 mm/a。

根据调查，产生、输送及贮存一级除尘灰过程中没有对使用的钢铁材料造成明显腐蚀，可判定一级除尘灰对钢材不具有强腐蚀性，不需要进行腐蚀速率指标的检测。但是，鉴于一级除尘灰中可能含有氢氧化钙等碱性物质，其 pH 可能偏碱性，因此，下一步需要测试其 pH 以验证其腐蚀性危险特性。

4）浸出毒性危险特性识别

根据《危险废物鉴别标准 浸出毒性鉴别》（GB 5085.3—2007）规定，按照 HJ/T 299 制备的固体废物浸出液中任何一种危害成分含量超过 HJ/T 299 中表 1 中所列的浓度限值，则判定该固体废物是具有浸出毒性特征的危险废物。

表 8-5 鉴别对象浸出毒性危险特性初步识别

序号	危险特性	初步识别	判断依据
1	浸出毒性 有机物质项目 （16 项无机元素及化合物）	可能具备	根据鉴别对象相关的原料来源、原料成分分析及鉴别对象成分分析结果，鉴别对象中含有铜、锌、铅、铬等重金属元素，可能具备无机元素及化合物浸出毒性危险特性，因此，下一步要对其进行无机元素及化合物浸出毒性危险特性验证
2	浸出毒性 有机物质项目 （10 项有机农药类）	排除	根据鉴别对象相关原料的来源、种类及焚烧反应条件（经 850℃条件下燃烧）综合判断，鉴别对象是高温焚烧后产生的一级除尘灰，有机农药类有机物在 850℃高温下可完全分解，不具有有机农药类物质浸出毒性危险特性。因此，不需要进行有机农药类物质浸出毒性鉴定
3	浸出毒性 （24 项非挥发性和挥发性有机化合物）	可能具备	根据鉴别对象相关原料的来源、种类及焚烧反应条件（经 850℃条件下燃烧）综合判断，鉴别对象是高温焚烧后产生的一级除尘灰，有机化合物在 850℃高温下可完全分解，不具有有机类化合物（包括挥发性和非挥发性）浸出毒性危险特性。 造纸废纸和造纸污泥等有机物的不完全燃烧，可能产生多环芳烃。此外，焚烧炉的各种焚烧原料中都含有氯元素，在燃烧不完全的情况下，也可能产生多氯联苯和氯苯等。因此，除了无法排除的苯并[*a*]芘、多氯联苯和氯苯等，一级除尘灰中不会存在 GB 5085.3—2007 表 1 所列的其他挥发性和非挥发性有机物

根据焚烧炉及其烟气治理的工艺介绍、相关原料种类及其理化特性分析以及鉴别对象的成分分析结果，本次鉴别对象中可能存在 GB 5085.3—2007 表 1 所列的无机元素及化合物、非挥发性有机物和挥发性有机物，不存在有机农药类物质。本次鉴别对象可能具有浸出毒性危险特性，因此，下一步需要对其进行浸出毒性危险特性验证。

5）毒性物质含量危险特性识别

根据《危险废物鉴别标准　毒性物质含量鉴别》（GB 5085.6—2007）规定，符合 4.1～4.8 条件之一的固体废物是危险废物。

表 8-6　鉴别对象毒性物质含量危险特性初步识别

序号	危险特性	初步识别	判断依据
1	毒性物质含量（无机类物质）	可能具备	根据鉴别对象相关的原料来源、原料成分分析及鉴别对象成分分析结果，鉴别对象中含有铜、锌、铅、铬等重金属元素，可能含有 GB 5085.6—2007 中附录 A～附录 F 所列无机类物质，因此，下一步要对其进行无机类毒性物质含量的验证
2	毒性物质含量（有机类物质）	可能具备	根据鉴别对象相关的原料来源、种类及焚烧反应条件（经 850℃高温燃烧）综合判断，鉴别对象是高温焚烧后产生的一级除尘灰，有机化合物在 850℃高温下可完全分解，不具有有机类化合物。 造纸废纸和造纸污泥等有机物的不完全燃烧，可能产生多环芳烃。此外，焚烧炉的各种焚烧原料中都含有氯元素，在燃烧不完全的情况下，也可能产生多氯联苯和二噁英。因此，除了无法排除的多环芳烃（苯并芘、二噁英）、多氯联苯，一级除尘灰中不会存在 GB 5085.6—2007 附录 A～附录 F 所列的有机化合物

根据焚烧炉及其烟气治理的工艺介绍、相关原料种类及其理化特性分析以及鉴别对象的成分分析结果，本次鉴别对象中可能存在 GB 5085.6—2007 附录 A～附录 F 中的无机和有机类毒性物质项目。本次鉴别对象可能具有毒性物质含量危险特性，因此，下一步需要对其进行毒性物质含量危险特性验证。

6）急性毒性危险特性识别

根据《危险废物鉴别标准　急性毒性初筛》（GB 5085.2—2007）规定，符合下列条件之一的固体废物，属于危险废物。

①经口摄取：固体 LD_{50}≤200 mg/kg，液体 LD_{50}≤500 mg/kg。

②经皮肤接触：LD_{50}≤1 000 mg/kg。

③蒸汽、烟雾或粉尘吸入：LC_{50}≤10 mg/L。

根据焚烧炉及其烟气治理的工艺介绍、相关原料种类及其理化特性分析以及鉴别对象的成分分析结果，本次鉴别对象中含有重金属和有机成分，可能具有急性毒性危险特性。因此，下一步需要对其进行急性毒性危险特性验证。

综上可知，本次鉴别对象危险特性识别结果如表 8-7 所示。

表 8-7 鉴别对象危险特性初步识别结果

<table>
<tr><th>序号</th><th colspan="2">危险特性</th><th colspan="2">初步识别</th></tr>
<tr><td>1</td><td colspan="2">感染性</td><td colspan="2">排除</td></tr>
<tr><td>2</td><td colspan="2">反应性</td><td colspan="2">可能具备（遇酸反应性）</td></tr>
<tr><td>3</td><td colspan="2">易燃性</td><td colspan="2">排除</td></tr>
<tr><td>4</td><td colspan="2">腐蚀性</td><td colspan="2">可能具备</td></tr>
<tr><td rowspan="4">5</td><td rowspan="4">浸出毒性</td><td>无机物质项目（16 种）</td><td colspan="2">可能具备</td></tr>
<tr><td>有机农药类（10 种）</td><td colspan="2">排除</td></tr>
<tr><td>非挥发性有机化合物（12 种）</td><td colspan="2">可能具备</td></tr>
<tr><td>挥发性有机化合物（12 种）</td><td colspan="2">可能具备</td></tr>
<tr><td rowspan="11">6</td><td rowspan="11">毒性物质含量</td><td rowspan="2">剧毒物质（GB 5085.6—2007 附录 A）</td><td>有机类</td><td>排除</td></tr>
<tr><td>无机类</td><td>可能具备</td></tr>
<tr><td rowspan="2">有毒物质（GB 5085.6—2007 附录 B）</td><td>有机类</td><td>排除</td></tr>
<tr><td>无机类</td><td>可能具备</td></tr>
<tr><td rowspan="2">致癌性物质（GB 5085.6—2007 附录 C）</td><td>有机类</td><td>排除</td></tr>
<tr><td>无机类</td><td>可能具备</td></tr>
<tr><td rowspan="2">致突变性物质（GB 5085.6—2007 附录 D）</td><td>有机类</td><td>可能具备（苯并[a]芘）</td></tr>
<tr><td>无机类</td><td>可能具备</td></tr>
<tr><td rowspan="2">生殖毒性物质（GB 5085.6—2007 附录 E）</td><td>有机类</td><td>排除</td></tr>
<tr><td>无机类</td><td>可能具备</td></tr>
<tr><td>持久性有机污染物（GB 5085.6—2007 附录 F）</td><td colspan="2">可能具备（多氯联苯、二噁英）</td></tr>
<tr><td>7</td><td colspan="2">急性毒性</td><td colspan="2">可能具备</td></tr>
</table>

根据焚烧炉及其烟气治理的工艺介绍、相关原料种类及其理化特性分析以及鉴别对象的成分分析结果，可以直接排除鉴别对象的易燃性、有机农药类浸出毒性以及有机类剧毒物质、有毒物质、致癌性物质和生殖毒性物质危险特性，不需要对其进行检测。

（2）根据初筛测试结果可排除的危险特性

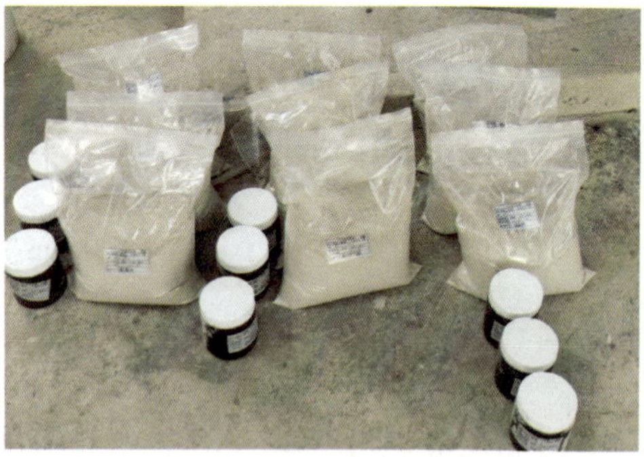

图 8-5 一级除尘灰初筛样品

结合鉴别对象危险特性识别结果，为进一步验证和排除鉴别对象的其他危险特性，采集 6 个一级除尘灰样品（图 8-5），进一步测试其腐蚀性、遇酸反应性、浸出毒性、毒性物质含量和急性毒性危险特性。初筛采样期间，焚烧燃料来源和特性不变，焚烧炉正常稳定生产，说明初筛检测期间所采集的样品具有代表性。

1）腐蚀性初筛检测结果

腐蚀性危险特性（pH）初筛检测结果见表 8-8。

表 8-8　腐蚀性危险特性（pH）初筛检测结果

样品名称	样品编号	pH（量纲一）	检测方法	评价标准
一级除尘灰	WSJL-01	12.10	《固体废物　腐蚀性测定　玻璃电极法》（GB/T 15555.12—1995）	pH≥12.5，或者≤2.0，则具有腐蚀性
	WSJL-02	12.13		
	WSJL-03	10.86		
	WSJL-04	12.23		
	WSJL-05	12.19		
	WSJL-06	12.21		

由表 8-8 可知，6 个一级除尘样品的 pH 都大于 2.0 且小于 12.5，未超出《危险废物鉴别标准　腐蚀性鉴别》（GB 5085.1—2007）中的相应标准限值，说明该 6 个一级除尘灰样品不具有腐蚀性危险特性。虽然初筛检测结果显示鉴别对象的腐蚀性（pH）未超标，但考虑到鉴别对象中存在 $Ca(OH)_2$ 等碱性物质，在下一个鉴别阶段须将腐蚀性指标（pH）作为鉴别对象腐蚀性危险特性鉴别的检测项目。

2）遇酸反应性初筛检测结果

鉴别对象的遇酸反应性危险特性初筛检测结果见表 8-9。

表 8-9　遇酸反应性危险特性初筛检测结果

样品名称		一级除尘灰					
样品编号		WSJL-01	WSJL-02	WSJL-03	WSJL-04	WSJL-05	WSJL-06
氰化氢	总有效/（mg/kg）	0.036	0.036	0.03	0.031	0.025	0.021
	比释放率 *R*/[mg/（kg·s）]	1.98×10^{-5}	2.00×10^{-5}	1.68×10^{-5}	1.73×10^{-5}	1.42×10^{-5}	1.15×10^{-5}
硫化氢	总有效/（mg/kg）	ND	ND	0.202	ND	0.041	0.072
	比释放率 *R*/[mg/（kg·s）]	ND	ND	1.12×10^{-4}	ND	2.26×10^{-5}	4.01×10^{-5}

由表 8-9 可知，6 个一级除尘灰样品遇酸后分解产生的氰化氢气体和硫化氢气体含量远低于《危险废物鉴别标准　反应性鉴别》（GB 5085.5—2007）中的相应标准限值。

根据焚烧原料成分特性及鉴别对象成分分析和初筛检测结果，焚烧原料中氮、硫元素含量较低，且鉴别对象中存在的氰化物和硫化物含量较少，遇酸分解产生的氰化氢和硫化氢气体含量较低，未超过遇酸反应性危险废物的判断标准。因此，本次鉴别对象不具有遇酸反应性危险特性，在下一个鉴别阶段无须进一步检测。

3）浸出毒性初筛检测结果

鉴别对象的浸出毒性危险特性初筛检测结果见表 8-10。

表 8-10　浸出毒性危险特性初筛检测结果

单位：mg/L

检测项目		检测结果						标准限值
		一级除尘灰						
		WSJL-01	WSJL-02	WSJL-03	WSJL-04	WSJL-05	WSJL-06	
无机元素及化合物	汞	ND	ND	ND	0.000 02	0.000 03	0.000 03	0.1
	铜	ND	ND	ND	ND	ND	ND	100
	锌	0.128	0.168	0.141	0.333	0.344	0.210	100
	铅	ND	ND	ND	0.30	0.28	0.30	5
	镉	ND	ND	ND	ND	ND	ND	1
	铍	ND	ND	ND	ND	ND	ND	0.02
	钡	49.2	47.6	50.0	10.1	10.2	9.08	100
	镍	ND	ND	ND	ND	ND	ND	5
	铬	ND	0.01	ND	0.12	0.11	0.12	15
	银	0.004 2	0.003 6	0.002 8	0.015 8	0.017 0	0.016 4	5
	砷	0.000 12	0.000 11	ND	0.000 16	ND	0.000 11	5
	硒	ND	ND	ND	ND	0.000 26	0.000 25	1
	铬（六价）	ND	ND	ND	0.096	0.094	0.094	5
	无机氟化物	3.28	3.15	2.79	1.45	2.30	1.73	100
	氰化物	0.004 6	0.004 3	0.005 0	0.005 0	0.006 2	0.024 0	5
	烷基汞 甲基汞	ND	ND	ND	ND	ND	ND	不得检出
	烷基汞 乙基汞	ND	ND	ND	ND	ND	ND	
非挥发性有机化合物	苯并[a]芘	ND	ND	ND	ND	ND	ND	0.000 3
	多氯联苯	ND	ND	ND	ND	ND	ND	0.002
挥发性有机化合物	氯苯	ND	ND	ND	ND	ND	ND	2
	三氯甲烷	ND	ND	ND	ND	ND	ND	3
	四氯化碳	ND	ND	ND	ND	ND	ND	0.3
	三氯乙烯	ND	ND	ND	ND	ND	ND	3
	四氯乙烯	ND	ND	ND	ND	ND	ND	1

由表 8-10 可知，6 个一级除尘灰样品的铜、镉、铍、镍、烷基汞、苯并[a]芘、多氯联苯、氯苯、三氯甲烷、四氯化碳、三氯乙烯和四氯乙烯均未检出，汞、铅、铬、砷、铬（六价）和硒有部分样品检出，锌、钡、银、无机氟化物和氰化物都有检出，检出占标率见表 8-11。

表 8-11　浸出毒性危险特性初筛检测结果占标率

检测项目			一级尘灰					
			WSJL-01	WSJL-02	WSJL-03	WSJL-04	WSJL-05	WSJL-06
无机元素及化合物	汞		0	0	0	0.02%	0.03%	0.03%
	铜		0	0	0	0	0	0
	锌		0.128%	0.168%	0.141%	0.333%	0.344%	0.21%
	铅		0	0	0	6%	5.6%	6%
	镉		0	0	0	0	0	0
	铍		0	0	0	0	0	0
	钡		49.2%	47.6%	50%	10.1%	10.2%	9.08%
	镍		0	0	0	0	0	0
	铬		0	0.067%	0	0.8%	0.733%	0.8%
	银		0.084%	0.072%	0.056%	0.316%	0.34%	0.328%
	砷		0.002 4%	0.002 2%	0	0.003 2%	0	0.002 2%
	硒		0	0	0	0	0.026%	0.025%
	铬（六价）		0	0	0	1.92%	1.88%	1.88%
	无机氟化物		3.28%	3.15%	2.79%	1.45%	2.3%	1.73%
	氰化物		0.092%	0.086%	0.1%	0.1%	0.124%	0.48%
	烷基汞	甲基汞	0	0	0	0	0	0
		乙基汞	0	0	0	0	0	0
非挥发性有机化合物	苯并[a]芘		0	0	0	0	0	0
	多氯联苯		0	0	0	0	0	0
挥发性有机化合物	氯苯		0	0	0	0	0	0
	三氯甲烷		0	0	0	0	0	0
	四氯化碳		0	0	0	0	0	0
	三氯乙烯		0	0	0	0	0	0
	四氯乙烯		0	0	0	0	0	0

由表 8-11 可知，6 个一级除尘灰样品的锌、铬、银、汞、砷、硒、氰化物最大占标率均未超过 1.0%，占标率极低；铅、钡、铬（六价）、无机氟化物的最大占标率相对较高，分别为 6%、50%、1.92%和 3.28%。

虽然初筛检测结果中镉为未检出，砷、汞最大占标率均极低（未超过 0.1%），但焚烧燃料中含有镉、砷、汞元素，在下一阶段鉴别工作中，仍需关注镉、砷、汞这 3 个指标。综合初筛结果和焚烧燃料中存在的污染因子，在下一个鉴别阶段，将镉、砷、汞、铅、钡、铬（六价）和无机氟化物这 7 个指标作为一级除尘灰的浸出毒性危险特性鉴别检测项目。

4）毒性物质含量初筛检测结果

鉴别对象的有机类毒性物质含量危险特性初筛检测结果见表 8-12。

表 8-12 有机类毒性物质含量危险特性初筛检测结果

检测项目		检测结果						标准限值
		一级除尘灰						
		WSJL-01	WSJL-02	WSJL-03	WSJL-04	WSJL-05	WSJL-06	
附录 D	苯并[*a*]芘/（mg/kg）	ND	ND	ND	ND	ND	ND	1000 mg/kg
附录 F	多氯联苯/（mg/kg）	ND	ND	ND	ND	ND	ND	50 mg/kg
附录 F	二噁英/（μgTEQ/kg）	0.002 8	0.007 4	0.002 3	0.38	0.38	0.38	15 μgTEQ/kg

由表 8-12 可知，6 个样品的苯并[*a*]芘和多氯联苯检测结果为未检出、二噁英有检出，但 6 个样品的检测结果均低于 GB 5085.6—2007 规定的标准限值。虽然初筛检测结果显示 6 个初筛样品的二噁英毒性物质含量未超标，但结合一级除尘灰的产生过程及二噁英的合成条件，在下一个鉴别阶段，将继续对其二噁英毒性物质含量进行检测。

同时，根据焚烧燃料中存在的污染因子、一级除尘灰的成分分析结果等，一级除尘灰中可能存在含镉、砷、汞、铅、钡、铬（六价）、氟化物等毒性成分，因此，在下一个鉴别阶段，将镉（以铬酸镉计）、砷（以砷酸及其盐计）、汞（以碘化汞计）、铅（以磷酸铅计）、钡（以氯化钡计）、铬（六价）（以铬酸铬计）和氟化物（以氟化铅计）也作为毒性物质含量鉴别检测项目。

5）急性毒性初筛检测结果

鉴别对象的急性毒性危险特性初筛检测结果见表 8-13。

表 8-13 急性毒性危险特性初筛检测结果

检测项目	一级除尘灰						标准限值
	WSJL-01	WSJL-02	WSJL-03	WSJL-04	WSJL-05	WSJL-06	
经口 LD_{50}	>2 081.4	>2 099.9	>2 089.4	>2 096.2	>2 066.1	>2 056.2	≤200 mg/kg
经皮 LD_{50}	>2 000	>2 000	>2 000	>2 000	>2 000	>2 000	≤1 000 mg/kg
吸入 LC_{50}	>20.2	>20.6	>20.9	>20.4	>20.5	>20.1	≤10 mg/L

由表 8-13 可知，6 个初筛样品的急性经口、经皮、吸入毒性检测结果均大于 GB 5085.2—2007 规定的标准限值，6 个初筛样品均不具有急性毒性危险特性。结合焚烧炉及其烟气治理的工艺介绍、相关原料种类及其理化特性分析以及鉴别对象的成分分析结果，一级除尘灰不具有急性毒性危险特性，在下一个鉴别阶段无须开展检测。

8.1.5　鉴别检测项目的确定

根据一级除尘灰的危险特性识别和初筛检测结果，可判断该鉴别对象不具有感染性、易燃性、反应性、浸出毒性（仅限于有机农药类、挥发性和非挥发性有机化合物）、毒性物质含量（仅限于有机类剧毒物质、有毒物质、致癌性物质、致突变性物质和生殖毒性物质）和急性毒性 5 种危险特性，不需要对其进行检测。因此，在下一个鉴别阶段，须检测腐蚀性（pH）、浸出毒性（部分无机元素及化合物）、毒性物质含量（无机类化合物及二噁英）项目，鉴别检测项目如表 8-14 所示。

表 8-14　危险特性鉴别检测项目

鉴别对象	鉴别检测项目		
	腐蚀性危险特性	浸出毒性危险特性	毒性物质含量危险特性
一级除尘灰	pH	镉、砷、汞、铅、钡、铬（六价）、无机氟化物	镉（以铬酸镉计）、砷（以砷酸及其盐计）、汞（以碘化汞计）、铅（以磷酸铅计）、钡（以氯化钡计）、铬（六价）（以铬酸铬计）、氟化物（以氟化铅计）、二噁英

8.1.6　采样和检测工作方案

8.1.6.1　采样工作方案

（1）采样要求

①样品采集现场条件、生产工况与鉴别方案描述一致；

②采样期间焚烧炉的生产工艺、原料来源、烟气治理工艺及相关原料来源和种类不变；

③采样期间焚烧炉和烟气治理设施稳定运行；

④对采样过程进行全程拍照或录像；

⑤采样时记录样品的名称、来源、数量、性状、包装、贮存、编号、份样量、份样数、采样点、采样方法、采样日期、采样人等。

（2）采样份样数

一级除尘灰最大产生量为 1 100 t/月，因此，本次鉴别采样份样数为 100 个。

（3）采样份样量

一级除尘灰鉴别检测项目包括腐蚀性、浸出毒性和毒性物质含量，需采集满足检测方法规定的份样量，并考虑 1 年保存期的预留样品量，则采样份样量为 3 000 g。

（4）采样时间和频次

根据 HJ 298—2019 中 4.4.1 规定，“连续产生。样品应分次在一个月（或一个产生时段）内等时间间隔采集；每次采样在设备稳定运行的 8 小时（或一个生产班次）内完成。每采集一次，作为 1 个份样。”根据焚烧炉的运行情况，本次鉴别采集的 100 个样品安排在 25 天内等时间间隔采集，在每天的 3：00、9：00、15：00、21：00 采 1 个样品。

（5）采样点位和方法

本次鉴别的一级除尘灰采样点位在一级灰库卸料口处（图 8-6）。由于飞灰卸料口较高，采样人员无法攀爬至卸料口采样，因此，飞灰自卸料口卸至容器后，采样人员再立即从容器中取出样品装至样品袋。采样方法符合《危险废物鉴别技术规范》（HJ 298—2019）中的 4.5.3“a）由卸料口排出的固体废物”的采样要求。

图 8-6 一级除尘灰采样点位（一级灰库卸料口）

（6）采样质量控制

①采样前，将采样要求、对象、份样数、份样量、时间和频次、方法告知采样人员，采样人员熟知上述内容及操作规范；

②告知采样人员一级除尘灰的性状，采样人员掌握采样技术，懂得安全操作知识和处理方法；

③应避免在有水、酸、碱的条件下采样，运输过程中样品放置于避热避光的采样箱中，并防止危害成分的损失、交叉污染和二次污染；

④采样工作结束后采样人员进行自检，检查内容包括：采集样品个数、样品重量、样品标签、记录完整性和准确性；

⑤每天采样结束后采样人员及时将样品送至实验室，采样组与检测组交接样品时，双方均需确认样品数量和样品标签信息准确、样品完好、采样记录完整无误；

⑥采样记录经审核无问题后存档。

8.1.6.2 检测工作方案

（1）检测方法

本次鉴别检测项目为腐蚀性、浸出毒性和毒性物质含量，对应检测方法见表 8-15。

表 8-15　鉴别检测项目与检测方法

危险特性	检测指标	检测方法	检出限	仪器名称及型号
腐蚀性	pH	《固体废物　腐蚀性测定　玻璃电极法》（GB/T 15555.12—1995）	—	台式 pH 计 pHS-3E
浸出毒性	浸出	《固体废物浸出毒性浸出方法　硫酸硝酸法》（HJ/T 299—2007）	—	—
	镉	《固体废物　金属元素的测定　电感耦合等离子体质谱法》（HJ 766—2015）	1.2 μg/L	电感耦合等离子体质谱仪　Agilent7800
	砷	《固体废物　金属元素的测定　电感耦合等离子体质谱法》（HJ 766—2015）	1.0 μg/L	电感耦合等离子体质谱仪　Agilent7800
	汞	《固体废物　汞、砷、硒、铋、锑的测定　微波消解　原子荧光法》（HJ 702—2014）	0.02 μg/L	原子荧光分光光度计 AFS-8530
	铅	《固体废物　金属元素的测定　电感耦合等离子体质谱法》（HJ 766—2015）	4.2 μg/L	电感耦合等离子体质谱仪　Agilent7800
	钡	《固体废物　金属元素的测定　电感耦合等离子体质谱法》（HJ 766—2015）	1.8 μg/L	电感耦合等离子体质谱仪　Agilent7800
	铬（六价）	《固体废物　六价铬的测定　二苯碳酰二肼分光光度法》（GB/T 15555.4—1995）	0.004 mg/L	紫外可见光分光光度计　Cary60
	氟化物	《固体废物　氟化物的测定　离子选择性电极法》（GB/T 15555.11—1995）	0.05 mg/L	台式 pH 计 pHS-3E
毒性物质含量	镉（以铬酸镉计）	《固体废物　金属元素的测定　电感耦合等离子体质谱法》（HJ 766—2015）	0.6 mg/kg	电感耦合等离子体质谱仪　Agilent7800
	砷（以砷酸及其盐计）	《固体废物　金属元素的测定　电感耦合等离子体质谱法》（HJ 766—2015）	0.5 mg/kg	电感耦合等离子体质谱仪　Agilent7800
	汞（以碘化汞计）	《固体废物　汞、砷、硒、铋、锑的测定　微波消解　原子荧光法》（HJ 702—2014）	0.002 μg/g	原子荧光分光光度计 AFS-8530
	铅（以磷酸铅计）	《固体废物　金属元素的测定　电感耦合等离子体质谱法》（HJ 766—2015）	2.1 mg/kg	电感耦合等离子体质谱仪　Agilent7800
	钡（以氯化钡计）	《固体废物　金属元素的测定　电感耦合等离子体质谱法》（HJ 766—2015）	0.9 mg/kg	电感耦合等离子体质谱仪　Agilent7800
	铬（六价）（以铬酸铬计）	《固体废物　六价铬的测定　碱消解/火焰原子吸收分光光度法》（HJ 687—2014）	2 mg/kg	原子吸收分光光度计 240FS
	氟化物（以氟化铅计）	《固体废物　氟的测定　碱熔/离子选择电极法》（HJ 999—2018）	0.03 g/kg	台式 pH 计 pHS-3E
	二噁英	《固体废物　二噁英类的测定　同位素稀释高分辨气相色谱-高分辨质谱法》（HJ 77.3—2008）	—	—

（2）检测质量控制

检测质量控制包括对制样、样品前处理和样品分析过程进行质量控制。通过质量控制，核查整个检测过程是否处于受控状态，反应实验室工作过程中可能发生的变化，以及这些变化可能产生的质量问题，便于分析人员及时发现异常，立即采取纠正与预防措施。

①样品制备：样品制备过程坚持保持样品原有的化学组成不被污染，不能把样品编号弄混淆的原则。样品检测前严防阳光直射，保证通风良好，整洁，无尘，无易挥发性化学物质。制样时应有 2 人以上在场。制样结束后，应填写制样记录。

②样品前处理：根据样品性质和检测要求，严格按照前处理方法处理样品。

③样品分析：通过实验室内部控制，减小随机误差，防止过失误差。

对样品分析的全过程，包括分析人员、工作环境、分析方法、分析人员对分析方法的正确理解与操作、试剂及标准溶液的配制、工作曲线的绘制、空白试验、仪器的调试和校准、背景的扣除和校正、原始记录的书写、数据的修约和处理等实施有效控制。

8.1.7 检测结果和鉴别结论

8.1.7.1 检测结果分析

（1）腐蚀性检测结果及影响因素

100 个一级除尘灰样品的 pH 测试结果见图 8-7，结果显示飞灰的 pH 为 10.5～12.2，均未超出《危险废物鉴别标准　腐蚀性鉴别》（GB 5085.1—2007）中的相应标准限值。但是，飞灰 pH 偏碱性，且大部分测试结果接近标准限值。其中，pH 在 11.8～12.2 的占比最高，达到 84%；而 pH 在 10.5～11.6 的占比仅为 15%。

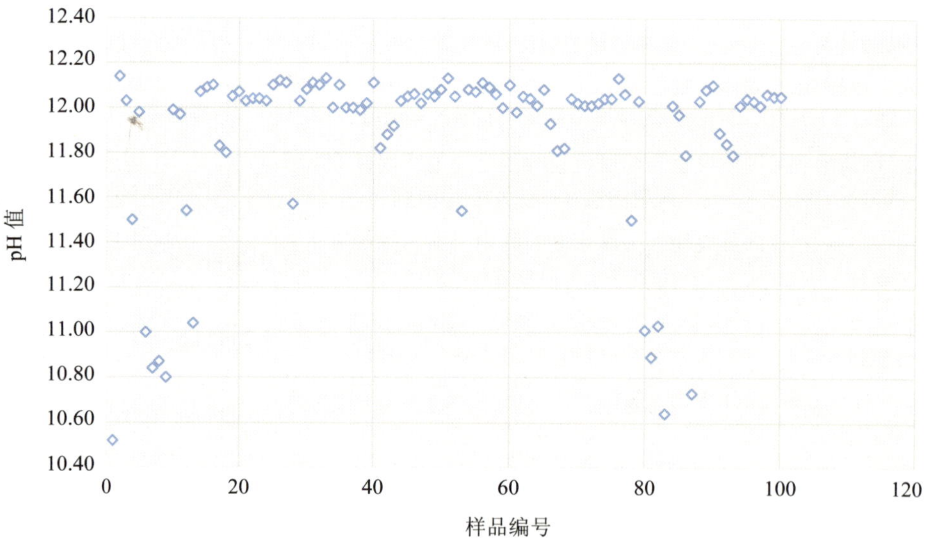

图 8-7　一级除尘灰样品腐蚀性测试结果

根据郭康鹰等（2021）的研究成果，造纸污泥的 pH 为 7.11±0.50，呈中性。因此，造成造纸污泥焚烧飞灰 pH 偏碱性的物质主要来源于焚烧炉烟气治理所投加的化学原料。根据调查，该企业焚烧炉烟气治理过程使用的氨水和氢氧化钙的 pH 分别为 11.5 和 12.5，根据杨梅等（2014）的研究成果，在烟气治理过程中发生“氨逃逸”和脱硫剂过量现象时会造成飞灰的 pH 升高。因此，在焚烧炉的烟气治理过程中，企业应加强对脱硝剂和脱硫剂的投料管控，做到精准投料。

（2）浸出毒性检测结果及影响因素

100 个废纸造纸污泥焚烧飞灰样品的无机元素及化合物浸出毒性测试结果见表 8-16。100 个飞灰样品的浸出液中的无机元素及化合物浓度均未超出《危险废物鉴别标准　浸出毒性鉴别》（GB 5085.3—2007）中的相应标准限值。由表 8-16 可知，飞灰中除了钡（Ba）的浸出液浓度最大占标率为 96%，其他无机元素及化合物浓度最大占标率均低于 20%。因此，废纸造纸污泥焚烧飞灰的浸出液中的危害成分应重点关注钡。

表 8-16　一级除尘灰样品浸出毒性测试结果　　单位：mg/L

检测指标	镉	砷	汞	铅	钡	铬（六价）	无机氟化物
浸出毒性检测结果	0.003 0～0.023	0.006 9～0.18	0.000 020～0.000 29	0.021～0.68	29.50～96	0.004 0～0.030	0.015～2.11

根据王冰等（2020）的研究成果，造纸污泥和造纸废渣中 Ba 元素的含量较低，因此，飞灰中的 Ba 主要来源于循环流化床炉烟气治理过程投加的化学药剂。根据对烟气治理所添加的氨水和氢氧化钙的理化特性分析，仅氢氧化钙中可能含有钡元素。因此，飞灰中的 Ba 主要来源于烟气治理过程中添加的氢氧化钙。

（3）毒性物质含量检测结果及影响因素

100 个一级除尘灰样品的镉、砷、汞、铅、钡、铬（六价）和氟化物的检出率和对应毒性物质含量折算结果的最大占标率如表 8-17 所示。

表 8-17　各项毒性物质含量指标检出率和最大占标率

检测指标	镉	砷	汞	铅	钡	铬（六价）	氟化物
样品总数量/个	100	100	100	100	100	100	100
有检出的样品数量/个	100	100	100	100	100	40	100
检出率/%	100	100	100	100	100	40	100
对应的毒性物质	铬酸镉	砷酸及其盐	碘化汞	磷酸铅	氯化钡	铬酸铬	氟化铅
折算结果最大占标率	13%	3%	0.21%	12%	9.33%	0.6%	2%

根据检测结果，镉、砷、汞、铅、钡和氟化物检出率为100%，铬酸镉、砷酸及其盐、碘化汞、磷酸铅、氯化钡和氟化铅折算结果最大占标率分别为13%、3%、0.21%、12%、9.33%和2%；铬（六价）的检出率为40%，铬酸铬折算结果最大占标率为0.6%。

100个一级除尘灰样品的二噁英含量测试结果见图8-8，所有样品的二噁英毒性当量质量分数值均未超出《危险废物鉴别标准 毒性物质含量鉴别》（GB 5085.6—2007）中的相应标准限值。一级除尘灰中二噁英含量比较稳定，且70%的样品测试结果在0.029～0.086 μg TEQ/kg。

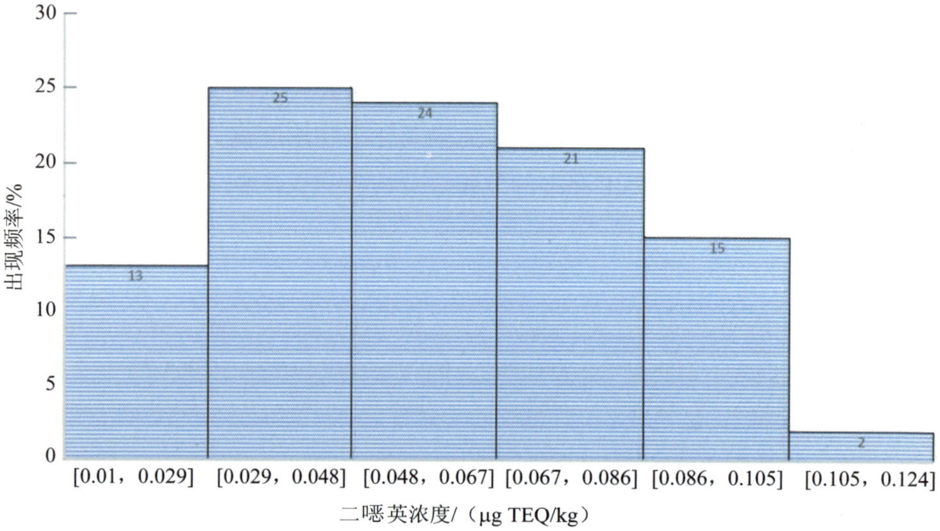

图8-8 一级除尘灰中二噁英含量在各个数值区间的频率

根据李海霞等（2018）的研究成果，影响污泥焚烧过程中二噁英形成和排放的主要因素包括：燃料成分及特性、燃烧条件、烟气成分、烟气中微粒的含量、烟气温度分布、粉尘去除装置的运行温度以及酸性气体的控制方式，其中氯含量和 *x*（S）/*x*（Cl）值是两个最重要的参数。研究表明，随着 *x*（S）/*x*（Cl）值的增加，污泥焚烧后的烟气中二噁英和呋喃的浓度降低。这是因为二氧化硫可消除催化反应中形成的氯，使它难以与有机化合物反应并形成二噁英和呋喃。此外，半干法脱硫剂（氢氧化钙）的投加量与二噁英含量之间呈正相关，一是氢氧化钙的喷入减少了烟气中二氧化硫等酸性气体，而高浓度的二氧化硫对二噁英的排放有一定的抑制作用，所以氢氧化钙的加入不利于抑制二噁英的排放；二是氢氧化钙对二噁英前驱物和气相中的氯化氢气体有吸附作用，很大部分的前驱物和氯化氢气体被吸附到固相中，会造成飞灰中的二噁英浓度升高。为控制飞灰中的二噁英含量，应严格控制半干法脱硫环节的氢氧化钙投加量。

8.1.7.2　鉴别结果判断

根据《危险废物鉴别技术规范》（HJ 298—2019）中的“7.1 在对固体废物样品进行检测后，检测结果超过 GB 5085.1～GB 5085.6 中相应标准限值的份样数大于或者等于表 3 中的超标份样数限值，即可判定该固体废物具有该种危险特性。”本次鉴别采集的份样数为 100，对应的超标份样数限值为 22。即如果具备危险特性的份样数为 22 或超过 22，则一级除尘灰属于危险废物；如未超过 22，则不属于危险废物。

表 8-18　HJ 298—2019 中的表 3

单位：个

份样数	超标份样数下限	份样数	超标份样数下限
5	2	32	8
8	3	50	11
13	4	80	15
20	6	≥100	22

根据 100 个一级除尘灰样品检测结果，腐蚀性、浸出毒性和毒性物质含量超标份样数均为 0，小于超标份样数限值 22，可判定一级除尘灰不具有腐蚀性、浸出毒性和毒性物质含量危险特性。

8.1.8　利用处置建议及环境风险防控

根据本次鉴别结论，对一级除尘灰的后续处置和管理提出以下建议：

①本次鉴别的一级除尘灰的处理处置与其他固体废物的处理处置一样，应遵循减量化、稳定化、无害化的要求，结合当地的实际情况就近处理，并提倡在保证环境安全的前提下采用资源化利用的处理处置方式。

②企业要做好焚烧炉运行过程中的管理与监督工作，尤其加强对烟气治理工序投碱量（即氢氧化钙量）的精准控制。此外，在后续运行过程中，企业应加强对一级除尘灰 pH 的日常检测管理；为保证一级除尘灰腐蚀性结果控制在标准限值以内，建议企业定期对一级除尘灰的腐蚀性（pH）进行自测（每周检测应不少于 1 次）。如出现一级除灰尘 pH 大于 12.5 的情况，应该将该批次的飞灰按照危险废物管理。

③企业应将本次鉴别的一级除尘灰交给具有相应资质或处理处置能力的单位进行资源化利用或者最终处置，不得随意倾倒。本次鉴别的一级除尘灰不得与其他固体废物（如二级除尘灰）混合储存、转运和处置。

④一级除尘灰的产生、储存、转移和处置应报当地环境主管部门备案，另外根据固体废物相关管理要求，做好一级除尘灰的转移运输、处置等相关记录。

⑤如跟一级除尘灰相关的生产工艺、原辅材料种类及特性等发生重大变更，尤其是入炉燃料种类和来源发生变化时，所产生的一级除尘灰应该重新鉴别，以进一步明确其危险特性。

8.1.9 一级除尘灰危险特性鉴别要点

（1）应重点关注其腐蚀性和浸出毒性危险特性（蔡彬等，2022）

一级除尘灰的 pH 在 10.5～12.2，偏碱性且接近标准限值；飞灰中钡的浸出液浓度最大占标率为 96%；一级除尘灰中二噁英含量比较稳定，70%的样品测试结果在 0.029～0.086 μg TEQ/kg。因此，在废纸造纸污泥焚烧一级除尘灰的危险特性鉴别中，应重点关注其腐蚀性（pH）和浸出毒性危险特性（钡的浸出浓度）。

（2）应加强对半干法脱硫环节投加氢氧化钙的管控

一级除尘灰的腐蚀性（pH）、浸出毒性（钡的浸出浓度）和二噁英含量均跟半干法脱硫治理烟气过程添加的氢氧化钙浓度有关。半干法脱硫过程中过量投加氢氧化钙，会造成飞灰中腐蚀性和钡的浸出毒性超标，同时会提高一级除尘灰中二噁英的浓度。因此，设有废纸造纸污泥焚烧炉的企业应加强对半干法脱硫环节投加氢氧化钙的管控。

8.2 案例二：工业硫黄焚烧炉渣危险特性鉴别

某公司以工业硫黄为主要原料生产亚硫酸钠、焦亚硫酸钠和亚硫酸氢钠，设有 11 台工业硫黄焚烧炉。工业硫黄主要购自国内某煤焦化公司，由钢铁生产过程中烧结烟气脱硫后硫回收精制而成。根据工业硫黄质检报告，硫黄含硫量达 99.9%以上，并含有少量的砷等重金属。由于该公司的环评文件和环评批复均未明确工业硫黄焚烧炉渣的属性，导致项目投产后企业和生态环境管理部门对其危险特性的确定存在较大争议，不利于后续处理处置和环境监管。为明确该焚烧炉炉渣的危险特性，降低其后续处置环境风险，需开展工业硫黄焚烧炉炉渣危险特性鉴别工作。

8.2.1 焚烧炉渣产生过程分析

8.2.1.1 生产工艺介绍

亚硫酸钠、焦亚硫酸钠和亚硫酸氢钠生产工艺流程一致，只是中和吸收过程中 pH 的控制条件不同。生产工艺流程如图 8-9～图 8-11 所示。

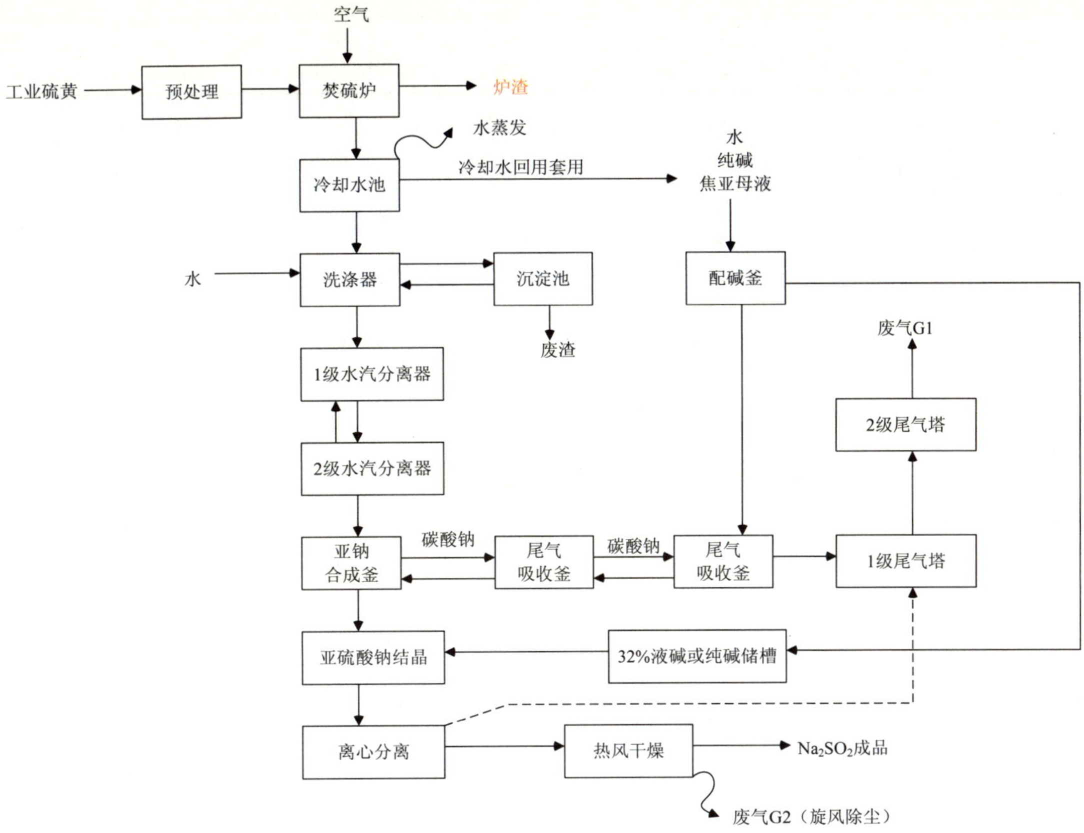

图 8-9　亚硫酸钠生产工艺流程

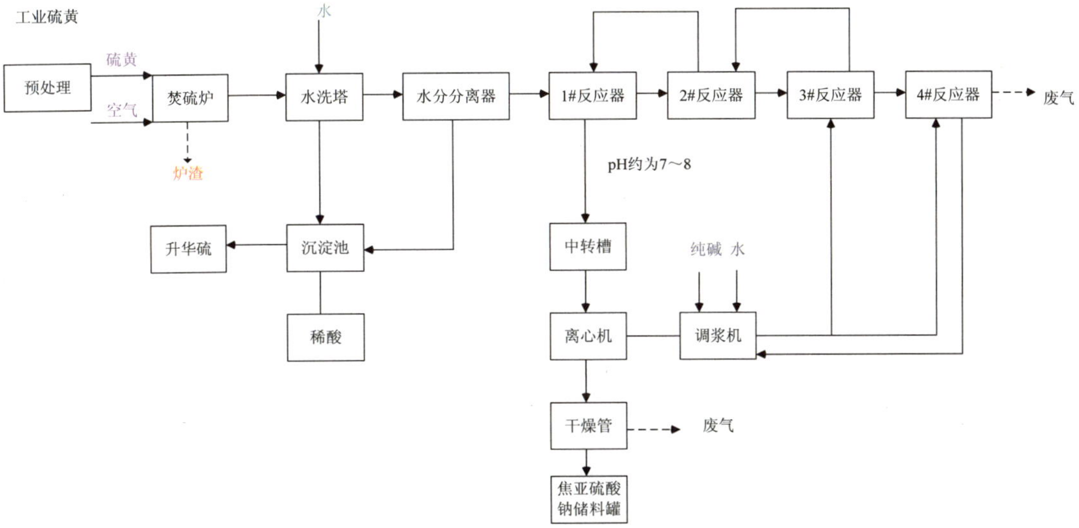

图 8-10　焦亚硫酸钠生产工艺流程

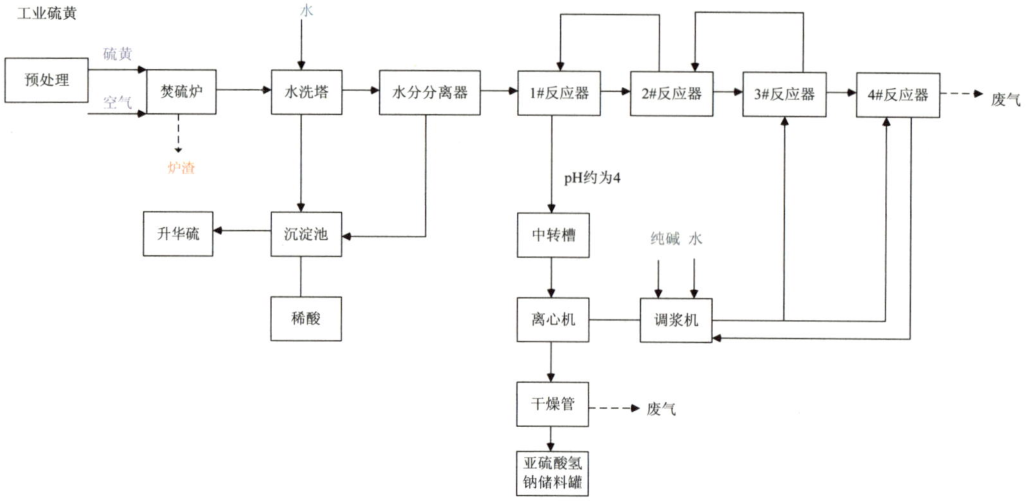

图 8-11 亚硫酸氢钠生产工艺流程

工艺流程说明：

（1）硫黄预处理

该公司使用的工业硫黄为块状，使用前要经过预处理。块状硫黄前处理工段：块状硫黄（20～30 cm 方块状）用铲车送入粉碎机料斗，经挤压破碎机后储存备用，在粉碎过程中会产生粉尘。

（2）二氧化硫的制取

将前处理后的硫黄与空压机送出的足量空气一起进入焚硫炉内，经充分燃烧生成二氧化硫气体，焚烧炉温度控制在 700～1 100℃，同时生成微量的三氧化硫，然后经冷却水管冷却后进入净化工序，焚烧过程产生炉渣（即本次鉴别对象）。此过程反应如下：

$S+O_2 = SO_2\uparrow$

$2S+3O_2 = 2SO_3$

（3）配碱

将吨袋包装的工业纯碱吊入纯碱漏斗中，由螺旋送料机连续均匀地将碱粉送入配碱槽，与母液搅拌混合制成 35%左右的浆液，浆液放入存浆桶，由液下泵将悬浮液打入三级反应釜和四级吸收釜中。

（4）净化

经冷却后的二氧化硫、三氧化硫、氧气、S（升华硫）进入水洗塔，经水分分离后，进入一级中和反应釜。此过程升华硫会随排水沉淀下来，同时产生稀硫酸。此过程发生的反应如下：

$SO_3+H_2O = H_2SO_4$

（5）中和反应

在反应釜中放入制备好的纯碱碳酸钠溶液，然后通入纯净的二氧化硫气体依次进入一级、二级、三级反应釜。三级反应釜出来尾气中仍有微量的二氧化硫再进入四级吸收釜，进一步用碱液吸收尾气中的二氧化硫，四级吸收釜产生的溶液排入调浆槽中，尾气通过排气筒排放。在反应釜中会发生如下反应：

①控制 pH 为 4 左右，生成亚硫酸氢钠；

$$Na_2CO_3+2SO_2\uparrow+H_2O = 2NaHSO_3+CO_2\uparrow$$

②亚硫酸氢钠的溶液中再加入碱液混合至 pH 为 7～8 时，生成亚硫酸钠；

$$2NaHSO_3+Na_2CO_3 = 2Na_2SO_3+CO_2\uparrow+H_2O$$

③亚硫酸钠再与二氧化硫反应至 pH≈4 时，又生成亚硫酸氢钠溶液；

$$Na_2SO_3+H_2O+SO_2\uparrow = 2NaHSO_3$$

④当溶液中亚硫酸氢钠含量至过饱和浓度时，就可析出焦亚硫酸钠结晶；

$$2NaHSO_3 = Na_2S_2O_5+H_2O$$

（6）分离

将上一步得到的结晶饱和溶液放入中转罐，中转罐达到一定的液位高度后进入离心机，进行固液（焦亚硫酸钠）分离，离心机分离后的母液返回调浆槽，湿焦亚硫酸钠经气流干燥器与焚硫炉来的温度约 150℃的热风干燥后即为成品，干燥过程产生废气。

8.2.1.2 焚烧炉炉渣产生过程

某公司 11 台硫黄焚烧炉设备、工艺、原辅材料一致，本节重点分析焚烧原料种类及特性、焚烧系统和炉渣产生情况。

（1）焚烧原料及特性介绍

焚烧炉炉渣产生过程涉及的原料仅有工业硫黄。工业硫黄为钢铁生产过程中烧结烟气脱硫后硫回收精制而成。钢铁烧结烟气中含有如铅、锌、砷、铜、铬、镍、钡、砷等各类重金属，脱硫过程中，这些重金属可能随二氧化硫进入脱硫装置，在硫回收过程中进入硫黄。根据工业硫黄的质检报告，硫黄含硫量达 99.9%以上，并含有少量的砷，以及其他未检出的筛余物，如表 8-19 所示。

表 8-19 工业硫黄质检结果 单位：%

检测项目	检测结果
硫（以干基计），w	99.97
水分，w	0.1
灰分（以干基计），w	0.01
酸度（按 H_2SO_4）（以干基计），w	0.003

检测项目		检测结果
有机物（以 C 计）（以干基计），w		0.03
砷（以干基计），w		<0.000 1
筛余物，w	粒度大于 150 μm	0
	粒度为 75～150 μm	<0.5

（2）焚烧系统介绍

焚烧炉炉渣来源于硫黄焚烧系统（图 8-12）。焚烧系统工艺：经预处理（粉碎）后硫黄与空压机送出的足量空气一起进入焚硫炉内，经完全燃烧，生成二氧化硫气体和微量三氧化硫、烟气，焚烧炉温度控制在 700～1 100℃，焚烧产生的炉渣残留在炉体底部（图 8-13）。

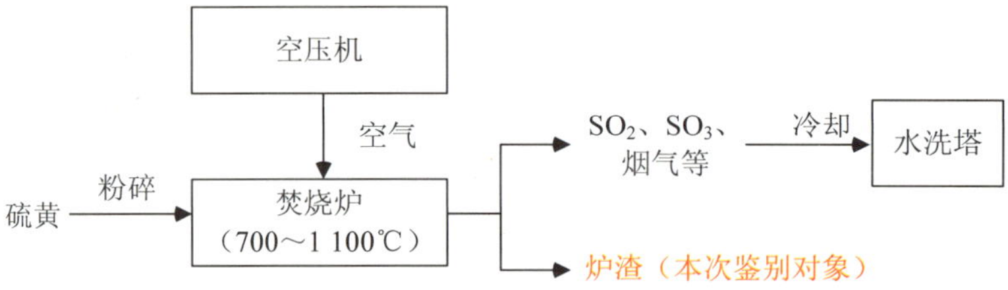

图 8-12　焚烧系统工艺流程

图 8-13　焚烧炉照片

（3）炉渣产生情况

根据 11 台焚烧炉的运行特点，焚烧炉炉渣为间歇性产生，产生的炉渣留在炉体底部，视情况每年或每半年清理一次，每台炉单次产生量小于 1 t。

焚烧炉炉渣在炉体底部经长期积压成块状，黑色、坚硬，如图 8-14 所示。

图 8-14　焚烧炉炉渣照片

8.2.2　固体废物属性判断

经比对《固体废物鉴别标准　通则》(GB 34330—2017)，焚烧炉炉渣属于 4.2 中 “a) 产品加工和制造过程中产生的下脚料、边角料、残余物质等”，属于固体废物。

8.2.3　危险废物名录相符性分析

根据焚烧炉渣的产生过程，焚烧炉主要原料为工业硫黄，且该公司属于化工行业，与 HW18 772-004-18 的行业来源和工艺描述不吻合，也不属于《名录》中的其他废物类别，见表 8-20。

表 8-20　《名录》(2021 年版) 相符性分析

鉴别对象	《名录》(2021 年版)					相符性分析
	废物类别	行业来源	废物代码	危险废物	危险特性	
工业硫黄焚烧炉炉渣	HW18 焚烧处置残渣	环境治理	772-002-18	生活垃圾焚烧飞灰	T	不相符，该焚烧炉不焚烧生活垃圾
			772-003-18	危险废物焚烧、热解等处置过程产生的底渣、飞灰和废水处理污泥	T	不相符，该焚烧炉不焚烧危险废物(工业硫黄不属于危险废物)
			772-004-18	危险废物等离子体、高温熔融等处置过程产生的非玻璃态物质和飞灰	T	不相符，该焚烧炉不焚烧危险废物
			772-005-18	固体废物焚烧处置过程中废气处理产生的废活性炭	T	不相符，炉渣不含废活性炭

8.2.4 危险特性识别和筛选

8.2.4.1 焚烧炉渣有害物质分析

为进一步明确焚烧炉渣的成分特性，采集 2 个具有代表性的炉渣样品开展含水率、元素分析和组分含量检测，检测结果见表 8-21 和表 8-22。

表 8-21 含水率、组分含量检测结果

检测项目		检测结果	
		炉渣 1#	炉渣 2#
含水率/%		0	0
组分含量	二氧化硅/%	29.63	20.65
	硫酸根（以三氧化硫计）/（mg/kg）	42.2	17.8
	钙（以氧化钙计）/（mg/kg）	7.22×10^4	9.02×10^4
	铁（以氧化铁计）/（mg/kg）	1.43×10^4	1.54×10^4
	铝（以氧化铝计）/（mg/kg）	1.00×10^4	1.44×10^4
	镁（以氧化镁计）/（mg/kg）	7.82×10^4	1.20×10^4
	锰（以氧化锰计）/（mg/kg）	6.31×10^4	8.49×10^4
	钾（以硫酸钾计）/（mg/kg）	1.13×10^4	9.24×10^4
	钠（以硫酸钠计）/（mg/kg）	2.47×10^4	2.20×10^4

表 8-22 元素分析结果 单位：%

检测对象	检测结果							
焚烧炉渣	硅	钙	铁	硫	钾	钠	铝	氧
	15.23	7.57	24.87	1.85	0.212	6.45	9.35	8.15
	钡	铬	铜	镁	锰	钼	镍	氮
	0.044 8	0.161	0.007 7	0.956	0.784	0.007 4	0.056 7	<0.001 0
	磷	锶	钛	钒	锌	锆	碳	—
	0.058 7	0.028 3	0.611	0.570	0.004 7	0.023 6	0.020 3	—

根据组分含量检测结果，炉渣的含水率为 0，2 个代表性样品的主要成分为二氧化硅，含量分别为 29.63%和 20.65%；其次为钙（以氧化钙计）、锰（以氧化锰计）、镁（以氧化镁计）、钾（以硫酸钾计），总含量分别为 22.48%和 27.95%。

焚烧炉炉渣中含有硅、钙、铁、硫、钾、钠、铝、钡、铬、铜、镁、锰、钼、镍、磷、锶、钛、钒、锌、锆、碳、氧等元素，其中以铁和硅元素含量最高，含量分别为 24.87%和 15.23%；其次为铝、氧、钙、钠、硫元素，含量在 1%～10%；其他元素含量均低于 1%。

另外，根据工业硫黄质检结果，硫黄中还含有砷，但砷在 400℃下燃烧生成三氧化二砷，在 613℃下高温升华，因此炉渣无法检测到砷元素，无含砷成分。

8.2.4.2　焚烧炉渣危险特性识别与筛选

根据《危险废物鉴别技术规范》（HJ 298—2019）“6.1 固体废物危险特性鉴别的检测项目应根据固体废物的产生源特性确定，必要时可向与该固体废物危险特性鉴别工作无直接利害关系的行业专家咨询。经综合分析固体废物产生过程生产工艺、原辅材料、产生环节和主要危害成分，确定不存在的危险特性，不进行检测。固体废物危险特性鉴别使用 GB 5085.1、GB 5085.2、GB 5085.3、GB 5085.4、GB 5085.5 和 GB 5085.6 规定的相应方法和指标限值。”按照上述条款，结合硫黄来源和成分特性、焚烧炉的工艺条件和炉渣组分分析结果、炉渣的部分危险特性初筛检测结果，对炉渣的危险特性进行识别和初筛。

（1）腐蚀性识别与初筛

为了解焚烧炉渣的腐蚀性，采集 2 个具有代表性的炉渣样品，并对其腐蚀性进行初筛检测。2 个炉渣样品的 pH 分别为 8.75 和 8.61，腐蚀速率均为 1.37 mm/a，均未超过《危险废物鉴别标准　腐蚀性鉴别》（GB 5085.1—2007）中的相应标准限值，说明该炉渣样品不具有腐蚀性危险特性。鉴于工业硫黄经高温燃烧后的炉渣中不存在酸碱物质，且为固态，不具备腐蚀性的物质和条件，因此可直接排除其腐蚀性危险特性，下一个鉴别阶段无须测试腐蚀性危险特性。

（2）易燃性识别与初筛

焚烧炉炉渣为硫黄燃烧后产生的不燃烧残渣，属于固态物质。在标准温度和压力下不会因摩擦或自发性燃烧起火，也无法点燃，不会剧烈而持续地燃烧并产生危害，不符合上述易燃性鉴别标准中的任何条件，因此炉渣不具有易燃性危险特性，下一个鉴别阶段无须测试易燃性危险特性。

（3）反应性识别与初筛

①根据焚烧炉渣的产生过程分析，炉渣在常温常压下稳定，不易发生巨大变化；在标准温度和压力下，不易发生爆炸或爆炸性分解反应；受强起爆剂作用或在封闭条件下加热，也不会发生爆轰或爆炸反应。

②根据焚烧炉渣的产生过程分析，炉渣中含有硫、钠、铝、钙等金属成分，炉渣遇水/酸可能发生反应，产生氰化氢和硫化氢气体。

③炉渣不是易引起燃烧或爆炸的废弃氧化剂，也不是对热、震动或摩擦敏感的含过氧基的废弃有机过氧化物。

为进一步了解炉渣的遇水/酸反应性危险特性，对采集的 2 个炉渣样品反应性进行遇酸/遇水初筛检测。2 个样品的遇水和遇酸反应性均未超过《危险废物鉴别标准　反应性鉴别》（GB 5085.5—2007）中的相应标准限值，因此，可排除焚烧炉渣具备反应性危险特性的可能性，下一阶段无须再测试其反应性危险特性。

表 8-23 反应性初筛检测结果

<table>
<tr><th colspan="3" rowspan="2">检测项目</th><th colspan="2">检测结果</th><th colspan="2" rowspan="2">评价标准</th></tr>
<tr><th>炉渣 1#</th><th>炉渣 2#</th></tr>
<tr><td rowspan="4">遇水反应性</td><td rowspan="2">硫化氢</td><td>释放系数/（mg/kg）</td><td>ND</td><td>ND</td><td rowspan="6">《危险废物鉴别标准 反应性鉴别》（GB 5085.5—2007）</td><td rowspan="4">与水混合发生剧烈化学反应，并放出大量易燃气体和热量；与水混合能产生足以危害人体健康或环境的有毒气体、蒸气或烟雾</td></tr>
<tr><td>比释放率 R/[mg/（kg·s）]</td><td>ND</td><td>ND</td></tr>
<tr><td rowspan="2">氰化氢</td><td>释放系数/（mg/kg）</td><td>ND</td><td>ND</td></tr>
<tr><td>比释放率 R/[mg/（kg·s）]</td><td>ND</td><td>ND</td></tr>
<tr><td rowspan="2">遇酸反应性</td><td colspan="2">遇酸产生有毒气体的释放量（以氰化氢计）/（mg/kg）</td><td>＜0.1</td><td>＜0.1</td><td rowspan="2">在酸性条件下，每千克含氰化物废物分解产生≥250 mg 氰化氢气体，或者每千克含硫化物废物分解产生≥500 mg 硫化氢气体</td></tr>
<tr><td colspan="2">遇酸产生有毒气体的释放量（以硫化氢计）/（mg/kg）</td><td>＜2.5</td><td>＜2.5</td></tr>
</table>

（4）急性毒性识别与初筛

根据炉渣成分分析结果，炉渣中含有铜、锌、铬、钡、镍、铬等有毒金属成分，无法直接排除其急性毒性危险特性，需开展检测。鉴于炉渣是工业硫黄经高温焚烧后的产物，且形态坚硬、无异味，因此只需要测试经口急性毒性。经检测，2 个炉渣样品的经口急性毒性初筛结果均未超过《危险废物鉴别标准 急性毒性初筛》（GB 5085.2—2007）中的相应标准限值（表 8-24），说明本次鉴别的焚烧炉渣不具有急性毒性危险特性，下一阶段无须再测试其急性毒性。

表 8-24 急性毒性初筛检测结果

<table>
<tr><th colspan="2" rowspan="2">检测项目</th><th colspan="2">检测结果</th><th colspan="2" rowspan="2">评价标准</th></tr>
<tr><th>炉渣 1#</th><th>炉渣 2#</th></tr>
<tr><td>急性毒性</td><td>经口 LD_{50}/（mg/kg）</td><td>＞2 094.4</td><td>＞2 074.8</td><td>《危险废物鉴别标准 急性毒性初筛》（GB 5085.2—2007）</td><td>固体 LD_{50}≤200 mg/kg</td></tr>
</table>

（5）浸出毒性识别与初筛

炉渣成分分析结果显示，炉渣中含有硅、钙、铁、硫、钾、钠、铝、钡、铬、铜、镁、锰、钼、镍、磷、锶、钛、钒、锌、锆、碳、氧等成分。根据硫黄来源和成分特性、焚烧工艺条件（高温 700～1 100℃），炉渣不可能含有《危险废物鉴别标准 浸出毒性鉴别》（GB 5085.3—2007）中的有机农药类、非挥发性有机化合物、挥发性有机化合物成分。炉渣可能存在无机元素及化合物浸出毒性危险特性，需进一步开展鉴别检测。

对照 GB 5085.3—2007 中的指标项目，分析炉渣中可能存在的毒性物质包括有铜、锌、总铬、铬（六价）、钡和镍。

（6）毒性物质含量

根据硫黄来源和成分特性（含硫量 99.9%以上）、焚烧炉的工艺条件（高温 700～1 100℃）和炉渣组分分析结果，无法直接排除炉渣毒性物质含量危险特性，需进一步开展鉴别检测。

对照《危险废物鉴别标准　毒性物质含量鉴别》（GB 5085.6—2007）中的指标项目，分析炉渣中可能存在的毒性物质（表 8-25），最终确定炉渣中可能存在碳酸钡、三氧化铬、一氧化镍 3 种毒性物质。

表 8-25　毒性物质含量检测指标的识别

硫黄/炉渣中含有的元素/成分	对应的毒性物质含量指标	是否可能存在	识别依据	鉴别检测指标
硫	含硫有机化合物	否	硫黄和炉渣成分中无含硫有机化合物，且高温条件下硫燃烧生成二氧化硫，不可能存在含硫有机物	无
砷	三碘化砷、三氯化砷、砷酸钠、亚砷酸钠、三氧化二砷、砷酸及其盐、五氧化二砷	否	高温条件下砷化物/砷酸盐燃烧升华。经焚烧炉渣元素测试，未检出砷元素，因此可排除含砷毒性物质存量的可能性	无
钙	氰化钙	否	硫黄和炉渣成分分析中不含有 N 元素，可排除氰化物存在的可能性	无
钾	氰化钾	否	硫黄和炉渣成分分析中不含有 N 元素，可排除氰化物存在的可能性	无
钠	氰化钠、氰化亚铜钠、氟化钠	否	硫黄和炉渣成分分析中不含有 N、F 元素，可排除氰化物、氟化物存在的可能性	无
铝	氟化铝	否	硫黄和炉渣成分分析中不含有 F 元素，可排除氟化物存在的可能性	无
钡	氰化钡、氯化钡	否	硫黄和炉渣成分分析中不含有 N、Cl 元素，可排除氰化物、氯化物存在的可能性	无
	多硫化钡	否	高温条件下多硫化钡燃烧生成硫化物和氧化钡，可排除炉渣中存在多硫化钡的可能性	无
	碳酸钡	是	碳酸钡有 α、β、γ 三种结晶状态。α-型熔点为 40℃（90.9×10^3 Pa），928℃时 β-型转化为 α-型，811℃时 γ-型转化为 β-型。1 450℃时分解而成氧化钡和二氧化碳。焚烧炉燃烧温度最高为 1 100℃，碳酸钡仍可能存在	碳酸钡
铬	铬酸镉、铬酸铬、铬酸锶、三氧化铬、铬酸钠、铬酸铅	是	高温条件下铬酸盐燃烧，铬以氧化物存在	三氧化铬

硫黄/炉渣中含有的元素/成分	对应的毒性物质含量指标	是否可能存在	识别依据	鉴别检测指标
铜	氰化亚铜、氰化亚铜钠	否	硫黄和炉渣成分分析中不含有 N 元素，可排除氰化物存在的可能性	无
锰	锰	否	锰单质属于比较活泼的金属，在 400℃即可氧化生成一氧化锰。因此，可排除炉渣中锰单质存在的可能性	无
镍	羰基镍	否	羰基镍为液体，而焚烧炉渣的含水率为 0，不可能存在羰基镍	无
	次硫化镍、二氧化镍、硫化镍、三氧化二镍、一氧化镍	是	含镍物质加热至 400℃时，因吸收空气中氧而变成三氧化二镍。600℃时又还原为一氧化镍。低温制得一氧化镍具有化学活性，1 000℃高温煅烧制得的一氧化镍呈绿黄色，随温度增高活性逐渐变小	一氧化镍
磷	磷酸铅	否	硫黄和炉渣成分分析中不含有铅元素，不存在含铅化合物	无
锶	铬酸锶	否	高温条件下锶以氧化态存在	无
钛	钛	否	钛着火点为 610℃，焚烧炉焚烧温度为 700～1 100℃，钛以氧化态存在，不会存在单质钛	无
钒	钒	否	高温条件下钒以氧化态存在	无
锌	氰化锌、氟化锌、氟硼酸锌	否	硫黄和炉渣成分分析中不含有 N、F 元素，不存在氰化物和氟化物	无

8.2.5 鉴别检测项目的确定

根据焚烧炉渣危险特性的识别和初筛，可直接排除腐蚀性、易燃性、反应性、急性毒性危险特性；无法直接排除浸出毒性和毒性物质含量危险特性，需进一步开展鉴别检测，鉴别检测项目和对应指标包括：

（1）浸出毒性鉴别项目：铜、锌、总铬、铬（六价）、钡和镍。

（2）毒性物质含量鉴别项目：碳酸钡、三氧化铬和一氧化镍。

8.2.6 采样和检测工作方案

8.2.6.1 采样工作方案

（1）采样要求

①样品采集现场条件、生产工况与鉴别方案描述一致；

②采样期间焚烧炉的生产工艺、相关原料来源和特性不变；

③采样期间焚烧炉设施稳定运行；

④对采样过程进行全程拍照或录像；

⑤采样时记录样品的名称、来源、数量、性状、包装、贮存、编号、份样量、份样数、

采样点、采样方法、采样日期、采样人等。

（2）采样份样数

根据《危险废物鉴别技术规范》（HJ 298—2019）第 4.2.3 条“……以固体废物产生量最大的单条生产线最大产生量为依据，按照表 1 确定需要采集的最小份样数……间歇产生固体废物时，如固体废物产生的时间间隔大于一个月，以每次产生的固体废物总量为依据，按照表 1 确定需要采集的最小份样数”的有关规定，工业硫黄焚烧炉炉渣产生后残留在炉体底部而非直接排出，炉渣在炉体内积压成块，视情况大约每年或每半年停炉清理一次，属于间歇产生，且每台焚烧炉的炉渣单次产生量均低于 5 t，则本次鉴别需采集的份样数为 5 个。

（3）采样份样量

鉴别检测项目包括浸出毒性和毒性物质含量，需采集满足检测方法规定的份样量，并考虑 1 年保存期的预留样品量，则采样份样量为 2 500 g。

（4）采样点位和方法

鉴于公司 11 台硫黄焚烧炉的原料、工艺、产品一致，且炉渣产生后残留在炉体底部，视情况大约每年或每半年清理一次。根据《危险废物鉴别技术规范》（HJ 298—2019）第 4.2.3 条“满足第 4.1.2 条规定（生产原辅材料、工艺路线、产品均相同的两个或两个以上生产线，可以采集单条生产线产生的固体废物代表该类固体废物）的固体废物”的规定，为不影响企业正常生产，本次鉴别仅采集 1 台焚烧炉的炉渣样品，并于清理炉渣时一次性采集 5 个样品。炉渣采样位置如图 8-15 所示。

图 8-15　炉渣采样点位

（5）采样质量控制

①采样前，将采样要求、对象、份样数、份样量、时间和频次、方法告知采样人员，采样人员熟知上述内容及操作规范。

②告知采样人员一级除尘灰的性状，采样人员掌握采样技术，懂得安全操作知识和处理方法。

③采样过程在隔绝水、酸、碱的条件下进行，运输过程中样品放置于避热避光的采样箱中，并防止危害成分的损失、交叉污染和二次污染。

④采样工作结束后采样人员进行自检，检查内容包括：采集样品个数、样品重量、样品标签、记录完整性和准确性。

⑤每天采样结束后采样人员及时将样品送至实验室，采样组与检测组交接样品时，双

方均需确认样品数量和样品标签信息准确、样品完好、采样记录完整无误。

⑥采样记录经审核无问题后存档。

8.2.6.2 检测工作方案

（1）检测方法

本次鉴别检测项目为浸出毒性和毒性物质含量，对应检测方法见表 8-26。

表 8-26 鉴别检测项目与检测方法

危险特性	检测指标	检测方法	检出限	仪器名称及型号
浸出毒性	浸出	《固体废物浸出毒性浸出方法 硫酸硝酸法》（HJ/T 299—2007）	—	—
	铜	《固体废物 金属元素的测定 电感耦合等离子体发射光谱法》（HJ 781—2016）	0.01 mg/L	电感耦合等离子体光谱仪（ICP）8300DV
	锌		0.01 mg/L	
	总铬		0.02 mg/L	
	钡		0.06 mg/L	
	镍		0.02 mg/L	
	铬（六价）	《固体废物 六价铬的测定 二苯碳酰二肼分光光度法》（GB/T 15555.4—1995）	0.004 mg/L	紫外可见光分光光度计 UV-1800PC
毒性物质含量	钡（以碳酸钡计）	《固体废物 金属元素的测定 电感耦合等离子体发射光谱法》（HJ 781—2016）	3.6 mg/kg	电感耦合等离子体光谱仪（ICP）8300DV
	镍（以一氧化镍计）		0.4 mg/kg	
	铬（六价）（以三氧化铬计）	《固体废物 六价铬的测定 碱消解/火焰原子吸收分光光度法》（HJ 687—2014）	2 mg/kg	原子吸收分光光度计 AA7000F

（2）检测质量控制

检测质量控制包括对制样、样品前处理和样品分析过程进行质量控制。通过质量控制，核查整个检测过程是否处于受控状态，反应实验室工作过程中可能发生的变化，以及这些变化可能产生的质量问题，便于分析人员及时发现异常，立即采取纠正与预防措施。

①样品制备：样品制备过程坚持保持样品原有的化学组成不能被污染，不能把样品编号弄混淆的原则。样品检测前严防阳光直射，通风良好，整洁，无尘，无易挥发性化学物质。制样时应有 2 人以上在场。制样结束后，应填写制样记录。

②样品前处理：根据样品性质和检测要求，严格按照前处理方法处理样品。

③样品分析：通过实验室内部控制，减小随机误差，防止过失误差。

对样品分析的全过程，包括分析人员、工作环境、分析方法、分析人员对分析方法的正确理解与操作、试剂及标准溶液的配制、工作曲线的绘制、空白试验、仪器的调试和校准、背景的扣除和校正、原始记录的书写、数据的修约和处理等实施有效控制。

8.2.7　检测结果和鉴别结论

8.2.7.1　检测结果分析

（1）浸出毒性检测结果

5 个炉渣样品浸出液中铜、锌、总铬、钡、镍、铬（六价）的检测结果见表 8-27。5 个炉渣样品中，铜、锌、总铬、钡、镍、铬（六价）的浸出毒性超标率为 0，总铬和铬（六价）均为未检出。铜的浸出毒性结果最大占标率为 0.13%，锌的浸出毒性结果最大占标率为 0.66%，钡的浸出毒性结果最大占标率为 0.43%，镍的浸出毒性结果最大占标率为 6.8%。

表 8-27　炉渣样品浸出毒性检测结果　　单位：mg/L

检测项目	检测结果					鉴别标准
	炉渣 1#	炉渣 2#	炉渣 3#	炉渣 4#	炉渣 5#	
铜	ND	0.04	0.02	0.13	ND	100
锌	0.15	0.12	0.12	0.66	0.14	100
总铬	ND	ND	ND	ND	ND	15
钡	0.24	0.29	0.43	0.25	0.14	100
镍	0.1	0.03	ND	ND	0.34	5
铬（六价）	ND	ND	ND	ND	ND	5

综上所述，所有炉渣样品浸出液中检测指标的检出浓度均未超过《危险废物鉴别标准　浸出毒性鉴别》（GB 5085.3—2007）表 1 所列的浓度限值。因此，5 个炉渣样品均不具有浸出毒性危险特性。

（2）毒性物质含量检测结果

炉渣样品钡、铬（六价）、镍的检测结果见表 8-28。根据检测结果折算成碳酸钡、三氧化铬、一氧化镍的含量结果以及对应附录毒性物质含量和累计毒性物质含量见表 8-29。

表 8-28　炉渣样品毒性物质元素检测结果　　单位：mg/kg

样品编号	检测结果		
	钡	铬（六价）	镍
炉渣 1#	1 080	ND	425
炉渣 2#	1 360	ND	198
炉渣 3#	1 250	ND	157
炉渣 4#	1 270	ND	188
炉渣 5#	128	ND	775

表 8-29 炉渣样品毒性物质含量折算结果

样品编号	折算结果/%			对应附录毒性物质含量合计/%		累计毒性物质含量（量纲一）
	附录 B	附录 C				
	碳酸钡	三氧化铬	一氧化镍	附录 B	附录 C	
炉渣 1#	0.155	0	0.054	0.155	0.054	0.592
炉渣 2#	0.196	0	0.025	0.196	0.025	0.317
炉渣 3#	0.180	0	0.020	0.180	0.020	0.259
炉渣 4#	0.183	0	0.024	0.183	0.024	0.300
炉渣 5#	0.018	0	0.099	0.018	0.099	0.991
毒性物质含量标准限值				3	0.1	1

由表 8-29 可知，所有炉渣样品的碳酸钡含量均未超过 GB 5085.6—2007 附录 B 毒性物质含量的标准限值，其中最大占标率为 6.52%。所有炉渣样品的铬（六价）含量均未检出，三氧化铬含量均未超过 GB 5085.6—2007 附录 C 毒性物质含量的标准限值。所有炉渣样品的一氧化镍含量均未超过 GB 5085.6—2007 附录 C 毒性物质含量的标准限值，其中最大占标率为 99%。5 个炉渣样品的累计毒性物质含量均小于 1，其中最大占标率为 99.1%。

8.2.7.2 鉴别结果判断

根据《危险废物鉴别技术规范》（HJ 298—2019）中的“7.1 在对固体废物样品进行检测后，检测结果超过 GB 5085.1、GB 5085.2、GB 5085.3、GB 5085.4、GB 5085.5 和 GB 5085.6 中相应标准限值的份样数大于或者等于表 3 中的超标份样数限值，即可判定该固体废物具有该种危险特性”，本次鉴别采集的份样数为 5，对应的超标份样数限值为 2。即如果具备危险特性的份样数为 2 或超过 2，则炉渣属于危险废物；如未超过 2，则不属于危险废物。

表 8-30 HJ 298—2019 中的表 3

单位：个

份样数	超标份样数下限	份样数	超标份样数下限
5	2	32	8
8	3	50	11
13	4	80	15
20	6	≥100	22

根据 5 个炉渣样品的检测结果，浸出毒性和毒性物质含量超标份样数均为 0，小于超标份样数限值 2，可判定炉渣不具有浸出毒性和毒性物质含量危险特性。

8.2.8　利用处置建议及环境风险防控

根据鉴别结论，对焚烧炉炉渣的后续处置和管理提出以下建议：

①焚烧炉炉渣的处理处置与其他固体废物的处理处置一样，应遵循减量化、稳定化、无害化的要求，结合当地的实际情况就近处理。采用的处理处置方式需满足《固废法》等文件要求，严禁非法倾倒固体废物。

②应将本次鉴别的炉渣交给具有资质和处理能力的单位进行资源化利用或者最终处置，不得随意倾倒。企业产生的其他固体废物，不在本次鉴定的范围内，不得与本次鉴别的炉渣混合储存、转运和处置。

③本次鉴别的炉渣处置方式需报当地环境主管部门备案，另外根据当地环境主管部门的相关要求，做好炉渣的产生、转移、处置记录和申报等。

④鉴于炉渣毒性物质含量中，钡和镍两类重金属化合物的检测结果相对较高，建议企业定期（至少每年一次）委托第三方有资质单位对炉渣中钡和镍的浸出毒性及毒性物质含量指标进行检测。如出现钡或镍的浸出毒性或毒性物质含量超标的情况，应该将该批次的炉渣按照危险废物进行处理处置。

⑤如企业生产中使用的原辅材料（工业硫黄）来源、种类及特性、生产工艺或产品方案等发生重大变更，所产生的焚烧炉渣应该重新鉴别，以进一步明确其危险特性。

8.2.9　焚烧炉渣危险特性鉴别要点

（1）应结合焚烧工艺判断是否存在协同焚烧危险废物的情形

《名录》将危险废物焚烧等处置过程产生的底渣列为危险废物（废物代码为 772-003-18），如焚烧工艺中涉及协同焚烧危险废物，根据《名录》可将焚烧炉渣直接判定为危险废物，不需要进行危险废物鉴别。

（2）应重点关注无机元素及其化合物的毒性危险特性

焚烧炉渣是各种物料经高温（一般不低于 850℃）焚烧后的残余物，因此，该类废物根据其原料种类及特性、产生工艺条件等可直接排除其腐蚀性、反应性、易燃性和有机类化合物的毒性，因此，在焚烧炉渣的危险废物鉴别工作中，应重点关注无机元素及其化合物的毒性。

（3）应对占标率较大的鉴别检测因子开展跟踪监测

根据兰泽全等（2005）的研究结果，炉渣的理化性质受炉内局部空气动力场、气氛条件和温度水平等的影响出现较大差异，因此，不同采样点炉渣的无机元素（重金属）浸出毒性和毒性物质含量检测值差异较大。为了降低焚烧炉渣的利用处置环境风险，应对重点监测因子（如占标率较大的鉴别检测因子）开展跟踪监测，并根据跟踪监测结果及时调整其处理处置方式。

参考文献

[1] 王建斌，陈云，王可华，等. 工业窑炉协同处置固体废物研究进展[J]. 化工进展，2022，41（3）：1494-1502.

[2] 蔡彬，邓金珠，檀笑，等. 造纸污泥焚烧飞灰危险特性及影响因素[J]. 中国造纸，2022，41（1）：1-5.

[3] 郭康鹰，高宝玉，岳钦艳. 造纸污泥的资源化综合利用研究现状与展望[J]. 土木与环境工程学报（中英文），2021，43（4）：118-131.

[4] 杨梅，张孝忠，于娟，等. 循环流化床烟气 SNCR 脱硝机理与实验[J]. 燃烧科学与技术，2014，20（2）：101-105.

[5] 王冰，洪世杰，陈云臻，等. 造纸污泥成分特性分析及处置措施探讨[J]. 漯河职业技术学院学报，2020，19（5）：32-34.

[6] 李海霞，廖传华. 污泥焚烧飞灰的特性与控制技术[J]. 塑料助剂，2018，6：7-10.

[7] 兰泽全，曹欣玉，周俊虎，等. 炉内灰渣沉积物中矿物元素分布的电子探针分析[J]. 中国电机工程学报，2005（2）：117-122.

第 9 章

生产副产物危险特性鉴别案例

《固体废物鉴别标准　通则》明确了按照固体废物管理的副产物种类，但是，副产物、副产品及固体废物的概念相近又不甚相同，如何科学地界定它们，是危险废物鉴别中常常遇到的难题（徐诚，2021）。副产物种类多、来源复杂、形态多样，无形中又增加了其危险特性鉴别的难度，因此，本章重点介绍废盐等副产物的危险特性鉴别案例，以供参考。

9.1　案例一：固态副产物（废盐）危险特性鉴别

某贵金属精炼公司主要从事加工精炼国内各大贵金属加工企业的中间品以及珠宝加工企业的首饰，生产过程中会产生大量废水。由于当前环保要求日益严格，为实现废水“零排放”，企业采用 MVR 蒸发系统进行末端处理，与此同时带来了结晶盐。从前期废水检测及生产工艺判断，该公司废水中主要成分为氯离子、钠离子、硫酸根离子以及其他离子杂质。考虑到废水污染特性，该企业使用的 MVR 系统不同于传统蒸发器，主要将经过浓缩减量后的废水经过蒸发结晶系统产生两种及以上结晶盐，一般也称为蒸发结晶分盐系统。根据 MVR 工作机理及检测结果，硫酸钠结晶盐已满足“工业无水硫酸钠III合格品”标准，因此根据《固体废物鉴别标准　通则》判定不属于固体废物；而氯化钠为主结晶盐氯化由结晶母液中蒸发结晶产生，考虑到冷冻母液的水质复杂性，无法准确评估有毒有害物质或者杂质是否会进入结晶盐中，根据《危险废物鉴别标准　通则》等文件，应当按照国家规定的危险废物鉴别标准和鉴别方法予以认定。

9.1.1　固态废盐产生过程分析

9.1.1.1　固态废盐产生工艺

经过废水前处理系统处理后，该公司废水中剩下的主要成分为钠离子、氯离子、硫酸根离子，少量的硝酸根离子、铵离子、铝离子、硫离子、钙离子、镁离子、硅离子等杂质，以及微量的金属离子。

为了不外排废水，该公司采用 MVR 蒸发器进一步处理废水，通过“冷冻结晶分离+闪蒸结晶分离+设备清洗切换”的方式分盐结晶处理，具体工艺说明如图 9-1 所示。

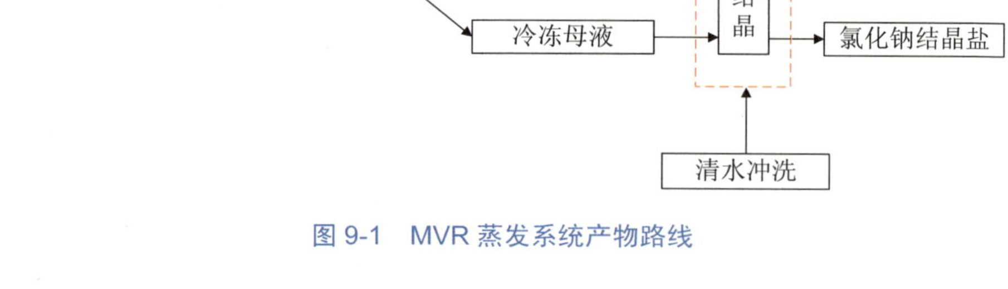

图 9-1　MVR 蒸发系统产物路线

（1）冷冻结晶分离

经前处理系统处理后的废水由进料泵输送至母液预冷器，与低温母液进行热交换后进入搪瓷釜中（使用配置的乙二醇做制冷剂，利用冷冻系统进行热交换），将原料降温至−5℃。参考 NaCl-Na_2SO_4-H_2O（氯化钠-硫酸钠-水）体系三相图及溶解度关系表（图 9-2 和表 9-1），在−5℃时，水系中氯离子含量为 10%～20%的情况下，硫酸钠的溶解度最高为 0.8%。即废水进入冷冻结晶设备后，温度下降的过程中，硫酸钠会不断带结晶水析出，待温度降低至−5℃时，到达最大值，而冷冻母液中残留 0.7%的硫酸钠。在这个温度条件下，氯化钠和其他杂质因为未达到溶解度饱和线不会被带出。此时，利用离心机和稠厚器将硫酸钠排出。将冷冻结晶析出的十水硫酸钠通过加入配比纯水和升温，将其配制成约 18%的硫酸钠溶液，进入硫酸钠暂存池暂存。剩下的冷冻母液进入蒸发结晶系统处理。

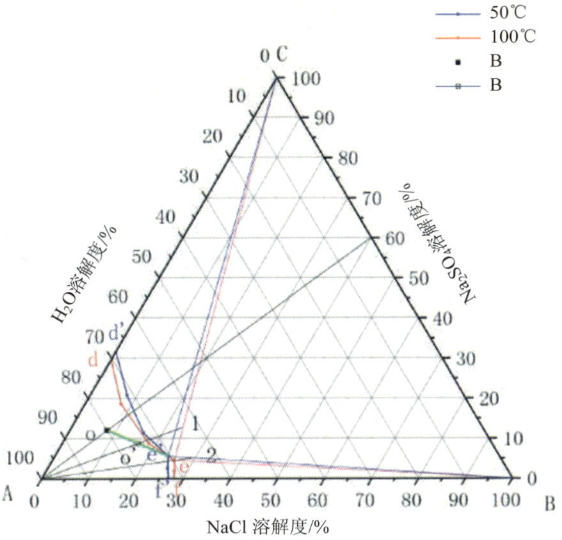

图 9-2 NaCl-Na_2SO_4-H_2O 体系三相图

表 9-1 NaCl-Na_2SO_4-H_2O 体系溶解度关系

温度/℃	液相占比/%			固相
	NaCl（氯化钠）	Na_2SO_4（硫酸钠）	H_2O（水）	
−5	25.6	0	74.4	NaCl · 2 H_2O（二水氯化钠）
	25.3	0.7	74	NaCl · 2 H_2O（二水氯化钠）+ Na_2SO_4 · 10 H_2O（十水硫酸钠）
	20	0.70	79.30	Na_2SO_4 · 10 H_2O（十水硫酸钠）
	15	0.70	84.30	Na_2SO_4 · 10 H_2O（十水硫酸钠）
	10	0.80	89.20	Na_2SO_4 · 10 H_2O（十水硫酸钠）
	7.3	0.95	91.75	Na_2SO_4 · 10 H_2O（十水硫酸钠）

温度/℃	液相占比/%			固相
	NaCl（氯化钠）	Na_2SO_4（硫酸钠）	H_2O（水）	
75	27.45	0.00	72.55	NaCl（氯化钠）
	25.05	4.55	70.40	NaCl（氯化钠）+ Na_2SO_4（硫酸钠）
	20	7.30	72.70	Na_2SO_4（硫酸钠）
	15	11.70	73.30	Na_2SO_4（硫酸钠）
	10	17.45	72.55	Na_2SO_4（硫酸钠）
	5	23.7	71.30	Na_2SO_4（硫酸钠）
	0	30.35	69.65	Na_2SO_4（硫酸钠）
100	28.25	0.00	71.75	NaCl（氯化钠）
	25.85	4.45	69.70	NaCl（氯化钠）+ Na_2SO_4（硫酸钠）
	20	6.55	73.45	Na_2SO_4（硫酸钠）
	15	10.75	74.25	Na_2SO_4（硫酸钠）
	10	16.50	73.50	Na_2SO_4（硫酸钠）
	5	22.8	72.20	Na_2SO_4（硫酸钠）
	0	29.7	70.30	Na_2SO_4（硫酸钠）

（2）闪蒸结晶分离

通过冷冻结晶分离后的冷冻母液由母液泵输送至母液预冷器，打开进料预热阀进行预热，再输送至蒸馏水板式换热器与蒸汽板式换热器，−5℃的物料换热至75℃后，进入强制循环蒸发器进行浓缩。闪蒸后产生的气体进压缩机系统，因蒸发掉部分水，物料会浓缩至饱和，直至浓缩液中有小颗粒的结晶析出，析出的晶体在结晶分离器内下落，并不断成长，部分浓缩液经泵打回强制循环蒸发器，进行循环浓缩，当浓缩比达到要求后，用出料泵将部分浓缩液送至稠厚器和离心装置，经过离心脱水，晶体打包送出蒸发系统，离心后母液循环至废水储存池。冷冻母液闪蒸结晶产生的氯化钠结晶盐即为此次鉴别对象。

（3）设备清洗切换

蒸发器处理完毕冷冻母液后，该公司会对蒸发器进行设备清洗（清洗主要针对设备沾染的结晶盐，根据图9-2和表9-1，清洗后，设备会残留极少量的杂质，但是当浓度低于5%不会对后续结晶产生影响，清洗完毕后，对硫酸钠溶液进行闪蒸结晶分离。由于硫酸钠溶液在−5℃冷冻结晶过程中为高纯度的硫酸钠溶液，结合图9-2、表9-1，在75℃和100℃条件下，当硫酸浓度在18%左右，只要控制氯化钠等其他离子浓度在5%以下，则可以保证不析出，因此获得高纯度的硫酸钠晶体。

9.1.1.2　涉及原辅材料种类和特性分析

该公司 MVR 系统为物理分离过程，不添加任何辅助材料，因此主要对 MVR 系统的废水进行分析。该公司产生的生产废水在 MVR 蒸发系统之前，这些生产性废水先通过“金属置换+离子交换+分级沉淀+电击铜回收”将废水中的贵金属和贱金属进行预处理，防止对 MVR 蒸发结晶造成影响。其生产工艺说明如下。

（1）金属置换+离子交换系统

生产性废水从生产环节产生后，先经废水车间内储罐收集暂存，根据化验结果测定其中所含的贵金属浓度，分别采用不同工艺：①含贵金属浓度高的时候先经金属置换（主要为加铜置换贵金属），然后进入离子交换系统进一步吸收贵金属离子，经过贵金属回收或经检测无贵金属的废水则进入 pH 调节缸；②若经检测产生的废水贵金属离子较低、无回收价值时，则不经过贵金属回收环节，直接进入下一步处理。经过“金属置换+离子交换系统”处理后，废水中金、钯、铂、银 4 种贵金属离子的回收率达 99.99%以上。

（2）分级沉淀

通过投加液碱，投加适量 PAC 混凝剂进行沉淀，使得废水中的镍、铜、铁、锌等金属离子形成氢氧化物沉淀，进入废渣。为了进一步去除并回收废水中的铜，经氢氧化钠沉淀后的废水通过投加少量硫化物（硫化钠），利用硫化铜浓度积小的特点，最大限度地除去废水中的铜，形成硫化铜沉淀。沉渣用板框压滤机压制成含水率 60%的泥饼，此时绝大部分的重金属（镍、铜、铁、锌等）进入泥饼中。

（3）铜沉积

泥饼通过硫酸浸泡，将其中的金属离子（主要是铜）浸出，形成硫酸铜溶液进入电积工序回收铜单质。电积铜过程中使用不溶（惰性）阳极，在电积过程中，所有沉积在阴极上的铜都来源于铜溶液，铜溶液浓度不断下降。电积的总槽电压为 1.9～2.3 V。电解和电积过程的阴极反应是一样的，可用下列方程表示：

$$Cu^{2+}+2e \longrightarrow Cu$$

硫酸铜溶液电积过程，阳极反应是生成氧气：

$$2OH^{-} \longrightarrow \frac{1}{2}O_2+H_2O+2e$$

经过电积回收铜后的母液主要为废硫酸和一定浓度的重金属离子，根据酸浓度决定作为废酸回用于酸泡泥饼工序或进入废水处理。

通过上述处理后的废水，其他重金属离子（铁、镍、锌等）将会留在不溶物中，经压滤机压滤后进行烘干，不溶物通过 ICP 快速测定其含量后，作为危险废物委外处理。

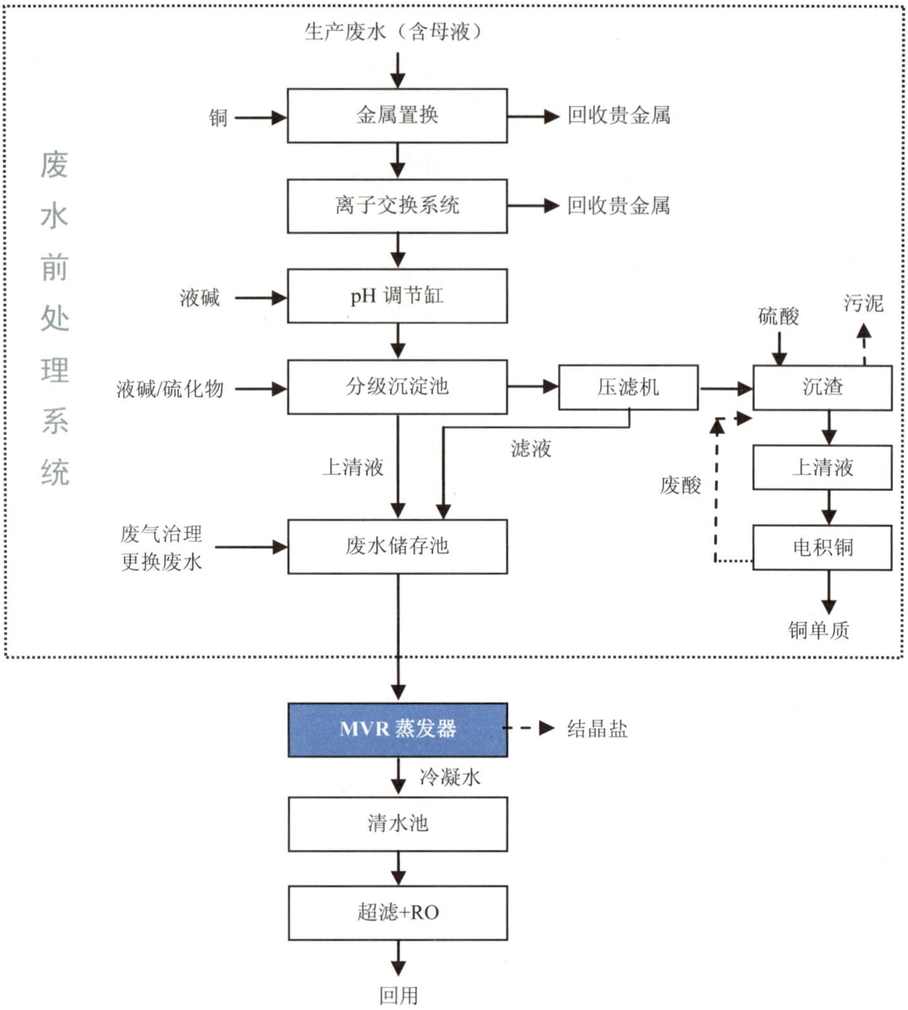

图 9-3 某贵金属精炼公司废水站工艺流程现状

9.1.1.3 废水水质控制条件

该公司建有贵金属相关化验实验室，配有 ICP 等先进化验设备，具备相应的检测化验能力，经前处理系统处理后的废水会定期进行检测分析。2019 年 9 月—2020 年 2 月，该公司废水前处理系统处理后的水质如表 9-2 所示。

为保证该公司产生废水中可能存在的污染物不影响 MVR 蒸发结晶效果，提高后续结晶盐纯度，该公司对生产废水经前处理系统处理后的水质设定了水质控制标准：

①根据该公司产品质量要求（对废水中的银、金、铅、铂 4 种贵金属离子的回收率需要达到 99.99%以上），结合该公司对废水长期检测结果，对废水中的银、金、铅、铂 4 种贵金属设定了 0.5 mg/L 的管控要求。

表 9-2 某贵金属精炼公司废水前处理后水质检测汇总 单位：mg/L

时间	银	金	铅	铂	铜	镍	锌	镁	钙	硅
2019 年 9 月 3 日	0.09	ND	ND	ND	ND	ND	ND	2.88	9.30	2.89
2019 年 9 月 22 日	ND	ND	ND	ND	ND	ND	ND	2.40	13.36	7.68
2019 年 9 月 25 日	0.03	ND	ND	ND	ND	ND	0.39	2.51	10.04	7.64
2019 年 10 月 22 日	ND	ND	ND	ND	ND	ND	ND	2.73	14.11	5.01
2019 年 10 月 25 日	ND	ND	ND	ND	ND	ND	ND	2.93	13.13	5.75
2019 年 10 月 30 日	0.10	ND	ND	ND	0.02	ND	0.16	0.18	2.43	28.94
2019 年 11 月 18 日	ND	ND	ND	ND	ND	ND	ND	2.09	10.85	5.13
2019 年 11 月 20 日	ND	ND	ND	ND	0.20	ND	ND	1.66	4.29	4.75
2019 年 12 月 8 日	ND	ND	ND	ND	0.03	ND	ND	2.19	5.80	5.10
2019 年 12 月 15 日	ND	ND	ND	ND	ND	ND	ND	1.54	24.30	—
2020 年 1 月 17 日	0.06	ND	—	—	0.22	ND	0.18	ND	ND	6.68
2020 年 2 月 27 日	ND	ND	—	—	0.20	ND	ND	1.66	4.29	4.75

②根据企业前处理废水处理工艺机理，参考《污水综合排放标准》（GB 8978—1996）、《铜、钴、镍工业污染物排放标准》（GB 25467—2010）以及相关文献（邓成虎，2015），对 pH 设定限值为 6～9；铅、砷设定的限值为 1.0 mg/L；铜和镍设定的限值为 2.0 mg/L；铬设定的限值为 3.0 mg/L；锌设定的限值为 4.0 mg/L。

③相关文献显示，浓盐水蒸发和高浓盐水中含有的 COD、氨氮、钙、硅杂质会产生一定的影响（杨善源等，2018）。根据企业提供的结晶分盐说明［在蒸发段母液降温（−2～−5℃）阶段，冷却母液浓度共饱和浓度 0.8%（硫酸钠）；在蒸发段控制蒸发最高温度为 110～120℃，母液浓度共饱和浓度为 4.4%（硫酸钠），也就是说，当其他杂质控制在 0.6%以下，基本不会对结晶盐质量产生影响］，综合考虑，对镁、钙、硅、氨氮设定限制为 100 mg/L。

对此，该公司前处理后水质控制具体要求如表 9-3 所示。

表 9-3 某贵金属精炼公司前处理后水质控制要求 单位：mg/L

<table>
<tr><th>项目</th><th>pH
（量纲一）</th><th>银</th><th>金</th><th>铅</th><th>铂</th><th>钯</th><th>砷</th><th>铜</th><th>镍</th><th>铬</th><th>锌</th><th>镁</th><th>钙</th><th>硅</th><th>氨氮</th><th>COD</th></tr>
<tr><td>控制条件</td><td>6～9</td><td colspan="4">0.5</td><td colspan="2">1.0</td><td colspan="2">2.0</td><td>3.0</td><td>4.0</td><td colspan="5">100.0</td></tr>
</table>

9.1.1.4 废水水质管控要求

为了更好地保障进 MVR 系统废水中污染物因子浓度，该公司制订科学、合理的废水水质监测计划以监督其各项特征污染因子处理情况，管控要求如下。

①监测位置

生产废物进入 MVR 系统前废水暂存池。

②监测指标

参照表 9-3 设定的相关指标：pH、银、金、铅、铂、钯、镍、砷、铜、铬、锌、钙、硅、COD、氨氮等。

③监测频率

由于该公司自己配有实验室，应在每批次废水进入 MVR 系统前对其中主要重金属指标进行监测。全指标监测频次为一季度一次，监测应委托有资质的单位进行监测。

④管控标准

满足表 9-3 设定指标。

9.1.2 固体废物属性判断

此次鉴别对象为该公司生产废水处理站 MVR 系统产生的结晶盐。对照《固体废物鉴别标准　通则》（GB 34330—2017）中 4.3 环境治理和污染控制过程中产生的物质“e）水净化和废水处理产生的污泥及其他废弃物质”，判定本次待鉴别对象属于固体废物。

9.1.3 危险废物名录相符性分析

通过比对《名录》，生产废水处理站 MVR 系统产生的氯化钠结晶盐不属于《名录》中的废物类别。

9.1.4 危险特性识别和筛选

9.1.4.1 危险特性初步识别和筛选

根据前面章节分析，通过对该公司废水处理站废水来源及特性分析，可初步排除氯化钠结晶盐的部分危险特性，具体如表 9-4 所示。

表 9-4 结晶盐部分危险特性的排除及依据

序号	危险特性	初步识别	判断依据
1	感染性	排除	根据企业生产工艺、原辅料、生产过程、废水来源及处理工艺判断，不具有感染性危险特性
2	反应性	无法直接排除	①根据企业工艺及原辅料分析，结晶盐中不具有废弃氧化剂或有机过氧化物，由结晶盐产生过程（75℃以上蒸发结晶）分析，结晶盐不具有爆炸性性质。 ②企业废水处理过程中会加入次氯酸钠、硫化钠等物质，这些物质可能会带入结晶盐中，导致结晶盐具有遇水、遇酸反应性

序号	危险特性			初步识别	判断依据
3	易燃性			排除	结晶盐属于固态物质，根据结晶盐元素半定量分析结果可知，结晶盐中主要成分为氯离子、钠离子，质量百分比在90%以上，不含有易燃物；结合企业 MVR 系统工艺及过程分析，判断结晶盐不具有易燃性危险特性
4	腐蚀性			无法直接排除	企业废水来源及废水处理药剂中涉及酸碱性物质，可能留存于结晶盐中，导致结晶盐具有腐蚀性
5	浸出毒性	无机物质项目（16 种）		无法直接排除	原辅材料中含有铜、镍、锌、氟化物等重金属及无机化合物，可能随着废水留存于结晶盐中
		有机农药类和非挥发性有机化合物（22 种）		排除	根据企业生产工艺、原辅材料种类、废水处理过程及 MVR 工艺判断，结晶盐中不含有有机农药和有机化合物；原辅材料中唯一涉及的有机物丁二酮肟用量极小且不溶于水，通过废水处理过程带入结晶盐中的可能性极低。 因此，判断结晶盐不具有有机农药类、非挥发性有机化合物、挥发性有机化合物项目浸出毒性危险特性
		挥发性有机物（12 种）		排除	
6	毒性物质含量	剧毒物质	有机类	排除	根据企业生产工艺、原辅材料种类、废水处理过程及 MVR 工艺判断，结晶盐中不含有有机类毒性物质
			无机类	无法直接排除	根据结晶盐 ICP-MS 全扫描半定量分析结果，可能含有铜、镍等重金属元素，需进一步采样检测分析
		有毒物质	有机类	排除	根据企业生产工艺、原辅材料种类、废水处理过程及 MVR 工艺判断，结晶盐中不含有有机类毒性物质
			无机类	无法直接排除	根据结晶盐 ICP-MS 全扫描半定量分析结果，可能含有氟化物、锌等重金属及无机化合物，需进一步采样检测分析
		致癌性物质	有机类	排除	根据企业生产工艺、原辅材料种类、废水处理过程及 MVR 工艺判断，结晶盐中不含有有机类毒性物质
			无机类	无法直接排除	根据结晶盐ICP-MS全扫描半定量分析结果及结晶盐产生过程，可能含有镍、铬等重金属元素，需进一步采样检测分析
		致突变性物质	有机类	排除	根据企业生产工艺、原辅材料种类、废水处理过程及 MVR 工艺判断，结晶盐中不含有有机类毒性物质
			无机类	无法直接排除	根据结晶盐 ICP-MS 全扫描半定量分析结果，可能含有铬等重金属元素，需进一步采样检测分析
		生殖毒性物质	有机类	排除	根据企业生产工艺、原辅材料种类、废水处理过程及 MVR 工艺判断，结晶盐中不含有有机类毒性物质
			无机类	无法直接排除	根据企业生产工艺、原辅材料种类，废水处理工艺及结晶盐 ICP-MS 全扫描半定量分析结果，结晶盐中可能含有铅等重金属元素，需进一步采样检测分析
		持久性有机物		排除	根据企业生产工艺、原辅材料种类、废水处理过程及 MVR 工艺判断，结晶盐中不具有持久性有机污染物
7	急性毒性			无法直接排除	根据前文分析，结晶盐中可能含有铜、镍、氟化物等多种重金属及无机化合物，可能导致结晶盐具有急性毒性

根据《危险废物鉴别技术规范》中“6.1 固体废物特性鉴别的检测项目应依据固体废物的产生源特性确定。根据固体废物的产生过程可以确定不存在的特性项目或者不存在、不产生的毒性物质，不进行检测”，本鉴别报告认为可以通过企业生产工艺、原辅材料种类、废水来源及处理工艺、MVR 工艺直接排除感染性、易燃性、毒性（所有有机类物质）危险特性，这些危险特性不需要进行检测。

9.1.4.2 鉴别对象危险特性的初筛检测

为了进一步筛选和排除氯化钠结晶盐的危险特性，在 2019 年 12 月 13 日到企业 MVR 装置现场选取了 3 个具有代表性的氯化钠结晶盐样品，对其腐蚀性、遇水遇酸反应性、浸出毒性（16 项无机元素及化合物）进行检测分析及急性毒性初筛。采样期间，企业生产设施、废水处理站及 MVR 系统运行负荷及效果稳定。

（1）腐蚀性

由企业 MVR 设备的相关资料结合现场考察可知，MVR 设备（如母液罐、蒸发器、离心机等）多属于钢材结构，经 MVR 系统处理产生的结晶盐不会对其设备产生腐蚀，且设备运行至今也未发现明显的腐蚀现象，因此，本书对样品腐蚀性分析主要测试其浸出液的 pH。根据测试结果，3 个代表性氯化钠结晶盐样品的 pH 为 8.95～9.90，比较稳定，不具有腐蚀性危险特性。

表 9-5 腐蚀性检测结果

检测项目	检测方法	检测结果			鉴别标准
		氯化钠结晶盐 1#	氯化钠结晶盐 2#	氯化钠结晶盐 3#	
腐蚀性	GB 5085.1—2007	pH=9.90	pH=9.23	pH=8.95	pH≥12.5 或者 pH≤2.0，则具有腐蚀性

（2）反应性

根据结晶盐产生过程及其特性，本书认为结晶盐不具备爆炸性质，也不属于废弃氧化剂或有机氧化物，因此，反应性分析只考虑遇水、遇酸反应性。根据企业原辅材料、生产工艺及废水处理工艺的分析及危害物质溯源结果，不会有氰化物带入氯化钠结晶盐中。废水处理过程中使用的次氯酸钠、硫化钠等物质可能会带入结晶盐中，导致结晶盐具有遇水、遇酸反应性。根据试验结果，3 个代表性结晶盐样品遇水混合没有发生剧烈化学反应，在酸性条件下产生的氰化氢和硫化氢浓度均低于检出限，因此，样品不具有反应性危险特性。

表 9-6 反应性检测结果

检测项目	检测方法	检测结果			鉴别标准
		氯化钠结晶盐 1#	氯化钠结晶盐 2#	氯化钠结晶盐 3#	
反应性	GB 5085.5—2007	1. 与水混合没有发生剧烈化学反应； 2. 遇酸产生有毒气体的释放量（以氰化氢计）< 0.1 mg/kg； 3 .遇酸产生有毒气体的释放量（以硫化氢计）< 2.5 mg/kg	1. 与水混合没有发生剧烈化学反应； 2. 遇酸产生有毒气体的释放量（以氰化氢计）< 0.1 mg/kg； 3. 遇酸产生有毒气体的释放量（以硫化氢计）< 2.5 mg/kg	1. 与水混合没有发生剧烈化学反应； 2. 遇酸产生有毒气体的释放量（以氰化氢计）< 0.1 mg/kg； 3. 遇酸产生有毒气体的释放量（以硫化氢计）< 2.5 mg/kg	1. 与水混合发生剧烈化学反应，并放出大量易燃气体和热量； 2. 与水混合能产生足以危害人体健康或环境的有毒气体、蒸气或烟雾； 3. 在酸性条件下，每千克含氰化物废物分解产生≥250 mg 氰化氢气体，或者每千克含硫化物废物分解产生≥500 mg 硫化氢气体

（3）浸出毒性

根据前文分析，结晶盐中不含有有机类毒性物质；企业原辅材料中含有铜、镍、锌、氟化物等重金属及无机化合物，可能随着废水留存于结晶盐中。因此，浸出毒性仅考虑其无机元素及化合物的浸出毒性分析。根据检测结果，3 个代表性氯化钠结晶盐中的砷、钡、镉、总铬、铜、镍、铅和无机氟化物（不包括氟化钙）的浸出毒性检测结果较低（最大占标率为：无机氟化物，占比 4.06%），其他无机元素及化合物均低于检出限。因此，各项无机元素及化合物的浸出毒性未超出标准要求。

结合结晶盐产生过程及初筛结果，可进一步排除结晶盐中银、铍、硒、锌、汞和氰化物等无机元素及化合物，故本次鉴别不将这些物质列为下阶段检测项目。

表 9-7 浸出毒性检测结果

检测项目	检测方法	单位	检测结果			浸出液中危害成分浓度限值	最大占标率/%
			氯化钠结晶盐 1#	氯化钠结晶盐 2#	氯化钠结晶盐 3#		
总银	HJ 766—2015	mg/L	ND	ND	ND	5	0
砷（以总砷计）	HJ 702—2014	mg/L	0.002 3	ND	ND	5	0.046
钡（以总钡计）	HJ 766—2015	mg/L	0.040 0	0.010 7	0.011 6	100	0.040
铍（以总铍计）	HJ 766—2015	mg/L	ND	ND	ND	0.02	0
镉（以总镉计）	HJ 766—2015	mg/L	0.003 2	0.004 0	0.004 7	1	0.470

检测项目	检测方法	单位	检测结果			浸出液中危害成分浓度限值	最大占标率/%
			氯化钠结晶盐 1#	氯化钠结晶盐 2#	氯化钠结晶盐 3#		
总铬	HJ 766—2015	mg/L	ND	0.004 7	0.007 6	15	0.051
铜（以总铜计）	HJ 766—2015	mg/L	ND	0.196 0	0.213 0	100	0.213
镍（以总镍计）	HJ 766—2015	mg/L	0.045 4	0.071 3	0.081 4	5	1.628
铅（以总铅计）	HJ 766—2015	mg/L	ND	ND	0.011 5	5	0.230
硒（以总硒计）	HJ 702—2014	mg/L	ND	ND	ND	1	0
锌（以总锌计）	HJ 766—2015	mg/L	ND	ND	ND	100	0
汞（以总汞计）	GB 5085.6—2007 附录 B	mg/L	ND	ND	ND	0.1	0
铬（六价）	GB/T 15555.4—1995	mg/L	ND	ND	ND	5	0
烷基汞	GB/T 14204—1993	mg/L	ND（甲基汞＜10 ng/L，乙基汞＜20 ng/L）	ND（甲基汞＜10 ng/L，乙基汞＜20 ng/L）	ND（甲基汞＜10 ng/L，乙基汞＜20 ng/L）	不得检出	0
无机氟化物（不包括氟化钙）	GB 5085.3—2007 附录 F	mg/L	4.060 0	ND	ND	100	4.06
氰化物（以 CN^- 计）	GB 5085.3—2007 附录 G	mg/L	ND	ND	ND	5	0

（4）急性毒性

氯化钠结晶盐可能分布、迁移到饮水和食物中，通过动物的消化道被吸收进入体内，因此，经口吸收成为最重要的暴露途径。一般来说，皮肤是机体与外界环境隔离的良好屏障，对环境污染物的通透性较弱，因此皮肤接触不是主要的暴露途径。根据检测结果，代表性氯化钠结晶盐样品均不具备经口、经皮和吸入急性毒性危险特性。但是，考虑到急性吸入毒性试验结果虽然未超出标准但是比较接近，也将急性毒性（吸入）作为下阶段检测项目。

表 9-8　急性毒性初筛结果

样品编号	检测方法	检测值	鉴别标准	结论
氯化钠结晶盐 1# BE200110-01	GB 5085.2—2007	急性经口毒性试验 LD_{50}> 2 071.1 mg/kg	LD_{50}≤200 mg/kg（固体）	不具危险废物的急性经口毒性特征
		急性经皮毒性试验 LD_{50}> 2 000 mg/kg	LD_{50}≤1 000 mg/kg	不具危险废物的急性经皮毒性特征
		急性吸入毒性试验 LC_{50}> 10.3 mg/L	LC_{50}≤10 mg/L	不具危险废物的急性吸入毒性特征
氯化钠结晶盐 3# BE200110-03		急性经口毒性试验 LD_{50}> 2 097.1 mg/kg	LD_{50}≤200 mg/kg（固体）	不具危险废物的急性经口毒性特征
		急性经皮毒性试验 LD_{50}> 2 000 mg/kg	LD_{50}≤1 000 mg/kg	不具危险废物的急性经皮毒性特征
		急性吸入毒性试验 LC_{50}> 10.1 mg/L	LC_{50}≤10 mg/L	不具危险废物的急性吸入毒性特征

9.1.5　鉴别检测项目的确定

根据该公司废水处理站 MVR 系统氯化钠结晶盐的产生过程以及初筛结果，可排除结晶盐的感染性、腐蚀性、易燃性、反应性 4 个危险特性，结晶盐中可能含有氟化物、镍、铜、总铬、钡、镉、铅、砷 8 种元素或物质。同时考虑到急性吸入毒性试验结果虽然未超出标准但是比较接近，也进一步检测。根据《危险废物鉴别技术规范》（HJ 298—2007）、《危险废物鉴别标准　通则》（GB 5085.7—2007）、《危险废物鉴别标准　浸出毒性鉴别》（GB 5085.3—2007）和《危险废物鉴别标准　毒性物质含量鉴别》（GB 5085.6—2007）等规定指标，选取进一步检测项目和因子如下：

①浸出毒性鉴别项目：总铬、铜、镍、钡、镉、铅、砷和无机氟化物（不包括氟化钙）；

②毒性物质含量鉴别项目：镍（以次硫化镍计）、氟（以氟硼酸锌计）、砷（以三碘化砷计）、钡（以氯化钡计）、镉（以铬酸镉计）、铅（以磷酸铅计）；

③急性毒性鉴别项目：急性吸入毒性试验。

9.1.6　采样和检测工作方案

参照《危险废物鉴别技术规范》（HJ 298—2019）和《工业固体废物采样制样技术规范》（HJ/T 20—1998），结合鉴别对象实际产生情况，制定鉴别工作采样工作方案如下：

（1）采样目的和要求

从一批工业固体废物（氯化钠结晶盐）中采集具有代表性的样品，通过试验和分析，获得在允许误差范围内的数据，并鉴别出固体废物特性。样品的代表性要求：

①原料及配比：取样期间企业生产工艺及污水处理过程中所加入的物质配比情况应与日常运行一致。

②生产工况：取样期间企业废水处理站、MVR 系统生产工况与日常运行工况相一致，效果稳定；生产设施、设备、原辅材料和生产负荷稳定。

（2）采样对象

采样对象为该公司废水处理站 MVR 系统所产生的氯化钠结晶盐。

（3）采样份样数

参照《危险废物鉴别技术规范》（HJ 298—2019）的表 1 固体废物采集最小份样数以及第 4.2.3 条的规定，以生产设施自试生产以来的实际最大生产负荷时的固体废物产生量为依据，确定结晶盐采集的份样数为 8 个。

（4）采集份样量

参照《危险废物鉴别技术规范》（HJ 298—2019），结合该公司结晶盐原始颗粒最大粒径≤0.5 cm，确定采集的份样量为 500 g。

（5）采样时间安排

由于企业 MVR 系统每 15 天出一次氯化钠结晶盐，样品采集将分次在一个月内完成，每次出盐时分时段采集 4 个样。根据企业的出盐计划，氯化钠结晶盐样品的采集安排在 2020 年 5 月 19—20 日，6 月 4—5 日共 4 天内进行，每次出盐当天采 2 个样，其中早上（8：00—10：00）、晚上（18：00—20：00）各采 1 个（具体采样时间以企业实际出盐情况为准）。

（6）采样布点

结晶盐采样点位于结晶盐的卸料口（MVR 系统离心机下料口）。

（7）采样方法与现场记录

采用工具、采用程序、采用记录、盛样容器和样品保存将严格参照《工业固体废物采样制样技术规范》（HJ/T 20—1998）的要求进行。

①结晶盐取样器、密封袋等，木铲备用。

②采样时记录结晶盐的名称、来源、数量、性状、包装、贮存、处置、样品编号、份样量、份样数、采样点、采样法、采样日期、采样人等。

（8）质量控制

为保证在允许误差范围内获得结晶盐具有代表性的样品，对采样全过程进行质量控制，参照《危险废物鉴别技术规范》（HJ 298—2019）执行。

（9）检测方案

①浸出毒性检测方案。确定浸出毒性鉴别检测指标为总铬、铜、镍、钡、镉、铅、砷

和无机氟化物（不包括氟化钙），共 8 项。各检测项目的分析检测方法与标准如表 9-9 所示。

表 9-9　浸出毒性鉴别标准及检测方法

<table>
<tr><th colspan="2">危害成分项目</th><th>浸出液中危险成分浓度限值/（mg/L）</th><th>检测分析方法</th></tr>
<tr><td colspan="2">固体废物浸出</td><td>—</td><td>HJ/T 299—2007</td></tr>
<tr><td>1</td><td>总铬</td><td>15</td><td rowspan="7">《固体废物　金属元素的测定　电感耦合等离子体质谱法》（HJ 766—2015）</td></tr>
<tr><td>2</td><td>铜（以总铜计）</td><td>100</td></tr>
<tr><td>3</td><td>镍（以总镍计）</td><td>5</td></tr>
<tr><td>4</td><td>钡（以总钡计）</td><td>100</td></tr>
<tr><td>5</td><td>镉（以总镉计）</td><td>1</td></tr>
<tr><td>6</td><td>砷（以总砷计）</td><td>5</td></tr>
<tr><td>7</td><td>铅（以总铅计）</td><td>5</td></tr>
<tr><td>8</td><td>无机氟化物（不包括氟化钙）</td><td>100</td><td>GB 5085.3—2007 附录 F 固体废物　离子色谱法</td></tr>
</table>

②毒性物质含量检测方案。确定毒性物质含量检测指标为镍（以次硫化镍计）、氟（以氟硼酸锌计）、砷（以三碘化砷计）、钡（以氯化钡计）、镉（以铬酸镉计）、铅（以磷酸铅计），共 6 项。各检测项目的分析检测方法与标准如表 9-10 所示。

表 9-10　毒性物质含量检测项目及检测分析方法

危害成分项目		分析方法
1	镍	HJ 781—2016
2	氟	GB 5085.3—2007 附录 F
3	砷	HJ 781—2014
4	钡	HJ 781—2016
5	镉	HJ 781—2016
6	铅	HJ 781—2016

③急性毒性检测方案。按照《危险废物鉴别标准　通则》（GB 5085.7—2019）要求采集 8 个样品进一步鉴别其急性毒性（吸入毒性）危险特性。试验方法为：试验时，将动物称重并标记。将试验动物放至染毒固定槽中并连接至染毒腔，将称取号的浸提液放入进样装置中。使用单浓度口鼻暴露系统染毒。染毒前参数设置，染毒结束后直接得到运行结果。观察并记录染毒过程和观察期内动物中毒和死亡情况，观察期一般为 14 天。观察期结束后，处死存活动物并进行大体解剖。

9.1.7 检测结果的判断

根据危险特性的识别、筛选和检测项目的确定，针对结晶盐样品，开展浸出毒性鉴别、急性吸入毒性鉴别和毒性物质含量的检测结果分析如下。

（1）浸出毒性检测结果分析

根据检测结果，8 个氯化钠结晶盐样品中，总铬、铜、镍、钡、镉、铅、砷和无机氟化物（不包括氟化钙）8 个项目的浸出毒性超标率为 0，其中铅和无机氟化物（不包括氟化钙）均为未检出；砷、钡、铜、镍、镉、总铬的浸出毒性结果最大占标率分别为 0.034%、0.008 2%、0.15%、0.92%、0.4%、0.44%，均较低。

结果显示，所有的氯化钠结晶盐样品浸出液中检测指标的检出浓度均未超过《危险废物鉴别标准　浸出毒性鉴别》（GB 5085.3—2007）表 1 中所列的浓度限值。

（2）毒性物质含量检测结果分析

根据检测结果，在氯化钠结晶盐样品中仅检测出砷元素，其他指标均未检出。将根据砷元素的检测结果折算成三碘化砷的含量结果（以 mg/kg 为单位）从而计算出《危险废物鉴别标准　毒性物质含量鉴别》（GB 5085.6—2007）标准附录 A 中剧毒物质的总含量远低于 0.1%的标准。

（3）急性毒性检测结果分析

根据检测结果显示，氯化钠结晶盐样品中 8 个样品均大于 10 mg/L。此外，结合该公司氯化钠结晶盐理化特性，形态为固体状，含水率在 1.5%～1.9%，属于湿润状态，不易形成蒸气、烟雾或粉尘，且其形成过程为饱和溶液中析出，也不易形成气溶胶。因此，结晶盐不具有吸入急性毒性危险特性。

（4）检测结果判断

综合分析结果，根据采集的 8 个样品检测结果，氯化钠结晶盐检测超标份样数为 0，不具有毒性危险特性。

9.1.8 利用处置建议及环境风险防控

（1）利用处置建议

对于结晶盐利用处置如仅用简单的焚烧、填埋并不能减少对生态环境的危害，仅仅是将问题留给了子孙后代，资源化是从根本上解决废盐问题的终极方向，其主要表现为对精制盐产品的资源化（司景，2021）。因此，鉴于该结晶盐纯度较高，鼓励企业进一步开展产品属性判断和相关产品标准的研究工作。过渡期间，应将氯化钠结晶盐交给具有相应资质或者处理能力的单位进行资源化利用或者最终处置，不得随意倾倒。

通过精制、分盐等过程生产工业副产盐产品，如氯化钠、无水硫酸钠、磷酸盐、氯化钾、氯化钙、氯化铵、硫酸铵等，可用作以下用途：①作为下游产品的原料，例如，环氧树脂、异氰酸酯、聚碳酸酯等产品产生的含盐废液通过催化氧化等处理后，生产精制盐水用于生产烧碱；农药等行业产生的氯化钾用于生产硫酸钾；染料等行业产生的硫酸铵用于生产复合肥；煤化工等行业产生的硫酸钠用于生产硫化碱等。②用作助剂或添加剂，如农药、化学原料药等行业生产的副产氯化钠作为水泥助磨剂、水煤浆添加剂、印染助剂、融雪剂、防冻剂、建筑早强剂等。

（2）环境风险防控

1）废盐污染特性管控。如果该公司生产工艺、所用的原辅材料等发生变化时，废物危险特性有可能会发生变化，应重新开展鉴别工作。

2）废盐收集环境管理。企业应制定收集操作程序、方法、应急处置措施等，并对收集员定期培训。废盐应及时收集，禁止在生产现场露天堆放；在废盐的收集和转运过程中，应采取相应的措施杜绝抛撒滴漏；采用包装袋收集的，包装袋应有防渗衬里、完好无损并设置标签，注明废盐特性。

3）废盐贮存环境管理。产生量较大的废盐宜专库贮存；产生量较小的废盐可与其他废物共用一个仓库，但中间应设置隔离墙；废盐应整齐堆放，每个堆间应留有搬运通道；贮存场所地面应进行硬化和防渗防腐处理，冲洗废水纳入企业工业废水处理系统；贮存具有挥发性和异味气体废盐的库房，应采用负压集气处理系统。

4）废盐使用用途管理。废盐不得用于直接生产国家相关部门许可的食品、消毒剂、化妆品、涉及饮用水卫生安全产品等与人体健康相关的产品。

9.1.9　固态废盐危险特性鉴别要点

（1）结合产生过程明确鉴别对象

该公司废水中主要成分为氯离子、钠离子、硫酸根离子，因此考虑通过分盐工艺，得到两种结晶盐产品。MVR 蒸发系统分盐主要根据氯化钠和硫酸钠在不同温度下溶解度的差异，通过蒸发结晶方式使得氯化钠和硫酸钠分别结晶出来。由于硫酸钠结晶盐通过冷冻结晶析出的十水硫酸钠并分离出来，然后加入配比纯水和升温制成约 18%的硫酸钠溶液，再单独蒸发结晶产生，因此纯度比较高。根据对硫酸钠结晶盐进行检测分析结果，硫酸钠结晶盐可以达到《工业无水硫酸钠》（GB/T 6009—2014）Ⅲ类合格品标准（主要受到含水率制约影响，其他相关指标已经满足Ⅱ类合格品标准）。根据《固体废物鉴别标准　通则》（GB 34330—2017），硫酸钠结晶盐符合在产生点经过修复和加工后满足国家、地方制定或行业通行的产品质量标准并且用于其原始用途的物质，不作为固体废物管理。而氯化钠结晶盐由分离硫酸钠以后的母液蒸发结晶产生，考虑到母液中还存在其他杂质，因此其危险特性需要进一步鉴别，作为此次的鉴别对象。

（2）加强进 MVR 蒸发系统前废水水质的管控

固态废盐由高浓度含盐废水蒸发结晶产生，因此其危险特性与进 MVR 蒸发系统前的水质息息相关，需要通过技术措施针对性降低废水中的有毒有害物质含量。因此，该公司一方面通过“金属置换+离子交换+分级沉淀+电击铜回收”的工艺对废水进行进一步处理，另一方面对废水中 pH、银、金、钯、铂、铅、镍、砷、铜、铬、锌、钙、硅、COD、氨氮等指标设置的管控条件，从而确保进 MVR 系统废水中污染物因子浓度不会对其危险特性产生影响。

9.2 案例二：液态副产物危险特性鉴别

某企业主要生产润滑油添加剂，设有酚盐装置，酚盐装置的硫化、中和、碳酸化和闪蒸工序会产生工艺废气，该废气主要含有硫化氢和少量的二氧化碳等杂质。该企业使用浓度为 28%的氢氧化钠溶液吸收酚盐装置产生的工艺废气，吸收饱和后的液碱（主要成分是硫化钠）符合该企业制定的液态硫化钠产品标准后作为副产品综合利用。但是，随着企业生产调整，该企业废止了液态硫化钠的产品标准，而国内暂未出台液态硫化钠的产品标准，为明确液态硫化钠的危险特性，降低后续处理处置的环境风险，需开展液态硫化钠的危险特性鉴别工作。

9.2.1 液态硫化钠产生过程分析

9.2.1.1 酚盐装置工艺介绍

（1）酚盐装置生产工艺

酚盐装置共生产 A、B 两种型号的产品，A 型产品生产工艺包括硫化、中和、碳酸化、闪蒸、过滤、调整与储存 6 道工序，B 型产品生产工艺包括硫化、中和、闪蒸、过滤、调整与储存 5 道工序，无碳酸化工序，其生产工艺流程见图 9-4。A 型和 B 型产品生产原料、生产工序绝大部分相同，两种产品共用 1 套生产设备，生产中可通过控制碳酸化工序的生产设备管道闸门来变换产品种类。实际生产过程中，更换产品时，也不需要清洗设备。

酚盐装置各个生产工序说明如下：

1）硫化

通过泵将十二烷基苯酚、硫黄和乙二醇送往硫化反应釜，石灰则由计量仓加入硫化反应釜。反应釜温度加热到 160～170℃，压力提高到 5 kPa（表压，下同）。反应釜中，熟石灰与乙二醇反应生成溶于系统的乙二醇与氧化钙的络合物，在该络合物催化下，十二烷基苯酚和硫黄反应生成硫化烷基酚和硫化氢。最后，在反应釜中加入稀释油，终止反应并冲洗反应釜。反应过程中伴有蒸馏液（主要为乙二醇、水）和工艺废气（以硫化氢气体为主，可能含少量的乙二醇和稀释油）产生，其中，蒸馏液收集后循环使用，工艺废气送往碱洗器处理。

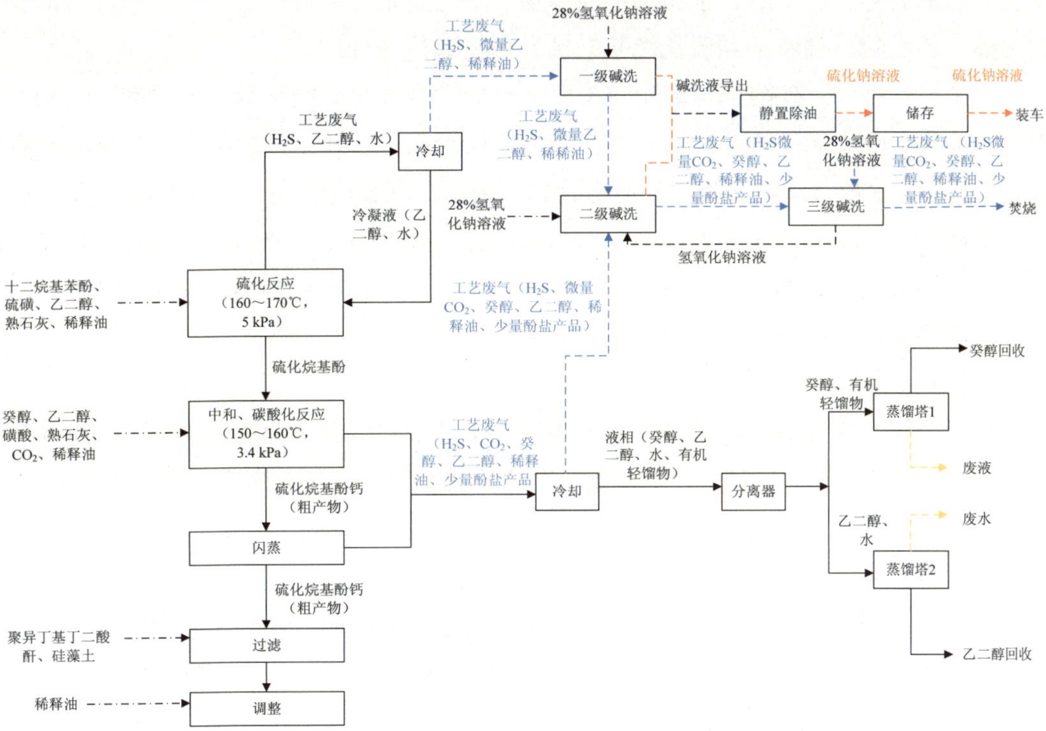

图 9-4　酚盐装置工艺流程

2）中和

硫化工序产生的硫化烷基酚送往碳酸化反应釜，同时往碳酸化反应釜加入癸醇、乙二醇、磺酸和熟石灰。加热到 150～160℃，压力提高到 3.4 kPa。反应釜中，熟石灰与乙二醇反应生成溶于系统的乙二醇与氧化钙的络合物，乙二醇与氧化钙的络合物和硫化烷基酚反应生成硫化烷基酚钙，并分解出乙二醇和水。癸醇起催化作用，磺酸提供皂基以提高碱值。反应过程产生的水蒸气和醇类（主要为癸醇、乙二醇）经冷凝后进行分离和回收；工艺废气（硫化氢气体为主，可能含少量癸醇和乙二醇）送往碱洗器处理。

3）碳酸化

在同一反应釜中，加入二氧化碳，中和后的硫化烷基酚钙继续进行碳酸化反应，产生油溶性的碳酸钙，以增加产物的碱性。最后加入稀释油，终止反应并增加物料的黏性。反应过程产生的水蒸气和醇类经冷凝后进行分离和回收；工艺废气（以硫化氢气体为主，可能含少量的二氧化碳、癸醇、乙二醇和稀释油）送往碱洗器处理。

4）闪蒸

先将碳酸化反应的粗产物加热到200℃左右，再送往蒸馏罐，在真空条件下进行蒸馏，以除去多余的癸醇、乙二醇、水和有机轻馏物。工艺废气（以硫化氢气体为主，可能含少量的癸醇、乙二醇、稀释油和硫化烷基酚钙）送往碱洗器处理。

来自硫化、中和、碳酸化与闪蒸等工序未反应完全或分离的癸醇、乙二醇、水和有机轻馏物，被集中收集后送往分离器静置分层，底层含乙二醇和水，顶层主要含癸醇和有机轻馏物。其中，底层液送往蒸馏塔进行分离，塔内压力保持在负压，再沸器温度为125℃，乙二醇从塔底分离出来，循环使用；水由塔顶馏出，并含有1%～5%的乙二醇。顶层液送往另一个蒸馏塔进行分离。蒸馏塔内压力为负压，再沸器温度为235℃。癸醇由塔顶馏出，返回原料罐循环使用；塔底为废液。

5）过滤

闪蒸后的粗产物收集在滤前罐中，加入聚异丁基丁二酸酐、助滤剂硅藻土，通过压滤机除去污泥，再送往板框压滤机进行压滤，以获得良好的色泽与清晰度，最后送往成品罐。过滤后，滤饼由稀释油冲洗或氮气吹扫掉残留物质，滤饼作为废渣处理。

6）调整与储存

过滤后产品用稀释油进行调整，以达到所需的总碱值。最后被输往储罐或直接装车运送给客户。酚盐装置生产生成硫化烷基酚和硫化烷基酚钙中间产物，其理化性质与产品A、产品B的理化性质接近，性质稳定，不易燃、不易爆。

酚盐装置中主要发生以下几种化学反应：

①醇钙反应

熟石灰加入溶剂中与乙二醇反应，生成溶于系统的乙二醇与氧化钙的络合物，此反应为放热反应。

$$Ca(OH)_2+HOCH_2CH_2OH \longrightarrow Ca(OH)_2CH_2OCH_2OH+H_2O$$

②硫化反应

烷基酚硫化，放出硫化氢，该反应是在乙二醇与氧化钙的络合物作用下的催化反应。

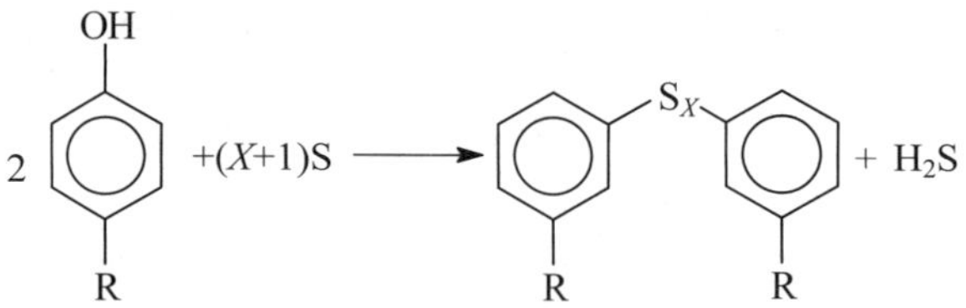

③中和反应

一部分乙二醇与氧化钙的络合物和硫化烷基酚反应生成硫化烷基酚钙表面活性剂，并分解出乙二醇和水。

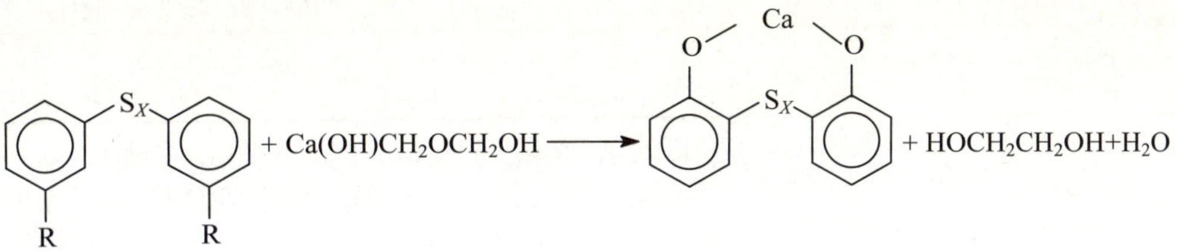

④碳酸化反应

其余的乙二醇与氧化钙的络合物和二氧化碳反应生成胶体碳酸钙，并分解出乙二醇，胶粒由表面活性剂层保持成悬浮状以防凝胶。

$$Ca(OH)CH_2OCH_2OH+CO_2 \longrightarrow CaCO_3+HOCH_2CH_2OH$$

（2）酚盐装置生产涉及原辅材料和产品特性

各种产品和化学原辅材料的主要成分、理化特性如表 9-11 所示。

表 9-11 各类产品及原辅材料主要成分及理化特性说明

序号	原料（产品）名称	主要成分	性质	备注
1	A 型产品	硫化烷基酚钙（50%～59.9%）、*p*-十二烷苯酚（5%～9.9%）、矿物油（30.2%～45%）	深棕色液体，有强烈的气味；不溶于水；闪点＞165℃；对眼睛、呼吸道稍有刺激性。反复摄入会引起不良的生殖反应。不具有爆炸性	产品 A
2	B 型产品	硫化烷基酚钙（50%～60%）、*p*-十二烷苯酚（5%～9.9%）、矿物油（30.1%～45%）	深棕色液体，有强烈的气味；不溶于水；闪点为160℃；对眼睛、呼吸道稍有刺激性。反复摄入会引起不良的生殖反应；不具有爆炸性	产品 B
3	稀释油	重质石蜡基油加氢处理后的馏分油（100%），属于石油烃类混合物	水状白色液体，矿物油特征气味。 pH：不适用；熔点/凝固点：尚未确定；初馏点及沸程：335～507℃；闪点：220℃；易燃性：不适用；分解温度：尚未确定；水可溶性：可忽略。 稳定性（热、光等）：常温常压下稳定。 急性毒性：经口 LD_{50}＞5 000 mg/kg，经皮 LD_{50}＞2 000 mg/kg，吸入 LC_{50}＞5.0 mg	原料，使用于硫化、碳酸化和调整工序
4	十二烷基苯酚	烷基酚（90%～100%）、壬基苯酚（1%～5%）	澄清液体，无味。 pH：无数据；冰点：−9℃；沸点：189℃； 闪点：＞162℃；自燃温度：380℃；分解温度：无数据；溶解度：不溶于水。 稳定性：正常条件下物料稳定。 急性毒性：经口 LD_{50}＞2 100 mg/kg（白鼠），经皮 LD_{50}＞15 000 mg/kg（白兔）	原料，使用于硫化工序

序号	原料（产品）名称	主要成分	性质	备注
5	熟石灰	氢氧化钙（95%～100%）、水（0～0.8%）、碳酸钙（0～1%）、氢氧化镁（0～0.7%）	白色或米白色细粉，无味。 pH：12.4；熔点：>450℃；沸点：不适用；易燃性：不易燃；分解温度：>580℃时，分解为 CaO 和 H_2O；水溶解度：1 844.9 mg/L。 稳定性：在正常使用及储存条件下稳定。 急性毒性：经口 LD_{50}>2 000 mg/kg（白鼠），LD_{50}>2 500 mg/kg（白兔）	原料，使用于中和工序
6	癸醇	癸醇（100%）	无色澄清液体，酒味。 pH：无数据；沸点：217～224℃；闪点：>94℃；水溶性：不可忽略。 稳定性：在正常条件下稳定。 急性毒性：经皮 LD_{50}>4 720 mg/kg（白鼠），经皮 LD_{50}>2 600 mg/kg（白兔）	原料，使用于中和工序
7	乙二醇	乙二醇（90%～100%）、水（0～10%）	无色液体，无味。 pH：6～8；冰点：−13℃；沸点：197.4℃；闪点：111℃；溶解度：可与水混溶；自燃温度：398℃。 稳定性：稳定。 急性毒性：混合物经口急性毒性评估 300～2 000 mg/kg	原料，使用于硫化和中和工序
8	硫黄	硫（90%～100%）、硫化氢（<0.1%）、二氧化硫（<0.1%）	熔化的液化物，粉末，硫黄化合物味。 pH：未确定；沸点：444℃；闪点：188℃；自燃点：232℃；溶解/凝固点：120℃；爆炸性：物质没有爆炸性质；水溶性：不溶于水。 稳定性：在中等高温和压力下，物质稳定。 急性毒性：经口 LD_{50}>2 000 mg/kg（白鼠）；经皮 LD_{50}>2 000 mg/kg（白兔）	原料，使用于硫化工序
9	聚异丁基丁二酸酐	聚异丁基丁二酸酐（99.9%～100%）、马来酸酐（<0.1%）	暗色液体。 pH：无数据；凝固点：无数据；沸点：无数据；闪点：155℃；溶解性：微溶于水；易燃性：无数据；爆炸性：无数据。 稳定性：正常条件下物料稳定。 急性毒性：经口 LD_{50}>5 000 mg/kg（白鼠），经皮 LD_{50}>2 000 mg/kg（白兔）	原料，使用于过滤工序
10	磺酸	烷基苯磺酸（90%～100%）、二氧化硫（<0.1%）	深色液体。 pH：未确定；闪点：130℃；爆炸数据：物质没有爆炸性质；水溶性：不溶于水。 稳定性：在中等高温和压力，物质稳定。 急性毒性：经口 LD_{50}>5 000 mg/kg（白鼠），经皮 LD_{50}>2 000 mg/kg（白兔）	原料，使用于中和工序

序号	原料（产品）名称	主要成分	性质	备注
11	硅藻土	二氧化硅（>99%），氧化铝、氧化钙和氧化镁（<1%）	白色细粉末，无味。 pH：9～10.5；熔点：不适用；沸点：不适用；溶解性：不适用。 稳定性：稳定	原料，使用于过滤工序
12	二氧化碳	二氧化碳（99.95%～100%）	无色气体，无味。 熔点：−56.6℃；沸点：−78.5℃；闪点：无意义；溶解性：微溶于水，溶于乙醇、苯等多数有机溶剂。 稳定性：在正常环境温度下储存和使用，本品稳定	原料，使用于碳酸化工序

9.2.1.2　工艺废气治理情况介绍

（1）工艺废气主要成分和治理工艺

根据第 9.2.1.1 节内容，酚盐装置的硫化、中和、碳酸化和闪蒸工序会产生工艺废气，该废气中主要含有硫化氢和少量的二氧化碳、癸醇、乙二醇、稀释油和酚盐产品（A 型产品和 B 型产品）。酚盐装置工艺废气治理工艺流程如图 9-5 所示。酚盐装置的工艺废气治理涉及原料为氢氧化钠溶液，该企业使用浓度为 28%的氢氧化钠溶液吸收酚盐装置产生的工艺废气，其理化特性如表 9-12 所示。

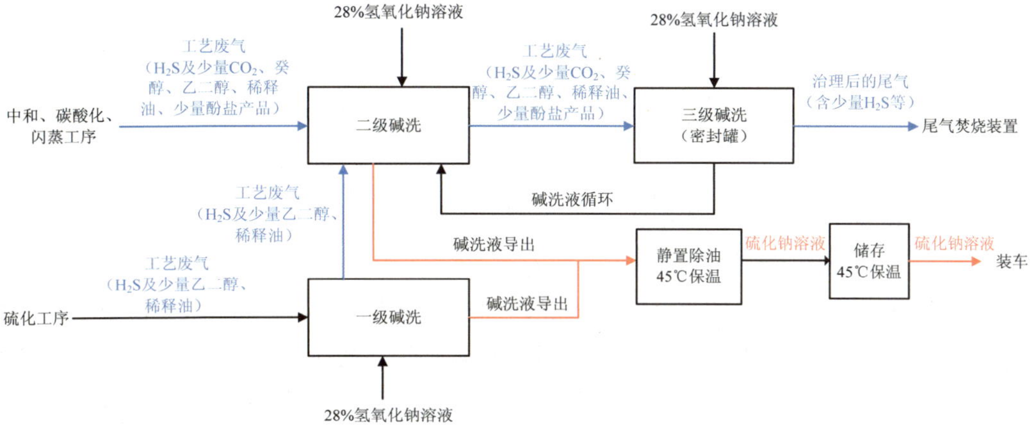

图 9-5　酚盐装置工艺废气治理工艺流程

表 9-12 氢氧化钠溶液使用量及理化特性说明

原料名称	主要成分	理化特性
氢氧化钠溶液	氢氧化钠（28%）、水（72%）	无色透明液体。pH：14，具有腐蚀性；熔点：318.4℃；沸点：1 390℃；闪点：无意义；溶解性：易溶于水、乙醇、甘油，不溶于丙酮。 稳定性：正常情况下稳定。 急性毒性：经皮 LD_{50}＞1 350 mg/kg（白兔）

酚盐装置工艺废气治理工艺说明：

硫化工序产生的工艺废气依次进入一级碱洗器（S-B102B）、二级碱洗器（S-B102A）、三级碱洗器（KO-SB102），由氢氧化钠溶液进行三级吸收；中和、碳酸化、闪蒸工序产生的工艺废气依次进入二级碱洗器（S-B102A）、三级碱洗器（KO-SB102），由氢氧化钠溶液进行两级吸收。工艺废气中的硫化氢吸收率可达 99%以上，未被吸收的工艺废气进入厂区内的尾气焚烧处理装置。此外，三级碱洗器（KO-SB102）内的碱洗液在吸收一段时间后转到二级碱洗器再排出。

氢氧化钠溶液吸收酚盐装置工艺废气时发生的化学反应如下：

①$H_2S+2NaOH \longrightarrow Na_2S+2H_2O$

②$H_2S+Na_2S \longrightarrow 2NaHS$（当硫化氢气体过量时发生）

③$2NaOH+CO_2 \longrightarrow Na_2CO_3+2H_2O$（仅生产 A 型产品时发生）

④$2Na_2S+4SO_2+Na_2CO_3 = 3Na_2S_2O_3+CO_2$

另外，工艺废气中含有的微量癸醇、乙二醇和稀释油也可能进入氢氧化钠溶液。根据癸醇、乙二醇和稀释油的理化特性，3 种物质均可溶于氢氧化钠溶液中。

（2）液态硫化钠的产生过程分析

该企业通过监控碱洗器内氢氧化钠的浓度来确定是否更换氢氧化钠溶液。如碱洗器中的氢氧化钠含量低于 3%，则将碱洗器中的溶液转至 A109 储罐静置除油（自然静置 8 小时），经油水分离后，少量油向上浮。A109 储罐有底部和中下部两个出料口，静置合格的溶液从中下部出料口转至 A110 储罐（该储罐配有 45℃保温措施，以防止溶液结晶），最后通过 A110 储罐装车外运，A110 储罐中的溶液即为本次鉴别对象——硫化钠溶液。而上层油状物进入 A120 储罐储存，定期清理并作为危险废物转交给有资质单位处置（根据委托方提供的资料，硫化钠溶液中油状物含量约为 0.05%）。酚盐装置工艺废气治理设备连接情况如图 9-6 所示。

根据企业实际生产情况，生产 A 型和 B 型产品过程中所产生的硫化钠溶液都进入 A110 储罐储存，因此，本次鉴别对象的采样点设在 A110 储罐的卸料管道上（图 9-6）。酚盐产品根据市场需求和生产计划按批次生产，属于间歇性生产；且酚盐装置工艺废气吸附工序所产生的硫化钠溶液也是间歇性从碱洗器导出，因此硫化钠溶液也属于间歇性产生。根据统计，液态硫化钠最大月产量为 1 698 t。

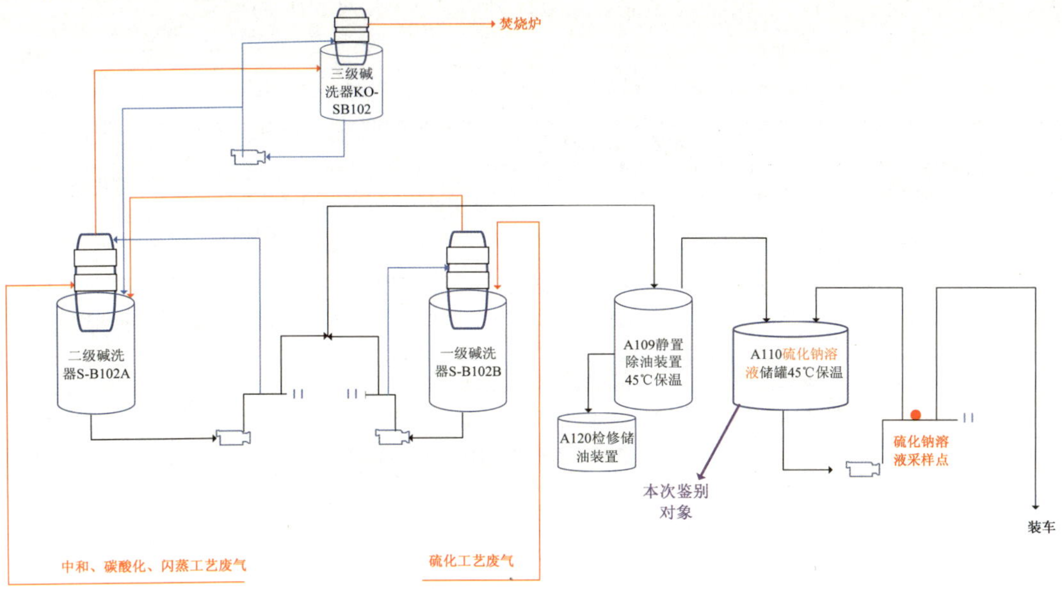

图 9-6　酚盐装置工艺废气治理设备连接情况

9.2.2　固体废物属性判断

根据《危险废物鉴别标准　通则》（GB 5085.7—2019）第 4 条“危险废物的鉴别应按照以下程序进行：4.1 依据法律法规和 GB 34330，判断待鉴别的物品、物质是否属于固体废物，不属于固体废物的，则不属于危险废物”的有关规定，需对本次鉴别的液态硫化钠是否属于固体废物进行鉴别。

本次鉴别的液态硫化钠来源于酚盐装置工艺废气的治理环节，结合酚盐装置工艺特点、废气治理情况以及该硫化钠溶液的产生过程，但该物质符合 4.3 环境治理和污染控制过程中产生的物质中的“n）在其他环境治理和污染修复过程中产生的各类物质”的判断条件，属于固体废物。

此外，目前我国还未发布国家、地方制定或行业通用的液态硫化钠产品质量标准，且现有的《工业硫化钠》（GB 10500—2009）产品标准仅适用于块状、片状和粒状工业硫化钠，不适用液体硫化钠的产品质量判断。因此，本次鉴别的液态硫化钠应当按照固体废物管理。

9.2.3　危险废物名录相符性分析

根据《国民经济行业分类》，该企业属于化学原料和化学制品制造业。本次鉴别对象来源于酚盐装置工艺废气吸收工序，结合本次鉴别对象的来源、特性以及产废单位的行业类别，该鉴别对象跟《名录》（2021 年版）中的“HW35 废碱”类所有危险废物类别的描述都不相符（表 9-13），不属于《名录》（2021 年版）中所列的废物种类。

表 9-13 《名录》（2021 年版）相符性分析

鉴别对象	《名录》（2021 年版）					相符性分析
	废物类别	行业来源	废物代码	危险废物	危险特性	
液态硫化钠	HW35 废碱	精炼石油产品制造	251-015-35	石油炼制过程产生的废碱液和碱渣	C，T	行业不相符，该企业不属于石油制造业
		基础化学原料制造	261-059-35	氢氧化钙、氨水、氢氧化钠、氢氧化钾等的生产、配制中产生的废碱液、固态碱和碱渣	C	工艺不相符，不属于氢氧化钠等的生产、配制工艺
		毛皮鞣制及制品加工	193-003-35	使用氢氧化钙、硫化钠进行浸灰产生的废碱液	C，R	行业不相符，该企业不属于毛皮鞣制及制品加工业
		纸浆制造	221-002-35	碱法制浆过程中蒸煮制浆产生的废碱液	C，T	行业不相符，该企业不属于纸浆制造业
		非特定行业	900-350-35	使用氢氧化钠进行煮炼过程产生的废碱液	C	工艺不相符，不存在煮炼工艺
			900-351-35	使用氢氧化钠进行丝光处理过程中产生的废碱液	C	工艺不相符，不存在丝光工艺
			900-352-35	使用碱进行清洗产生的废碱液	C，T	行业、工艺均不相符，不存在碱清洗工艺
			900-353-35	使用碱进行清洗除蜡、碱性除油、电解除油产生的废碱液	C，T	工艺不相符，不存在除油除蜡工艺
			900-354-35	使用碱进行电镀阻挡层或抗蚀层的脱除产生的废碱液	C，T	工艺不相符，不存在电镀工艺
			900-355-35	使用碱进行氧化膜浸蚀产生的废碱液	C，T	工艺不相符，不存在氧化膜浸蚀工艺
			900-356-35	使用碱溶液进行碱性清洗、图形显影产生的废碱液	C，T	工艺不相符，不存在清洗、图形显影工艺
			900-399-35	生产、销售及使用过程中产生的失效、变质、不合格、淘汰、伪劣的强碱性擦洗粉、清洁剂、污迹去除剂以及其他强碱性废碱液、固态碱和碱渣	C，T	行业和产生过程不相符，本次鉴别的液态硫化钠不属于非特定行业产地的强碱性擦洗粉等

9.2.4 危险特性识别和筛选

9.2.4.1 鉴别对象有害物质分析

（1）由工艺、原料识别鉴别对象的物质组成

经研究与鉴别对象相关的酚盐装置生产工艺、原辅材料和工艺废气治理情况等，并结合原料理化特性、可能发生的化学反应以及反应生成物质的种类及其迁移途径，对鉴别对象中可能存在的物质进行逐一识别，详见表 9-14。

表 9-14 从工艺和原辅材料特性方面分析鉴别对象的物质组成

序号	鉴别对象中可能存在的物质	该物质的产生工艺环节	涉及的原料	该物质进入鉴别对象的途径	该物质的危险特性	备注
1	硫化钠	酚盐装置工艺废气治理	硫化氢气体、28%的氢氧化钠溶液	工艺废气中的硫化氢跟氢氧化钠溶液发生化学反应生成	腐蚀性、反应性、毒性	—
2	碳酸钠	酚盐装置工艺废气治理	二氧化碳气体、28%的氢氧化钠溶液	工艺废气中残留的少量二氧化碳气体跟氢氧化钠溶液发生化学反应生成	腐蚀性	—
3	硫氢化钠	酚盐装置工艺废气治理	硫化氢气体、28%的氢氧化钠溶液	工艺废气中的硫化氢跟氢氧化钠溶液发生化学反应生成（硫化氢气体过量时）	腐蚀性、反应性、毒性	—
4	硫代硫酸钠	酚盐装置工艺废气治理	硫化氢气体、28%的氢氧化钠溶液	硫化钠溶液中存在碳酸钠和二氧化硫时，会发生化学反应，生成硫代硫酸钠	—	—
5	氢氧化钠	酚盐装置工艺废气治理	28%的氢氧化钠溶液	工艺废气中的硫化氢跟氢氧化钠溶液未完全反应	腐蚀性	根据企业对碱洗器中氢氧化钠溶液的更换条件，鉴别对象中可能存在 3%以内含量的氢氧化钠
6	乙二醇	酚盐装置中的硫化反应和中和、碳酸化反应	乙二醇	随着硫化氢气体混入碱洗器中	低毒性	根据前面工艺分析，乙二醇的沸点为 197.4℃，高于硫化、中和及碳酸化反应温度，在反应器中不会沸腾汽化
7	癸醇	酚盐装置中的中和、碳酸化反应和闪蒸工序	癸醇	随着硫化氢气体混入碱洗器中	易燃性、低毒性	根据前面工艺分析，癸醇的沸点为 217～224℃，高于中和、碳酸化反应温度，在反应器中不会沸腾汽化

序号	鉴别对象中可能存在的物质	该物质的产生工艺环节	涉及的原料	该物质进入鉴别对象的途径	该物质的危险特性	备注
8	稀释油	酚盐装置中的硫化反应、中和、碳酸化反应和闪蒸工序	稀释油	随着硫化氢气体混入碱洗器中（以气态形式混入待鉴别物中）	易燃性、毒性	根据前面工艺分析，稀释油的沸点为335～507℃，远高于硫化、中和及碳酸化反应温度，在反应器中不会沸腾汽化。此外，稀释油属于石油烃类，毒性物质指标测试石油溶剂
9	十二烷基苯酚	酚盐装置中的硫化反应	十二烷基苯酚（主要含烷基酚和壬基苯酚）	随着硫化氢气体混入碱洗器中（以气态形式混入待鉴别物中）	无资料	根据前面工艺分析，十二烷基苯酚的沸点为189℃，高于硫化反应温度，在反应器中不会沸腾汽化
10	硫酸钠	酚盐装置中的硫化反应、中和、碳酸化反应	硫黄（液体）、磺酸	原料中的少量气态成分（二氧化硫）随着硫化氢气体混入碱洗器中，跟氢氧化钠溶液发生反应	无	根据前面工艺分析，可能有少量的二氧化硫随着硫化氢气体进入碱洗器
11	水	酚盐装置工艺废气治理	28%的氢氧化钠溶液	原料中带入	无	—
12	酚盐产品	酚盐产品生产工序	硫化烷基酚钙	工艺废气可能夹带着酚盐产品进入碱洗器中	—	—

从工艺、原料等方面分析，得知本次鉴别对象中可能存在硫化钠、碳酸钠、硫氢化钠、硫代硫酸钠、氢氧化钠、乙二醇、癸醇、稀释油、烷基酚、壬基苯酚、硫酸钠、水和酚盐产品。

（2）鉴别对象物质成分测试和分析

为进一步明确鉴别对象中的物质成分及其含量，采集了2个液态硫化钠样品，参考《工业硫化钠》（GB 10500—2009）等标准中所列的测定方法，开展物质含量测试分析，物质组成及含量测试结果如表9-15所示。

由表9-15可知，鉴别对象中的物质成分及其含量从大到小依次为水（78.6%～78.9%）、硫化钠（20.76%～20.83%）、硫代硫酸钠（0.26%）、碳酸钠（0.1%）和乙二醇（0.01%～0.02%），其他物质未检出。本次鉴别的硫化钠溶液主要成分是水和硫化钠，该两种物质总含量达99.36%以上，其他物质含量较低；尤其是有机类物质只有乙二醇有检出，含量仅占0.01%～0.02%。该检测结果跟从工艺、原料分析鉴别对象物质成分的结果基本一致。

表 9-15 鉴别对象物质成分及其含量检测结果

物质成分	检测结果/%		检测方法
	液态硫化钠 1#	液态硫化钠 2#	
硫化钠	20.76	20.83	《工业硫化钠》(GB 10500—2009)
硫氢化钠	0	0	《工业硫氢化钠》(GB/T 23937—2009)
氢氧化钠	0	0	参照《工业硫氢化钠》(GB/T 23937—2009)
碳酸钠	0.1	0.1	《工业硫化钠》(GB 10500—2009)
硫酸钠	0	0	气质联用色谱仪、内标法-核磁氢谱
硫代硫酸钠	0.26	0.26	《工业硫化钠》(GB 10500—2009)
乙二醇	0.002	0.001	气质联用色谱仪、内标法-核磁氢谱
癸醇	ND	ND	
石油溶剂	ND	ND	
烷基酚	ND	ND	
壬基苯酚	ND	ND	
水(含水率)	78.6	78.9	卡尔费休水分测定仪
水样温度/℃	45	45	温度计

本次鉴别对象是液态，外观颜色呈棕色（图 9-7），具有极强的刺激性气味，常温下很容易结晶，硫化钠在水中的溶解度见表 9-16。

表 9-16 硫化钠在水中的溶解度一览表

温度/℃	溶液中硫化钠含量/%	固相
−9.5（低共熔点）	7.5	—
0	8.8	$Na_2S \cdot 9H_2O$（九水合硫化钠）
10	10.8	$Na_2S \cdot 9H_2O$
20	13.6	$Na_2S \cdot 9H_2O$
30	17.0	$Na_2S \cdot 9H_2O$
40	21.0	$Na_2S \cdot 9H_2O$
50（转变点）	28.0	$Na_2S \cdot 9H_2O + Na_2S \cdot 5\left(\frac{1}{2}\right)H_2O$
70	32.5	$Na_2S \cdot 5\left(\frac{1}{2}\right)H_2O$
90	39.5	$Na_2S \cdot 5\left(\frac{1}{2}\right)H_2O$

温度/℃	溶液中硫化钠含量/%	固相
97.5（熔点）	45	$Na_2S \cdot 5\left(\frac{1}{2}\right)H_2O$
90	52.5	$Na_2S \cdot 5\left(\frac{1}{2}\right)H_2O$
86（低共熔点）	54.5	$Na_2S \cdot H_2O$（一水合硫化钠）
90	57.8	$Na_2S \cdot H_2O$
95	60.1	$Na_2S \cdot H_2O$

图 9-7　本次鉴别对象的外观和形态

9.2.4.2　液态硫化钠危险特性识别与筛选

（1）根据鉴别对象产生过程可直接排除的危险特性

根据酚盐装置及其工艺废气吸附工序的工艺介绍、相关原料种类及其理化特性分析以及鉴别对象的成分测试结果，可初步识别鉴别对象的危险特性。

1）反应性危险特性识别

根据《危险废物鉴别标准　反应性鉴别》（GB 5085.5—2007），反应性危险废物是指符合下述 3 个条件之一的固体废物：

①爆炸性质

鉴别对象来源于酚盐装置工艺废气吸附工序产生的液态硫化钠，其含水量可超过 78%，常温常压下稳定，在无引爆条件下，不会发生剧烈变化；在标准温度和压力下（25℃，101.3 kPa）以及受强起爆剂作用或在封闭条件下加热，均不会发生爆轰或爆炸性分解反应。因此，本次鉴别对象不具备爆炸性质。

②与水或酸接触产生易燃气体或有毒气体的性质

本次鉴别对象中含有硫化钠，遇酸会发生化学反应并产生有毒硫化氢气体。

③废弃氧化剂或有机过氧化物属性

本次鉴别对象不属于废弃氧化剂或有机过氧化物，产生过程不使用强氧化剂，无上述氧化性或过氧化性。

因此，本次鉴别对象可能具备遇酸反应性危险特性，下一步需要对其进行遇酸反应性危险特性验证。

2）易燃性危险特性识别

根据鉴别对象的产生过程及成分测试结果，鉴别对象中含有乙二醇，属于易燃性有机物。因此，本次鉴别对象可能具备液态易燃性危险特性，下一步需要对其进行液态易燃性危险特性验证。

3）腐蚀性危险特性识别

本次鉴别对象中含有硫化钠、碳酸钠等碱性物质，可能具有腐蚀性危险特性，因此，下一步需要对其进行腐蚀性危险特性验证。

4）浸出毒性危险特性识别

根据酚盐装置及其工艺废气吸附工序的工艺介绍、相关原料种类及其理化特性分析以及鉴别对象的成分测试结果，本次鉴别对象不存在《危险废物鉴别标准　浸出毒性鉴别》（GB 5085.3—2007）中所列的无机物质项目、有机农药类和非挥发性有机化合物以及挥发性有机化合物。因此，本次鉴别对象不具有浸出毒性危险特性。

5）毒性物质含量危险特性识别

根据酚盐装置及其工艺废气吸附工序的工艺介绍、相关原料种类及其理化特性分析、鉴别对象的成分和有机物含量测试结果，本次鉴别对象不存在《危险废物鉴别标准　毒性物质含量鉴别》（GB 5085.6—2007）附录 A～附录 F 中的任何物质。因此，本次鉴别对象不具有毒性物质含量危险特性。

6）急性毒性危险特性识别

参照《化学品分类和标签规范　第 18 部分：急性毒性》（GB 30000.18—2013）对鉴别对象的急性毒性进行估算，计算公式如下：

$$\frac{100}{\mathrm{ATE}}=\sum_{i}^{n}\frac{C_i}{\mathrm{ATE}_i}$$

式中：C_i——组分 i 的浓度，i=1，…，n；

ATE_i——组分 i 的急性毒性数据；

ATE——急性毒性估计值。

根据液态硫化钠企业标准中的各物质浓度限值（表 9-17），对液态硫化钠的急性毒性进行估算。鉴别对象中可能存在的各物质的急性毒性数据见表 9-18，液态硫化钠的急性毒性估算范围见表 9-19。

表 9-17　液态硫化钠各指标管控标准

单位：%

指标	管控限值
硫化钠（Na_2S）	20～25
铁（Fe）	≤0.008
氢氧化钠（NaOH）	0.1～3.0

表 9-18　鉴别对象中存在的各类物质急性毒性数据

物质成分	急性经口毒性/（mg/kg）	急性经皮毒性/（mg/kg）	急性吸入毒性/（mg/L）
硫化钠	208[1]	340[1]	0.5[2]
氢氧化钠	40[1]	50[1]	0.5[2]
铁	30 000[1]	50[2]	0.5[2]

注：1. 急性经口毒性数据来源：

（1）硫化钠急性经口毒性和急性经皮毒性：

https：//www.chemblink.com/MSDS/MSDSFiles/1313-82-2_Acros-Organics.pdf

（2）氢氧化钠急性经口毒性：

https：//www.chemicalbook.com/ProductChemicalPropertiesCB8105015.htm

氢氧化钠急性经皮毒性：

https：//www.chemicalbook.com/ProductMSDSDetailCB8105 015.htm

（3）铁急性经口毒性：

https：//www.chemsrc.com/cas/7439-89-6_951 952.html#MSDSDiv

2. 未查到急性毒性，按照《化学品分类和标签规范　第 18 部分：急性毒性》（GB 30000.18—2013）类别 1 急性毒性限值计。

表 9-19　鉴别对象的急性毒性估算结果

成分名称	浓度限值/%	急性经口毒性/（mg/kg）	急性经皮毒性/（mg/kg）	急性吸入毒性/（mg/L）
硫化钠	20～25	512～1 014	748～1 640	1.79～2.49
氢氧化钠	0.1～3.0			
铁	0.008			
《危险废物鉴别标准　急性毒性初筛》（GB 5085.2—2007）标准限值		500	1 000	10

由表 9-19 可知，根据液态硫化钠溶液的管控标准限值计算出的硫化钠溶液急性经口毒性最小值略大于标准限值，与标准限值非常接近，极有可能具有急性经口毒性；急性经皮毒性最小值小于标准限值，在该管控标准下，如果硫化钠溶液中硫化钠和氢氧化钠的浓度偏高，则硫化钠溶液极有可能具有急性经皮毒性；急性吸入毒性最大值小于标准限值，即在该管控标准下，硫化钠溶液具有吸入急性毒性。

综上所述，硫化钠溶液具有急性吸入毒性，可能具有急性经口毒性和急性经皮毒性。

因此，为进一步明确硫化钠溶液是否具有急性经口毒性和急性经皮毒性，须开展硫化钠溶液的急性经口毒性和急性经皮毒性检测。

7）鉴别对象危险特性识别结果

本次鉴别对象危险特性识别结果如表 9-20 所示。

表 9-20　鉴别对象危险特性初步识别结果

序号	危险特性		初步识别	
1	反应性		可能具备（遇酸反应性）	
2	易燃性		可能具备	
3	腐蚀性		可能具备	
4	浸出毒性	无机物质项目（16 种）	排除	
		有机农药类和非挥发性有机化合物（22 种）	排除	
		挥发性有机化合物（12 种）	排除	
5	毒性物质含量	剧毒物质（GB 5085.6—2007 附录 A）	有机类	排除
			无机类	排除
		有毒物质（GB 5085.6—2007 附录 B）	有机类	排除
			无机类	排除
		致癌性物质（GB 5085.6—2007 附录 C）	有机类	排除
			无机类	排除
		致突变性物质（GB 5085.6—2007 附录 D）	有机类	排除
			无机类	排除
		生殖毒性物质（GB 5085.6—2007 附录 E）	有机类	排除
			无机类	排除
		持久性有机污染物（GB 5085.6—2007 附录 F）	排除	
6	急性毒性	经口	可能具备	
		经皮	可能具备	
		吸入	具备	

因此，本书认为根据酚盐装置及其工艺废气吸附工序的工艺介绍、相关原料种类及其理化特性分析、鉴别对象的成分和有机物含量测试结果，可以直接排除鉴别对象的浸出毒性、毒性物质含量危险特性，不需要对其进行检测。

（2）根据初筛测试结果可排除的危险特性

结合鉴别对象危险特性识别结果，为进一步验证和排除鉴别对象的其他危险特性，采集 3 个液态硫化钠样品，进一步测试其腐蚀性、液态易燃性、遇酸反应性、有机类毒性物质含量、急性经口毒性和急性经皮毒性。初筛采样期间，酚盐装置及其工艺废气吸附装置正常稳定生产，说明初筛检测期间所采集的样品具有代表性。

图 9-8 液态硫化钠初筛样品

1）腐蚀性初筛检测结果

腐蚀性危险特性（pH）初筛检测结果见表 9-21。

表 9-21 腐蚀性危险特性（pH）初筛检测结果

样品编号	pH（量纲一）	检测方法	评价标准
初筛样品-01#	13.50	《固体废物 腐蚀性测定 玻璃电极法》（GB/T 15555.12—1995）	pH≥12.5，或者pH≤2.0，则具有腐蚀性
初筛样品-02#	13.52		
初筛样品-03#	13.55		

注：测试时样品保温温度为 45℃。

由表 9-21 可知，3 个硫化钠溶液样品的 pH 都大于 12.5，超出《危险废物鉴别标准 腐蚀性鉴别》（GB 5085.1—2007）中的相应标准限值。因此，根据鉴别对象腐蚀性危险特性识别及初筛检测结果，鉴别对象极有可能具有腐蚀性危险特性。综上所述，在下一阶段的鉴别工作中，须将腐蚀性指标（pH）作为液态硫化钠危险特性鉴别的检测项目。

2）液态易燃性初筛检测结果

鉴别对象的液态易燃性危险特性初筛检测结果见表 9-22。

表 9-22 液态易燃性危险特性初筛检测结果

样品编号	闪点/℃	检测方法	评价标准
初筛样品-01#	＞100	《闪点的测定 宾斯基-马丁闭口杯法》（GB/T 261—2008）	闪点温度低于 60℃，则具有易燃性
初筛样品-02#	＞100		
初筛样品-03#	＞100		

注：测试时样品保温温度为 45℃。

由表 9-22 可知，3 个样品的闪点均大于 100℃，都未超出《危险废物鉴别标准　易燃性鉴别》（GB 5085.4—2007）中的相应标准限值。根据鉴别对象的成分测试及初筛检测结果，虽然鉴别对象中含有易燃性的乙二醇，但是其含量极低（含量只有 0.01%～0.02%），且没有其他的易燃性有机物成分，不会超过液态易燃性危险废物的判断标准。因此，可判断鉴别对象不具有液态易燃性危险特性，在下一阶段的鉴别工作中无须检测该项目。

3）遇酸反应性初筛检测结果

鉴别对象的遇酸反应性危险特性初筛检测结果见表 9-23。

表 9-23　遇酸反应性危险特性初筛检测结果

样品编号	检测结果/（mg/kg）		检测方法	评价标准
初筛样品-01#	硫化氢	＜2.5	《危险特性鉴别标准　反应性鉴别》（GB 5085.5—2007）	在酸性条件下，每千克含硫化物废物分解产生≥500 mg 硫化氢气体，样品具有反应性
初筛样品-02#	硫化氢	＜2.5		
初筛样品-03#	硫化氢	＜2.5		

注：测试时样品保温温度为 45℃。

由表 9-23 可以看出，3 个样品遇酸后分解产生的硫化氢气体均小于 500 mg/kg，都未超出《危险废物鉴别标准　反应性鉴别》（GB 5085.5—2007）中的相应标准限值。根据鉴别对象的成分测试及初筛检测结果，虽然鉴别对象中含硫化钠，但是该溶液呈强碱性（pH 为 13.50～13.55），说明溶液中含有大量氢氧根离子，进行遇酸反应试验时，加入的酸（氢离子）会先跟溶液中的碱（氢氧根离子）反应，造成在该试验条件下，产生的硫化氢毒性气体含量较低，未超过遇酸反应性危险废物的判断标准。因此，在下一阶段的鉴别工作中，将检测硫化钠溶液中的硫离子含量，并按照硫离子含量计算其与硫酸完全反应生成的硫化氢气体量，作为硫化钠溶液是否具有反应性的判断依据。

4）有机类毒性物质初筛检测结果

根据前面章节的介绍，鉴别对象中不存在《危险废物鉴别标准　浸出毒性鉴别》（GB 5085.3—2007）和《危险废物鉴别标准　毒性物质含量鉴别》（GB 5085.6—2007）附录 A～附录 F 中所列的有机类毒性物质。但考虑到酚盐装置的反应条件和原料中含有醇类等有机物，采集 3 个硫化钠溶液样品开展有机成分检测以进一步排除有机类毒性物质。

鉴别对象中有机类物质检测结果如表 9-24 所示。

由表 9-24 可知，本次鉴别对象中的挥发性和半挥发性有机类毒性物质均低于检出限。因此，在下一阶段的鉴别工作中无须检测有机类挥发性和半挥发性化合物。

表 9-24 有机成分初筛检测结果

检测项目	检测方法	单位	检测结果		
			初筛样品-01#	初筛样品-02#	初筛样品-03#
挥发性有机物分析结果					
氯乙烯	GC-MS 全扫半定量分析	mg/kg	<0.001 5	<0.001 5	<0.001 5
1,1-二氯乙烯		mg/kg	<0.000 8	<0.000 8	<0.000 8
二氯甲烷		mg/kg	<0.002 6	<0.002 6	<0.002 6
反-1,2-二氯乙烯		mg/kg	<0.000 9	<0.000 9	<0.000 9
1,1-二氯乙烷		mg/kg	<0.001 6	<0.001 6	<0.001 6
顺-1,2-二氯乙烯		mg/kg	<0.000 9	<0.000 9	<0.000 9
氯仿		mg/kg	<0.001 5	<0.001 5	<0.001 5
1,1,1-三氯乙烷		mg/kg	<0.001 1	<0.001 1	<0.001 1
1,2-二氯乙烷		mg/kg	<0.001 3	<0.001 3	<0.001 3
苯		mg/kg	<0.001 6	<0.001 6	<0.001 6
四氯化碳		mg/kg	<0.002 1	<0.002 1	<0.002 1
三氯乙烯		mg/kg	<0.000 9	<0.000 9	<0.000 9
1,2-二氯丙烷		mg/kg	<0.001 9	<0.001 9	<0.001 9
一溴二氯甲烷		mg/kg	<0.001 1	<0.001 1	<0.001 1
甲苯		mg/kg	<0.002 0	<0.002 0	<0.002 0
1,1,2-三氯乙烷		mg/kg	<0.001 4	<0.001 4	<0.001 4
二溴氯甲烷		mg/kg	<0.000 9	<0.000 9	<0.000 9
四氯乙烯		mg/kg	<0.000 8	<0.000 8	<0.000 8
1,2-二溴乙烷		mg/kg	<0.001 5	<0.001 5	<0.001 5
氯苯		mg/kg	<0.001 1	<0.001 1	<0.001 1
1,1,1,2-四氯乙烷		mg/kg	<0.001 0	<0.001 0	<0.001 0
乙苯		mg/kg	<0.001 2	<0.001 2	<0.001 2
间，对-二甲苯		mg/kg	<0.003 6	<0.003 6	<0.003 6
溴仿		mg/kg	<0.001 7	<0.001 7	<0.001 7
苯乙烯		mg/kg	<0.001 6	<0.001 6	<0.001 6
邻二甲苯		mg/kg	<0.001 3	<0.001 3	<0.001 3
1,1,2,2-四氯乙烷		mg/kg	<0.001 0	<0.001 0	<0.001 0
1,2,3-三氯丙烷		mg/kg	<0.001 0	<0.001 0	<0.001 0
1,3,5-三甲基苯		mg/kg	<0.001 5	<0.001 5	<0.001 5
1,2,4-三甲基苯		mg/kg	<0.001 5	<0.001 5	<0.001 5
1,3-二氯苯		mg/kg	<0.001 1	<0.001 1	<0.001 1
1,4-二氯苯		mg/kg	<0.001 2	<0.001 2	<0.001 2

检测项目	检测方法	单位	检测结果		
			初筛样品-01#	初筛样品-02#	初筛样品-03#
1,2-二氯苯	GC-MS 全扫半定量分析	mg/kg	<0.001 0	<0.001 0	<0.001 0
1,2,4-三氯苯		mg/kg	<0.000 8	<0.000 8	<0.000 8
六氯丁二烯		mg/kg	<0.001 0	<0.001 0	<0.001 0
半挥发性有机物分析结果					
N-亚硝基二甲胺	GC-MS 全扫半定量分析	mg/kg	<1.0	<1.0	<1.0
苯酚		mg/kg	<0.5	<0.5	<0.5
双（2-氯乙基）醚		mg/kg	<0.4	<0.4	<0.4
2-氯苯酚		mg/kg	<0.4	<0.4	<0.4
1,3-二氯苯		mg/kg	<0.4	<0.4	<0.4
1,4-二氯苯		mg/kg	<0.4	<0.4	<0.4
1,2-二氯苯		mg/kg	<0.3	<0.3	<0.3
2-甲基苯酚		mg/kg	<0.7	<0.7	<0.7
N-亚硝基二正丙胺		mg/kg	<0.4	<0.4	<0.4
六氯乙烷		mg/kg	<0.4	<0.4	<0.4
4-甲基苯酚		mg/kg	<0.8	<0.8	<0.8
硝基苯		mg/kg	<0.3	<0.3	<0.3
异佛尔酮		mg/kg	<0.4	<0.4	<0.4
2-硝基苯酚		mg/kg	<0.6	<0.6	<0.6
2,4-二甲基苯酚		mg/kg	<0.7	<0.7	<0.7
二（2-氯乙氧基）甲烷		mg/kg	<0.3	<0.3	<0.3
2,4-二氯苯酚		mg/kg	<0.5	<0.5	<0.5
1,2,4-三氯苯		mg/kg	<0.3	<0.3	<0.3
萘		mg/kg	<0.4	<0.4	<0.4
4-氯苯胺		mg/kg	<0.3	<0.3	<0.3
六氯丁二烯		mg/kg	<0.3	<0.3	<0.3
4-氯-3-甲基苯酚		mg/kg	<0.6	<0.6	<0.6
2-甲基萘		mg/kg	<0.4	<0.4	<0.4
六氯环戊二烯		mg/kg	<0.5	<0.5	<0.5
2,4,6-三氯苯酚		mg/kg	<0.6	<0.6	<0.6
2,4,5-三氯苯酚		mg/kg	<0.7	<0.7	<0.7
2-氯胺		mg/kg	<0.3	<0.3	<0.3
2-硝基苯胺		mg/kg	<0.9	<0.9	<0.9
邻苯二甲酸二甲酯		mg/kg	<0.6	<0.6	<0.6
苊烯		mg/kg	<0.5	<0.5	<0.5
2,6-二硝基甲苯		mg/kg	<0.9	<0.9	<0.9

检测项目	检测方法	单位	检测结果		
			初筛样品-01#	初筛样品-02#	初筛样品-03#
3-硝基苯胺	GC-MS 全扫半定量分析	mg/kg	＜0.8	＜0.8	＜0.8
苊		mg/kg	＜0.3	＜0.3	＜0.3
2,4-二硝基苯酚		mg/kg	＜1.0	＜1.0	＜1.0
二苯并呋喃		mg/kg	＜0.4	＜0.4	＜0.4
2,4-二硝基甲苯		mg/kg	＜0.7	＜0.7	＜0.7
4-硝基苯酚		mg/kg	＜0.8	＜0.8	＜0.8
邻苯二甲酸二乙酯		mg/kg	＜0.8	＜0.8	＜0.8
4-氯苯基苯基醚		mg/kg	＜1.0	＜1.0	＜1.0
4-硝基苯胺		mg/kg	＜0.5	＜0.5	＜0.5
4,6-二硝基-2-甲基苯酚		mg/kg	＜1.0	＜1.0	＜1.0
偶氮苯		mg/kg	＜0.5	＜0.5	＜0.5
4-溴-二苯基醚		mg/kg	＜0.6	＜0.6	＜0.6
六氯苯		mg/kg	＜0.4	＜0.4	＜0.4
五氯苯酚		mg/kg	＜0.8	＜0.8	＜0.8
菲		mg/kg	＜0.6	＜0.6	＜0.6
蒽		mg/kg	＜0.5	＜0.5	＜0.5
咔唑		mg/kg	＜0.8	＜0.8	＜0.8
邻苯二甲酸二正丁酯		mg/kg	＜0.8	＜0.8	＜0.8
荧蒽		mg/kg	＜0.7	＜0.7	＜0.7
芘		mg/kg	＜0.7	＜0.7	＜0.7
邻苯二甲酸丁基苄基酯		mg/kg	＜0.7	＜0.7	＜0.7
苯并[*a*]蒽		mg/kg	＜0.9	＜0.9	＜0.9
䓛		mg/kg	＜0.8	＜0.8	＜0.8
邻苯二甲酸二（2-乙基己基）酯		mg/kg	＜1.0	＜1.0	＜1.0
邻苯二甲酸二正辛酯		mg/kg	＜1.0	＜1.0	＜1.0
苯并[*b*]荧蒽		mg/kg	＜0.9	＜0.9	＜0.9
苯并[*k*]荧蒽		mg/kg	＜0.8	＜0.8	＜0.8
苯并[*a*]芘		mg/kg	＜1.0	＜1.0	＜1.0
茚并[1,2,3-*c*,*d*]芘		mg/kg	＜1.0	＜1.0	＜1.0
二苯并[*a*,*h*]蒽		mg/kg	＜1.0	＜1.0	＜1.0
苯并[*g*,*h*,*i*]苝		mg/kg	＜0.9	＜0.9	＜0.9
芴		mg/kg	＜0.5	＜0.5	＜0.5
二（2-氯异丙基）醚		mg/kg	＜0.4	＜0.4	＜0.4

5）急性毒性初筛检测结果

初筛阶段的急性毒性检测旨在为急性经口毒性和急性经皮毒性的识别结果提供数据作证，因此只对 1 个样品进行急性经口毒性和急性经皮毒性检测。检测结果如下：

①急性经口毒性：

以 500 mg/kg 体重进行急性经口毒性试验。在染毒期间及 14 d 观察期内，20 只动物均出现毒性反应，精神委靡不振，其中 3 只偶发伴肌颤；16 只动物在染毒 24 h 内死亡；至观察期结束，动物死亡率 80%（表 9-25）。死亡动物及试验结束动物大体解剖，肉眼观察未见异常。

表 9-25　样品对 NIH 小鼠急性经口毒性试验结果（$\bar{x}\pm S$）

组别	剂量	性别	数量/只	体重/g			死亡率/%	总死亡率/%
				0 d	7 d	14 d		
染毒组	500 mg/kg 体重	♂	10	20.1±1.9	33.2±0.5	38.0±1.8	70	80
		♀	10	18.2±0.3	26.9	29.0	90	

注：1 d 后雄性、雌性小鼠动物数分别为 3 只、1 只。

②急性经皮毒性：

以 1 000 mg/kg 体重进行急性经皮毒性试验。动物在染毒期间全部死亡（表 9-26）。对所有动物进行大体解剖，染毒部位皮肤均出现严重红肿。

表 9-26　样品对新西兰兔急性经皮毒性试验结果（$\bar{x}\pm S$）

组别	剂量	性别	数量/只	体重/g			死亡率/%
				染毒前	7 d	14 d	
染毒组	1 000 mg/kg 体重	♂	5	2 741.5±65.0	—	—	100
		♀	5	2 769.1±145.4	—	—	100

注：“—”表示该时间点动物均已死亡。

根据检测结果，硫化钠溶液样品的急性经口毒性 LD_{50} 小于 500 mg/kg，急性经皮毒性 LD_{50} 小于 1 000 mg/kg，硫化钠溶液样品具有急性经口毒性和急性经皮毒性。根据对鉴别对象的急性毒性估算结果，并通过采集样品对其急性经口毒性和急性经皮毒性的测试，可判断硫化钠溶液具备急性毒性，下阶段不需要对其进行采样检测。

9.2.5　鉴别检测项目的确定

根据鉴别对象的危险特性识别和初筛检测结果，可判断鉴别对象具备急性毒性，但不备有感染性、易燃性、浸出毒性和毒性物质含量 4 种危险特性，不需要对其进行检测。

由于鉴别对象的识别和初筛检测结果无法明确其是否具有腐蚀性和反应性，在鉴别工作中须继续检测其腐蚀性和反应性。因此，下一个鉴别阶段的检测项目包括：

（1）腐蚀性危险特性鉴别检测项目：pH；

（2）反应性危险特性鉴别检测项目：硫离子含量。

9.2.6 采样和检测工作方案

9.2.6.1 采样工作方案

（1）采样要求

①采样期间酚盐装置及其工艺废气治理设施正常、稳定运行；

②采样前应先将 A110 储罐内已储存的液态硫化钠全部转移清空；

③采样期间酚盐装置生产产品应涵盖所有的产品类型；

④采集的样品应及时放进保温箱中，保证运输过程样品温度在 45℃左右；

⑤对采样过程进行全程拍照或录像；

⑥采样时记录样品的名称、来源、数量、性状、包装、贮存、编号、份样量、份样数、采样点、采样方法、采样日期、采样人等。

（2）采样份样数

根据《危险废物鉴别技术规范》（HJ 298—2019）第 4.2.4 条“d）贮存于贮存池、不可移动大型容器、槽罐车内的液态废物，可适当减少采样份样数。敞口贮存池和不可移动大型容器内液态废物采样份样数不少于 5 个”的相关规定。本次鉴别对象为液态，产生后即贮存于 A110 储罐，A110 储罐属于不可移动大型容器，符合该条款所规定的情形。因此，本次鉴别检测过程对每次产生并贮存于 A110 储罐内的硫化钠溶液采集 6 个样品。根据企业实际生产情况，一个月内共产生了 6 批次液态硫化钠溶液并贮存于 A110 储罐中。因此，本次鉴别在每次产生并贮存于 A110 储罐内的硫化钠溶液都采集 6 个样品，即共计采集 36 个样品。

（3）采样份样量

液态硫化钠分析指标为腐蚀性（pH）和硫离子含量，需采集满足检测方法规定的份样量，并考虑 1 年保存期的预留样品量，采样份样量为 500 mL。

（4）采样点位和方法

本次采样位置在 A110 储罐卸料管上设置的采样口（图 9-9），因此，在 A110 储罐每次卸料时等时间间隔用广口瓶于采样口接收 6 次样品（每次用 1 个 500 mL 的广口瓶和 1 个 100 mL 的广口瓶装样），并在每次采集第 1 个样品前先卸料约 2 min 和清洗采样口，以达到预先清洗卸料管和采样口的目的。

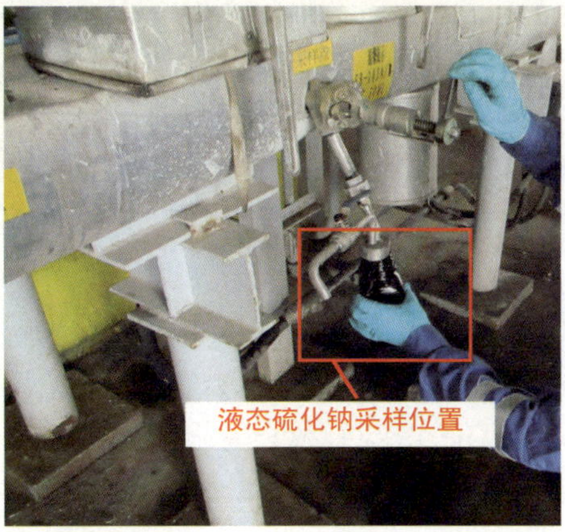

图 9-9　液态硫化钠的采样位置

（5）采样质量控制

①采样前，将采样要求、对象、份样数、份样量、时间和频次、方法等信息告知采样人员，采样人员熟知上述内容及操作规范。

②告知采样人员液态硫化钠的性状，采样人员掌握采样技术，懂得安全操作知识和处理方法。

③在隔绝水、酸、碱的条件下采样，运输过程中将样品放置于保温的采样箱（45℃保温）中，并防止危害成分的损失、交叉污染和二次污染。

④采样工作结束后采样人员进行自检，检查内容包括：采集样品个数、样品重量、样品标签、记录完整性和准确性。

⑤每天采样结束后采样人员及时将样品送至实验室，采样组与检测组交接样品时，双方均需确认样品数量和样品标签信息准确、样品完好、采样记录完整无误。

⑥采样记录经审核无问题后存档。

9.2.6.2　检测工作方案

（1）检测方法

本次鉴别检测项目为浸出毒性和毒性物质含量，对应检测方法见表 9-27。

表 9-27　鉴别检测项目与检测方法

危险特性	检测指标	检测方法	检出限值	仪器名称及型号
腐蚀性	pH	GB 5085.1—2007 规定的《固体废物　腐蚀性测定　玻璃电极法》（GB/T 15555.12—1995）	—	pH 计 PB-10
反应性	硫离子含量	GB 5085.3—2007 附录 G《固体废物　氰根离子和硫离子的测定　离子色谱法》	0.1μg/L	离子色谱仪 Dionex Integrion

（2）检测质量控制

检测质量控制包括对制样、样品前处理和样品分析过程进行质量控制。通过质量控制，核查整个检测过程是否处于受控状态，反应实验室工作过程中可能发生的变化，以及这些变化可能产生的质量问题，便于分析人员及时发现异常，立即采取纠正与预防措施。

1）样品制备

样品制备过程坚持保持样品原有的化学组成不能被污染，不能把样品编号弄混淆的原则。样品检测前严防阳光直射，通风良好，整洁，无尘，无易挥发性化学物质。制样时应有 2 人以上在场。制样结束后，应填写制样记录。

2）样品前处理

根据样品性质和检测要求，严格按照前处理方法处理样品。

3）样品分析

通过实验室内部控制，减小随机误差，防止过失误差。对样品分析的全过程，包括分析人员、工作环境、分析方法、分析人员对分析方法的正确理解与操作、试剂及标准溶液的配制、工作曲线的绘制、空白试验、仪器的调试和校准、背景的扣除和校正、原始记录的书写、数据的修约和处理等实施有效控制。每个样品至少做 3 个平行试验，其标准差不得超过±0.15pH 单位，取算术平均值报告试验结果。当标准差超过规定范围时，必须分析并报告原因。

9.2.7 检测结果和鉴别结论

9.2.7.1 检测结果分析

（1）腐蚀性检测结果

36 个液态硫化钠样品的腐蚀性检测结果如表 9-28 所示。

表 9-28 腐蚀性检测结果

样品编号	WS-ZHLBR-01	WS-ZHLBR-02	WS-ZHLBR-03	WS-ZHLBR-04
pH（量纲一）	13.21	13.27	13.38	13.09
样品编号	WS-ZHLBR-05	WS-ZHLBR-06	WS-ZHLBR-07	WS-ZHLBR-08
pH（量纲一）	13.16	13.23	13.59	13.59
样品编号	WS-ZHLBR-09	WS-ZHLBR-10	WS-ZHLBR-11	WS-ZHLBR-12
pH（量纲一）	13.63	13.64	13.70	13.72
样品编号	WS-ZHLBR-13	WS-ZHLBR-14	WS-ZHLBR-15	WS-ZHLBR-16
pH（量纲一）	13.79	13.89	13.84	13.86
样品编号	WS-ZHLBR-17	WS-ZHLBR-18	WS-ZHLBR-19	WS-ZHLBR-20
pH（量纲一）	13.87	13.88	13.94	13.95

样品编号	WS-ZHLBR-21	WS-ZHLBR-22	WS-ZHLBR-23	WS-ZHLBR-24
pH（量纲一）	13.97	13.97	13.98	13.96
样品编号	WS-ZHLBR-25	WS-ZHLBR-26	WS-ZHLBR-27	WS-ZHLBR-28
pH（量纲一）	13.97	13.82	13.87	13.91
样品编号	WS-ZHLBR-29	WS-ZHLBR-30	WS-ZHLBR-31	WS-ZHLBR-32
pH（量纲一）	13.93	13.95	13.86	13.87
样品编号	WS-ZHLBR-33	WS-ZHLBR-34	WS-ZHLBR-35	WS-ZHLBR-36
pH（量纲一）	13.90	13.94	13.96	13.98

根据检测结果，36 个液态硫化钠样品的 pH 为 13.09～13.98，均大于 12.5，超出《危险废物鉴别标准　腐蚀性鉴别》（GB 5085.1—2007）中的相应标准限值。

（2）硫离子含量（反应性）检测结果

液态硫化钠样品的硫离子含量检测结果和折算成硫化氢（H_2S）气体量（遇酸完全反应）如表 9-29、表 9-30 所示。

表 9-29　36 个硫化钠溶液样品硫离子含量检测结果

样品编号	WS-ZHLBR-01	WS-ZHLBR-02	WS-ZHLBR-03	WS-ZHLBR-04
S^{2-}/（mg/kg）	3.47×10^4	5.59×10^4	6.32×10^4	8.33×10^4
样品编号	WS-ZHLBR-05	WS-ZHLBR-06	WS-ZHLBR-07	WS-ZHLBR-08
S^{2-}/（mg/kg）	7.52×10^4	4.24×10^4	6.33×10^4	5.87×10^4
样品编号	WS-ZHLBR-09	WS-ZHLBR-10	WS-ZHLBR-11	WS-ZHLBR-12
S^{2-}/（mg/kg）	6.37×10^4	8.77×10^4	5.32×10^4	6.19×10^4
样品编号	WS-ZHLBR-13	WS-ZHLBR-14	WS-ZHLBR-15	WS-ZHLBR-16
S^{2-}/（mg/kg）	3.54×10^4	5.23×10^4	5.35×10^4	7.94×10^4
样品编号	WS-ZHLBR-17	WS-ZHLBR-18	WS-ZHLBR-19	WS-ZHLBR-20
S^{2-}/（mg/kg）	2.71×10^4	4.82×10^4	4.77×10^4	5.27×10^4
样品编号	WS-ZHLBR-21	WS-ZHLBR-22	WS-ZHLBR-23	WS-ZHLBR-24
S^{2-}/（mg/kg）	5.84×10^4	5.40×10^4	5.42×10^4	3.67×10^4
样品编号	WS-ZHLBR-25	WS-ZHLBR-26	WS-ZHLBR-27	WS-ZHLBR-28
S^{2-}/（mg/kg）	5.57×10^4	8.55×10^4	5.74×10^4	2.12×10^4
样品编号	WS-ZHLBR-29	WS-ZHLBR-30	WS-ZHLBR-31	WS-ZHLBR-32
S^{2-}/（mg/kg）	2.24×10^4	1.38×10^4	3.21×10^4	1.71×10^4
样品编号	WS-ZHLBR-33	WS-ZHLBR-34	WS-ZHLBR-35	WS-ZHLBR-36
S^{2-}/（mg/kg）	1.80×10^4	3.70×10^4	1.28×10^4	5.07×10^4

表 9-30　36 个硫化钠溶液样品中的硫化物与硫酸完全反应生成的硫化氢气体量

样品编号	WS-ZHLBR-01	WS-ZHLBR-02	WS-ZHLBR-03	WS-ZHLBR-04
H_2S/（mg/kg）	36 869	59 394	67 150	88 506
样品编号	WS-ZHLBR-05	WS-ZHLBR-06	WS-ZHLBR-07	WS-ZHLBR-08
H_2S/（mg/kg）	79 900	45 050	67 256	62 369
样品编号	WS-ZHLBR-09	WS-ZHLBR-10	WS-ZHLBR-11	WS-ZHLBR-12
H_2S/（mg/kg）	67 681	93 181	56 525	65 769
样品编号	WS-ZHLBR-13	WS-ZHLBR-14	WS-ZHLBR-15	WS-ZHLBR-16
H_2S/（mg/kg）	37 613	55 569	56 844	84 363
样品编号	WS-ZHLBR-17	WS-ZHLBR-18	WS-ZHLBR-19	WS-ZHLBR-20
H_2S/（mg/kg）	28 794	51 213	50 681	55 994
样品编号	WS-ZHLBR-21	WS-ZHLBR-22	WS-ZHLBR-23	WS-ZHLBR-24
H_2S/（mg/kg）	62 050	57 375	57 588	38 994
样品编号	WS-ZHLBR-25	WS-ZHLBR-26	WS-ZHLBR-27	WS-ZHLBR-28
H_2S/（mg/kg）	59 181	90 844	60 988	22 525
样品编号	WS-ZHLBR-29	WS-ZHLBR-30	WS-ZHLBR-31	WS-ZHLBR-32
H_2S/（mg/kg）	23 800	14 663	34 106	18 169
样品编号	WS-ZHLBR-33	WS-ZHLBR-34	WS-ZHLBR-35	WS-ZHLBR-36
H_2S/（mg/kg）	19 125	39 313	13 600	53 869

测试结果表明，36 个硫化钠溶液样品中硫离子的含量范围为 1.28×10^4～8.77×10^4 mg/kg。在酸性条件下，硫化钠溶液将会跟酸反应，生成有毒气体硫化氢；经计算，则每千克的硫化钠溶液在酸性条件中将完全分解，生成 13 600～93 181 mg 硫化氢气体。根据《危险废物鉴别标准　反应性鉴别》（GB 5085.5—2007）中“在酸性条件下每千克含硫化物废物分解产生≥500 mg 硫化氢气体”的鉴别标准，本次鉴别采集的 36 个液态硫化钠样品在酸性条件下每千克含硫化物废物分解产生的硫化氢气体重量均超出 GB 5085.5—2007 的鉴别标准限值。

9.2.7.2　鉴别结果判断

根据 HJ 298—2019 中“7.1 在对固体废物样品进行检测后，检测结果超过 GB 5085.1、GB 5085.2、GB 5085.3、GB 5085.4、GB 5085.5 和 GB 5085.6 中相应标准限值的份样数大于或者等于表 3 中的超标份样数限值，即可判定该固体废物具有该种危险特性”的有关规定，本次鉴别采集的份样数为 36 个，最接近的较小份样数为 32 个，对应的超标份样数限值为 8 个。

根据腐蚀性和硫离子含量检测结果，样品超标份样数均为 36 个，超过超标份样数限值，可判断硫化钠溶液具有腐蚀性和反应性危险特性。

9.2.7.3　危险废物的归类

根据酚盐装置及其工艺废气吸附工序的工艺特点、相关原料种类及其理化特性、鉴别对象的成分和危险特性初筛测试结果，可判定本次鉴别的硫化钠溶液不具备感染性、易燃性、浸出毒性和毒性物质含量危险特性；根据硫化钠溶液的急性毒性估算结果及急性经口、经皮毒性的初筛检测结果，可判断硫化钠溶液具备急性经口、经皮和吸入毒性；根据采集的 36 个样品的腐蚀性测试结果，36 个样品的 pH 都大于 12.5，结合《危险废物鉴别标准　腐蚀性鉴别》（GB 5085.1—2007）中的鉴别标准可判定本次鉴别的硫化钠溶液具有腐蚀性危险特性；36 个液态硫化钠溶液样品硫离子含量测试结果为 1.28×10^4～8.77×10^4 mg/kg，在酸性条件下，硫化钠溶液将会跟酸反应生成有毒气体硫化氢，经计算，每千克的硫化钠溶液在酸性条件中将完全分解，生成 13 600～93 181 mg 硫化氢气体，根据《危险废物鉴别标准　反应性鉴别》（GB 5085.5—2007）中“在酸性条件下每千克含硫化物废物分解产生≥500 mg 硫化氢气体”的鉴别标准可判定本次鉴别的硫化钠溶液具备反应性危险特性。

因此，本次鉴别的硫化钠溶液同时具备腐蚀性、反应性和急性毒性，属于危险废物，其收集、贮存、转运和处理处置应满足危险废物管理相关要求。根据《危险废物鉴别技术规范》（HJ 298—2019）第 7.5 条相关内容，应按照代码“900-000-35”进行归类，建议参照《名录》（2021 年版）中的“HW35 废碱”废物类别进行处理处置和管理。

9.2.8　利用处置建议及环境风险防控

根据本次鉴别结论，对硫化钠溶液的后续处置和管理提出以下建议：

①本次鉴别的硫化钠溶液具有腐蚀性、遇酸反应性和急性毒性，企业应严格做好液态硫化钠的产生、贮存和转移过程的安全与环保管理工作，避免安全与环保事故发生。本次鉴别的液态硫化钠不得与企业其他固体废物混合储存、转运和处置。

②结合液态硫化钠的主要成分及危险特性，建议采用资源利用方式（如化学沉淀法、结晶回收硫化钠等）进行处理处置，严格控制好利用过程中液态硫化钠的 pH，防止资源化利用过程产生硫化氢气体造成二次污染；严禁使用（废）酸直接跟本次鉴别的硫化钠溶液进行中和反应处理。

③企业应将本次鉴别的液态硫化钠交给具有相应资质和处理处置能力的单位进行资源化利用或者最终处置，不得随意倾倒。根据液态硫化钠的有害成分及危险特性，建议将其交给具备处理处置《名录》（2021 年版）中“193-003-35”或“900-399-35”两类危险废物资质的单位进行资源化利用或最终处置。

④本次鉴别的液态硫化钠处置方式需报当地环境主管部门备案，另外根据当地生态环境主管部门的相关要求，做好液态硫化钠的产生、转移、处置记录和申报等。

9.2.9 液态副产物危险特性鉴别要点

（1）应明确副产物、副产品和固体废物的边界

有产品质量标准的物质具有产品属性，不属于固体废物范畴，因此也不属于危险废物。如副产物属于生产企业有意生产的物质，且有相关产品质量标准，则具有商品属性，因此不具备废物属性；反之，如副产物未在企业环境影响报告书（表）中明确列出、未在工商营业执照经营范列出、不具有产品质量标准，原则上都应纳入固体废物管理范畴，其属性应根据《固体废物鉴别标准　通则》（GB 34330—2017）进行判别。如果企业的环境影响评价文件较早，与现有国家管理要求或者与《名录》内容不一致的，应当按照最新的管理要求进行。管理上存在异议的，按国家规定的危险废物鉴别标准和鉴别方法予以鉴定。

（2）应通过多种鉴别方法印证碱性液态副产物的反应性危险特性

现有的《危险废物鉴别标准　反应性鉴别》（GB 5085.5—2007）难以全面适应液态物质的反应性测定，尤其对碱性的废液，用该标准的试验方法得出的试验结果往往比实际情况偏低。因此，液态物质的反应性危险特性鉴别可通过测试硫离子或氰根离子含量，计算其在酸性条件下对应产生的硫化氢和氰化氢气体的含量，最终识别该液态物质是否具备反应性。

参考文献

[1] 徐诚. 论对危险废物及副产品的界定和管理[J]. 环境保护与循环经济，2021，41（1）：105-107.

[2] 邓成虎. 高盐贵金属冶炼废水深度处理[J]. 铜业工程，2015（2）：18-21，60.

[3] 杨善远，孙继涛，于峥. 煤化工废水再生及浓盐水处理工艺[J]. 工业用水与废水，2018，49（5）：45-49，66.

[4] 司景. 工业废盐处置及资源化利用现状[J]. 安徽化工，2021，47（6）：27-30，36.

第 10 章

污控设施产生的废物危险特性鉴别案例

随着环境保护理念的深入和污染物排放标准的提高，环境治理和污染控制过程产生的固体废物量逐年升高，《名录》（2021 年版）已将含爆炸品废水处理过程中产生的废活性炭（HW15-267-002-15）、固体废物焚烧处置过程中废气处理产生的废活性炭（HW18-772-005-18）、含汞废水处理过程中产生的废树脂、废活性炭和污泥（HW29-900-452-29）、烟气、VOCs 治理过程（不包括餐饮行业油烟治理过程）产生的废活性炭，化学原料和化学制品脱色（不包括有机合成食品添加剂脱色）、除杂、净化过程产生的废活性炭（不包括 900-405-06、772-005-18、261-053-29、265-002-29、384-003-29、387-001-29 类废物）（HW49-900-039-49）以及多个行业、多道工序废吸附剂等纳入危险废物管理，但仍有一些行业废水、废气以及生产过程产生的废活性炭和吸附剂等的危险特性不明确，需要进行危险特性的鉴别。因此，本章选用一个废水治理设施产生的废活性炭和气体净化吸附剂危险特性鉴别案例来具体说明，以供参考。

10.1 案例一：废水治理设施产生的废活性炭危险特性鉴别

某平板显示器用显示屏材料生产企业自建了再生水处理系统，生产过程产生的低浓度废水经反应池+混凝池+沉淀池+砂滤+碳滤处理后回用于生产，碳滤工序定期更换过滤材料后会产生一定量的废活性炭，现对更换后产生的废活性炭进行危险特性鉴别，以确定其管理属性。

10.1.1 废活性炭产生过程分析

该平板显示器用显示屏材料生产企业以素版玻璃为原料，采用湿法加工工艺，主要包括切割、倒角、清洗、研磨、清洗、检验、包装、入库等生产工序。其中倒角、清洗、研磨过程均会产生废水，且清洗过程使用的洗涤剂和研磨过程使用的研磨材料（主要成分为氧化铈）也会一并进入废水。该企业废水处理设施包括 1 套再生水处理系统和 1 套废水处理系统，生产车间的高浓度废水进入废水处理系统，低浓度废水进入再生水处理系统，两个系统独立运行。再生水处理系统工艺流程见图 10-1。

可以看出，再生水处理系统包括 2 个处理系统，其废水来源和工艺见表 10-1。

表 10-1 再生水处理系统废水来源和工艺

类别	废水来源	处理工艺
再生水处理系统 1	最后一道研磨清洗废水（洁净机排水）	废水→砂滤 1→碳滤 1→回用
再生水处理系统 2	倒角后清洗废水、吸附装置清洗废水、研磨后清洗废水	废水→酸碱调节→混凝沉淀→砂滤 2→碳滤 2→树脂过滤→回用

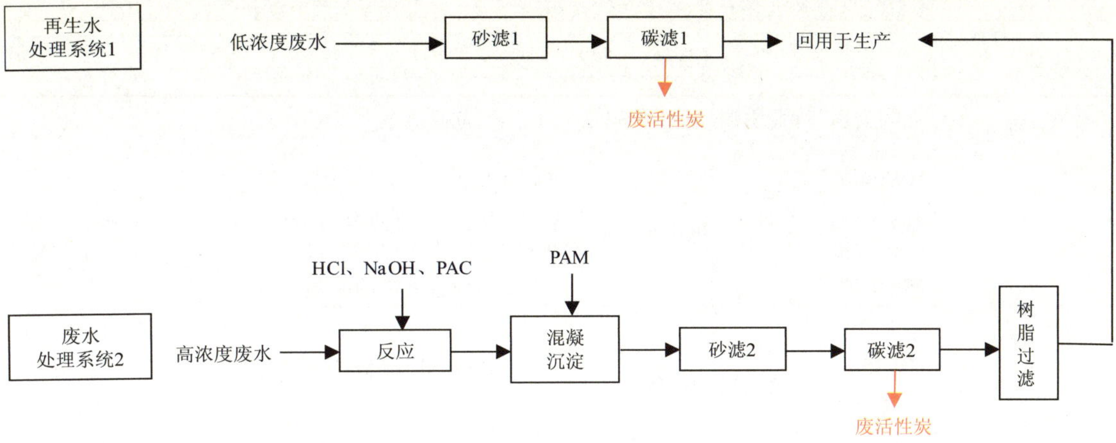

图 10-1　再生水处理系统工艺流程

本次鉴别废物为再生水处理系统碳滤工序产生的废活性炭，碳滤工序共有 2 套装置，其中碳滤 1 装置有 2 个活性炭罐（并联），每个罐内装有 2 620 L 活性炭过滤材料；碳滤 2 装置有 3 个活性炭罐（并联），每个罐内装有 12 720 L 活性炭过滤材料。再生水处理过程涉及的原辅材料包括水处理活性炭、酸（HCl）、碱（NaOH）和絮凝剂（PAM 和 PAC）。根据企业再生水处理系统的运行特点，活性炭的更换周期为 12～14 个月，废活性炭为间歇性产生。

10.1.2　固体废物属性判断

根据《固体废物鉴别标准　通则》（GB 34330—2017）中“4.3 环境治理和污染控制过程中产生的物质 e）水净化和废水处理产生的污泥及其他废弃物质”属于固体废物。因此，判定本次待鉴别对象属于固体废物。

10.1.3　危险废物名录相符性分析

根据《名录》（2021 年版），该企业属于“C4059 光电子器件及其他电子器件制造业”，该企业再生水处理系统碳滤工序产生的废活性炭与《名录》（2021 年版）所列的“900-039-49”类危险废物内容不相符，也不属于《名录》（2021 年版）中的其他类别，详见表 10-2。

表 10-2　碳滤工序产生的废活性炭与《名录》（2021 年版）对比情况

鉴别企业：行业	鉴别企业：废物产生环节	《名录》（2021 年版）：废物类别	《名录》（2021 年版）：行业来源	《名录》（2021 年版）：废物代码	《名录》（2021 年版）：危险废物	对比结果
C4059 光电子器件及其他电子器件制造业	再生水处理系统碳滤工序产生的废活性炭	HW06 废有机溶剂与含有机溶剂废物	非特定行业	900-405-06	900-401-06、900-402-06、900-404-06 中所列废有机溶剂再生处理过程中产生的废活性炭及其他过滤吸附介质	碳滤工序不属于废有机溶剂再生，不相符
		HW15 爆炸性废物	炸药、火工及火焰产品制造	267-002-15	含爆炸品废水处理过程中产生的废活性炭	该企业不属于炸药、火工及火焰产品制造行业，不涉及爆炸废水处理，不相符
		HW18 焚烧处置残渣	环境治理业	772-005-18	固体废物焚烧处置过程中废气处理产生的废活性炭	本次鉴别的废活性炭不是来源于废气处理，不相符
		HW29 含汞废物	基础化学原料制造	261-053-29	水银电解槽法生产氯气过程中产生的废活性炭	行业和工艺都不属于基础化学原料制造，不相符
		HW29 含汞废物	合成材料制造	265-001-29	氯乙烯生产过程中含汞废水处理产生的废活性炭	行业和工艺都不属于合成材料制造，不相符
		HW29 含汞废物	合成材料制造	265-002-29	氯乙烯生产过程中吸附汞产生的废活性炭	行业和工艺都不属于合成材料制造，不相符
		HW29 含汞废物	电池制造	384-003-29	含汞电池生产过程中产生的含汞废活性炭	行业和工艺都不属于电池制造，不相符
		HW29 含汞废物	照明器具制造	387-001-29	电光源用固汞及含汞电光源生产过程中产生的废活性炭	行业和工艺都不属于照明器具制造，不相符
		HW29 含汞废物	非特定行业	900-023-29	生产、销售及使用过程中产生的废含汞荧光灯管及其他废含汞电光源及废弃含汞电光源处理处置过程中产生的废活性炭	行业和工艺都不符合，不相符
		HW29 含汞废物	非特定行业	900-452-29	含汞废水处理过程中产生的废活性炭	行业和工艺都不符合，不相符
		HW49 其他废物	非特定行业	900-039-29	烟气、VOCs 治理过程（不包括餐饮行业油烟治理过程）产生的废活性炭，化学原料和化学制品脱色（不包括有机合成食品添加剂脱色）、除杂、净化过程产生的废活性炭（不包括 900-405-06、772-005-18、261-053-29、265-002-29、384-003-29、387-001-29 类废物）	该企业不属于化工行业，且本次鉴别的废活性炭不是来源于废气处理工序，行业和工艺来源都不符合，不相符

此外，再生水经碳滤工序之前，会进行絮凝沉淀处理，该企业絮凝沉淀过程中产生的污泥经鉴别不具备感染性、反应性、腐蚀性、易燃性和毒性，不属于危险废物。因此，本次待鉴别物属于固体废物，但不在《名录》（2021 年版）中。按照《危险废物鉴别标准　通则》（GB 5085.7—2019）："未列入《国家危险废物名录》，但不排除具有腐蚀性、毒性、易燃性、反应性的固体废物，依据 GB 5085.1、GB 5085.2、GB 5085.3、GB 5085.4、GB 5085.5 和 GB 5085.6，以及 HJ 298 进行鉴别。"

10.1.4　危险特性识别和筛选

通过以上分析可以看出，进入再生水处理系统废水中的物质主要有生产过程使用的素版玻璃、研磨剂、清洗剂、切削剂，废水处理过程使用的酸［盐酸（HCl）］、碱［氢氧化钠（NaOH）］和絮凝剂［聚丙烯酰胺（PAM）和聚合氯化铝（PAC）］等。根据这些物质的理化性质可知，进入再生水处理系统的废水中可能含有的主要元素或物质包括酸碱、硅、铝、锶、硼、钙、镁、钠、钾、氟化物、铈、镧、镨、钕、乙二胺四乙酸四钠、月桂醇聚氧乙烯醚、三羟乙基胺、多元醇类、PAC 和 PAM 等。根据废水污染物种类及废活性炭的产生过程，废活性炭危险特性清单见表 10-3，废活性炭部分危险特性的排除及依据见表 10-4。

表 10-3　废活性炭危险特性清单

可能存在的污染物	来源	危险特性	备注
重金属、无机化合物	原料	毒性	原料中存在锶、氟等
强酸、强碱	原料、辅料	反应性、腐蚀性	原辅材料的成分中包括 HCl、KOH、NaOH 等酸性和碱性物质
有机类化合物	辅料	—	辅料中存在月桂醇聚氧乙烯醚、三羟乙基胺、多元醇类
废活性炭中存在的所有物质	原料、辅料	急性毒性	—

表 10-4　废活性炭部分危险特性的排除及依据

序号	危险特性	初步识别	判断依据
1	感染性	排除	根据生产工艺和使用原辅材料种类、废水产生来源及废活性炭产生过程判断，本次鉴别的废活性炭不具有感染性危险特性
2	反应性	排除	1. 爆炸性质 具有爆炸性质的条件：常温常压下不稳定，在无引爆条件下，易发生剧烈变化；标准温度和压力下（25℃，101.3 kPa），易发生爆轰或爆炸性分解反应；受强起爆剂作用或在封闭条件下加热，能发生爆轰或爆炸反应。 被鉴别废活性炭来源于再生水处理系统碳滤工序，具有一定的含水量，常温常压下稳定，在无引爆条件下，不会发生剧烈变化；

序号	危险特性	初步识别	判断依据
2	反应性	排除	在标准温度和压力下（25℃，101.3 kPa）以及受强起爆剂作用或在封闭条件下加热，均不会发生爆轰或爆炸性分解反应。因此，被鉴别废活性炭不具备爆炸性质。 2. 与水或酸接触产生易燃气体或有毒气体的性质 与水或酸接触产生易燃气体或有毒气体：与水混合发生剧烈化学反应，并放出大量易燃气体和热量；与水混合能产生足以危害人体健康或环境的有毒气体、蒸汽或烟雾；在酸性条件下，每千克含氰化物分解产生≥250 mg 氰化氢气体，或者每千克含硫化物废物分解产生≥500 mg 硫化氢气体。 被鉴别废活性炭来源于再生水处理系统的碳滤工序，企业生产过程无使用含硫化物或氰化物的原料，不具有遇水产生氰化氢和硫化氢气体条件。因此，可判断被鉴别废活性炭也不具备与水或酸接触产生易燃气体或有毒气体的性质。 3. 废弃氧化剂或有机过氧化物属性 废弃氧化剂或有机过氧化物包括极易引起燃烧或爆炸的废弃氧化剂。或对热、震动或摩擦极为敏感的含过氧基的废弃有机过氧化物。 被鉴别废活性炭不属于废弃氧化剂或有机过氧化物，产生过程不使用强氧化剂，无上述氧化性或过氧化性。 综上，根据《危险废物鉴别标准　反应性鉴别》（GB 5085.5—2007），反应性危险废物是指符合上述 3 个条件之一的固体废物。因此，本次鉴别废活性炭不具备反应性特性，不需再对其进行反应性鉴定
3	易燃性	排除	根据《危险废物鉴别标准　易燃性鉴别》（GB 5085.4—2007），固态易燃性危险废物判定标准为：在标准温度和压力（25℃，101.3 kPa）下因摩擦或自发性燃烧而起火，经点燃后能剧烈而持续地燃烧并产生危害的固态废物。 企业原辅材料 MSDS 资料显示，企业在生产过程中未使用易燃化学品且被鉴别废活性炭来源于再生水处理系统，因其含有一定的水分，不能由明火点燃，常温常压下性质稳定，不会因摩擦或自发性燃烧起火，不具易燃性
4	腐蚀性	排除	根据《危险废物鉴别标准　腐蚀性鉴别》的规定，符合下列任何条件之一的固体废物，属于腐蚀性危险废物。 ①按照 GB/T 15555.12—1995 制备的浸出液，pH≥12.5，或者 pH≤2.0；②在 55℃条件下，对 GB/T 699 中规定的 20 号钢材的腐蚀速率≥6.35 mm/a。 该企业再生水处理系统的进水条件为 pH=6～8，企业现场情况显示，活性炭在产生、贮存过程中没有对使用的钢铁材料造成明显腐蚀。 综上，可排除废活性炭的腐蚀性

序号	危险特性			初步识别	判断依据
5	浸出毒性	无机物质项目（16 种）		无法直接排除	原料中含有锶、氟等无机元素，可能随着废水进入废活性炭中
5	浸出毒性	有机农药类和非挥发性有机化合物（22 种）		排除	根据生产工艺和使用原辅材料种类、废水产生来源及废活性炭产生过程判断，本次鉴别的废活性炭不具有有机农药类和非挥发性有机化合物项目浸出毒性危险特性
5	浸出毒性	挥发性有机化合物（12 种）		排除	根据生产工艺和使用原辅材料种类、废水产生来源及废活性炭产生过程判断，本次鉴别的废活性炭不具有挥发性有机化合物项目浸出毒性危险特性
6	毒性物质含量	剧毒物质	有机类	排除	根据生产工艺和使用原辅材料种类、废水产生来源及废活性炭产生过程判断，本次鉴别的废活性炭中没有有机类毒性物质
6	毒性物质含量	剧毒物质	无机类	无法直接排除	废水中可能含有重金属元素，需进一步采样检测分析
6	毒性物质含量	有毒物质	有机类	排除	根据生产工艺和使用原辅材料种类、废水产生来源及废活性炭产生过程判断，本次鉴别的废活性炭中基本不含有机类毒性物质，可排除有机类毒性
6	毒性物质含量	有毒物质	无机类	无法直接排除	需进一步采样检测分析
6	毒性物质含量	致癌性物质	有机类	排除	根据企业生产工艺、原料种类及再生水处理过程判断，本次鉴别的废活性炭中没有有机类毒性物质
6	毒性物质含量	致癌性物质	无机类	无法直接排除	废水中可能含有重金属元素，需进一步采样检测分析
6	毒性物质含量	致突变性物质	有机类	排除	根据生产工艺和使用原辅材料种类、废水产生来源及废活性炭产生过程判断，废活性炭中没有有机类毒性物质
6	毒性物质含量	致突变性物质	无机类	无法直接排除	需进一步采样检测分析
6	毒性物质含量	生殖毒性物质	有机类	排除	根据生产工艺和使用原辅材料种类、废水产生来源及废活性炭产生过程判断，本次鉴别的废活性炭中没有有机类毒性物质
6	毒性物质含量	生殖毒性物质	无机类	排除	根据生产工艺和使用原辅材料种类、废水产生来源及废活性炭产生过程判断，本次鉴别的废活性炭中没有无机类生殖毒性物质
6	毒性物质含量	持久性有机污染物		排除	根据生产工艺和使用原辅材料种类、废水产生来源及废活性炭产生过程判断，本次鉴别的废活性炭中没有持久性有机污染物
7	急性毒性			排除	根据《危险废物鉴别标准　急性毒性初筛》（GB 5085.2—2007），经口摄取（白鼠）固体 LD_{50}≤200 mg/kg，或经皮肤接触（白兔）LD_{50}≤1 000 mg/kg，或蒸汽、烟雾或粉尘吸入（白鼠）LC_{50}≤10 mg/L 的固体废物属于危险废物。 根据该企业进入再生水处理系统前的废水处理所产生污泥的鉴别结果可知，进入再生水处理系统前的废水处理所产生的污泥不具备急性经口毒性，因此，再生水处理过程中产生的废活性炭也没有急性经口毒性。此外，鉴于进入碳滤工序的废水浓度更低，且活性炭本身不具有急性毒性，同时，废活性炭呈固体并具有一定的水分，不存在挥发性物质，也不存在通过颗粒进入空气后被人体吸入的可能，因此，可排除通过蒸汽、烟雾或粉尘吸入造成的危险特性，不具备急性皮肤接触和吸入毒性

10.1.5 鉴别检测项目的确定

通过对企业生产情况、废活性炭产生过程进行分析，可排除废活性炭的感染性、腐蚀性、易燃性、反应性和急性毒性 5 个危险特性，废活性炭中可能含氟化物（主要来源研磨剂）、铬、镍、铜、锌、硒和钡。根据《危险废物鉴别技术规范》（HJ 298—2019）、《危险废物鉴别标准　通则》（GB 5085.7—2019）、《危险废物鉴别标准　浸出毒性鉴别》（GB 5085.3—2007）和《危险废物鉴别标准　毒性物质含量鉴别》（GB 5085.6—2007）等所规定指标，选取浸出毒性和毒性物质含量的检测项目和因子。

浸出毒性鉴别项目：镍、锌、铜、硒、总铬、钡和无机氟化物（不包括氟化钙）。

毒性物质含量鉴别项目：镍（以羰基镍计）、氟（以氟硼酸锌计）、硒（以氯化硒计）、钡（以氯化钡计）、铬（以铬酸锶计）。

10.1.6 采样和检测工作方案

10.1.6.1 采样工作方案

（1）样品的代表性要求

1）原料及配比：采样期间企业生产项目和再生水处理系统所加入的物料（盐酸、氢氧化钠、PAC、PAM）配比情况应与日常运行时配比情况一致。

2）生产工况：采样期间企业生产工况应与日常运行时工况相一致。

（2）采样对象

企业再生水处理系统碳滤工序（5 个碳滤罐）产生的废活性炭。

（3）采集的份样数

根据企业再生水处理系统碳滤工序废活性炭的产生情况，活性炭的更换周期为 12～14 个月，废活性炭是间歇性产生，性质较为稳定。另外，由于 2 个碳滤工序废水来源不同，本次鉴别时将废活性炭分为两个源分别采样。

将企业提供的 2019—2020 年 1 月废活性炭产生量折算成最大产生量，参照《危险废物鉴别技术规范》（HJ 298—2019）（表 1）的规定，本次鉴别的废活性炭采集的份样数见表 10-5。

表 10-5　废活性炭采集的最小份样数

废活性炭产生源	最大产生量（q^*）/t	引用的规范文件内容	份样数/个	备注
碳滤 1 装置	最大每月产生量 0.36 t	HJ 298—2019 表 1：$q \leqslant 5$ t 最小份数样数 5 个	确定采集的份样数为 5 个（其中 a 罐采集 3 个样品，b 罐采集 2 个样品）	样品采取将在更换活性炭时等时间间隔内完成

废活性炭产生源	最大产生量（q^*）/t	引用的规范文件内容	份样数/个	备注
碳滤 2 装置	最大每月产生量 2.65 t	HJ 298—2019 表 1：$q \leqslant 5$ t 最小份数样数 5 个	确定采集的份样数为 5 个（其中 a 罐采集 2 个样品，b 罐采集 2 个样品，c 罐采集 1 个样品）	样品采取将在更换活性炭时等时间间隔内完成

注：*为满负荷运行时 1 个月内产生的废活性炭产生量。

因此，确定本次废活性炭属性鉴别所采集的份样数为 10 个（碳滤 1 装置和碳滤 2 装置各有 5 个样品），在活性炭更换等时间间隔内完成。

（4）采集的份样量

参照《危险废物鉴别技术规范》（HJ 298—2019）（表 2），结合本项目废活性炭原始颗粒最大粒径和满足样品分析与备份需要等，本项目份样量采集见表 10-6。为满足样品分析需要并考虑到样品备份保存，确定本项目份样量为 1 000 g。

表 10-6　废活性炭采集的份样量

废活性炭原始颗粒最大粒径（d^*）	引用的规范文件内容	本项目采集的最小份样量/g	备注
90%以上的废活性炭原始颗粒的粒径小于 0.5 cm	HJ 298—2019 表 2：$d \leqslant 0.50$ cm，最小份样量为 500 g；0.5 cm＜$d \leqslant 1.0$ cm，最小份样量为 1 000 g；d＞1.0 cm，最小份样量为 2 000 g	本次采集的份样量为 1 000 g	份样量计算公式 $Q \geqslant K \times d^a$ d：指废物中最大粒度直径 mm，推荐 K=0.06，a=1

注：* 指废活性炭最大粒径。

（5）采样方法

用废活性炭取样器取样后，样品使用密封袋盛装。

（6）采样工具与现场记录

采用工具：废活性炭取样器，密封袋，木铲备用。

采样时记录样品的编号、名称、来源、数量、性状、包装、贮存、处置、份样量、份样数、采样点、采样法、采样日期、采样人等信息。

采样工具、采样程序、采样记录、盛样容器和样品保存需严格参照 HJ/T 20 的要求进行。

10.1.6.2　检测工作方案

（1）检测方法

浸出毒性和毒性物质含量（无机元素及化合物）的鉴别，根据《危险废物鉴别标准　浸出毒性鉴别》（GB 5085.3—2007）标准、方法等进行分析。

（2）检测记录

检测记录需写明检测时间、检测人员、检测项目、预处理方法、制样数、制样方式、分析检测方法等。

（3）样品制备

样品制备过程中要保持样品原有的化学组成，样品不能被污染，不能混淆样品编号。制样间分设风干室和磨样（粉碎）室。风干室严防阳光直射样品，通风良好、整洁、无尘，无易挥发性化学物质。制样时应有 2 人以上在场。制样结束后，应填写制样记录。

（4）样品前处理

根据不同的检测要求和检测项目，选定样品处理方法。

（5）样品分析

通过实验室内部控制来减小随机误差，防止过失误差。核查样品的整个检测过程是否处于受控状态，反映实验室工作过程中可能发生的变化，以及这些变化可能产生的质量问题，这样便于分析人员及时发现异常，立即采取纠正与预防措施。

对样品分析的全过程包括分析人员、工作环境、分析方法、分析人员对分析方法的正确理解与操作、试剂及标准溶液的配制、工作曲线的绘制、空白试验、仪器的调试和校准、背景的扣除和校正、原始记录的书写、数据的修约和处理等实施有效控制。

分析方法：选择国家、环境保护行业监测分析方法标准，但应对分析方法进行适用性检验，其检出限、准确度、精密度不低于相应的通用方法要求水平或待测物准确定量的要求。

精密度控制：对每批样品每个项目分析时均须做 20%的平行样品，样品为 5 个以下时，平行样不少于 1 个。由分析者自行编入的明码平行样，或由质控员在采样现场或实验室编入的密码平行样，二者等效，不必重复编入。平行双样测定结果的相对偏差在允许范围之内为合格。当平行双样测定合格率低于 95%时，除对当批样品重新测定外再增加样品数 10%～20%的平行样，直至平行双样测定合格率大于 95%。

准确度控制：精密度在测定合格的前提下，使用标准样品和质控样品对样品分析的准确度进行控制。

10.1.7 检测结果的判断

10.1.7.1 浸出毒性鉴别

（1）鉴别标准与检测方法

按照 HJ/T 299 制备的固体废物浸出液中任何一种危险成分含量超过《危险废物鉴别标准　浸出毒性鉴别》（GB 5085.3—2007）表 1 中所列的浓度限值，则可判定该固体废物是具有浸出毒性特征的危险废物。

浸出毒性鉴别标准及检测方法见表 10-7。

表 10-7　浸出毒性鉴别标准及检测方法

危害成分项目		浸出液中危险成分浓度限值/（mg/L）	检测分析方法
固体废物浸出		—	HJ/T 299—2007
1	无机氟化物（不包括氟化钙）	100	GB 5085.3—2007 附录 F　固体废物　离子色谱法
2	硒（以总硒计）	1	HJ 766—2015 固体废物　金属元素的测定　电感耦合等离子体质谱法
3	钡（以总钡计）	100	HJ 766—2015 固体废物　金属元素的测定　电感耦合等离子体质谱法
4	铜（以总铜计）	100	HJ 766—2015 固体废物　金属元素的测定　电感耦合等离子体质谱法
5	镍（以总镍计）	5	HJ 766—2015 固体废物　金属元素的测定　电感耦合等离子体质谱法
6	锌（以总锌计）	100	HJ 766—2015 固体废物　金属元素的测定　电感耦合等离子体质谱法
7	总铬	15	HJ 766—2015 固体废物　金属元素的测定　电感耦合等离子体质谱法

（2）检测结果分析

按照 HJ/T 299 制备样品浸出液，样品的浸出液中无机氟化物（不包括氟化钙）、硒、钡、铜、镍、锌、总铬的检测结果见表 10-8。

表 10-8　样品浸出毒性鉴别检测结果　单位：mg/L

样品编号	无机氟化物（不包括氟化钙）	硒（以总硒计）	钡（以总钡计）	铜（以总铜计）	镍（以总镍计）	锌（以总锌计）	总铬
1#	0.183	ND	ND	0.04	ND	0.05	ND
2#	0.187	ND	ND	0.02	ND	0.05	ND
3#	0.136	ND	ND	ND	ND	0.05	ND
4#	0.167	ND	ND	ND	ND	0.04	ND
5#	0.262	ND	ND	ND	ND	0.02	ND
6#	0.309	ND	ND	ND	ND	0.02	ND
7#	0.360	ND	ND	ND	ND	0.03	ND
8#	0.354	ND	ND	ND	ND	0.02	ND
9#	0.398	ND	ND	0.01	ND	0.05	ND

样品编号	无机氟化物（不包括氟化钙）	硒（以总硒计）	钡（以总钡计）	铜（以总铜计）	镍（以总镍计）	锌（以总锌计）	总铬
10#	0.338	ND	ND	ND	ND	0.06	ND
标准	100	1	100	100	5	100	15
检出限	0.2	0.000 10	0.01	0.01	0.01	0.05	0.02

可以看出，10 个样品中，无机氟化物（不包括氟化钙）、铜、钡和锌的浸出毒性超标率为 0，硒、镍和总铬均为未检出；无机氟化物（不包括氟化钙）的浸出毒性结果最大占标率为 0.456%，铜的浸出毒性结果最大占标率为 0.04%，锌的浸出毒性结果最大占标率为 0.07%。所有样品浸出液中检测指标的检出浓度均未超过《危险废物鉴别标准　浸出毒性鉴别》（GB 5085.3—2007）表 1 中所列的浓度限值。因此，此次鉴别的废活性炭不具有浸出毒性危险特性。

10.1.7.2　毒性物质含量鉴别

（1）鉴别标准与检测方法

符合下列任何条件之一的固体废物是危险废物。

①含有《危险废物鉴别标准　毒性物质含量鉴别》（GB 5085.6—2007）附录 A 中的一种或一种以上剧毒物质的总含量≥0.1%；

②含有标准附录 B 中的一种或一种以上有毒物质的总含量≥3%；

③含有标准附录 C 中的一种或一种以上致癌性物质的总含量≥0.1%；

④含有标准附录 D 中的一种或一种以上致突变物质的总含量≥0.1%；

⑤含有标准附录 E 中的一种或一种以上生殖毒性物质的总含量≥0.5%；

⑥含有标准附录 A 至附录 E 中两种及以上不同毒性物质，如果符合下列等式，按照危险废物管理：

$$\sum\left[\left(\frac{p_{T^+}}{L_{T^+}}+\frac{p_T}{L_T}+\frac{p_{Carc}}{L_{Carc}}+\frac{p_{Muta}}{L_{Muta}}+\frac{p_{Tera}}{L_{Tera}}\right)\right]\geqslant 1$$

式中：p_{T^+}——固体废物中剧毒物质的含量；

p_T——固体废物中有毒物质的含量；

p_{Carc}——固体废物中致癌性物质的含量；

p_{Muta}——固体废物中制突变性物质的含量；

p_{Tera}——固体废物中生殖毒性物质的含量；

L_{T^+}、L_T、L_{Carc}、L_{Muta}、L_{Tera}——分别为各种毒性物质在（1）～（5）中规定的标准值。

毒性物质含量检测项目及检测分析方法见表 10-9。

表 10-9 毒性物质含量检测项目及检测分析方法

危害成分项目		分析方法
1	镍	HJ 781—2016 固体废物 22 种金属元素的测定 电感耦合等离子体发射光谱法
2	氟	附录 F GB 5085.3—2007 固体废物 离子色谱法
3	硒	HJ 702—2014 固体废物 汞、砷、硒、铋、锑的测定 微波消解/原子荧光法
4	钡	HJ 781—2016 固体废物 22 种金属元素的测定 电感耦合等离子体发射光谱法
5	铬（六价）	HJ 687—2014 固体废物 六价铬的测定 碱消解法/火焰原子吸收分光光度法

（2）检测结果分析

测试结果见表 10-10。根据镍、氟、砷、钡、锶元素的检测结果折算成羰基镍、氟硼酸锌、三碘化砷、氯化钡、铬酸锶的含量结果（以%为单位）见表 10-11。附录 A、B、C 毒性物质含量及累计毒性物质含量计算结果见表 10-12。

表 10-10 样品毒性物质元素检测结果 单位：mg/kg

样品编号	镍（羰基镍）	氟（氟硼酸锌）	砷（三碘化砷）	钡（氯化钡）	铬（六价）（铬酸锶）
1#	5.6	4.5	0.045	138	ND
2#	7.6	4.47	0.057	126	ND
3#	8.1	4.44	0.035	135	ND
4#	8.5	4.64	0.042	138	ND
5#	3.5	4.86	0.050	130	ND
6#	1.9	5.03	0.028	144	ND
7#	4.2	5.31	0.019	148	ND
8#	5.1	5.69	0.041	143	ND
9#	1.3	5.96	0.033	146	ND
10#	ND	4.72	0.062	138	ND
检出限	0.4	0.296	0.010	3.6	2

表 10-11 样品毒性物质含量折算结果 单位：%

样品编号	羰基镍	氟硼酸锌	氯化硒	氯化钡	铬酸锶
1#	0.001 630	0.007 475	0.000 013	0.020 976	0
2#	0.002 212	0.007 425	0.000 017	0.019 152	0
3#	0.002 357	0.007 375	0.000 010	0.020 520	0
4#	0.002 474	0.007 707	0.000 012	0.020 976	0

样品编号	羰基镍	氟硼酸锌	氯化硒	氯化钡	铬酸锶
5#	0.001 019	0.008 072	0.000 015	0.019 760	0
6#	0.000 553	0.008 355	0.000 008	0.021 888	0
7#	0.001 222	0.008 820	0.000 006	0.022 496	0
8#	0.001 484	0.009 451	0.000 012	0.021 736	0
9#	0.000 378	0.009 900	0.000 010	0.022 192	0
10#	0.000 000	0.007 840	0.000 018	0.020 976	0

表 10-12 毒性物质含量计算结果（遵循最大毒性和最大分子量原则） 单位：%

样品编号	附录 A			附录 B			附录 C	累计毒性（量纲一）
	羰基镍	氯化硒	合计	氟硼酸锌	氯化钡	合计	铬酸锶	
1#	0.001 630	0.000 013	0.001 643	0.007 475	0.020 976	0.028 451	0	0.025 910
2#	0.002 212	0.000 017	0.002 228	0.007 425	0.019 152	0.026 577	0	0.031 140
3#	0.002 357	0.000 010	0.002 367	0.007 375	0.020 520	0.027 895	0	0.032 971
4#	0.002 474	0.000 012	0.002 486	0.007 707	0.020 976	0.028 683	0	0.034 418
5#	0.001 019	0.000 015	0.001 033	0.008 072	0.019 760	0.027 832	0	0.019 607
6#	0.000 553	0.000 008	0.000 561	0.008 355	0.021 888	0.030 243	0	0.015 691
7#	0.001 222	0.000 006	0.001 228	0.008 820	0.022 496	0.031 316	0	0.022 716
8#	0.001 484	0.000 012	0.001 496	0.009 451	0.021 736	0.031 187	0	0.025 356
9#	0.000 378	0.000 010	0.000 388	0.009 900	0.022 192	0.032 092	0	0.014 576
10#	0.000 000	0.000 018	0.000 018	0.007 840	0.020 976	0.028 816	0	0.009 785
标准	附录 A 中的一种或一种以上剧毒物质的总含量≥0.1%，则为危险废物			附录 B 中的一种或一种以上有毒物质的总含量≥3%，则为危险废物			附录 C 中的一种或一种以上致癌性物质的总含量≥0.1%，则为危险废物	附录 A 至附录 E 中两种及以上不同毒性物质≥1，则为危险废物

可以看出，在遵循最大毒性和最大分子量原则情况下，所有样品的羰基镍和氯化硒的毒性物质含量值低于 GB 5085.6—2007 附录 A 标准限值，氟硼酸锌和氯化钡的毒性物质含量值低于 GB 5085.6—2007 附录 B 标准限值，铬酸锶毒性物质含量低于 GB 5085.6—2007 附录 C 的标准限值，所有样品的累计毒性均小于 1，因此本次鉴别的废活性炭不具有毒性物质含量危险特性。

10.1.7.3 鉴别结果判断

①根据《固体废物鉴别标准 通则》（GB 34330—2017）中“4.3 环境治理和污染控制过程中产生的物质 e）水净化和废水处理产生的污泥及其他废弃物质”属于固体废物，因

此，判定鉴别对象属于固体废物。经对照《名录》（2021 年版），其不属于《名录》（2021 年版）中任意一类危险废物。

②根据企业生产工艺和使用原辅材料种类、废水产生来源及废活性炭产生过程分析，可判断该废活性炭不具有感染性危险特性。

③根据企业生产工艺和使用原辅材料种类、废水产生来源及废活性炭产生过程分析，可判断该废活性炭不具有腐蚀性、反应性、易燃性、有机类物质毒性和急性毒性危险特性。

④根据浸出毒性鉴别检测结果，采集的 10 个样品的无机氟化物（不包括氟化钙）、镍、锌、铜、硒、总铬和钡 7 项指标浸出毒性均未超过《危险废物鉴别标准　浸出毒性鉴别》（GB 5085.3—2007）限值，表明该废活性炭不具有浸出毒性危险特性。

⑤根据毒性物质含量鉴别检测结果，在遵循最大毒性和最大分子量原则情况下，10 个样品的中镍（以羰基镍计）、氟（以氟硼酸锌计）、硒（以氯化硒计）、钡（以氯化钡计）、铬（以铬酸锶计）对应的化合物低于《危险废物鉴别标准　毒性物质含量》（GB 5085.6—2007）相关标准限值，所有样品的累计毒性均小于 1，表明该废活性炭不具有毒性物质含量危险特性。

综上可知，该企业再生水处理设施产生的废活性炭不具有感染性、易燃性、反应性、腐蚀性和毒性的危险特性，不属于危险废物。

10.1.8　利用处置建议及环境风险防控

根据鉴别结论，对再生水处理设施产生的废活性炭的后续处置和管理提出以下建议：

①对再生水处理设施产生的废活性炭的处理处置与其他固体废物的处理处置一样，应遵循减量化、资源化、无害化的要求，结合当地的实际情况就近处理，严禁非法倾倒固体废物。

②考虑废活性炭的资源属性，建议在保证环境安全的前提下交由水泥窑协同处置、高温建材生产企业或其他无害化资源利用企业处置。

③本次鉴别的废活性炭处置方式需报当地生态环境主管部门备案，另外根据固体废物相关管理要求，做好转移运输、处置等相关记录，并定期提交当地生态环境主管部门备案。

④为控制本次鉴别废活性炭的后续处置环境风险，委托方应定期（至少 1 年 1 次）对废活性炭中的重要元素氟化物、铬（六价）、铜、锌、硒和钡进行检测，并将检测结果报送当地生态环境主管部门。

⑤若企业的生产工艺、产品方案、原辅材料种类及特性、再生水处理设施的工艺及原辅材料种类等发生重大变更，所产生的废活性炭应该重新鉴别，以进一步明确其危险特性。

10.1.9 废活性炭危险特性鉴别要点

活性炭在废水、废气以及生产过程中经常作为吸附剂使用，废活性炭本身并不具有危险特性，其危险特性主要来源于所处理的对象。因此，对废活性炭的危险特性鉴别，重点是判断活性炭吸附处理对象的危险特性。首先将废活性炭与《名录》（2021 年版）进行比对分析，判断其是否已属于危险废物。若不属于，则根据其吸附处理对象主要成分和环节，判断其是否具有危险特性、危险特性类别以及检测项目。因吸附处理对象不同，其污染因子和危险特性存在较大差异，需根据具体情况进行有针对性的分析。

10.2 案例二：气体净化过程产生的废吸附剂危险特性鉴别

某石化企业干气制氢装置采用变压吸附（PSA）净化氢气。变压吸附是一种气体吸附分离技术，常常是在压力环境下进行的，变压吸附采用了加压和减压相结合的方法，它通常是由加压吸附、减压再生组成的吸附—解吸系统。该企业通过变压吸附装置吸附除去干气制氢过程除氢气以外的其他杂质（甲烷、一氧化碳、二氧化碳、水），使气体得以净化。变压吸附装置定期会被进行检修，检修过程会产生废吸附剂，现对废吸附剂进行危险特性鉴别，以确定其管理属性。

10.2.1 废吸附剂产生过程分析

该石化企业采用的轻石脑油、混合干气和水蒸气在催化剂的作用下，在转化炉中反应生成氢气、二氧化碳、一氧化碳、甲烷等，反应后的混合气在催化作用下，经过中温和低温两段流程使一氧化碳和水蒸气反应生成氢气和二氧化碳。经过冷却水分后的混合气进入装有吸附剂的 PSA 吸收塔，通过吸附去除氢气以外的其他杂质（甲烷、一氧化碳、二氧化碳、水）。吸附了杂质的 PSA 吸附床再生后可循环使用，因为 PSA 吸附装置会定期进行检修，所以在检修过程中会产生一定量的废吸附剂，吸附剂的主要成分为分子筛。

10.2.2 固体废物属性判断

本次鉴别的废吸附剂来源于气体净化装置检修过程，依据《固体废物鉴别标准　通则》（GB 34330—2017）中“4.1 丧失原有使用价值的物质 c）因为沾染、掺入、混杂无用或有害物质使其质量无法满足使用要求，而不能在市场出售、流通或者不能按照原用途使用的物质；d）在消费或使用过程中产生的，因为使用寿命到期而不能继续按照原用途使用的物质，属于固体废物。”因此，判定本次鉴别的废吸附剂属于固体废物。

10.2.3　危险废物名录相符性分析

根据废吸附剂的产生过程，吸附剂主要吸附净化氢气中的甲烷、一氧化碳、二氧化碳、水等气体，与《名录》（2021 年版）中“HW49 其他废物 非特定行业 900-039-49 烟气、VOCs 治理过程（不包括餐饮行业油烟治理过程）产生的废活性炭，化学原料和化学制品脱色（不包括有机合成食品添加剂脱色）、除杂、净化过程产生的废活性炭（不包括 900-405-06、772-005-18、261-053-29、265-002-29、384-003-29、387-001-29 类废物）”不吻合，也不属于《名录》（2021 年版）中的其他废物类别，见表 10-13。

表 10-13　《名录》（2021 年版）相符性分析

鉴别对象	《名录》（2021 年版）					相符性分析
	废物类别	行业来源	废物代码	危险废物	危险特性	
废吸附剂	HW49 其他废物	非特定行业	900-039-49	烟气、VOCs 治理过程（不包括餐饮行业油烟治理过程）产生的废活性炭，化学原料和化学制品脱色（不包括有机合成食品添加剂脱色）、除杂、净化过程产生的废活性炭（不包括 900-405-06、772-005-18、261-053-29、265-002-29、384-003-29、387-001-29 类废物）	T	不相符，该废吸附剂不属于烟气、VOCs 治理过程产生
			900-041-49	含有或沾染毒性、感染性危险废物的废弃包装物、容器、过滤吸附介质	T/In	不相符，废吸附剂主要吸附的是 CH_4、CO、CO_2、H_2O 等气体

10.2.4　危险特性识别和筛选

变压吸附装置采用的吸附剂主要成分为分子筛，主要吸附净化氢气中的甲烷、一氧化碳、二氧化碳、水等。因此，进入 PSA 装置的主要元素或物质包括：甲烷、一氧化碳、二氧化碳、水、氢气以及提纯氢气的吸附剂。根据干气制氢装置变压吸附（PSA）净化氢气过程使用的原辅材料、工艺流程及废吸附剂的产生过程，列出废吸附剂危险特性清单见表 10-14，废吸附剂部分危险特性的排除及依据见表 10-15。

表 10-14 废吸附剂危险特性清单

可能存在的污染物	来源	危险特性	备注
重金属、无机化合物	原料	毒性	—
强酸、强碱	原料、辅料	反应性、腐蚀性	—
有机类化合物	原料	—	烃类、石油类物质
吸附剂中存在的所有物质	原料	—	活性炭

表 10-15 废吸附剂部分危险特性的排除及依据

序号	危险特性	初步识别	判断依据
1	感染性	排除	根据生产工艺和使用原辅材料种类、进入 PSA 装置气体来源及废吸附剂产生过程判断，本次鉴别废吸附剂不具有感染性危险特性
2	反应性	排除	1. 爆炸性质 具有爆炸性质的条件：常温常压下不稳定，在无引爆条件下，易发生剧烈变化。或标准温度和压力下（25℃，101.3 kPa），易发生爆轰或爆炸性分解反应。或受强起爆剂作用或在封闭条件下加热，能发生爆轰或爆炸反应。 被鉴别的废吸附剂来源于 PSA 装置，PSA 装置的原理是在压力变化条件下吸附和解吸气体，因此，吸附剂在常温常压下稳定，在无引爆条件下，不会发生剧烈变化；在标准温度和压力下（25℃，101.3 kPa）以及受强起爆剂作用或在封闭条件下加热，均不会发生爆轰或爆炸性分解反应。因此，被鉴别废吸附剂不具备爆炸性质。 2. 与水或酸接触产生易燃气体或有毒气体的性质 与水或酸接触产生易燃气体或有毒气体：与水混合发生剧烈化学反应，并释放大量易燃气体和热量；与水混合能产生足以危害人体健康或环境的有毒气体、蒸汽或烟雾；在酸性条件下，每千克含氰化物分解产生≥250 mg 氰化氢气体，或者每千克含硫化物废物分解产生≥500 mg 硫化氢气体。 被鉴别废吸附剂来源于 PSA 装置，吸附剂的成分为分子筛。在干气制氢生产过程未使用含硫化物或氰化物的原料，不具有遇水产生氰化氢和硫化氢气体条件。因此，可判断被鉴别废吸附剂不具备与水或酸接触产生易燃气体或有毒气体的性质。 3. 废弃氧化剂或有机过氧化物属性 废弃氧化剂或有机过氧化物包括极易引起燃烧或爆炸的废弃氧化剂，或对热、震动或摩擦极为敏感的含过氧基的废弃有机过氧化物。 被鉴别废吸附剂不属于废弃氧化剂或有机过氧化物，产生过程并未使用强氧化剂，因此废吸附剂无上述氧化性或过氧化性。 综上，根据《危险废物鉴别标准 反应性鉴别》（GB 5085.5—2007），反应性危险废物是指符合上述三个条件之一的固体废物。因此，本次鉴别的废吸附剂不具备反应性特性，不需再对其进行反应性鉴定

序号	危险特性			初步识别	判断依据
3	易燃性			排除	根据《危险废物鉴别标准　易燃性鉴别》（GB 5085.4—2007），固态易燃性危险废物判定标准：在标准温度和压力（25℃，101.3 kPa）下因摩擦或自发性燃烧而起火，经点燃后能剧烈而持续地燃烧并产生危害的固态废物。 根据企业提供的原辅材料安全技术说明书，该吸附剂在常温下与空气无反应，不会产生自燃，因此，废吸附剂不具有易燃性
4	腐蚀性			无法直接排除	根据《危险废物鉴别标准　腐蚀性鉴别》的规定，符合下列任何条件之一的固体废物，属于腐蚀性危险废物。 ①按照 GB/T 15555.12—1995 制备的浸出液，pH≥12.5，或者≤2.0；②在 55℃条件下，对 GB/T 699 中规定的 20 号钢材的腐蚀速率≥6.35 mm/a。 吸附剂本身的 pH 未明确，建议进一步采样检测分析
5	浸出毒性	无机物质项目（16 种）		无法直接排除	根据石油化工行业特点、原料和工艺分析，并考虑到《吸附剂安全技术说明书》中未注明吸附剂组分，需进一步采样检测分析
		有机农药类和非挥发性有机化合物(22 种)		排除	根据企业生产工艺和使用原辅材料种类、进气来源和废吸附剂产生过程判断，本次鉴别的废吸附剂不具有有机农药类和非挥发性有机化合物项目浸出毒性危险特性
		挥发性有机化合物（12 种）		排除	根据企业生产工艺和使用原辅材料种类、进气来源和废吸附剂产生过程判断，废吸附剂在 30℃下脱附，且吨袋装于危险废物库，因此本次鉴别的废吸附剂不具有非挥发性有机化合物项目浸出毒性危险特性
6	毒性物质含量	剧毒物质	有机类	排除	根据企业生产工艺和使用原辅材料种类、进气来源和废吸附剂产生过程判断，本次鉴别的废吸附剂不含有机类毒性
			无机类	排除	根据企业生产工艺和使用原辅材料种类、进气来源和废吸附剂产生过程判断，本次鉴别的废吸附剂中基本不含无机类毒性物质，可排除无机类毒性
		有毒物质	有机类	排除	根据企业生产工艺和使用原辅材料种类、进气来源和废吸附剂产生过程判断，本次鉴别的废吸附剂不含有机类毒性
			无机类	排除	根据企业生产工艺和使用原辅材料种类、进气来源和废吸附剂产生过程判断，本次鉴别的废吸附剂中基本不含无机类毒性物质，可排除无机类毒性
		致癌性物质	有机类	无法直接排除	需进一步采样检测分析
			无机类	排除	根据企业生产工艺、原料种类及进气来源和废吸附剂产生过程判断，本次鉴别的废吸附剂中不含无机类毒性物质
		致突变性物质	有机类	排除	根据企业生产工艺、原料种类及进气来源和废吸附剂产生过程判断，本次鉴别的废吸附剂中不含有机类毒性物质
			无机类	排除	根据企业生产工艺、原料种类及进气来源和废吸附剂产生过程判断，本次鉴别的废吸附剂中不含无机类毒性物质

序号	危险特性			初步识别	判断依据
6	毒性物质含量	生殖毒性物质	有机类	排除	根据企业生产工艺、原料种类及进气来源和废吸附剂产生过程判断，本次鉴别的废吸附剂中不含有机类毒性物质
			无机类	排除	根据企业生产工艺、原料种类及进气来源和废吸附剂产生过程判断，本次鉴别的废吸附剂中不含无机类毒性物质
		持久性有机污染物		排除	根据企业生产工艺、原料种类及进气来源和废吸附剂产生过程判断，本次鉴别的废吸附剂中没有持久性有机污染物
7	急性毒性			排除	根据《危险废物鉴别标准　急性毒性初筛》（GB 5085.2—2007），经口摄取（青年白鼠）固体 $LD_{50}\leqslant$200 mg/kg，或经皮肤接触（白兔）$LD_{50}\leqslant$1 000 mg/kg，或蒸汽、烟雾或粉尘吸入（青年白鼠）$LC_{50}\leqslant$10 mg/L 的固体废物属于危险废物。 根据《吸附剂安全技术说明书》，吸附剂 LD_{50} 为 2 000 mg/kg（大鼠经口），因此，吸附剂本身不具有急性毒性，并结合与吸附剂接触的气体情况，可知废吸附剂不具备急性毒性

10.2.5　鉴别检测项目的确定

通过对企业生产情况、废吸附剂产生过程进行分析，可排除废吸附剂的感染性、易燃性、反应性和急性毒性 4 个危险特性。根据《危险废物鉴别技术规范》（HJ 298—2019）、《危险废物鉴别标准　通则》（GB 5085.7—2019）、《危险废物鉴别标准　腐蚀性鉴别》（GB 5085.1—2007）、《危险废物鉴别标准　浸出毒性鉴别》（GB 5085.3—2007）和《危险废物鉴别标准　毒性物质含量鉴别》（GB 5085.6—2007）等所规定指标，选取腐蚀性、浸出毒性和毒性物质含量的检测项目和因子。

①腐蚀性项目：pH。

②浸出毒性鉴别项目：砷、硒、苯、甲苯、二甲苯。

③毒性物质含量鉴别项目：苯。

10.2.6　采样和检测工作方案

10.2.6.1　采样工作方案

（1）样品的代表性要求

①原料及配比：采样期间企业生产原料配比情况应与日常运行时配比情况一致。

②生产工况：采样期间企业生产工况应与日常运行时工况相一致。

（2）采样对象

贮存于企业危险废物仓的干气制氢装置中 PSA 产生的废吸附剂。

（3）采集的份样数

企业废吸附剂为间歇产生，产生时间间隔大于 1 个月，每次产生量约为 25 t，参照《危险废物鉴别技术规范》(HJ 298—2019)（表 1）的规定，本次鉴别的废吸附剂采集的份样数见表 10-16，本次废吸附剂危险特性鉴别所采集的份样数为 8 个。

表 10-16　废吸附剂采集最小份样数

废吸附剂产生源	最大产生量（q^*）/t	引用的规范文件内容	份样数/个
废吸附剂是在 PSA 装置检修时产生的，为间歇产生，每次每装置卸料口约产生 25 t 废吸附剂	最大每月产生量 25 t	HJ 298—2019 表 1：5 t＜q≤25 t 最小份数样数 8 个	确定采集的份样数为 8 个

（4）采集的份样量

参照《危险废物鉴别技术规范》(HJ 298—2019)（表 2），结合本项目废吸附剂原始颗粒最大粒径和满足样品分析与备份需要等，确定本项目采集的份样量见表 10-17。为满足样品分析需要，并考虑到样品备份保存，确定本项目份样量为 500 g。

表 10-17　废吸附剂采集的份样量

废吸附剂原始颗粒最大粒径（d^*）	引用的规范文件内容	本项目采集的最小份样量/g	备注
吸附剂的原始粒径为 1.6～2.5 mm	HJ 298—2019 表 2：d≤0.50 cm，最小份样量为 500 g；0.5 cm＜d≤1.0 cm，最小份样量为 1 000 g；d＞1.0 cm，最小份样量为 2 000 g	本项目采集的份样量为 500 g	份样量计算公式 $Q \geq K \times d^a$ d：指废物中最大粒度直径 mm，推荐 K=0.06，a=1

注：* 指废活性炭最大粒径。

（5）采样布点

根据《危险废物鉴别技术规范》(HJ 298—2019)，本次鉴别的废吸附剂以吨袋堆存于危险废物库，属于小型可移动袋、桶或其他容器中的固体废物。废吸附剂最小份样量为 500 g，最小份样数为 8 个。首先，将袋子顺序编号，然后用 HJ/T 20 中的随机数表法抽取 N 个袋子作为样单元，最大编号是几位数就使用随机数表的几栏（或几行），并把几栏（或几行）合在一起使用，从随机数表的任意一栏、任意一行数字开始数，碰到小于或等于编号的数码就记下来（碰到已抽过的数就忽略），直到抽够 8 个编号为止，这 8 个编号对应的袋子就是采份样的部位；根据废吸附剂的性状，可使用长铲式采样器进行采样，每个采样单元采集 1 个代表性份样，废吸附剂最小份样量为 500 g。

10.2.6.2 检测工作方案

（1）检测方法

浸出毒性和毒性物质含量（无机元素及化合物）的鉴别，根据《危险废物鉴别标准 浸出毒性鉴别》（GB 5085.3—2007）标准、方法等分析。

（2）检测记录

检测记录需写明检测时间、检测人员、检测项目、预处理方法、制样数、制样方式、分析检测方法等。

（3）样品制备

样品制备过程坚持保持样品原有的化学组成，样品不能被污染，不能混淆样品编号。制样间分设风干室和磨样（粉碎）室。风干室严防阳光直射样品，通风良好、整洁、无尘，无易挥发性化学物质。制样时应有 2 人以上在场。制样结束后，应填写制样记录。

（4）样品前处理

根据不同的监测要求和监测项目，选定样品处理方法。

（5）样品分析

通过实验室内部控制，减小随机误差，防止过失误差。核查整个检测过程是否处于受控状态，反应实验室工作过程中可能发生的变化，以及这些变化可能产生的质量问题。便于分析人员及时发现异常，立即采取纠正与预防措施。

对样品分析的全过程包括分析人员、工作环境、分析方法、分析人员对分析方法的正确理解与操作、试剂及标准溶液的配制、工作曲线的绘制、空白试验、仪器的调试和校准、背景的扣除和校正、原始记录的书写、数据的修约和处理等实施有效控制。

分析方法：选择国家、环境保护行业监测分析方法标准，但对分析方法进行适用性检验，其检出限、准确度、精密度不低于相应的通用方法要求水平或待测物准确定量的要求。

精密度控制：每批样品每个项目分析时均须做 20%的平行样品，当样品为 5 个以下时，平行样不少于 1 个。由分析者自行编入的明码平行样，或由质控员在采样现场或实验室编入的密码平行样，二者等效，不必重复。平行双样测定结果的相对偏差在允许范围之内者为合格。当平行双样测定合格率低于 95%时，除对当批样品重新测定外再增加样品数 10%～20%的平行样，直至平行双样测定合格率大于 95%。

准确度控制：在测定精密度合格的前提下，使用标准样品和质控样品对样品分析的准确度进行控制。

10.2.7 检测结果的判断

10.2.7.1 腐蚀性鉴别

按照《危险废物鉴别标准 腐蚀性鉴别》（GB 5085.1—2007），采用玻璃电极法测试废吸附剂的 pH，测试结果见表 10-18。可以看出，8 个样品的 pH 为 8.08～8.27，未呈现出强酸性或强碱性，可以判断本次鉴别的废吸附剂不具有腐蚀性危险特性。

表 10-18　样品腐蚀性鉴别检测结果

样品编号	1#	2#	3#	4#	5#	6#	7#	8#
检测结果	8.08	8.22	8.21	8.17	8.18	8.25	8.22	8.27
检测方法	GB 5085.1—2007							
鉴别标准	pH≥12.5 或者 pH≤2.0，则具有腐蚀性							

10.2.7.2　浸出毒性鉴别

（1）鉴别标准与检测方法

按照 HJ/T 299 制备的固体废物浸出液中任何一种危险成分含量超过《危险废物鉴别标准　浸出毒性鉴别》（GB 5085.3—2007）表 1 中所列的浓度限值，则判定该固体废物是具有浸出毒性特征的危险废物。

浸出毒性鉴别标准及检测方法见表 10-19。

表 10-19　浸出毒性鉴别标准及检测方法

危害成分项目		检出限	检测分析方法
固体废物浸出		—	HJ/T 299—2007
1	砷	3×10^{-4} mg/L	《固体废物　汞、砷、硒、铋、锑的测定　微波消解/原子荧光法》（HJ 702—2014）
2	硒	4×10^{-4} mg/L	
3	苯	0.1 μg/L	《固体废物　挥发性有机物的测定　顶空/气相色谱-质谱法》（HJ 643—2013）
4	甲苯	0.2 mg/L	
5	间，对-二甲苯	0.2 mg/L	
6	邻二甲苯	0.1 mg/L	

（2）检测结果分析

按照 HJ/T 299 制备样品浸出液，样品的浸出液中砷、硒、苯、甲苯、二甲苯的检测结果见表 10-20。

可以看出，砷、硒、苯、甲苯、二甲苯的浸出毒性检测结果未超过《危险废物鉴别标准　浸出毒性鉴别》（GB 5085.3—2007）表 1 中所列的浓度限值，其中砷的浸出毒性结果最大占标率为 0.068%，硒的浸出毒性结果最大占标率为 0.001%，苯的浸出毒性结果最大占标率为 0.48%，甲苯的浸出毒性结果最大占标率为 4.95%，二甲苯的浸出毒性结果最大占标率未检出。因此，此次鉴别的废吸附剂不具有浸出毒性危险特性。

表 10-20 样品浸出毒性鉴别检测结果

单位：mg/L

样品编号	砷	硒	苯	甲苯	二甲苯
1#	0.002 2	6×10^{-4}	0.1 L①	0.9	0.1 L
2#	0.002 1	8×10^{-4}	0.1 L	0.4	0.1 L
3#	0.002 2	7×10^{-4}	0.3	0.5	0.1 L
4#	0.002 4	8×10^{-4}	0.1 L	0.5	0.1 L
5#	0.002 6	8×10^{-4}	0.1 L	0.2 L	0.1 L
6#	0.003 0	0.001 0	4.8	49.5	0.1 L
7#	0.002 9	8×10^{-4}	0.1 L	1.7	0.1 L
8#	0.003 4	0.001 0	0.1 L	1.5	0.1 L
GB 5085.3—2007 标准限值	5	100	1 000	1 000	4 000
最大占标率/%	0.068	0.001	0.48	4.95	0
超标样品数/个	0	0	0	0	0

注：①检测结果小于检出限以“L”表示。

10.2.7.3 毒性物质含量鉴别

（1）鉴别标准与检测方法

符合下列任何条件之一的固体废物是危险废物。

①含有《危险废物鉴别标准 毒性物质含量鉴别》（GB 5085.6—2007）标准附录 A 中的一种或一种以上剧毒物质的总含量≥0.1%；

②含有标准附录 B 中的一种或一种以上有毒物质的总含量≥3%；

③含有标准附录 C 中的一种或一种以上致癌性物质的总含量≥0.1%；

④含有标准附录 D 中的一种或一种以上致突变物质的总含量≥0.1%；

⑤含有标准附录 E 中的一种或一种以上生殖毒性物质的总含量≥0.5%；

⑥含有标准附录 A 至附录 E 中两种及以上不同毒性物质，如果符合下列等式，按照危险废物管理：

$$\sum\left[\left(\frac{p_{T^+}}{L_{T^+}}+\frac{p_T}{L_T}+\frac{p_{Carc}}{L_{Carc}}+\frac{p_{Muta}}{L_{Muta}}+\frac{p_{Tera}}{L_{Tera}}\right)\right]\geqslant 1$$

式中：p_{T^+}——固体废物中剧毒物质的含量；

p_T——固体废物中有毒物质的含量；

p_{Carc}——固体废物中致癌性物质的含量；

p_{Muta}——固体废物中制突变性物质的含量；

p_{Tera}——固体废物中生殖毒性物质的含量；

L_{T^+}、L_T、L_{Carc}、L_{Muta}、L_{Tera} ——分别为各种毒性物质在①～⑤中规定的标准值。

毒性物质含量检测项目及检测分析方法见表 10-21。

表 10-21　毒性物质含量检测项目及检测分析方法

危害成分项目	分析方法
苯	《固体废物　挥发性有机物的测定　顶空/气相色谱-质谱法》（HJ 643—2013）

（2）检测结果分析

由表 10-22 可以看出，毒性物质含量鉴别因子为苯，其属于《危险废物鉴别标准　毒性物质含量》（GB 5085.6—2007）附录 C（致癌性物质名录）物质。检测结果显示，本次所检测的 8 个样品的苯含量均未超过标准限值（≥0.1%）。因此，此次鉴别的废吸附剂不具有毒性物质含量危险特性。

表 10-22　样品毒性物质检测结果

样品编号	苯检测项目/（mg/kg）	含量/%	GB 5085.6—2007 附录 C（致癌性物质含量）	标准限值/%
1#	0.886	0.886×10^{-4}	未超标	≥0.1
2#	0.230	0.230×10^{-4}	未超标	
3#	0.476	0.476×10^{-4}	未超标	
4#	0.615	0.615×10^{-4}	未超标	
5#	0.188	0.188×10^{-4}	未超标	
6#	0.627	0.627×10^{-4}	未超标	
7#	0.194	0.194×10^{-4}	未超标	
8#	2.60	2.60×10^{-4}	未超标	

10.2.7.4　鉴别结果判断

（1）根据《固体废物鉴别标准　通则》（GB 34330—2017）中“4.1 丧失原有使用价值的物质 c）因为沾染、掺入、混杂无用或有害物质使其质量无法满足使用要求，而不能在市场出售、流通或者不能按照原用途使用的物质；d）在消费或使用过程中产生的，因为使用寿命到期而不能继续按照原用途使用的物质”属于固体废物。经对照《名录》（2021 年版），其不属于《名录》（2021 年版）中任意一类危险废物。

（2）根据企业生产工艺和使用原辅材料种类、废水产生来源及废吸附剂产生过程分析，可判断该废吸附剂不具有感染性危险特性。

（3）根据企业生产工艺和使用原辅材料种类、进气来源和废吸附剂产生过程判断，该废吸附剂不具有反应性、易燃性和急性毒性等危险特性。

（4）根据腐蚀性鉴别检测结果，采集的 8 个样品的 pH 为 8.08～8.27，未呈现出强酸性或强碱性，可以判断本次鉴别的废吸附剂不具有腐蚀性危险特性。

（5）根据浸出毒性鉴别检测结果，采集的 8 个样品的砷、硒、苯、甲苯、二甲苯浸出毒性均未超过《危险废物鉴别标准　浸出毒性鉴别》（GB 5085.3—2007）限值，表明该废吸附剂不具有浸出毒性危险特性。

（6）根据毒性物质含量鉴别检测结果，8 个样品的苯含量均未超过标准限值（≥0.1%）。因此，此次鉴别的废吸附剂不具有毒性物质含量危险特性。

综上，企业干气制氢装置采用变压吸附（PSA）净化氢气过程产生的废吸附剂不具有感染性、易燃性、反应性、腐蚀性和毒性的危险特性，不属于危险废物。

10.2.8　利用处置建议及环境风险防控

（1）企业产生的其他各类危险废物或未明确危险特性的固体废物不在本次鉴别的范围之内，均不得与本次鉴别的固体废物混合处理。

（2）企业干气制氢装置变压吸附（PSA）净化氢气过程产生的废吸附剂的处置方式需报当地生态环境主管部门备案，根据固体废物相关环保管理要求，做好固体废物暂存、转移运输及处置，并做好相关的台账记录。

（3）本次鉴别仅针对堆存在危废仓的干气制氢装置变压吸附（PSA）净化氢气过程产生的废吸附剂，对于后续干气制氢装置中 PSA 更换产生的废吸附剂，需按相关程序重新进行鉴别。

10.2.9　废吸附剂危险特性鉴别要点

废吸附剂的危险特性主要来源于吸附剂本身以及吸附处理的对象两个方面。因此，对于废吸附剂的危险特性鉴别，重点为判断吸附剂吸附处理对象和吸附剂本身的危险特性。首先将废吸附剂与《名录》（2021 年版）进行比对，分析判断其是否已属于危险废物。若不属于，则根据其吸附处理对象主要成分和环节以及吸附剂本身特点，判断其是否具有危险特性、危险特性类别以及检测项目。因吸附处理对象不同，其污染因子和危险特性存在较大差异，需根据具体情况进行有针对性的分析。

第 11 章

废包装物危险特性鉴别案例

废包装物（含容器）是否属于危险废物的定性问题，是危险废物鉴别中的一种特殊情形。一方面，废包装物本身的材质并不具有危险特性，且包装物正常情况下不参与企业的生产加工工序，故其危险特性主要来源于其所盛装的物料，与企业生产工艺、原辅材料等无关，因此危险废物鉴别中通常采用的行业类别、产污环节等分析方法并不完全适用于废包装物的危废特性鉴别。另一方面，废包装物产生量大，规格种类多，分类管理上较为混乱，导致废包装物非法转移利用及处置事件频发，存在较大的环境安全隐患。因此，明确废包装物的危废属性对于废包装物的环境管理至关重要。

为规范废包装物的管理，历年修订的《名录》对废包装物的属性问题不断作出调整。其中《名录》(2021 年版）中，涉及废包装物的废物类别共有四大类：HW04 农药废物、HW08 废矿物油与含矿物油废物、HW10 多氯（溴）联苯类废物及 HW49 其他废物，涉及 6 个废物代码（表 11-1）。由此可以看出，列入《名录》(2021 年版）的废包装物，均属于“含有或沾染毒性、感染性危险废物的废弃包装物、容器”。与此同时，自 2011 年以来，为完善废弃包装物的环境管理，在《名录》(2021 年版）的基础上，我国针对废包装物的

表 11-1 《名录》(2021 年版）中涉及废弃包装物的废物类别

废物类别	行业来源	废物代码	危险废物	危险特性*
HW04 农药废物	非特定行业	900-003-04	销售及使用过程中产生的失效、变质、不合格、淘汰、伪劣的农药产品，以及废弃的与农药直接接触或含有农药残余物的包装物	T
HW08 废矿物油与含矿物油废物	非特定行业	900-249-08	其他生产、销售、使用过程中产生的废矿物油及沾染矿物油的废弃包装物	T，I
HW10 多氯（溴）联苯类废物	非特定行业	900-011-10	含有或沾染 PCBs、PCTs 和 PBBs 的废弃包装物及容器	T
HW49 其他废物	非特定行业	900-041-49	含有或沾染毒性、感染性危险废物的废弃包装物、容器、过滤吸附介质	T/In
		900-047-49	生产、研究、开发、教学、环境检测（监测）活动中，化学和生物实验室（不包含感染性医学实验室及医疗机构化验室）产生的含氰、氟、重金属无机废液及无机废液处理产生的残渣、残液，含矿物油、有机溶剂、甲醛有机废液，废酸、废碱，具有危险特性的残留样品，以及沾染上述物质的一次性实验用品（不包括按实验室管理要求进行清洗后的废弃的烧杯、量器、漏斗等实验室用品）、包装物（不包括按实验室管理要求进行清洗后的试剂包装物、容器）、过滤吸附介质等	T/C/I/R

注：*T 代表毒性（Toxicity）、C 代表腐蚀性（Corrosivity）、I 代表易燃性（Ignitability）、R 代表反应性（Reactivity）、In 代表感染性（Infectivity）。

定性问题也有多个复函，包括环函〔2011〕87 号、环办函〔2014〕589 号、环函〔2014〕126 号。此外，《固废法》规定：“盛装废弃危险化学品的容器和受废弃危险化学品污染的包装物，按照危险废物进行管理和处置”。

固体废物的危险特性鉴别首先要进行“名录鉴别”，日常鉴别工作中遇到的鉴别情形主要是判断该固体废物是否属于非特定行业废物代码“900-041-49”的“含有或沾染毒性、感染性危险废物的废弃包装物、容器、过滤吸附介质”。综合原环境保护部对废包装物定性问题的相关复函以及《固废法》相关规定，目前对于废包装物危险特性鉴别的关键问题主要有两个：一是判断鉴别对象废包装物含有或沾染的危险废物或其他化学品是否具有危险特性；二是如何界定“含有或沾染”。

对于鉴别对象危险特性（腐蚀性、毒性、感染性等）的判断，感染性目前缺乏判断标准；由于《名录》（2021 年版）中属于感染性危险特性的主要是 HW01 医疗废物（包含 3 个危险废物代码），其感染性主要依据是否列入了《医疗废物分类目录》来判断，目前通常根据鉴别对象的来源进行确定。鉴别对象腐蚀性、毒性等危险特性的判断依据危险废物鉴别标准确定，可以从化学品分类方法、物料相关技术规范及标准、《名录》（2021 年版）中危险特性定性 3 个方面来综合分析。我国危险废物鉴别标准体系关于毒性包括浸出毒性、毒性物质含量以及急性毒性初筛 3 个指标，可以直接通过对鉴别对象盛装物料的检测分析，对照标准来逐一分析沾染物料的毒性。对于来源确定的工业企业，主要采用化学品分类方法（物料的化学品安全说明，MSDS 文件）、相关产品及行业标准等来进行综合分析判断。

第二个关键问题为如何界定“含有或沾染”，该条通常可参照《危险废物鉴别标准 通则》（GB 5085.7—2007）中的混合后判定规则来确定。在实际鉴别工作中，通常要求委托单位加强日常管理，完善相关环保管控措施，保证鉴别对象在企业化学品的采购、运输、使用以及废包装物的产生、初步处理、转移和贮存等全过程中，均满足只沾染所包装、盛装的化学品，无沾染其他化学品或危险废物的条件。

以下为两个典型废包装物的危险废物鉴别案例，案例一为盛装危险化学品原料的废包装桶危险特性鉴别，案例二为盛装一般化学品原料的废包装物危险特性鉴别。

11.1 案例一：盛装危险化学品原料的废包装桶危险特性鉴别

B 公司是一家乳制品生产企业，具备年产利乐包牛奶 2 000 万箱、罐装牛奶 3 000 万箱的生产能力。在生产过程中，该公司使用过氧乙酸消毒液对牛奶输送管道、牛奶瓶等进行消毒，产生了大量的过氧乙酸消毒液原料桶。由于这类废原料桶不属于《名录》（2021 年版）中规定的废物类别，为便于后续处理处置及环境管理，需对废弃的过氧乙酸消毒液原料桶开展危险特性鉴别以明确其属性。

11.1.1 废弃包装物产生过程分析

11.1.1.1 企业生产工艺及原辅材料

（1）企业生产工艺

B 公司在生产乳制产品过程中，会使用过氧乙酸消毒液对牛奶输送管道、牛奶瓶等进行消毒，从而产生废弃包装桶；废包装桶采用清水进行清洗，清洗后产生的废水纳入企业污水站进行处理，清洗后的废包装桶暂存于厂区废包装桶仓库，见图 11-1。

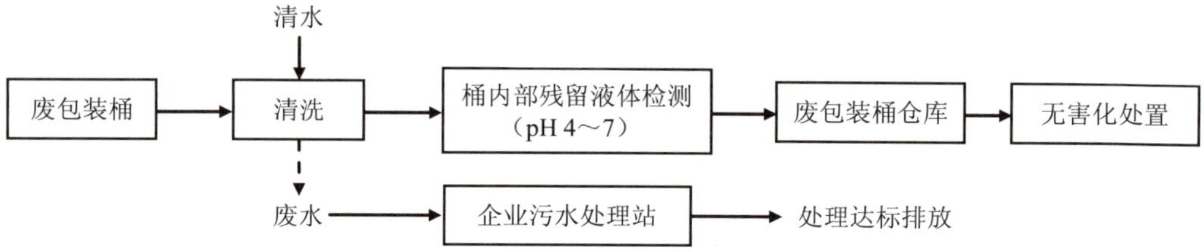

图 11-1 原料包装桶清洗工艺流程

（2）主要原辅材料

B 公司消毒使用的原料为过氧乙酸消毒液，其主要成分为过氧乙酸、过氧化氢和醋酸。具体见表 11-2，包装桶材质为高密度聚乙烯（HDPE）。

表 11-2 过氧乙酸消毒液成分信息

序号	成分	CAS 号	占比/%	年使用量/t
1	过氧乙酸	79-21-0	10～20	25
2	过氧化氢	7722-84-1	20～30	
3	醋酸	64-19-7	10～20	

11.1.1.2 鉴别对象相关情况介绍

本次鉴别的过氧乙酸消毒液废包装桶均来源于消毒工序，根据最新一年的使用量数据，全年过氧乙酸消毒液使用量为 25 t，原料桶包装规格为 200 kg/桶，单桶净重 10 kg，故对应产生废包装桶共 125 个/a（重 1.25 t）。

11.1.2 固体废物属性判断

根据《危险废物鉴别标准　通则》（GB 5085.7—2019）中“4 危险废物的鉴别应按照以下程序进行：4.1 依据《中华人民共和国固体废物污染环境防治法》《固体废物鉴别导则》判断待鉴别的物品、物质是否属于固体废物，不属于固体废物的，则不属于危险废物”。

因此，首先对本次鉴别对象废包装桶是否属于固体废物进行鉴别。

本次待鉴别的过氧乙酸消毒液废包装桶因沾染了少量原料，无法继续按照其原始用途使用，依据《固体废物鉴别标准 通则》（GB 34330—2017）中“4.1 i）由于其他原因而不能在市场出售、流通或者不能按照原用途使用的物质”，判定本次鉴别对象属于固体废物。

11.1.3 危险废物名录相符性分析

由鉴别对象所盛装的化学品主要成分（过氧乙酸、过氧化氢、醋酸）可知，3 种化学品均属于《危险化学品名录》中的危险化学品；由于鉴别对象在使用过后需要经过清洗环节，清洗后产生的废包装桶无法直接认定为《名录》（2021 年版）中“900-041-49 含有或沾染毒性、感染性危险废物的废弃包装物、容器、过滤吸附介质”或其他类别。根据《危险废物鉴别标准 通则》（GB 5085.7—2019）第 6 条规定：危险废物利用处置后判定原则“6.1 仅具有腐蚀性、易燃性、反应性中一种或一种以上危险特性的危险废物利用过程和处置后产生的固体废物，经鉴别不再具有危险特性的，不属于危险废物”。根据《名录》（2021 年版）第 6 条规定：“对不明确是否具有危险特性的固体废物，应当按照国家规定的危险废物鉴别标准和鉴别方法予以认定”。综上，B 公司的过氧乙酸消毒液废包装桶应该开展危险特性鉴别。

在企业完善对过氧乙酸消毒液的采购、运输、使用，以及废包装桶产生、初步处理、转移和贮存等各环节的操作和管理，确保废包装桶不沾染其他化学品或危险废物的前提下，可将 B 公司消毒、清洗环节后产生的过氧乙酸消毒液废包装桶纳入鉴别对象。根据《危险废物鉴别技术规范》（HJ 298—2019）第 4.1.7 条规定，“液体产品使用后产生的包装物或容器，采样对象应为容器中的内容物”。因此，本次鉴别工作首先对过氧乙酸消毒液原液进行鉴别，明确其是否具有浸出毒性、毒性物质和急性毒性，同时对过氧乙酸废包装桶清洗液进行腐蚀性鉴别。

11.1.4 危险特性识别和筛选

根据前文分析可知，过氧乙酸消毒液主要成分为过氧乙酸、过氧化氢和醋酸，可能含有少量铅、砷等重金属。过氧乙酸消毒液原料桶在使用完毕后将用自来水进行清洗，随后暂存于企业废包装桶仓库。该过程产生的废包装桶中可能沾染的物质主要为过氧乙酸消毒液中的物质成分，包括过氧乙酸、过氧化氢、醋酸及铅、砷等重金属。根据对过氧乙酸消毒液废包装桶产生过程分析，部分危险特性的排除及依据见表 11-3，废包装桶危险特性清单见表 11-4。

表 11-3　废包装桶部分危险特性的排除及依据

序号	危险特性		初步识别	判断依据
1	感染性		排除	根据废包装桶所盛装的原料成分及其产生过程判断，本次鉴别的废包装桶不具有感染性危险特性
2	反应性		排除	根据企业提供的过氧乙酸消毒液化学品安全技术说明书，过氧乙酸消毒液无爆炸性危险特性。企业在实际生产过程中，过氧乙酸消毒液需加水进行稀释配比，达到相关要求的浓度后方可进行消毒工序，且过氧乙酸消毒液的主要成分（过氧乙酸、醋酸、过氧化氢）均溶于水，因此与水混合不会发生反应。过氧乙酸消毒液成分中含有醋酸，不含氰化物、硫化物等，故在酸性条件下不会产生氰化氢气体和硫化氢气体。 过氧乙酸消毒液主要成分中，过氧乙酸、过氧化氢均属于氧化剂，但在原料包装桶使用完毕用清水进行清洗后，过氧乙酸、过氧化氢的浓度极低，已不属于“极易引起燃烧或爆炸的废弃氧化剂”，也不属于有机过氧化物。 综上，本项目鉴别对象不满足《危险废物鉴别标准　反应性鉴别》（GB 5085.5—2007）中反应性的鉴别标准条件，不具备反应性危险特性，不需进行反应性鉴别
3	易燃性		排除	过氧乙酸消毒液原料桶内壁残留液体为液态废物，根据企业提供的化学品安全技术说明书，过氧乙酸消毒液的闪点为 84（闭杯），高于《危险废物鉴别标准　易燃性鉴别》（GB 5085.4—2007）第 4.1 条判定依据“闪点温度低于 60℃（闭杯试验）的液体、液体混合物或含有固体物质的液体”，因此过氧乙酸消毒液原料桶内壁残留液体不具有易燃性特性
4	腐蚀性		无法直接排除	根据 B 公司提供的过氧乙消毒液检测报告，过氧乙消毒液原液（15%～18%）的 pH 为 0.5，过氧乙消毒液溶液（0.2%）的 pH 为 3.6。过氧乙酸消毒液的主要成分均溶于水，企业在消毒液使用完毕后，会对原料桶进行清洗，绝大部分过氧乙酸消毒液可溶于清洗水中，随后进入厂区污水处理站处理。为确定清洗后废包装桶内残留液体的腐蚀性，需根据《危险废物鉴别标准　腐蚀性鉴别》（GB 5085.1—2007），对原料桶内残留液体进一步开展腐蚀性危险特性鉴别
5	浸出毒性	无机元素及化合物	无法直接排除	根据企业提供的过氧乙酸消毒液成分检测报告，过氧乙酸消毒液中可能含有铅、砷等重金属，不含氰化物，包装桶在使用完毕清洗后仍可能有原料残留
		有机农药类和非挥发性有机化合物	排除	根据过氧乙酸消毒液成分及废包装桶产生过程判断，本次鉴别的废包装桶不具有有机农药类和非挥发性有机化合物项目浸出毒性危险特性
		挥发性有机化合物	排除	根据过氧乙酸消毒液成分及废包装桶产生过程判断，本次鉴别的废包装桶不具有挥发性有机化合物项目浸出毒性危险特性

序号	危险特性			初步识别	判断依据
6	毒性物质含量	剧毒物质	有机类	排除	根据过氧乙酸消毒液成分及废包装桶产生过程判断，本次鉴别的废包装桶不具有有机类毒性物质
			无机类	无法直接排除	过氧乙酸消毒液中可能含有铅、砷等重金属，包装桶在使用完毕清洗后仍可能有原料残留，需进一步采样检测分析
		有毒物质	有机类	排除	根据过氧乙酸消毒液成分及废包装桶产生过程判断，本次鉴别的废包装桶不具有有机类毒性物质
			无机类	无法直接排除	过氧乙酸消毒液中可能含有铅、砷等重金属，包装桶在使用完毕清洗后仍可能有原料残留，需进一步采样检测分析
		致癌性物质	有机类	排除	根据过氧乙酸消毒液成分及废包装桶产生过程判断，本次鉴别的废包装桶不具有有机类毒性物质
			无机类	无法直接排除	过氧乙酸消毒液中可能含有铅、砷等重金属，包装桶在使用完毕清洗后仍可能有原料残留，需进一步采样检测分析
		致突变性物质	有机类	排除	根据过氧乙酸消毒液成分及废包装桶产生过程判断，本次鉴别的废包装桶不具有有机类毒性物质
			无机类	无法直接排除	过氧乙酸消毒液中可能含有铅、砷等重金属，包装桶在使用完毕清洗后仍可能有原料残留，需进一步采样检测分析
		生殖毒性物质	有机类	排除	根据过氧乙酸消毒液成分及废包装桶产生过程判断，本次鉴别的废包装桶不具有有机类毒性物质
			无机类	排除	根据过氧乙酸消毒液成分及废包装桶产生过程判断，本次鉴别的废包装桶中不含有有无机类生殖毒性物质
		持久性有机污染物		排除	根据过氧乙酸消毒液成分及废包装桶产生过程判断，本次鉴别的废包装桶不具有持久性有机污染物
7	急性毒性			部分排除	根据《危险废物鉴别标准　急性毒性初筛》（GB 5085.2—2007），经口摄取（青年白鼠）固体 LD_{50}≤200 mg/kg，或经皮肤接触（白兔）LD_{50}≤1 000 mg/kg，或蒸汽、烟雾或粉尘吸入（青年白鼠）LC_{50}≤10 mg/L 的固体废物属于危险废物。通过查询相关资料，过氧乙酸消毒液 3 种主要成分的毒理学数据分别为： （1）过氧乙酸 LD_{50}：1 540 μL（1 771 mg）/kg（大鼠经口）；1 410 μL（1 622 mg）/kg（兔经皮）；LC_{50}：450 mg/m^3（大鼠吸入）。 （2）过氧化氢 LD_{50}：4 060 mg/kg（大鼠经皮）；LC_{50}：2 000 mg/m^3，4 小时（大鼠吸入）。 （3）醋酸 LD_{50}：3.3 g/kg（大鼠经口）；1 060 mg/kg（兔经皮）；LC_{50}：5 620×10^{-6}，1 h（小鼠吸入）；12.3 g/m^3，1 h（大鼠吸入）。 根据 B 公司所使用过氧乙酸消毒液的化学品安全技术说明书，ATE-口服（mg/kg）为 930，不具有经口毒性特性；从急性毒性资料分析，经皮急性毒性 LD_{50} 一般略大于经口急性毒性 LD_{50}，因此不进行经皮毒理性分析。但为进一步确定鉴别对象的急性毒性，需对鉴别对象进行吸入毒理性试验

表 11-4 废包装桶危险特性清单

可能存在的污染物	来源	危险特性	备注
重金属	原料	毒性	原料中存在铅、砷等重金属
氧化剂	原料	反应性	原料成分中含有过氧乙酸、过氧化氢两种氧化剂
强酸	原料	腐蚀性	原料成分中含有醋酸
废包装桶中存在的所有物质	原料	急性毒性	—

11.1.5 鉴别检测项目的确定

根据企业生产工艺、过氧乙酸消毒液成分以及废包装桶产生过程的分析，可排除废包装桶的感染性、易燃性、反应性 3 个危险特性，废包装桶中可能含有铅、砷等各类重金属以及醋酸，根据《危险废物鉴别技术规范》(HJ 298—2019)、《危险废物鉴别标准 通则》(GB 5085.7—2019)、《危险废物鉴别标准 浸出毒性鉴别》(GB 5085.3—2007) 和《危险废物鉴别标准 毒性物质含量鉴别》(GB 5085.6—2007) 等所规定指标，选取相关检测项目和因子，检测对象为过氧乙酸消毒液原液及废包装桶清洗液。

(1) 腐蚀性鉴别项目：pH、腐蚀速率。

(2) 浸出毒性鉴别项目：铜、锌、镉、铅、总铬、铍、钡、镍、总银、硒、汞、砷、铬（六价）、无机氟化物、烷基汞。

(3) 毒性物质含量鉴别项目：镍（以三氧化二镍计）、铬（以铬酸铬计）、氟（以氟化铅计）、硒（以硒化镉计）、铅（以磷酸铅计）、铍（以氧化铍计）、砷（以五氧化二砷计）、镉（以铬酸镉计）、汞（以氯化汞计）、锌（以氟化锌计）。

(4) 急性毒性鉴别项目：吸入毒性试验。

11.1.6 采样和检测工作方案

11.1.6.1 采样工作方案

(1) 采样对象

根据《危险废物鉴别技术规范》(HJ 298—2019) 第 4.1.7 条规定，“液体产品使用后产生的包装物或容器，采样对象应为容器中的内容物，每类内容物作为一类固体废物，分别采样”。因此，本次采样对象分别为过氧乙酸消毒液原液及过氧乙酸消毒液包装桶清洗液。

(2) 采样份样数与份样量

根据《危险废物鉴别技术规范》(HJ 298—2019) 第 4.2.4 条规定，“企业废包装桶为第 4.1.7 条规定的废弃包装物、容器，内容物的采样可适当减少采样份样数，份样数不少于 2 个”。因此，过氧乙酸消毒液原液及过氧乙酸消毒液包装桶清洗液分别取 2 个样品。

由于样品为液态废物，其份样量需满足分析操作的需要。

（3）采样时间和频次

《危险废物鉴别技术规范》（HJ 298—2019）第 4.4.2 条规定："根据确定的工艺环节一个月内固体废物的产生次数进行采样：如固体废物产生的时间间隔大于一个月，仅需要选择一个产生时段采集所需的份样数；如一个月内固体废物的产生次数大于或者等于所需的份样数，遵循等时间间隔原则在固体废物产生时段采样，每次采集 1 个份样；如一个月内固体废物的产生次数小于所需的份样数，将所需的份样数均匀分配到各产生时段采样。"本次鉴别对象废包装桶为间歇产生，每月产生次数大于所需份样数，因此选择一个产生时段采集所需的份样数。本次过氧乙酸消毒液原液及过氧乙酸消毒液包装桶清洗液分别采集 2 个样品，分两天采集，每天分别采集 1 个样品。

（4）采样方法

根据《危险废物鉴别技术规范》（HJ 298—2019）第 4.5.4 条规定，本次采集内容物为液态，将包装桶内液态物质混匀后打开容器，将玻璃采样管或者重瓶采样器从容器口中心位置处垂直缓缓插入液面至容器底；待采样管/采样器内装满液体后，缓缓提出，将样品注入采样容器。

根据《工业固体废物采样制样技术规范》（HJ/T 20—1998）第 4.3.2.2 条规定，对于中等容器（桶）用滚动、倒置或手工搅拌器搅匀后再进行采样。

（5）采样工具与现场记录

采样工具为手持定位仪、采样勺、样品袋、500 mL 样品瓶、样品标签、资料夹、一次性手套、安全帽、样品保温箱、冰袋等。

采样时记录样品的编号、名称、来源、数量、性状、包装、贮存、处置、份样量、份样数、采样点、采样法、采样日期、采样人等信息。

采样工具、采样程序、采样记录、盛样容器和样品保存需严格参照《工业固体废物采样制样技术规范》（HJ/T 20—1998）的要求进行。

11.1.6.2　检测工作方案

（1）检测方法

根据前文鉴别检测项目确定结果，参照《危险废物鉴别标准　腐蚀性鉴别》（GB 5085.1—2007）、《危险废物鉴别标准　浸出毒性鉴别》（GB 5085.3—2007）、《危险废物鉴别标准　急性毒性初筛》（GB 5085.2—2007）中推荐标准、方法进行检测分析。

（2）检测质量控制

检测质量控制包括对制样、样品前处理和样品分析过程进行质量控制。通过质量控制，核查整个检测过程是否处于受控状态，反映实验室工作过程中可能发生的变化，以及这些变化可能产生的质量问题，便于分析人员及时发现异常，立即采取纠正与预防措施。

1）样品制备：样品制备过程坚持保持样品原有的化学组成，样品不能被污染，不能混淆样品编号的原则。样品检测前严防阳光直射样品，通风良好、整洁、无尘，无易挥发性化学物质。制样时应有 2 人以上在场。制样结束后，应填写制样记录。

2）样品前处理：根据样品性质和检测要求，严格按照相应检测项目分析方法的要求进行样品的前处理。

3）样品分析：通过实验室内部控制，减小随机误差，防止过失误差。

对样品分析的全过程，包括分析人员、工作环境、分析方法、分析人员对分析方法的正确理解与操作、试剂及标准溶液的配制、工作曲线的绘制、空白试验、仪器的调试和校准、背景的扣除和校正、原始记录的书写、数据的修约和处理等实施有效控制。

11.1.7 鉴别结果和鉴别结论

11.1.7.1 检测结果分析

在对固体废物样品进行检测后，检测结果超过 GB 5085.1～GB 5085.6 中相应标准限值的份样数大于或者等于 1，即可判定该固体废物具有该种危险特性。

（1）腐蚀性检测结果

由检测结果可知，2 个过氧乙酸废包装桶清洗液样品腐蚀性检测结果在 5.05～5.13，腐蚀速率检测结果在 0.06～0.07 mm/a，均低于《危险废物鉴别标准 腐蚀性鉴别》（GB 5085.1—2007）的判定标准要求。因此，2 个样品不具有腐蚀性危险特性。

（2）浸出毒性检测结果

根据检测结果，2 个过氧乙酸溶液样品所有检测指标的检出浓度均未超过《危险废物鉴别标准 浸出毒性鉴别》（GB 5085.3—2007）表 1 中所列的浓度限值，其中汞、铬、镉、铍、银、钡、硒、铬（六价）、甲基汞、乙基汞均为未检出，铜、锌、铅、镍、砷、无机氟化物的检测结果最大占标率分别为 0.089%、0.033%、0.008%、0.052%、0.083%、0.24%，均较低。故所有样品均不具有浸出毒性危险特性。

（3）毒性物质含量检测结果

根据检测结果，2 个过氧乙酸溶液样品均只检测出铜、砷元素及无机氟化物，其余指标均未检出。将砷元素、无机氟化物的检测结果折算成五氧化二砷、氟化铅的含量结果（以 mg/kg 为单位），分别为 0.057 mg/kg、489.50 mg/kg，进一步计算出两者的总含量分别为 5.7×10^{-6}%、0.049%，远低于《危险废物鉴别标准 毒性物质含量鉴别》（GB 5085.6—2007）标准附录 A 中剧毒物质、附录 C 中致癌性物质 0.1%标准要求，且样品毒性物质含量最大值的累积值小于 1。

综上，2 个样品毒性物质含量均未超出标准规定限值。

（4）急性毒性检测结果

根据急性吸入毒性测试结果，2 个样品的 LC_{50} 均大于 10 mg/L，故 2 个样品不具备危险废物的急吸入毒性特征。

11.1.7.2　鉴别结果判断

综合分析结果，根据采集的过氧乙酸废包装桶清洗液、过氧乙酸溶液样品检测结果，所有样品检测超标份样数为 0，故样品不具备腐蚀性、浸出毒性、毒性、急性毒性危险特性。

11.1.8　利用处置建议及环境风险防控

根据本次鉴别结论，对 B 公司过氧乙酸消毒液废包装桶的后续处置和环境管理提出以下建议：

（1）企业需安排专人对本次鉴别的废包装桶进行全过程管控，从过氧乙酸消毒液的采购、运输和使用到废包装桶的产生、初步处理、转移和贮存等全过程要有记录，方便生态环境主管部门的后续监管。

（2）废包装桶经清洗后需定期对清洗水进行 pH 检测，确保 pH 为 4～7 方可将该批废包装桶按非危险废物委托处置。

（3）按照国家对一般工业固体废物的贮存要求，进一步完善本次鉴别的废包装物贮存区域的标识、进出库台账，以及做好防流失、防渗漏等措施。定期对废包装物贮存仓库进行现场检查。

（4）加强本次鉴别的废包装物转移及处置过程管理，做好废包装物的转移记录，保管好转移合同和转移联单，定期报给当地主管部门备案。企业应主动了解、核实废包装桶利用去向及用途情况，确保其得到妥善、安全和无害化利用。

（5）进一步加强日常管理，规范本次鉴别所涉及过氧乙酸消毒液的采购、运输、使用，以及废包装物产生、初步处理、转移和贮存等各环节的操作和管理，严格按规程操作，按制度管理。严禁将其他化学品的废包装材料及危险废物混入本次鉴别对象中。

11.2　案例二：盛装一般化学品原料的废包装物危险特性鉴别

A 公司是一家生产、销售电镀化学品的公司，该公司以各类化学品作为原辅材料，按照一定比例混合搅拌，生产各式电镀添加剂、锌铝涂层化学原料。在生产过程中，A 公司有部分废包装物（主要包装 RM 609、RM 805 中间体、RM 310 中间体、RM 110 中间体、RM 281、次磷酸钠、苯并三氮唑、焦磷酸钾、三聚磷酸钠和 RM 722 共 10 种一般化学品，包装形式为无内袋的铁桶和 IBC 吨桶、塑料袋、编织袋和牛皮纸袋，只沾染所包装的一般化学品。鉴于该部分废包装物产生量较大且现状处置出路困难，为明确该部分废包装物的危险特性，便于分门别类地管理、处理废包装物，降低环境风险，A 公司亟须开展该部分废包装物危险特性鉴别工作。

11.2.1 废弃包装物产生过程分析

11.2.1.1 企业生产工艺及原辅材料

（1）企业生产工艺

A 公司生产产品包括各类电镀添加剂和锌铝涂层化学原料，生产工艺流程如图 11-2 和图 11-3 所示。

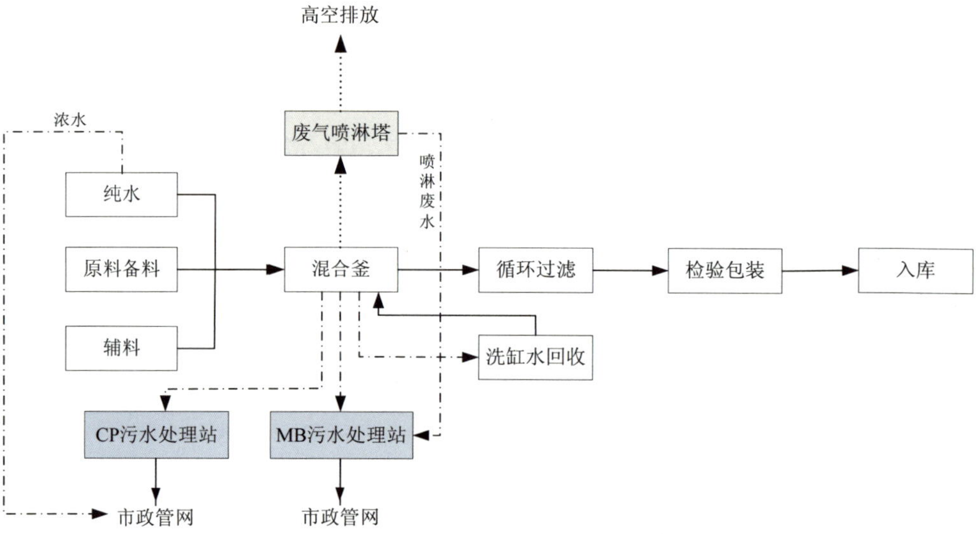

图 11-2 电镀添加剂产品工艺流程

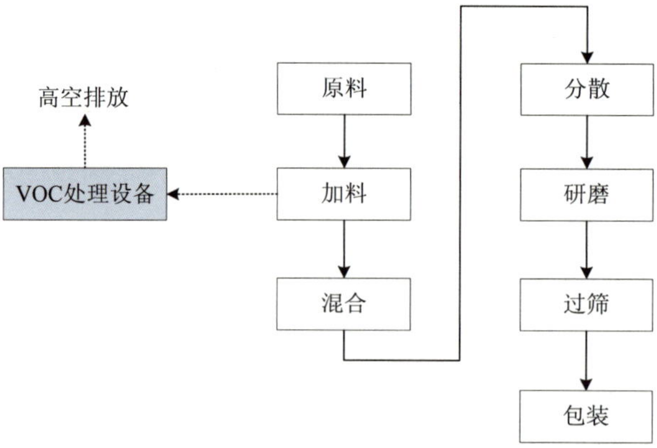

图 11-3 锌铝涂层化学原料工艺流程

1）先将各产品所需要的原辅材料称重，然后按比例投入反应釜中进行混合搅拌，待搅拌均匀后过滤处理（固体铬盐添加剂成品除外），最后检验包装，合格的产品入库待售。

2）原料称重后通过人工或自动加料（原料锌为自动加料）方式加入料罐中，通过两次分散机的搅拌混合后，进入球磨机。在球磨机中通过研磨将没有分散均匀的块状固体原料研磨分散。研磨分散后进入分散机中再次搅拌均匀。最后，搅拌均匀的产品通过过筛分离后包装成成品，而分离出来较大的颗粒物返回研磨工序。

（2）主要原辅材料

A 公司生产中使用的原辅材料主要为酸、碱、其他无机化学品和有机化学品。本次鉴别涉及的化学品清单如表 11-5 所示。

根据 A 公司提供的 10 种化学品成分及理化特性资料（MSDS），并对照《危险化学品名录》（2015 版），该 10 种化学品均不属于危险化学品。

表 11-5　本次鉴别相关的一般化学品清单

序号	化学品名称	化学品成分	是否为危险化学品	包装材料和形式	鉴别对象外观（一）	鉴别对象外观（二）
1	RM 609	聚乙二醇，100%	否	铁桶		
2	RM 805 中间体	苯甲醇，70%～100%；其他为水	否	铁桶		

序号	化学品名称	化学品成分	是否为危险化学品	包装材料和形式	鉴别对象外观（一）	鉴别对象外观（二）
3	RM 310 中间体	烯丙基磺酸钠，45%～55%；其他为水	否	塑料桶	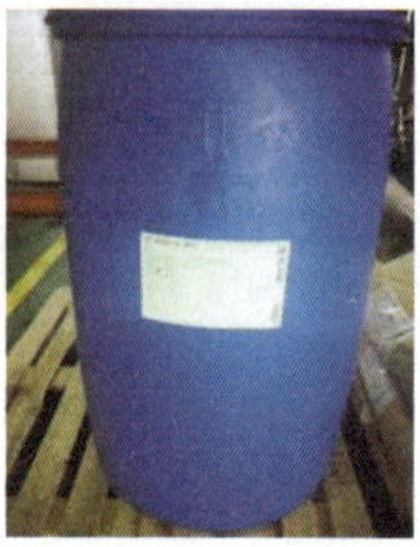	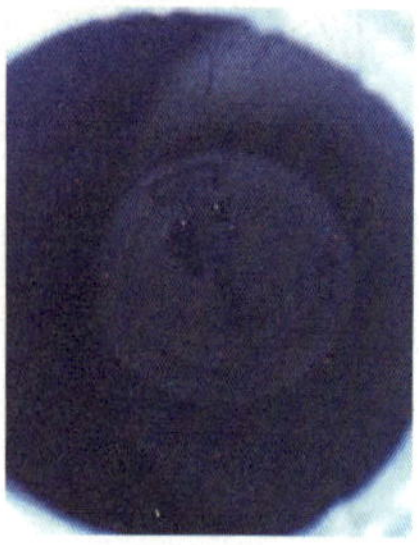
4	RM 110 中间体	2-甲基-2,4-戊二醇，70%～100%；其他为水	否	铁桶		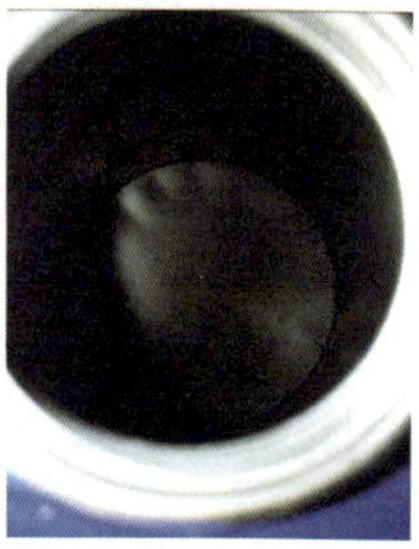
5	RM 281	硫酸单（2-乙基己基）酯钠盐，40%～60%；其他为水	否	IBC 吨桶		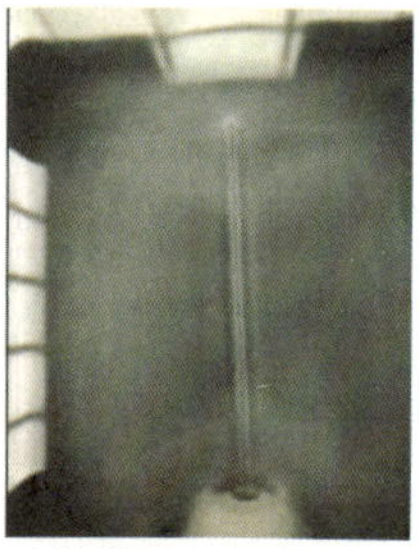
6	次磷酸钠	次磷酸钠	否	编织袋	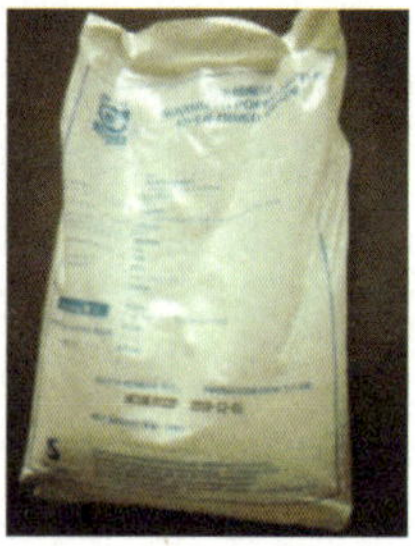	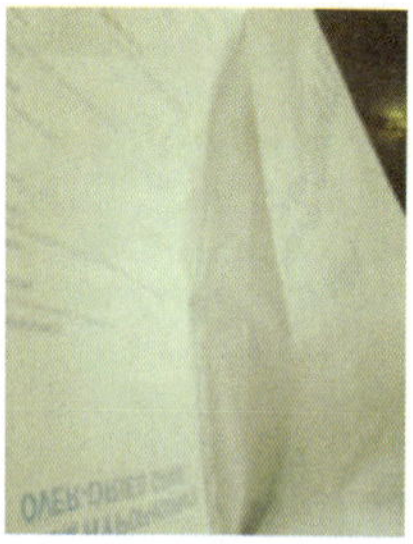

序号	化学品名称	化学品成分	是否为危险化学品	包装材料和形式	鉴别对象外观（一）	鉴别对象外观（二）
7	苯并三氮唑	苯并三氮唑	否	牛皮纸袋	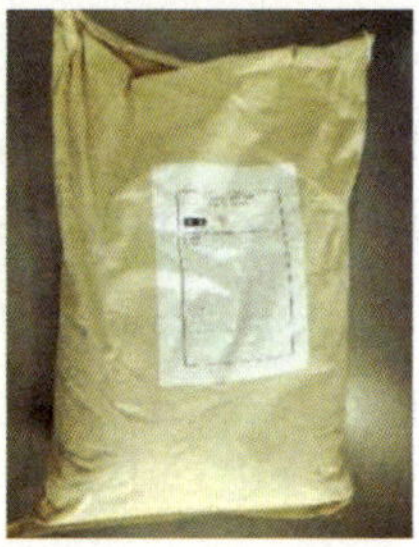	
8	焦磷酸钾	焦磷酸钾	否	塑料袋	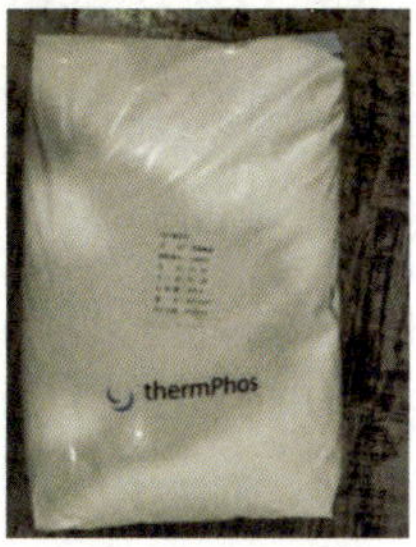	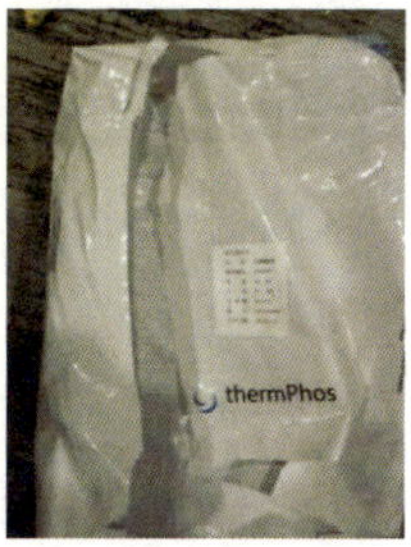
9	三聚磷酸钠	三聚磷酸钠	否	牛皮纸袋	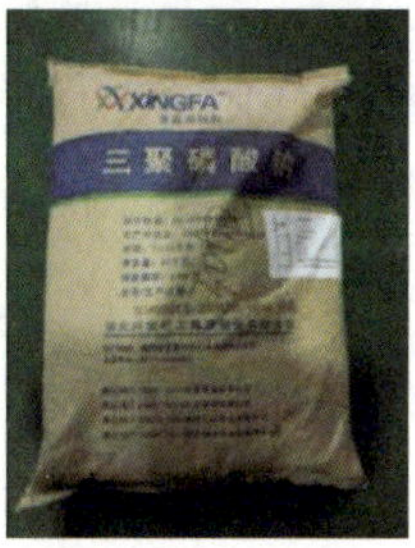	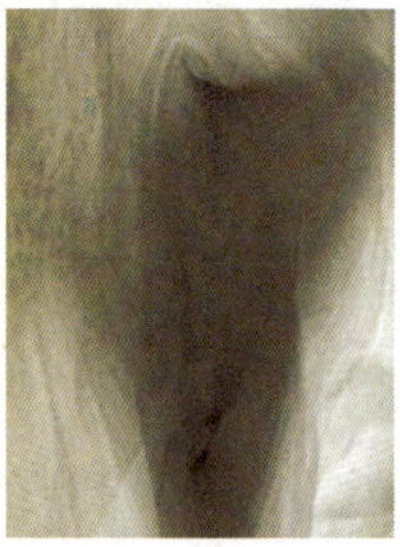
10	RM 722	烷基苯磺酸钠	否	牛皮纸袋	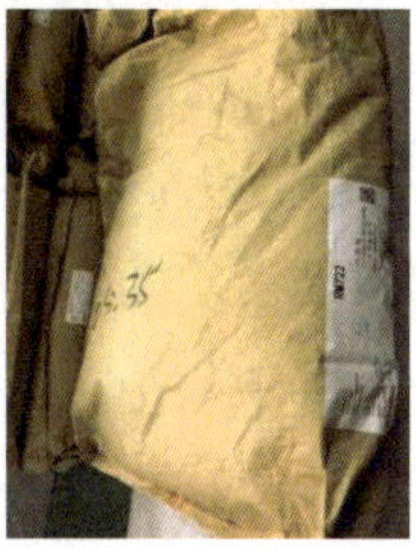	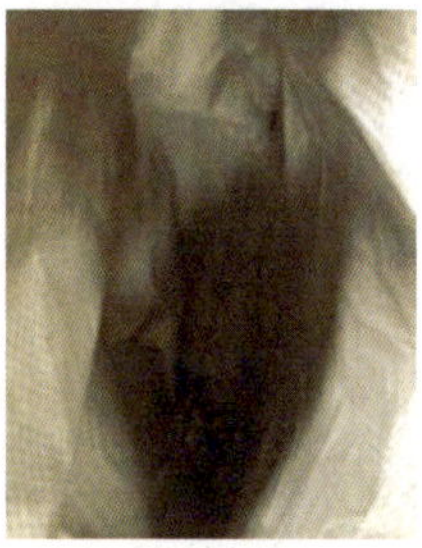

注：与鉴别对象相关的化学品成分信息均来源于委托单位提供的 MSDS 文件。

（3）主要产品介绍

A 公司的主要产品为各式电镀添加剂及锌铝涂层化学原料，生产量分别为 60 000 t/a 和 1 000 t/a。

11.2.1.2 鉴别对象相关情况介绍

本次鉴别的一般化学品废包装物均来源于混料工序，10 种一般化学品总用量为 1 176 t/a，对应产生废包装物共 16 113 个/a（重 51 t）。

目前，A 公司在本次鉴别涉及的一般化学品的采购、运输、使用以及废包装物的产生、初步处理、转移和贮存等过程中都采取了不同的管理措施，形成相关的管理制度并展示在生产区域。

（1）本次鉴别涉及的化学品的采购和运输

该公司在化学原料的采购和运输过程中，按照《危险化学品安全管理条例》执行一般化学品和危险化学品分开采购及运输的管理要求。本次鉴别涉及的 10 种一般化学品进厂时，该公司首先检查包装物的表面有无沾染其他化学品。如果进厂时 10 种化学品的包装物表面沾染了其他化学品，那么其不能列入本次鉴别范围，须按照相关要求另行管理。

（2）废包装物的产生和初步处理

员工在使用化学品之前先登记其名称、用量、用途、使用时间等信息。本次鉴别的一般化学品废包装物分为两类，对应的产生和处理情况如下：

1）5 种清洗后的一般化学品废包装桶（化学品分别是 RM 609、RM 805 中间体、RM 310 中间体、RM 110 中间体和 RM 281）

这 5 种一般化学品废包装桶的产生过程为：①将这 5 种化学品运至生产车间的指定区域 B1（图 11-4）。②开封包装桶，将化学品全部倒入反应釜，产生沾染上一般化学品的废包装桶。③检查产生的废包装桶有无沾染其他化学品或危险废物。如有，则将沾染其他化学品或危险废物的废包装桶放置在区域 B2。④对于没有沾染其他化学品或危险废物的废包装桶，使用真空枪将包装桶内残液吸出（抽液时间约 30 s，收集率不低于 90%），再使用水枪注入 10～35 kg 纯水（水枪压力：0.5～0.6 MPa；水温：40～50℃），边注水边转动空桶，转动 2～3 圈后将桶内的水倒入反应釜作为生产原料使用；第一次清洗结束后，再次注入 10～35 kg 纯水（水枪压力：0.5～0.6 MPa；水温：40～50℃），转动 2～3 圈后将桶内的水倒入废水排放管排至污水处理站处理。清洗后的废包装桶放置在区域 B3。⑤区域 B2 的废包装桶运至沾染危险化学品/危险废物废包装物仓库的指定区域，区域 B3 的废包装桶运至一般化学品废包装物仓库的指定区域。

通过上述措施，保证本次鉴别的 5 种清洗后的一般化学品废包装桶在产生和初步处理过程中均不会与感染性、毒性化学品或其他危险废物接触。

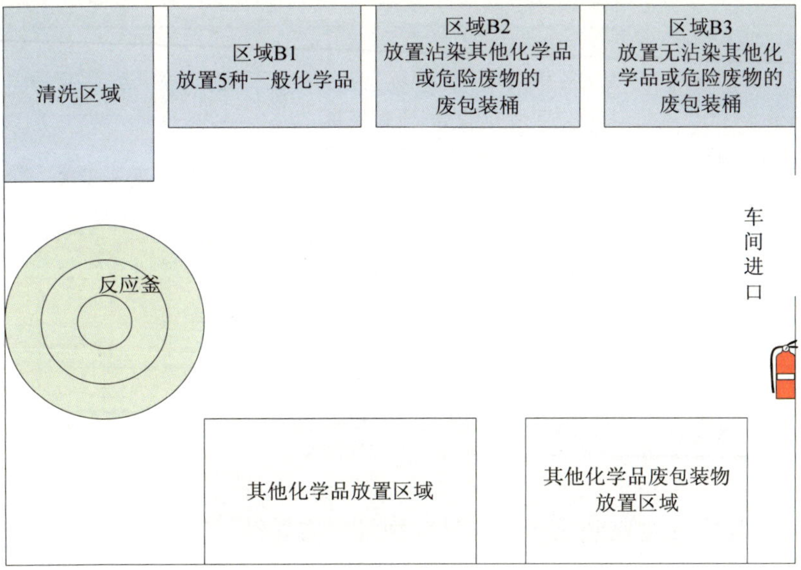

图 11-4　第一类化学品（5 种）生产车间分区示意图

这 5 种一般化学品废包装桶清洗环节的用水量和废水产生量及废水去向如表 11-6 所示，物料平衡图如图 11-5 所示。目前，企业厂区现有的 CP 污水处理站处理能力为 20 t/d，可满足废包装桶清洗废水的处理需求。

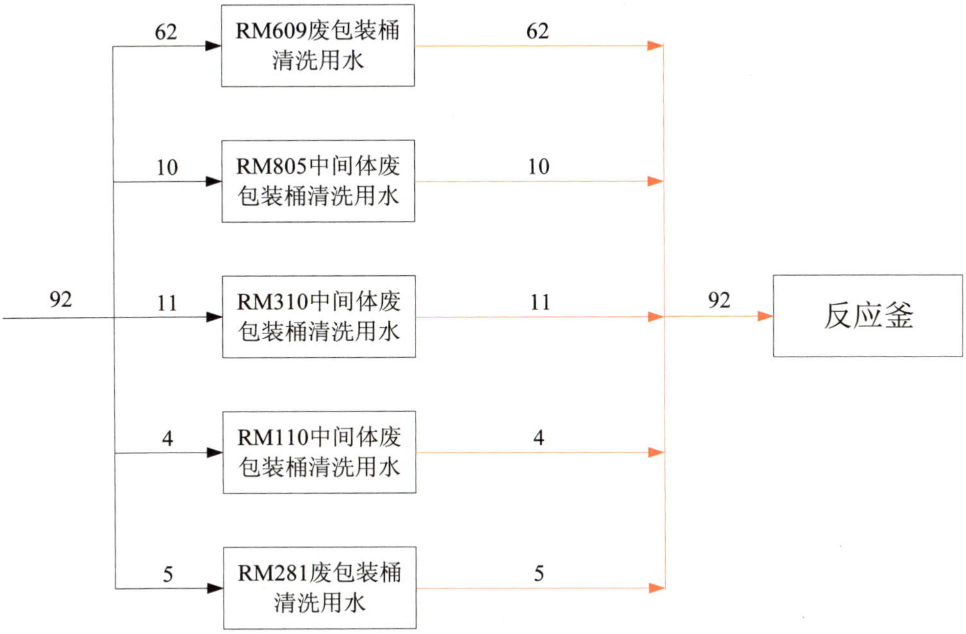

图 11-5　第一类鉴别对象物料平衡图

表 11-6　5 种第一类化学品使用环节相关生产数据

产品		本次鉴别涉及的一般化学品						其他化学品原料用量/（t/a）	纯水用量/（t/a）
名称	产量/（t/a）	名称	用量/（t/a）	废包装桶产生量/（个/a）	废包装桶清洗用水量/（t/a）	废包装桶清洗废水量/（t/a）			
						进入生产工序	排入污水处理站		
电镀添加剂	2 051	RM 609	206	895	62	62	62	821	1 130
		RM 805 中间体	29.6	141	10	10	10		
		RM 310 中间体	31.4	157	11	11	11		
		RM 110 中间体	11.3	61	4	4	4		
		RM 281	14.7	67	5	5	5		

2）5 种一般化学品废包装袋（化学品分别是次磷酸钠、苯并三氮唑、焦磷酸钾、三聚磷酸钠和 RM 722）

这 5 种一般化学品废包装袋的产生过程为：①将这 5 种化学品运至生产车间的指定区域 C1（图 11-6）。②从顶部将包装袋割破，将化学品从袋中倒入反应釜，产生废包装袋。③检查产生的废包装袋有无沾染其他化学品或危险废物。如有，则将沾染其他化学品或危险废物的废包装袋放置在区域 C2；没有沾染其他化学品或危险废物的废包装袋统一放入干净的垃圾袋，扎口包装后，放置在区域 C3。④区域 C2 的废包装物运至沾染危险化学品/危险废物废包装物仓库的指定区域，区域 C3 的废包装物运至一般化学品废包装物仓库的指定区域。各类鉴别对象产生流程见图 11-7。

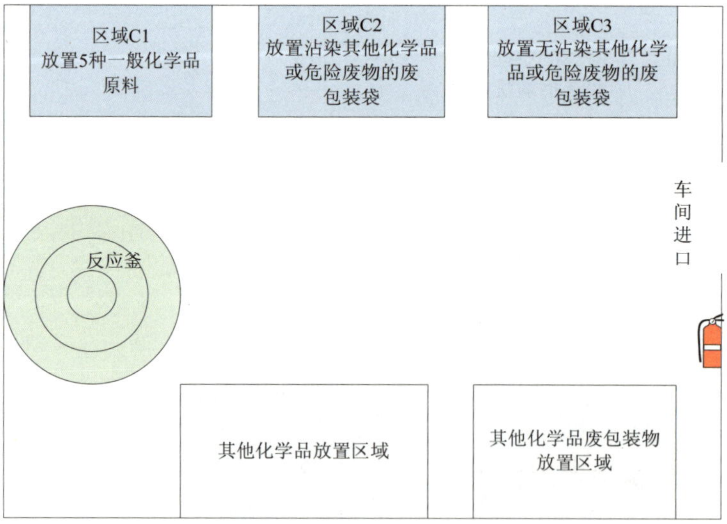

图 11-6　第二类化学品（5 种）生产车间分区示意图

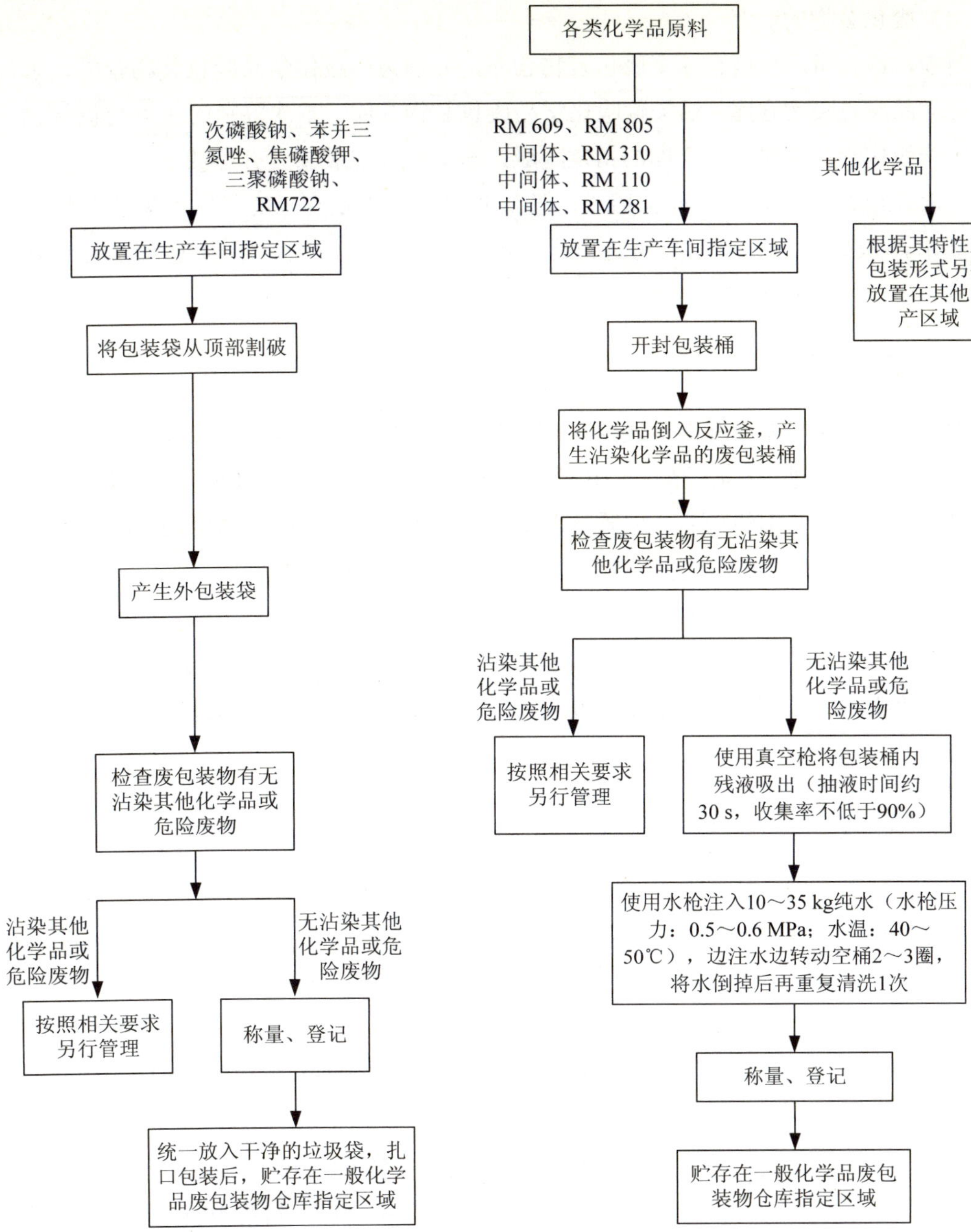

图 11-7 各类鉴别对象产生流程示意图

通过以上措施后，本次鉴别的废包装物均不会沾染其他化学品或危险废物。

（3）废包装物的转移

本次鉴别的两类一般化学品废包装物均分类单独转移，要保证转移过程中不再接触其他化学品或危险废物。

（4）废包装物的贮存

目前，该公司厂区内有 3 个废包装物仓库，分别为一般化学品废包装物仓库、未沾染危险化学品废包装物仓库、沾染危险化学品废包装物仓库。本次鉴别的两类废包装物分类贮存于一般化学品废包装物仓库的指定区域，与其他废包装物分开存放。

一般化学品废包装物仓库按照《一般工业固体废物贮存、处置场污染控制标准》等相关要求，做好标识、废包装物进出库台账，并做好防流失、防渗透等防止污染环境的措施。

11.2.2 固体废物属性判断

根据《危险废物鉴别标准 通则》（GB 5085.7—2019）第 4 条规定，“危险废物的鉴别应按照以下程序进行：4.1 依据《中华人民共和国固体废物污染环境防治法》《固体废物鉴别导则》判断待鉴别的物品、物质是否属于固体废物，不属于固体废物的，则不属于危险废物”。因此，首先对本次鉴别对象是否属于固体废物进行鉴别。

本次鉴别涉及的化学品大部分需从国外进口，其废包装物无法退回供应商重复利用，无法按照其原始用途使用。依据《固体废物鉴别标准 通则》（GB 34330—2017）中“4.1 i）由于其他原因而不能在市场出售、流通或者不能按照原用途使用的物质”，判定本次鉴别对象属于固体废物。

11.2.3 危险废物名录相符性分析

《固废法》规定：“盛装废弃危险化学品的容器和受废弃危险化学品污染的包装物，按照危险废物进行管理和处置”。《名录》（2021 年版）规定：“含有或沾染毒性、感染性危险废物的废弃包装物、容器、过滤吸附介质”属于危险废物。废包装物本身的材质并不具有危险特性，其危险特性的鉴别关键在于对所盛装物料的毒性和感染性等危险特性的判断，以及企业环境管理是否到位，保证鉴别对象在整个过程中不会沾染其他危险废物或化学品。

将本次鉴别的废包装物所盛装的 10 种化学品与《名录》（2021 年版）进行比对，分析判断其是否属于危险废物，并根据其 MSDS 表信息及相关资料判断 10 种化学品是否具有毒性、感染性等危险特性，再根据废包装物产生、初步处理、转移、贮存等过程的管控措施判断其是否会沾染上其他化学品或危险废物，从而判断废包装物是否具有危险特性。

经前面章节分析，本次鉴别的废包装物所盛装物料均为一般化学品，不属于《危险化学品名录》（2015 版）中的危险化学品，鉴别对象不属于《名录》（2021 年版）中的含有或沾染农药废物、废矿物油、PCBs、PCTs 和 PBBs 等危险废物的废弃包装物及容器，也不属于《名录》（2021 年版）中“HW49 其他废物”类别中的“900-041-49 含有或沾染毒性、感染性危险废物的废弃包装物、容器、过滤吸附介质”。

另外，本次鉴别所涉及的 10 种一般化学品主要为有机化合物和无机盐，经比对，这 10 种一般化学品均不属于《名录》（2021 年版）中所列的有机或无机类物质。根据《名录》（2021 年版）第 6 条规定：“对不明确是否具有危险特性的固体废物，应当按照国家规定的危险废物鉴别标准和鉴别方法予以认定”。因此，A 公司的 10 种一般化学品废包装物应该开展危险特性鉴别。

11.2.4 危险特性识别和筛选

11.2.4.1 鉴别对象危险特性识别

根据 A 公司提供的 10 种一般化学品来源和理化性质、一般化学品的采购和运输、废包装物的产生、初步处理、转移和贮存等全过程管控措施等内容，结合《危险废物鉴别技术规范》等分析本次鉴别对象的危险特性。

根据前面章节介绍，本次鉴别对象涉及的 10 种化学品不属于危险化学品。鉴别对象为沾染原料（非危险化学品）的包装桶或包装袋，鉴别对象可能沾染的化学品均为原料物质，不直接参与后续产品生产过程，可能存在的危害因子也不会受产品生产工艺的任何影响。

由 A 公司提供的鉴别对象所盛装化学品原料的 MSDS 表可知，10 种化学品原料主体成分并不存在相关的危害因子，但鉴于第一类中部分化学品（聚乙二醇、苯甲醇、烯丙基磺酸钠、2-甲基-2,4-戊二醇）原材料合成工艺中可能使用了包括环氧乙烷、苯、甲醛、3-氯丙烯、4-羟基-4-甲基-2-戊酮等危险化学品，虽然鉴别对象在使用完毕后进行了充分清洗，仍存在化学品原料残留于鉴别对象中导致鉴别对象沾染相关危害因子的可能性。因此，鉴别对象所盛装化学品可能存在的危害因子及危险特性分析汇总见表 11-7、表 11-8。

表 11-7 鉴别对象所盛装化学品可能存在的危害成分汇总

编号	化学品名称	可能存在的危害因子
1	聚乙二醇	环氧乙烷
2	苯甲醇	苯、甲醛
3	烯丙基磺酸钠	3-氯丙烯
4	2-甲基-2,4-戊二醇	4-羟基-4-甲基-2-戊酮

表 11-8 本次鉴别对象涉及的 10 种化学品危险特性分析

序号	化学品名称	化学品成分	是否为危险化学品	腐蚀性（pH）	反应性	易燃性	浸出毒性和毒性物质含量指标
判断依据			《危险化学品名录》（2015版）	pH＜2.0或pH＞12.5	符合以下任何条件之一： 1. 常温常压下不稳定，在无引爆条件下，已发生剧烈变化； 2. 标准温度和压力下（25℃，101.3 kPa），易发生爆轰或爆炸性分解反应； 3. 受强起爆剂作用或在封闭条件下加热，易发生爆轰或爆炸反应； 4. 与水混合发生剧烈化学反应，并放出大量易燃气体和热量； 5. 与水混合能产生足以危害人体健康或环境的有毒气体、蒸汽或烟雾； 6. 在酸性条件下，每千克含氰化物废物分解≥250 mg 氰化氢气体，或者每千克含硫化合物废物分解产生≥500 mg 硫化氢气体	符合以下任何条件之一： 1. 闪点温度低于60℃（闭杯试验）的液体、液体混合物或含有固体物质的液体； 2. 在标准温度和压力（25℃，101.3 kPa）下因摩擦或自发性燃烧而起火，经点燃后能剧烈而持续地燃烧并产生危害的固态废物	检测因子超出《危险废物鉴别标准 浸出毒性鉴别》（GB 5085.3—2007）和《危险废物鉴别标准 毒性物质含量鉴别》（GB 5085.6—2007）相关标准值
1	RM 609	聚乙二醇，100%	否	4.5～8.0	不具有反应性	不具有易燃性	不存在 GB 5085.3—2007 所要求检测的因子，GB 5085.6—2007 中须检测的因子为环氧乙烷
2	RM 805 中间体	苯甲醇，70%～100%；其他为水	否	7.0～8.0	不具有反应性	不具有易燃性	GB 5085.3—2007 中须检测的因子为苯，GB 5085.6—2007 中须检测的因子为苯、甲醛
3	RM 310 中间体	烯丙基磺酸钠，45%～55%；其他为水	否	6.0～7.0	不具有反应性	不具有易燃性	不存在 GB 5085.3—2007 和 GB 5086.6—2007 所要求检测的因子

序号	化学品名称	化学品成分	是否为危险化学品	腐蚀性（pH）	反应性	易燃性	浸出毒性和毒性物质含量指标
4	RM 110 中间体	2-甲基-2,4-戊二醇，70%～100%；其他为水	否	6.0～8.0	不具有反应性	不具有易燃性	不存在 GB 5085.3—2007 和 GB 5086.6—2007 所要求检测的因子
5	RM 281	硫酸单（2-乙基己基）酯钠盐，40%～60%；其他为水	否	8.0～10.5	不具有反应性	不具有易燃性	不存在 GB 5085.3—2007 和 GB 5086.6—2007 所要求检测的因子
6	次磷酸钠	次磷酸钠	否	6.0～8.0	在环境温度和正常适用条件下稳定	不具有易燃性	不存在 GB 5085.3—2007 和 GB 5086.6—2007 所要求检测的因子
7	苯并三氮唑	苯并三氮唑	否	6.0～7.0	未被分类为反应性危害；没有危险的分解产物	闪点 195℃（闭杯试验）	不存在 GB 5085.3—2007 和 GB 5086.6—2007 所要求检测的因子
8	焦磷酸钾	焦磷酸钾	否	10.0～11.0	不具有反应性	不具有易燃性	不存在 GB 5085.3—2007 和 GB 5086.6—2007 所要求检测的因子
9	三聚磷酸钠	三聚磷酸钠	否	9.2～10.0	不具有反应性	不具有易燃性	不存在 GB 5085.3—2007 和 GB 5086.6—2007 所要求检测的因子
10	RM 722	烷基苯磺酸钠	否	8.0～10.0	未被分类为反应性危害；正常使用的条件下未见有危险反应；没有危险的分解产物	不具有易燃性	不存在 GB 5085.3—2007 和 GB 5086.6—2007 所要求检测的因子

注：与鉴别对象相关的一般化学品 pH、反应性、易燃性等信息均来源于企业提供的 MSDS 文件。

11.2.4.2　鉴别对象危险特性排除与初筛

（1）鉴别对象危险特性的排除

根据鉴别对象所盛装化学品的来源，可判断鉴别对象不具备感染性。按照《危险废物鉴别技术规范》（HJ 298—2019）和《危险废物鉴别标准　通则》（GB 5085.7—2019）等文件内容，根据企业提供的鉴别对象所盛装化学品原料 MSDS 表显示，这些化学原料均为中性物质且闪点大于 60℃。逐一对照分析可知，该 10 种一般化学品及其主要成分不具有腐蚀性、反应性、易燃性，除苯甲醇外其他 9 种化学品及其主要成分不具备浸出毒性，除聚乙二醇、苯甲醇外其他 8 种化学品及其主要成分不含有毒性物质。被鉴别物中残留的部分化学品原料主要成分为有机物及无机盐，不存在可溶性的重金属单质或相关化合物。

（2）鉴别对象危险特性的初筛

为了进一步确定鉴别对象的危险特性，技术人员于 2021 年 4 月 10 日到企业现场，对第一类鉴别对象中盛装聚乙二醇、苯甲醇后产生的废包装桶各采集 3 个具有代表性的样品，对其相应的浸出毒性及毒性物质含量项目进行检测分析，并进行急性毒性初筛，见表 11-9。

表 11-9 危险特性初筛测试指标

编号	化学品名称	毒性物质检测项目	浸出毒性检测项目
1	聚乙二醇	环氧乙烷	—
2	苯甲醇	苯、甲醛	苯

1）浸出毒性

根据检测结果，苯甲醇废包装桶 3 个样品中苯的浸出毒性均未检出。结合鉴别对象来源及初筛结果，可进一步排除鉴别对象中相关浸出毒性检测项目的存在，鉴别对象不存在浸出毒性危险特性。

2）毒性物质含量

根据前文分析，鉴别对象聚乙二醇、苯甲醇废包装桶毒性物质的测试指标包括环氧乙烷、甲醛、苯 3 项。根据检测结果，聚乙二醇废包装桶中环氧乙烷未检出，苯甲醇废包装桶中苯、甲醛两项指标检测结果分别为 0.000 25%和 0.000 21%，远低于标准限值。

3）急性毒性初筛

根据《危险废物鉴别标准　急性毒性初筛》（GB 5085.2—2007），经口摄取（青年白鼠）固体 LD_{50}≤200 mg/kg，或经皮肤接触（白兔）LD_{50}≤1 000 mg/kg，或蒸气、烟雾或粉尘吸入（青年白鼠）LC_{50}≤10 mg/L 的固体废物属于危险废物。

参照《化学品分类和标签规范　第 18 部分：急性毒性》（GB 30000.18—2013），将鉴别对象样品视为所检出毒性物质的混合物，估算鉴别对象的急性毒性，计算公式如下：

$$\mathrm{ATE}=\frac{100}{\sum\frac{C_i}{\mathrm{ATE}_i}}$$

式中：ATE —— 固体废物的急性毒性估计值；

C_i——固体废物中所含的第 i 种毒性物质百分含量；

ATE_i——第 i 种毒性物质的急性毒性数据。

据此公式计算鉴别对象的经口急性毒性，《危险废物鉴别标准　急性毒性初筛》（GB 5085.2—2007）中经口急性毒性、经皮急性毒性、吸入急性毒性规定的限值分别为固体 200 mg/kg（液体 500 mg/kg）、1 000 mg/kg 和 10 mg/L。

①若经口急性毒性估计值大于 1 000 mg/kg，则大于经口急性毒性限值（LD_{50}≤200 mg/kg），可判断鉴别对象不具经口急性毒性。考虑经皮急性毒性数值通常大于经口急性毒性，因此若经口急性毒性估计值已大于 1 000 mg/kg，则可判断鉴别对象也不具有经皮急性毒性。

②若经口急性毒性估计值小于或等于 1 000 mg/kg 且大于 200 mg/kg，则大于经口急性毒性限值（LD_{50}≤200 mg/kg），可判断鉴别对象不具经口急性毒性，可进一步安排经皮急性毒性试验，以明确样品是否具有经皮急性毒性。

③若经口急性毒性估计值小于 200 mg/kg，则可判断鉴别对象具有经口急性毒性。

④被鉴别物不存在吸入的暴露途径，因此可判断鉴别对象不具有吸入急性毒性。

根据前文毒性物质检测结果计算，鉴别对象苯甲醇废包装桶急性毒性估计值 ATE 为 1 300 mg/kg，由上可知，鉴别对象不具有经口急性毒性、经皮急性毒性、吸入急性毒性。

综上，A 公司 10 种盛装一般化学品的废包装物不具有腐蚀性、反应性、易燃性、浸出毒性、毒性物质及急性毒性。

11.2.5　鉴别对象全过程管理措施

目前，委托单位 A 公司在本次鉴别涉及的 10 种一般化学品的采购、运输、使用以及废包装物的产生、初步处理、转移和贮存等全过程中都采取了不同的管控措施。具体如表 11-10 所示。

委托单位在严格执行本次鉴别涉及的 10 种一般化学品的采购和运输以及废包装物的产生、初步处理、转移和贮存等全过程管控措施情况下，鉴别单位认为本次鉴别的两类废包装物均满足不沾染其他化学品或危险废物的条件。

表 11-10　本次鉴别对象全过程管控措施

序号	管理环节	管控措施
1	10 种一般化学品的采购和运输	A 公司在化学原料的采购及运输过程中，严格按照《危险化学品安全管理条例》执行一般化学品和危险化学品分开采购及运输的管理要求。本次鉴别涉及的 10 种一般化学品在进厂时，A 公司首先检查包装物的表面有无沾染其他化学品。如果进厂时 10 种化学品的包装物表面沾染了其他化学品，其不列入本次鉴别范围，须按照相关要求另行管理

序号	管理环节	管控措施
2	10 种一般化学品废包装物的产生和初步处理	员工在使用化学品之前先登记其名称、用量、用途、使用时间等信息
		本次鉴别的一般化学品废包装物分为两类，对应的产生和初步处理（如有）情况如下： 第一类：盛装 RM 609、RM 805 中间体、RM 310 中间体、RM 110 中间体和 RM 281 产生的废包装桶 ①将 5 种化学品运至生产车间的指定区域 B1。②开封包装桶，将化学品全部倒入反应釜，产生沾染上一般化学品的废包装桶。③检查产生的废包装桶有无沾染其他化学品或危险废物。如有，则将沾染其他化学品或危险废物的废包装桶放置在区域 B2。④对于没有沾染其他化学品或危险废物的废包装桶，使用真空枪将包装桶内残液吸出（抽液时间约 30 s，收集率不低于 90%），再使用水枪注入 10～35 kg 纯水（水枪压力：0.5～0.6 MPa；水温：40～50℃），边注水边转动空桶，转动 2～3 圈后将桶内的水倒入反应釜作为生产原料使用；第一次清洗结束后，再次注入 10～35 kg 纯水（水枪压力：0.5～0.6 MPa；水温：40～50℃），转动 2～3 圈后将桶内的水倒入废水排放管排至污水处理站处理。清洗后的废包装桶放置在区域 B3。⑤区域 B2 的废包装桶运至沾染危险化学品/危险废物废包装物仓库的指定区域，区域 B3 的废包装桶运至一般化学品废包装物仓库的指定区域。 第二类：盛装次磷酸钠、苯并三氮唑、焦磷酸钾、三聚磷酸钠和 RM722 产生的废包装物 ①将这 5 种化学品运至生产车间的指定区域 C1。②从顶部将包装袋割破，将化学品从袋中倒入反应釜，产生废包装袋。③检查产生的废包装袋有无沾染其他化学品或危险废物。如有，则将沾染其他化学品或危险废物的废包装袋放置在区域 C2；没有沾染其他化学品或危险废物的废包装袋统一放入干净的垃圾袋，扎口包装后，放置在区域 C3。④区域 C2 的废包装物运至沾染危险化学品/危险废物废包装物仓库的指定区域，区域 C3 的废包装物运至一般化学品废包装物仓库的指定区域
		在涉及使用危险化学品的生产环节中，将本次鉴别所涉及的 10 种一般化学品与危险化学品完全隔绝开，避免本次鉴别的一般化学品废包装物沾染上危险化学品。 通过以上措施后，本次鉴别的废包装物均不会沾染其他化学品或危险废物
3	废包装物转移	本次鉴别的两类一般化学品废包装物均分类单独转移，保证转移过程中不再接触其他化学品或危险废物
4	废包装物贮存	本次鉴别的两类废包装物分类贮存于一般化学品废包装物仓库的指定区域，与其他废包装物分开存放。 一般化学品废包装物仓库按照《一般工业固体废物贮存、处置场污染控制标准》等相关要求，做好标识、废包装物进出库台账，并做好防流失、防渗透等防止污染环境的措施

11.2.6　鉴别对象危险特性鉴别结论

本次鉴别对象为 A 公司产生的 10 种原料废包装物，其属于固体废物，不属于《名录》（2021 年版）中的含有或沾染农药废物、废矿物油、PCBs、PCTs 和 PBBs 等危险废物的废弃包装物及容器，也不属于“HW49 其他废物”类别中“900-041-49 含有或沾染毒性、感染性危险废物的废弃包装物、容器、过滤吸附介质”。

根据 A 公司提供的 10 种鉴别对象所盛装化学品的来源及理化特性资料分析，本次鉴别对象所盛装的 10 种化学品原料均不属于危险化学品。此外，A 公司在严格执行本次鉴别涉及一般化学品的采购、运输、使用以及废包装物的产生、初步处理、转移和贮存等全过程管控措施情况下，鉴别机构认为本次鉴别的两类废包装物均可满足无沾染其他化学品或危险废物的条件。

根据《危险废物鉴别技术规范》和《名录》（2021 年版）有关内容，本次鉴别的 10 种废包装物在无沾染其他化学品或危险废物的条件下，不具备感染性、腐蚀性、反应性、易燃性和毒性危险特性。

11.2.7　利用处置建议及环境风险防控

（1）鉴别对象利用处置建议

为提高企业固体废物资源化利用率，结合本次鉴别对象的属性和特点，A 公司拟将经鉴定后不具备危险特性的 10 种废包装物（本次鉴别对象）交给具有再生资源回收经营资质的 B 公司回收后资源利用。

本次鉴别对象的处理处置需满足《固废法》《广东省固体废物污染环境防治条例》等文件要求，严禁非法处置及倾倒固体废物。

（2）环境风险防控措施与要求

①企业需安排专人对本次鉴别的废包装物进行全过程管控，从化学品的采购、运输和使用到废包装物的产生、初步处理、转移和贮存等全过程要有记录，方便生态环境主管部门的后续监管。

②按照国家对一般工业固体废物的贮存要求，进一步完善本次鉴别的废包装物贮存区域的标识、进出库台账，以及做好防流失、防渗漏等措施。定期对废包装物贮存仓库进行现场检查。

③加强本次鉴别的废包装物转移及处置过程管理，做好废包装物的转移记录，保管好转移合同和转移联单，定期报给当地主管部门备案。

④进一步加强日常管理，规范本次鉴别所涉及的一般化学品的采购、运输、使用，以及废包装物产生、初步处理、转移和贮存等各环节的操作和管理，严格按规程操作、按制

度管理。

⑤严禁将其他化学品的废包装材料及危险废物混入本次鉴别对象中。

11.3 废包装物危险特性鉴别要点

废包装物本身材质并不具有危险特性，首先其危险特性主要来源于其所盛装的物料；其次是化学品从采购、进厂到废包装物产生、贮存等整个过程中，废包装物是否沾染其他危险废物或化学品（陈小亮，2018）。因此，对于废弃包装物的危险特性鉴别，重点为以下两个方面：

（1）判断鉴别对象所盛装物料是否具有腐蚀性、毒性和感染性等危险特性。将废包装物所盛装的化学品与《名录》（2021 年版）进行比对，分析判断其是否属于危险废物，并根据其 MSDS 信息及相关资料判断所盛装化学品是否具有腐蚀性、毒性、感染性等危险特性。感染性由于目前缺乏判断标准，通常根据鉴别对象的来源以及是否列入《医疗废物分类目录》中进行确定。腐蚀性、毒性等危险特性则依据危险废物鉴别标准，通过对鉴别对象盛装物料的检测分析，对照标准来逐一确定；对于来源确定的工业企业，则主要采用化学品分类方法、相关产品及行业标准等来进行综合分析判断。需要注意的是，若鉴别对象所盛装的化学品成分发生变化，其危险特性须重新通过鉴别来确定。

（2）判断鉴别对象是否沾染其他危险废物或化学品。对于企业化学品的采购、运输、使用以及废包装物的产生、初步处理、转移和贮存等全过程，委托单位均需完善配套的环保管控措施，保证鉴别对象不沾染其他化学品或危险废物。委托单位在严格执行相关管控措施后认为废包装物满足只沾染所包装的一般化学品、无沾染其他化学品或危险废物的条件下，方可纳入鉴别对象。在企业实际运营过程中，如由于操作不当造成鉴别对象沾染其他化学品或危险废物，则该批废包装物须按照危险废物进行管理，或重新开展危险特性鉴别工作。

参考文献

[1] 陈小亮. 废包装容器定性问题研究[J]. 环境科学与管理，2018，43（1）：54-57.

第 12 章

历史遗留固体废物危险特性鉴别案例

固体废物污染防治是生态环境保护工作的重要领域，是改善生态环境质量的重要环节。当前，我国一些地方历史遗留废渣、尾矿库较多，存在较大环境安全隐患，目前我国还有 8 345 座尾矿库，其中近 90%是四等、五等小型尾矿库，尾矿成分复杂，环境风险较高；部分地区危险废物不当堆存、非法倾倒处置问题突出，多地发现渗坑、暗管偷排废酸废液等违法事件；部分处置设施运行不规范、不稳定，对大气、水和土壤环境造成威胁。

2016 年长江经济带 11 个省（直辖市）的一般工业固体废物产生量为 9.37 亿 t，占全国一般工业固体废物产生总量的 28.3%；危险废物产生量为 2 234.61 万 t，占全国危险废物产生总量的 32.2%；生活垃圾清运量为 8 921.2 万 t，占全国生活垃圾清运总量的 39.1%。2016 年以来，上海、江苏、浙江、安徽、湖北、湖南、重庆等地固体废物非法转移倾倒案件频发，严重危害了长江经济带的生态环境安全。2018 年 5 月 9—15 日，生态环境部组织“清废行动 2018”打击固体废物环境违法行为专项行动现场督查。通过对长江经济带 11 个省（直辖市）2 796 个固体废物堆存点位进行现场摸排核实，共发现 1 308 个问题。从问题分布情况看，在长江经济带 11 个省（直辖市）中上海涉及 35 个问题，江苏涉及 187 个问题，浙江涉及 17 个问题，安徽涉及 88 个问题，江西涉及 336 个问题，湖北涉及 386 个问题，湖南涉及 69 个问题，重庆涉及 33 个问题，四川涉及 60 个问题，贵州涉及 65 个问题，云南涉及 32 个（图 12-1）。督查发现的问题主要涉及建筑垃圾、一般工业固体废物、生活垃圾等随意倾倒或堆放，其中涉及建筑垃圾问题 339 个，一般工业固体废物问题 253 个，生活垃圾问题 164 个，危险废物问题 58 个，以建筑垃圾和生活垃圾为主的混合类问题 345 个，砂石、渣土等其他类问题 149 个（图 12-2）。5 月 10 日，生态环境部公布对 24 个突出

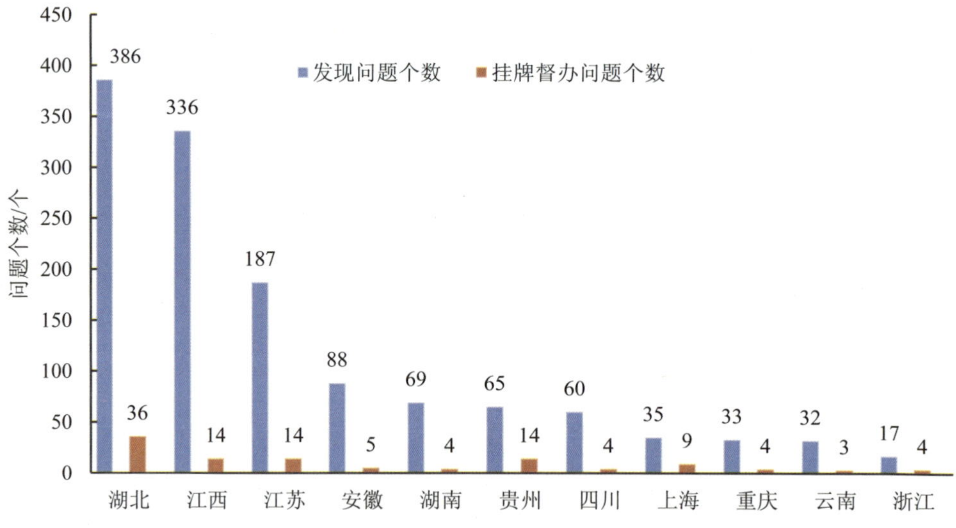

图 12-1 “清废行动 2018”长江经济带 11 个省（直辖市）问题数量统计

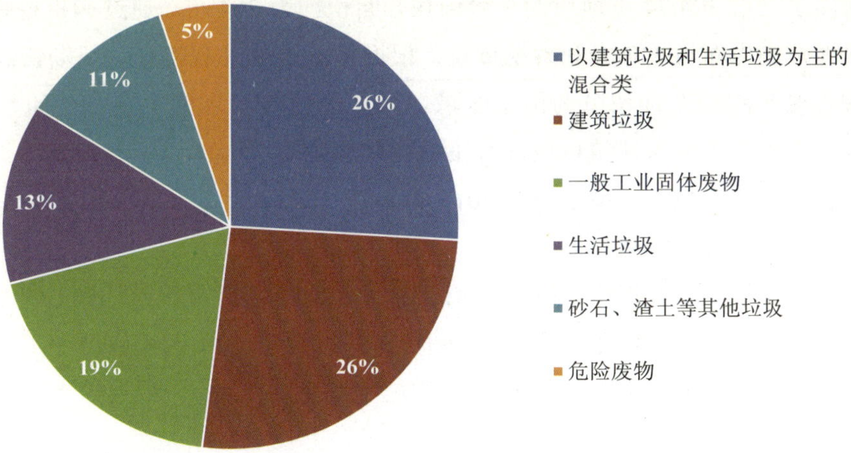

图 12-2 “清废行动 2018”发现的问题分类及各自占比

问题挂牌督办；5 月 12 日，生态环境部公布对 5 月 10—11 日督查中发现的比较突出的 25 个问题实施挂牌督办；5 月 12—13 日挂牌督办 32 个突出问题；5 月 14—15 日挂牌督办 30 个突出问题，生态环境部 7 日内共对 111 个突出问题进行挂牌督办，同时将其余 1 197 个问题交有关省级生态环境部门挂牌督办。截至目前，整改完成 3 221 个问题，整改完成率为 99%，清理各类固体废物 5 676.1 万 t，新增复绿面积 99.4 万 m^2。通过整治，基本消除了沿江、沿河违规倾倒、堆存固体废物的环境安全隐患，有效预防了长江沿线生态环境安全风险。

目前国家尚未出台历史遗留固体废物危险特性鉴别的技术规范，国内各鉴别机构对此也仅限于初步探索。编者根据历史遗留固体废物危险特性鉴别实践工作经验，按照可溯源和不可溯源两种情景，对历史遗留固体废物危险特性识别和鉴别程序、方法进行了分析归纳，并选用了三个历史遗留固体废物危险特性鉴别案例，以期为同行开展历史遗留固体废物危险特性鉴别工作提供参考。

12.1 案例一：不可溯源历史遗留固体废物的危险特性鉴别

12.1.1 危险废物鉴别的技术准备

12.1.1.1 待鉴别物信息的搜集与整理

（1）资料调查

某市土地发展中心发现位于该市某地 304.74 亩[①]地块有一批性质不明的填埋物。本次

① 1 亩≈666.667 m^2。

待鉴别物位于某市 304.74 亩地块的 1 号地块，面积约为 264 亩。通过钩机挖掘方式，在待鉴别物填埋范围内布设 113 个观察挖掘点，根据待鉴别物外观特征、现场快速检测数据以及物探调查结果将整个地块分为两个区域，其中区域一填埋的主要是建筑垃圾和生活垃圾，区域二填埋的主要为建筑垃圾混有工业固体废物。

根据谷歌历史影像图，该地块在 2015 年 8 月—2017 年 2 月呈现水塘状图斑，2017 年 8 月显示该地块已经进行填土。

根据该市土地储备发展中心提供的招标文件，2017 年 2 月该土地中心开展招标，该工程以高程 2.7 m（黄基）为设计标高计算回填方量，要求 120 天完成填土工作。本次鉴别工作调查范围约 90%属于该填土工程，平均填土厚度约 2.4 m。根据填土工程相关资料，填土时间与历史影像一致。

由于填土来源以及填土种类未知，工作小组开展了人员访谈工作。从人员访谈信息获得，2017 年该土地中心对本次调查地块填土工程进行公开招投标，填土来源未知。2019 年曾有居民投诉本次调查地块的相邻地块有非法填埋情况，该市生态环境部门接到投诉后，前往现场检测并进行了回复，回复内容如下："该址堆放有沙石和建筑垃圾，未发现有工业固体废物，未发现周边环境污染情况"。

（2）现场踏勘和开挖调查

2021 年 9 月，前往地块进行联合踏勘，通过踏勘和现场工作人员介绍，待鉴别物所在位置原为鱼塘，目前已被填埋覆盖，部分区域已自然复绿。此外，为了进一步了解填埋物的分布和种类，采用钩机挖掘方式，按照 40 m×40 m 的网格在地块范围内布设 113 个观察挖掘点。

根据《建筑垃圾处理技术规范》（CJJ 134—2019），建筑垃圾分类见表 12-1。

表 12-1 建筑垃圾分类

序号	种类	解释	细分
1	工程渣土	各类建筑物、构筑物、管网等基础开挖过程中产生的弃土	—
2	工程泥浆	钻孔桩基施工、地下连续墙施工、泥水盾构施工、水平定向钻及泥水顶管等施工产生的泥浆	—
3	工程垃圾	各类建筑物、构筑物等建设过程中产生的弃料	金属、混凝土、砖瓦、陶瓷、玻璃、木材、塑料、石膏、涂料、土等
4	拆除垃圾	各类建筑物、构筑物等拆除过程中产生的弃料	
5	装修垃圾	装饰装修房屋过程中产生的废弃物	

1 号地块主要填埋的建筑垃圾，包括工程渣土、工程垃圾、拆除垃圾和装修垃圾。部分区域混有生活垃圾。小部分区域混有工业固体废物。根据现场挖掘情况可以将地块填埋

物分为两类：一类是建筑垃圾和生活垃圾，另一类是建筑垃圾混有工业固体废物。

（3）物探调查情况

1）物探目的

为了进一步了解地块填埋物的空间分布，根据调查区填埋物特征、调查规范、仪器发展水平与可操作性，以及相关方法的成功应用案例，采用地球物理探测方法开展调查。

不同物质在物质结构、含水率、孔隙度、离子含量等方面存在明显差异性，进而导致其电阻率、电导率也会存在不同。

感应电磁法可以快速的探测平面上不同深度的电导率平面数据，帮助人们划分填埋物的平面分布。

高密度电阻率法可以通过剖面获得垂向的电阻率分布，以此用来分析填埋物的垂向分布情况。结合多条垂向电阻率分布剖面可以形成三维立体的电阻率空间展示。针对不同电阻率的物质空间分布形态进行体积计算。

结合二者的优点，最终选择高密度电阻率法和感应电磁法作为调查区填埋物的主要地球物理调查方法。

2）感应电磁法 EM 在本地块调查结果

感应电磁法 EM 通过发射线圈加载交变电流激发感应磁场，地下地质体在感应磁场作用下产生交变电流，激发二次感应磁场，通过接收线圈对二次感应磁场激发产生的感应电流强度进行记录，即可间接反映地下地质体的导电性能特征。

由于地下地质体材质存在差异，产生二次感应电流的强弱不同，根据历史文献资料提供的参考值以及现场开挖、钻孔等揭露验证，即可初步快速地圈定出不同导电性强度在该测试区域内所反映的地质信息，即实现初步的物性解译。

感应电磁法根据交变电场频率不同，可以反映不同深度范围内地质体的综合导电特性。图 12-3～图 12-5 为 1 号场地在 3 种电场频率下的综合导电度反映等值线图。

从 1 号场地的导电度等值线图可以看出，随着不同深度综合导电度的响应，在测区北侧（黑色虚线框选区）变化幅度较小，均展现低导高阻的形态，推测该响应由回填物质复杂导致，根据现场开挖验证资料，该处反映为含建筑垃圾和生活垃圾的混合物。

3）高密度电阻率法在本地块调查结果

高密度电阻率法的数据解译主要依靠长期野外工作的经验值以及文献资料查阅的常见物质的电阻率等。一般情形下，特定区域范围内地层由于材质差异、压密程度、含水率、含盐量的变化，会呈现不同的地电阻率特性，单条测线的剖面数据可以相对精准地刻画探测区域地下垂向深度上地层的分层情形。结合现场钻孔揭露、探槽以及挖机开挖验证，将电阻率剖面所反映的地质分层与真实地下情形一一对应，即可在一定范围内通过电阻率剖面解读地下地质情形。地块内 3 种典型类别填土信息见表 12-2。

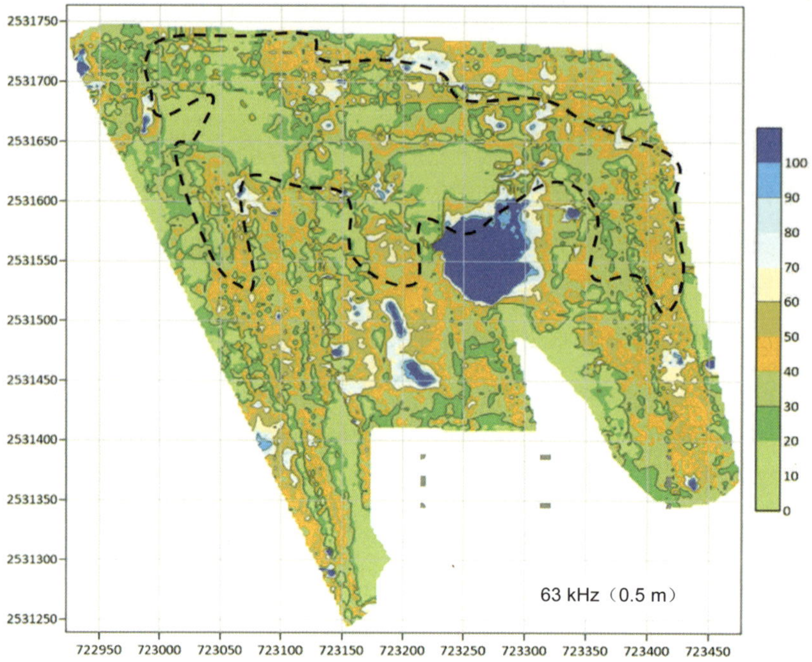

图 12-3　63 kHz 综合导电度反映等值线图

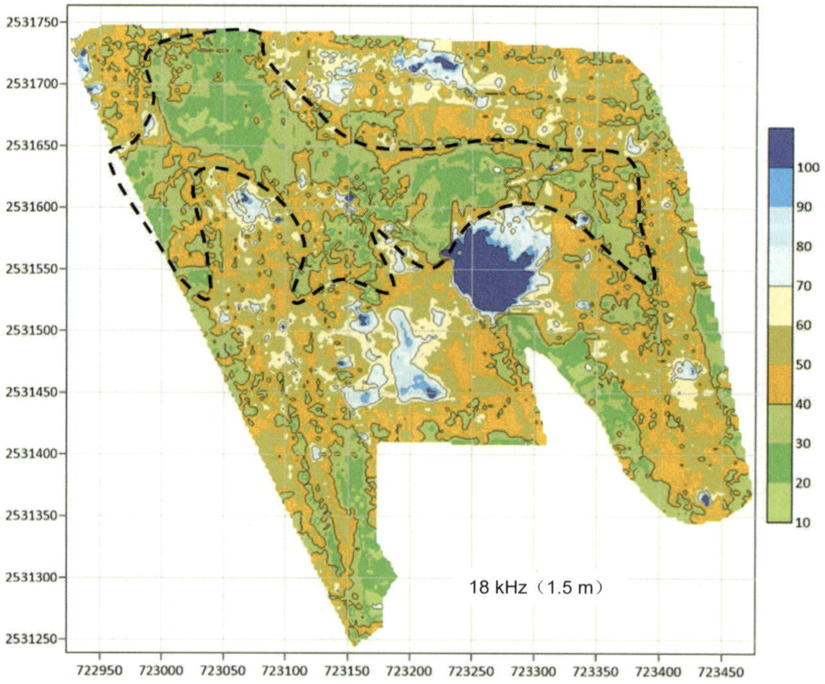

图 12-4　18 kHz 综合导电度反映等值线图

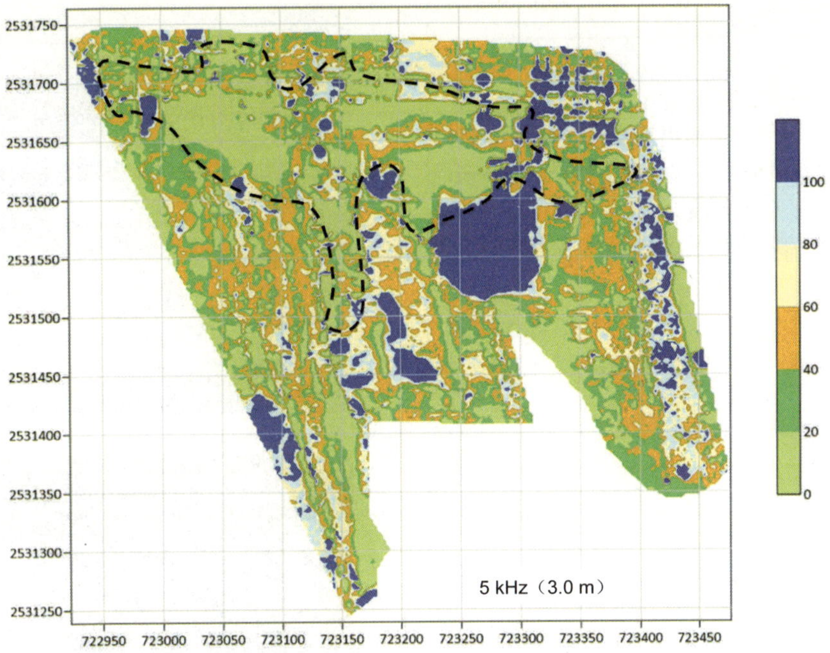

图 12-5　5 kHz 综合导电度反映等值线图

通过对现场剖面选点开挖揭露信息的分析，调查区域内物探异常存在以下 3 种情形：①装修垃圾和生活垃圾混合物为主（大于 30 Ω·m）；②建筑垃圾混有工业固体废物为主（小于 8 Ω·m）；③工程渣土和工程垃圾为主（14～25 Ω·m）。

表 12-2　地块内 3 种典型类别填土信息

序号	种类	描述	图片
1	装修垃圾和生活垃圾混合物	主要出现在调查区中西部附近，夹杂生活垃圾较多，深约 1 m，厚度为 1.5～3 m。有恶臭，部分伴随渗滤液；另在测区北侧、东侧边缘，零星分布夹杂建废为主的填土，埋深为 0～0.5 m，厚度为 1.5～3.5 m	

序号	种类	描述	图片
2	建筑垃圾混有工业固体废物	主要出现在调查区西北侧附近，埋深范围为 1～2.5 m，厚度为 1.0～1.5 m。灰黑色，现场 XRF 测定重金属离子含量高，有恶臭	
3	工程渣土和工程垃圾	调查区内主要存在的外来弃土，夹杂极少量的碎石，深为 0.5～1 m，厚度为 1.5～5 m。下底面为原池塘淤泥以及河沙	

通过 VOXLER 三维建模软件的空间插值计算模型，将 1 号场地物探数据进行编辑，同时带入地表地形白化顶板的限制，进行三维异常体方量的解析统计。

通过三维模型解算可以清晰了解到，开挖验证的阈值限定下，测区内观测异常体的空间展示形态。1 号地块调查区内地层垂向上分层明显，20 m 以内地层连续性明显；从垂向上地层自上而下 0～6 m 主要为杂填土（异常体主要赋存层）；6.0 m 以下为淤泥层及河沙。空间区域上，测区面积为 17.5 万 m^2，开挖验证的异常主要分布在调查区西北侧、北侧、东侧边界附近。

（4）小结

①调查区内地层垂向上分层明显，20 m 以内地层连续性明显。

②从垂向上地层自上而下分布 0～6 m 主要为杂填土（异常体主要赋存层），6.0 m 以下为淤泥层及河沙。

③空间区域上，测区面积为 17.5 万 m^2，开挖验证的异常主要分布在调查区西北侧、北侧、东侧边界附近。

④三维模型解算结果：整个地块填埋建筑垃圾，部分区域含生活垃圾，小部分区域含工业固体废物。地块根据是否含有工业固体废物分为两个区域，区域一主要为建筑垃圾和生活垃圾混合物，包括装修垃圾和生活垃圾为主的混合物，填土方量约 6.56 万 m^3，系统误差为±10%，工程渣土和工程垃圾为主的混合物填土方量为 30.29 万 m^3，系统误差为±10%。区域二为建筑垃圾混有工业固体废物的混合物，混合物方量约 1 800 m^3，系统误差为±10%。

12.1.1.2　危险特性现场快速检测识别

（1）待鉴别物外观分析

根据现场踏勘、开挖钻探、物探手段调查情况和待鉴别物外观特征、填埋位置、现场快速检测数据以及物探结果，将地块分为两个鉴别区域。

区域一主要为建筑垃圾和生活垃圾混合物，包括装修垃圾和生活垃圾为主的混合物、工程渣土和工程垃圾为主的混合物。现场可见有废塑料瓶、废塑料饭盒、废包装袋、废汽车坐垫、砖块、废布料、废塑胶垫、废塑料编织布、废润滑油瓶、木头、木块、混凝土石块等物质。

区域二为建筑垃圾混有工业固体废物的混合物，颜色一般为黄色、黑色和灰白色，部分点位有明显气味。

（2）XRF 检测分析

布设的 113 个点位，对其中 69 个典型钻孔岩芯进行了 XFR 和 PID 现场快速检测，钻孔钻至 8 m，每米进行一次 XRF 和 PID 现场快速检测工作。共得到 500 多组 PID 数据，PID 数值为 0.4×10^{-6}～4.6×10^{-6}，未发现明显异常。共得到 3 500 多组金属现场快速检测数据，其中锌、铅、铬、铜、镍、锶、砷、镉有筛出。

（3）成分检测结果分析

采集了一个区域一填埋物的典型样品进行组份分析，主要成分为硅铝酸盐，含量达到 76%。其中，硅铝酸盐是一类无机物，分子式为 $x\mathrm{Al_2O_3}\cdot y\mathrm{SiO_2}$，氧化铝和氧化硅的比例不恒定，它在地壳中分布极广，是构成多数岩石和土壤的主要成分。

由于区域内以建筑垃圾为主，采集的 3 个典型建筑垃圾样品经测试后，地块内填埋物密度约为 1.68 g/cm^3。

（4）挥发性有机物和半挥发性有机物检测结果分析

同时，为进一步明确此次鉴别物中有机成分，对其挥发性有机物和半挥发性有机物进一步检测。通过获得的全扫质谱图与标准谱库的谱图检索进行定性鉴别，谱库检索可信度（相似度）至少大于 70%，定性结果仅适用于未知物初步定性。

检测出区域一填埋物挥发性有机物质有 20 种，其中属于《危险废物鉴别标准　浸出毒性鉴别》（GB 5085.3—2007）挥发性有机化合物类有甲苯、乙苯、间二甲苯、邻二甲苯，含量分别为 3 μg/kg、17 μg/kg、62 μg/kg、9 μg/kg。属于《危险废物鉴别标准　毒性物质含量鉴别》(GB 5085.6—2007)中有毒物质名录的有丙酮，含量为 7 μg/kg。区域一填埋物半挥发性有机物检测出 37 种，其中无属于《危险废物鉴别标准 浸出毒性鉴别》(GB 5085.3—2007)所列物质，不属于《危险废物鉴别标准 毒性物质含量鉴别》(GB 5085.6—2007)中所列半挥性物质。

检测出区域二填埋物挥发性有机物质有 7 种，其中属于《危险废物鉴别标准 浸出毒性鉴别》(GB 5085.3—2007)挥发性有机化合物类的有邻二甲苯，含量为 2 μg/kg。属于《危险废物鉴别标准 毒性物质含量鉴别》(GB 5085.6—2007)中有毒物质名录的有丙酮，含量为 4 μg/kg。检测出区域二填埋物半挥发性有机物有 23 种，其中属于《危险废物鉴别标准 浸出毒性鉴别》(GB 5085.3—2007)非挥发性有机化合物的有邻苯二甲酸二丁酯，含量为 6.92 mg/kg，属于《危险废物鉴别标准 毒性物质含量鉴别》(GB 5085.6—2007)中生殖毒性物质的有邻苯二甲酸二丁酯，含量为 6.92 mg/kg。

12.1.2 鉴别的过程与结论

12.1.2.1 固体废物属性判断

根据法律规定和《固体废物鉴别标准 通则》(GB 34330—2017)，应先判断待鉴别物是否属于固体废物。如果其不属于固体废物，那么也不属于危险废物。

根据《固体废物鉴别标准 通则》(GB 34330—2017)，固体废物是指在生产、生活和其他活动中产生的丧失原有利用价值或者虽未丧失利用价值但是被抛弃或者放弃的固态、半固态或者置于容器中的气态物品、物质以及法律、行政法律规定纳入固体废物管理的物品、物质。通过该地土地中心确认，此次鉴别位置原先为鱼塘，待鉴别的填埋物由填埋而产生，主要是建筑垃圾，混有生活垃圾和工业固体废物，属于被抛弃或者放弃的物质；同时结合待鉴别物外观、气味及成分分析等判断待鉴别物已丧失原有的利用价值。基于此，综合判定待鉴别物属于固体废物。

12.1.2.2 危险废物名录相符性分析

根据《危险废物鉴别技术规范》(HJ 298—2019)“6.1 固体废物危险特性鉴别的检测项目应根据固体废物的产生源特性确定，必要时可向与该固体废物危险特性鉴别工作无直接利害关系的行业专家咨询。经综合分析固体废物产生过程生产工艺、原辅材料、产生环节和主要危害成分，确定不存在的危险特性，不进行检测”。

从现阶段掌握的资料无法明确具体来源，无法直接通过对照《名录》(2021 年版)确定其是否属于危险废物，也无法通过固体废物产生过程生产工艺、原辅材料、产生环节和主要危害成分进行判别。为了进一步明确其危险属性，需对其进行采样检测与鉴别。

本次待鉴别物的危险特性鉴别分为两个阶段，按照危险废物鉴别标准（GB 5085.1～GB 5085.6）的规定，首先根据待鉴别物的种类、现场快速检测数据及成分分析等识别其可能存在的危险特性，确定鉴别检测项目，再采集具有代表性的样品，开展检测分析，根据检测分析结果判定待鉴别物的危险特性。

12.1.2.3　危险特性识别和筛选

（1）区域一填埋物危险特性识别和筛选

1）感染性危险特性识别和筛选

区域一填埋物主要为建筑垃圾和生活垃圾。通过其外观及成分分析，判断区域一填埋物中不存在感染性物质，不具有感染性危险特性。

2）反应性危险特性识别和筛选

根据《危险废物鉴别标准　反应性鉴别》（GB 5085.5—2007），反应性危险废物是指符合下述三个条件之一的固体废物：

①爆炸性质

常温常压下不稳定，在无引爆条件下易发生剧烈变化；或标准温度和压力下（25℃，101.3 kPa）易发生爆轰或爆炸性分解反应；或受强起爆剂作用，在封闭条件下加热能发生爆轰或爆炸反应。

初步判断区域一填埋物常温常压下稳定，在无引爆条件下不会发生剧烈变化；在标准温度和压力下（25℃，101.3 kPa）以及受强起爆剂作用或在封闭条件下加热，不会发生爆轰或爆炸性分解反应，不具有爆炸性质。

②与水或酸接触产生易燃气体或有毒气体的性质

与水或酸接触产生易燃气体或有毒气体：与水混合发生剧烈化学反应，并放出大量易燃气体和热量；或与水混合能产生足以危害人体健康或环境的有毒气体、蒸汽或烟雾；或在酸性条件下，每千克含氰化物分解产生≥250 mg 氰化氢气体，或者每千克含硫化物废物分解产生≥500 mg 硫化氢气体。

现场开挖过程中未发现有毒气体、蒸汽或烟雾产生。另外，对区域一填埋物典型样品进行了测试，区域一填埋物中遇酸反应中未检出氰化氢气体和硫化氰气体。判断区域一填埋物基本不具有遇水和遇酸反应性。

③废弃氧化剂或有机过氧化物属性

废弃氧化剂或有机过氧化物包括极易引起燃烧或爆炸的废弃氧化剂，或对热、震动、摩擦极为敏感的含过氧基的废弃有机过氧化物。

根据外现以及成分分析结果，区域一填埋物中不含有废弃氧化剂或有机过氧化物，无上述氧化性或有机过氧化性。

3）易燃性危险特性识别和筛选

根据《危险废物鉴别标准　易燃性鉴别》（GB 5085.4—2007）规定，“在标准温度和压力（25℃，101.3 kPa）下因摩擦或自发性燃烧而起火，经点燃后能剧烈而持续地燃烧并产生危害的固态废物”，属于易燃性危险废物。

区域一填埋物具有一定湿度，不能由明火点燃，常温常压下性质稳定，不会因摩擦或自发性燃烧起火，可排除区域一填埋物易燃性危险特性。

4）腐蚀性危险特性识别和筛选

根据《危险废物鉴别标准　腐蚀性鉴别》（GB 5085.1—2007）规定，符合下列任何条件之一的固体废物，属于腐蚀性危险废物。①按照 GB/T 15555.12—1995 制备的浸出液，pH≥12.5，或者 pH≤2.0；②在 55℃条件下，对 GB/T 699—2015 中规定的 20 号钢材的腐蚀速率≥6.35 mm/a。

根据现场勘查情况，区域一填埋物中少量钢材未出现明显异常腐蚀情况，可排除区域一填埋物对钢材的腐蚀速率，但无法通过现有的成分分析结果确定区域一填埋物是否具有腐蚀性危险特性，因此，需对腐蚀性（pH）进行检测，以进一步明确其腐蚀性危险特性。

5）浸出毒性危险特性识别和筛选

根据《危险废物鉴别标准　浸出毒性鉴别》（GB 5085.3—2007）规定，按照 HJ/T 299—2007 制备的固体废物浸出液中任何一种危害成分含量超过表 1 中所列的浓度限值，则判定该固体废物是具有浸出毒性特征的危险废物。

根据有机成分分析结果，检测出区域一填埋物挥发性有机物质共有 20 种，其中属于《危险废物鉴别标准　浸出毒性鉴别》（GB 5085.3—2007）挥发性有机化合物类的有甲苯、乙苯、间二甲苯、邻二甲苯，含量分别为 3 μg/kg、17 μg/kg、62 μg/kg、9 μg/kg。检测出区域一填埋物半挥发性有机物有 37 种，其中无属于《危险废物鉴别标准　浸出毒性鉴别》（GB 5085.3—2007）所列物质。

区域一填埋物基本不存在 GB 5085.3—2007 表 1 所列的非挥发性有机物、有机农药类以及挥发类有机物，因此可以排除相关危险特性。根据现场快速检测结果，区域一填埋物中含有一定量的金属物质，因此，对区域一填埋物开展 5085.3—2007 表 1 所列的 16 项无机元素及化合物浸出毒性检测。

6）毒性物质含量危险特性识别和筛选

根据《危险废物鉴别标准　毒性物质含量鉴别》（GB 5085.6—2007）规定，符合 4.1～4.8 条件之一的固体废物是危险废物。

根据组分和有机物检测结果，区域一填埋物成分属于《危险废物鉴别标准　毒性物质含量鉴别》（GB 5085.6—2007）中有毒物质名录的有丙酮，含量为 7 μg/kg，但含量远低于 GB 5085.6—2007 中相应的标准限值，可直接排除。

综合考虑，区域一填埋物在本次鉴别中，结合地块 113 个点位现场快速检测出的重金属，对于含量较高的，重点针对锌、砷、铅、镍、铜、铬（六价）、锶、镉毒性成分开展检测。另外，根据 G1 浸出毒性数据，氟化物的含量较高，选择氟元素毒性成分开展检测。

鉴于锌、铜含量较高，在《危险废物鉴别标准　毒性物含量鉴别》（GB 5085.6—2007）中毒性物质为氰化锌和氰化亚铜、氰化亚铜钠，因此加测氰毒性成分进行验证。进行检测的毒性物质含量有氰化锌、三碘化砷、磷酸铅、硫氰酸汞、六氟硅酸铅、次硫化镍、氰化亚铜钠、铬酸铬、铬酸锶、铬酸镉。

7）急性毒性危险特性识别和筛选

根据待鉴别物的成分分析及有机物检测结果，参照《化学品分类、警示标签和警示性说明安全规范　急性毒性》（GB 20592—2006）、《化学品分类和标签规范　第 18 部分：急性毒性》（GB 30000.18—2013）对鉴别对象的急性毒性进行估算，计算公式如下：

$$\frac{100}{\mathrm{ATE}}=\sum_{i}^{n}\frac{C_i}{\mathrm{ATE}_i}$$

式中：C_i——组分 i 的浓度，$i=1$，…，n；

ATE_i——组分 i 的急性毒性数据；

ATE——急性毒性估计值。

根据估算结果，区域一填埋物的急性毒性估算值均远大于《危险废物鉴别标准　急性毒性初筛》（GB 5085.2—2007）中的相应标准限值，可判定区域一填埋物不具有急性毒性危险特性。

（2）区域二填埋物危险特性识别和筛选

1）感染性危险特性识别和筛选

区域二填埋物为建筑垃圾混有工业固体废物。通过其外观及成分分析，判断区域二填埋物中不存在感染性物质，不具有感染性危险特性。

2）反应性危险特性识别和筛选

根据《危险废物鉴别标准　反应性鉴别》（GB 5085.5—2007），反应性危险废物是指符合下述三个条件之一的固体废物：

①爆炸性质

常温常压下不稳定，在无引爆条件下易发生剧烈变化；或标准温度和压力下（25℃，101.3 kPa）易发生爆轰或爆炸性分解反应；或受强起爆剂作用或在封闭条件下加热，能发生爆轰或爆炸反应。

初步判断区域二填埋物在常温常压下比较稳定，在无引爆条件下不会发生剧烈变化；在标准温度和压力下（25℃，101.3 kPa）以及受强起爆剂作用或在封闭条件下加热，不会发生爆轰或爆炸性分解反应，不具有爆炸性质。

②与水或酸接触产生易燃气体或有毒气体的性质

与水或酸接触产生易燃气体或有毒气体：与水混合发生剧烈化学反应，并放出大量易燃气体和热量；或与水混合能产生足以危害人体健康或环境的有毒气体、蒸汽或烟雾；或在酸性条件下，每千克含氰化物分解产生≥250 mg 氰化氢气体，或者每千克含硫化物废物分解产生≥500 mg 硫化氢气体。

现场开挖过程中未发现有毒气体、蒸汽或烟雾产生。成分分析结果、现场快速检测以及有机物检测结果，显示区域二填埋物中存在重金属、无机铁盐以及硅酸铝盐。由于区域二填埋物涉及工业固体废物，无法直接排除其待鉴别物中存在氰化物或硫化物，在酸性条件下，可能分解产生氰化氢或硫化氢气体。因此，无法直接排除区域二填埋物的遇酸反应性，需开展遇酸反应性检测分析。

③废弃氧化剂或有机过氧化物属性

废弃氧化剂或有机过氧化物包括极易引起燃烧或爆炸的废弃氧化剂。或对热、震动、摩擦极为敏感的含过氧基的废弃有机过氧化物。

根据成分分析结果，区域二填埋物中基本不含有废弃氧化剂或有机过氧化物，无上述氧化性或有机过氧化性。

3）易燃性危险特性识别和筛选

根据《危险废物鉴别标准　易燃性鉴别》（GB 5085.4—2007）规定，“在标准温度和压力（25℃，101.3 kPa）下因摩擦或自发性燃烧而起火，经点燃后能剧烈而持续地燃烧并产生危害的固态废物”，属于易燃性危险废物。

区域二填埋物具有一定湿度，不能由明火点燃，常温常压下性质稳定，不会因摩擦或自发性燃烧起火，可排除区域二填埋物易燃性危险特性。

4）腐蚀性危险特性识别和筛选

根据《危险废物鉴别标准　腐蚀性鉴别》（GB 5085.1—2007）规定，符合下列任何条件之一的固体废物，属于腐蚀性危险废物。①按照 GB/T 15555.12—1995 制备的浸出液，pH≥12.5，或者 pH≤2.0；②在 55℃条件下，对 GB/T 699—2015 中规定的 20 号钢材的腐蚀速率≥6.35 mm/a。

根据现场勘查情况，区域二填埋物中少量钢材未出现腐蚀情况，可排除区域二填埋物对钢材的腐蚀速率，但无法通过现有的成分分析结果确定区域二填埋物是否具有腐蚀性危险特性，因此，需对腐蚀性（pH）进行检测，以进一步明确其腐蚀性危险特性。

5）浸出毒性危险特性识别和筛选

根据《危险废物鉴别标准　浸出毒性鉴别》（GB 5085.3—2007）规定，按照 HJ/T 299—2007 制备的固体废物浸出液中任何一种危害成分含量超过表 1 中所列的浓度限值，则判定该固体废物是具有浸出毒性特征的危险废物。

根据区域二填埋物的 XRF 快速检测分析、实验室成分分析结果及有机物检测结果，检测出区域二填埋物挥发性有机物质有 7 种，其中属于《危险废物鉴别标准　浸出毒性鉴别》（GB 5085.3—2007）挥发性有机化合物类的有邻二甲苯，含量为 2 μg/kg。检测出区域二填埋物半挥发性有机物有 23 种，其中属于《危险废物鉴别标准　浸出毒性鉴别》（GB 5085.3—2007）非挥发性有机化合物的有邻苯二甲酸二丁酯，含量为 6.92 mg/kg。

区域二填埋物基本不存在 GB 5085.3—2007 表 1 所列的有机农药类，非挥发性有机物、挥发性有机物含量很低，因此排除有机农药类，非挥发性有机物、挥发性有机物的浸出毒性。根据现场快速检测结果，区域二填埋物含有金属化合物，为进一步明确区域二填埋物的浸出毒性危险特性，对区域二填埋物开展 GB 5085.3—2007 表 1 所列的 16 项无机元素及化合物浸出毒性检测。

6）毒性物质含量危险特性识别和筛选

根据《危险废物鉴别标准　毒性物质含量鉴别》（GB 5085.6—2007）规定，符合 4.1～4.8 条件之一的固体废物是危险废物。

根据有机物（挥发性和半挥发性）检测结果，检测出区域二填埋物挥发性有机物质有 7 种，其中属于《危险废物鉴别标准　毒性物质含量鉴别》（GB 5085.6—2007）中有毒物质名录的有丙酮，含量为 4 μg/kg。检测出区域二填埋物半挥发性有机物有 23 种，属于《危险废物鉴别标准　毒性物质含量鉴别》（GB 5085.6—2007）中生殖毒性物质的有邻苯二甲酸二丁酯，含量为 6.92 mg/kg。但丙酮和邻苯二甲酸二丁酯含量远低于 GB 5085.6—2007 中相应的标准限值，可直接排除。

综合考虑，区域二填埋物在本次鉴别中结合区域二现场快速检测出的重金属，对于含量较高的，重点对锌、砷、铅、镍、铜、铬（六价）、锶、镉毒性成分开展检测。另外，根据 G2 浸出毒性数据，氟化物的含量较高，选择氟元素毒性成分开展检测。鉴于锌、铜含量较高，在《危险废物鉴别标准　毒性物含量鉴别》（GB 5085.6—2007）中毒性物质为氰化锌和氰化亚铜、氰化亚铜钠，同时浸出毒性中氰化物有测出，因此加测氰毒性成分进行验证。进行检测的毒性物质含量有氰化锌、三碘化砷、磷酸铅、硫氰酸汞、六氟硅酸铅、次硫化镍、氰化亚铜钠、铬酸铬、铬酸锶、铬酸镉。

7）急性毒性危险特性识别和筛选

根据待鉴别物的成分分析及有机物检测结果，参照《化学品分类、警示标签和警示性说明安全规范 急性毒性》（GB 20592—2006）、《化学品分类和标签规范　第 18 部分：急性毒性》（GB 30000.18—2013）对鉴别对象的急性毒性进行估算，计算公式如下：

$$\frac{100}{\mathrm{ATE}}=\sum_{i}^{n}\frac{C_i}{\mathrm{ATE}_i}$$

式中：C_i——组分 i 的浓度，i=1，…，n；

ATE_i——组分 i 的急性毒性数据；

ATE——急性毒性估计值。

根据估算结果，区域二填埋物的急性毒性估算值均大于《危险废物鉴别标准　急性毒性初筛》（GB 5085.2—2007）中的相应标准限值，可判定区域二填埋物不具有急性毒性危险特性。

12.1.2.4　鉴别检测项目的确定

综合考虑，区域一填埋物在本次鉴别中，结合地块 113 个点位现场快速检测出的重金属，对于含量较高的，重点对锌、砷、铅、镍、铜、铬（六价）、锶、镉毒性成分开展检测。另外，根据 G1 浸出毒性数据，氟化物的含量较高，选择氟元素毒性成分开展检测。鉴于锌、铜含量较高，在《危险废物鉴别标准　毒性物含量鉴别》（GB 5085.6—2007）中毒性物质为氰化锌和氰化亚铜、氰化亚铜钠，因此加测氰毒性成分进行验证。进行检测的毒性物质含量有氰化锌、三碘化砷、磷酸铅、硫氰酸汞、六氟硅酸铅、次硫化镍、氰化亚铜钠、铬酸铬、铬酸锶、铬酸镉。

综合考虑，区域二填埋物在本次鉴别中，结合区域二现场快速检测出的重金属，对于含量较高的，重点对锌、砷、铅、镍、铜、铬（六价）、锶、镉毒性成分开展检测。另外，根据 G2 浸出毒性数据，氟化物的含量较高，选择氟元素毒性成分开展检测。鉴于锌、铜含量较高，在《危险废物鉴别标准　毒性物含量鉴别》（GB 5085.6—2007）中毒性物质为氰化锌和氰化亚铜、氰化亚铜钠，同时浸出毒性中氰化物有测出，因此加测氰毒性成分进行验证。进行检测的毒性物质含量有氰化锌、三碘化砷、磷酸铅、硫氰酸汞、六氟硅酸铅、次硫化镍、氰化亚铜钠、铬酸铬、铬酸锶、铬酸镉。

12.1.2.5　采样和检测工作方案

（1）现场采样

根据《危险废物鉴别技术规范》（HJ 298—2019）第 4.2.4 条规定，“固体废物非法转移、倾倒、贮存、利用、处置等环境事件涉及固体废物的危险特性鉴别，因环境事件处理或应急处置要求，可适当减少采样份样数，每类固体废物的采样份样数不少于 5 个”。

1）结合现场勘察情况，针对区域一填埋物，系统布点法划分 6 个网格，在每格中靠近垃圾多的区域布设采样点，每个点位分两层采样，共采集 12 个典型样品。第一层采样深度为 0.5 m，第二层采样深度为填埋物与原状土的交界处。G10～G15 第二层样品采样深度分别为 3.8 m、3 m、3 m、3 m、5 m。

2）根据物探调查出的含工业固体废物地块范围以及现场快速检测结果，按系统布点法，区域二布设 8 个挖掘点位（12 m×12 m），根据 8 个挖掘点现场快速检测结果，共采集 8 个典型样品。

（2）检测方案

根据前文对鉴别物危险特性的识别和筛选，本次鉴别拟检测的危险特性项目如表 12-3 和表 12-4 所示。

表 12-3　区域一填埋物危险特性鉴别检测项目

危险特性	检测项目	检测方法	检出限	检测仪器
腐蚀性	pH	GB/T 15555.12—1995	—	pH 酸度计
浸出毒性	浸出	HJ/T 299—2007	—	—
	汞（以总汞计）	HJ 702—2014	0.02 μg/L	原子荧光分光光度计（AFS）
	硒（以总硒计）		0.1 μg/L	
	砷（以总砷计）		0.01 μg/L	
	铍（以总铍计）	HJ 781—2016	0.004 mg/L	电感耦合等离子体发射光谱仪（ICP）
	镉（以总镉计）		0.02 mg/L	
	镍（以总镍计）		0.02 mg/L	
	铜（以总铜计）		0.01 mg/L	
	锌（以总锌计）		0.01 mg/L	
	总铬		0.01 mg/L	
	钡（以总钡计）		0.06 mg/L	
	铅（以总铅计）		0.03 mg/L	
	银（以总银计）		0.01 mg/L	
	铬（六价）	GB/T 15555.4—1995	0.004 mg/L	紫外可见分光光度计（UV）
	氰化物（以 CN^- 计）	GB 5085.3—2007 附录 G	0.1 μg/L	离子色谱仪
	无机氟化物（不包括氟化钙）	GB 5085.3—2007 附录 F	14.8 μg/L	离子色谱仪
	烷基汞	GB/T 14204—1993	甲基汞：0.000 01 mg/L，乙基汞：0.000 02 mg/L	气相色谱仪（GC）
毒性物质含量	氟	HJ 999—2018	0.5 mg/kg	电感耦合等离子体发射光谱仪（ICP）
	氰化物	GB 5085.3—2007　附录 G	3.6 mg/kg	
	砷	HJ 766—2015	0.5 mg/kg	
	铅		2.1 mg/kg	
	锌		3.2 mg/kg	
	镍		1.9 mg/kg	
	铜		1.2 mg/kg	
	镉		0.6 mg/kg	
	铬（六价）	HJ 687—2014	2 mg/kg	—
	锶	HJ 781—2016	1.3 mg/kg	—

表 12-4 区域二填埋物危险特性鉴别检测项目

危险特性	检测项目	检测方法	检出限	检测仪器
腐蚀性	pH	GB/T 15555.12—1995	—	pH 酸度计
反应性	遇酸反应性	GB 5085.5—2007 附录	硫化氢：总有效：0.025 mg/kg，比释放率 R：1.39×10^{-5} mg/(kg·s)；氰化氢：总有效：0.020 mg/kg，比释放率 R：1.11×10^{-5} mg/（kg·s）	紫外可见分光光度计（UV）
浸出毒性	浸出	HJ/T 299—2007	—	—
	汞（以总汞计）	HJ 702—2014	0.02 μg/L	原子荧光分光光度计（AFS）
	硒（以总硒计）		0.1 μg/L	
	砷（以总砷计）		0.01 μg/L	
	铍（以总铍计）	HJ 781—2016	0.004 mg/L	电感耦合等离子体发射光谱仪（ICP）
	镉（以总镉计）		0.02 mg/L	
	镍（以总镍计）		0.02 mg/L	
	铜（以总铜计）		0.01 mg/L	
	锌（以总锌计）		0.01 mg/L	
	总铬		0.01 mg/L	
	钡（以总钡计）		0.06 mg/L	
	铅（以总铅计）		0.03 mg/L	
	银（以总银计）		0.01 mg/L	
	铬（六价）	GB/T 15555.4—1995	0.004 mg/L	紫外可见分光光度计（UV）
	氰化物（以 CN^-计）	GB 5085.3—2007 附录 G	0.1 μg/L	离子色谱仪
	无机氟化物（不包括氟化钙）	GB 5085.3—2007 附录 F	14.8 μg/L	离子色谱仪
	烷基汞	GB/T 14204—1993	甲基汞：0.000 01 mg/L，乙基汞：0.000 02 mg/L	气相色谱仪（GC）
毒性物质含量	氟	HJ 999—2018	0.5 mg/kg	电感耦合等离子体发射光谱仪（ICP）
	氰化物	GB 5085.3—2007 附录 G	3.6 mg/kg	
	砷	HJ 766—2015	0.5 mg/kg	
	铅		2.1 mg/kg	
	锌		3.2 mg/kg	
	镍		1.9 mg/kg	
	铜		1.2 mg/kg	
	镉		0.6 mg/kg	
	铬（六价）	HJ 687—2014	2 mg/kg	—
	锶	HJ 781—2016	1.3 mg/kg	—

12.1.2.6　检测结果的判断

（1）填埋物危险特性

1）腐蚀性检测结果

根据检测结果，区域一 12 个样品的 pH 为 7.12～8.55，未超出《危险废物鉴别标准　腐蚀性鉴别》（GB 5085.1—2007）中的相应标准限值，12 个样品均不具有腐蚀性危险特性。

区域二 8 个样品的 pH 为 6.29～8.17，未超出《危险废物鉴别标准　腐蚀性鉴别》（GB 5085.1—2007）中的相应标准限值，8 个样品均不具有腐蚀性危险特性。

2）反应性检测结果

区域一填埋物通过典型样品排除了反应性危险特性。

区域二 8 个样品已排除遇水反应性以及废弃氧化剂或有机过氧化物危险特性，8 个样品均不具有遇酸反应性危险特性。

3）浸出毒性检测结果

区域一填埋物 12 个样品的所有检测指标浸出毒性未超出《危险废物鉴别标准　浸出毒性鉴别》（GB 5085.3—2007）中的相应标准限值，12 个样品均不具有浸出毒性危险特性。

区域二 8 个样品的所有检测有 1 个点位浸出毒性镍指标超出《危险废物鉴别标准　浸出毒性鉴别》（GB 5085.3—2007）中的相应标准限值，其他 7 个样品均未超出浸出毒性危险特性。

4）毒性物质含量检测结果

根据毒性成分的筛选，本次调查检测的毒性成分有锌、砷、铅、氰化物、氟化物、镍、铜、铬（六价）、锶以及镉。每种毒性成分对应的毒性物质按最大分子量原则进行了分析。

根据检测以及毒性物质含量折算结果，区域一 12 个样品没有超过 GB 5085.6—2007 附录 A～附录 E 的一种或一种以上毒性物质的总含量对应的标准限值，每个样品毒性物质含量与对应标准比加和均未超过 1。

根据检测以及毒性物质含量折算结果，区域二 8 个样品中有 2 个样品超过 GB 5085.6—2007 附录 A～附录 E 的一种或一种以上毒性物质的总含量对应的标准限值，有 3 个样品毒性物质含量与对应标准比加和超过 1。

综上所述，根据区域一填埋物的外观、成分分析、现场快速检测数据以及资料分析，排除感染性、浸出毒性（有机农药类、非挥发性有机化合物）、反应性、易燃性、急性毒性等危险特性；根据 12 个样品检测结果，区域一填埋物样品检测超标份样数为 0，不具备腐蚀性（pH）、浸出毒性（无机元素及化合物）、毒性物质含量危险特性。区域一填埋物不具有感染性、腐蚀性、反应性、易燃性、浸出毒性、毒性物质含量和急性毒性危险特性。根据区域二填埋物的外观、成分分析、现场快速检测数据以及资料分析，排除感染性、反应性（遇水、废弃氧化剂或有机过氧化物属性）、易燃性、急性毒性等危险特性；根据 8 个样品检测结果，区域二填埋物样品浸出毒性（无机元素及化合物）检测超标份样数为 1，毒性物质含量检测超标份样数为 3，样品反应性（遇酸）及腐蚀性（pH）检测超标份样数为 0。区域二填埋物不具备感染性、腐蚀性、反应性、易燃性、急性毒性危险特性，具有浸出毒性、毒性物质含量危险特性，属于危险废物。

（2）填埋物数量

①根据物探结果，区域一填埋物总方量为 36.85 万 m^3，主要为建筑垃圾和生活垃圾。

②区域二填埋物含镍、铅危险废物，根据现场调查情况，危险废物分布较为分散，袋装和散装均有，与其他建筑垃圾混合无法完全进行筛分。根据物探提供的区域二范围，为 1 200 m^2，根据物探和现场采样深度，危险废物分布在 1～2.5 m 厚度层，估算危险废物为 1 800 m^3。

③地块填土密度约为 1.68 g/cm^3，区域一填埋物约 61.9 万 t，区域二填埋物约 3 024 t。

12.1.2.7 利用处置建议及风险防控要求

区域二填埋物不具备感染性、腐蚀性、反应性、易燃性、急性毒性危险特性，具有浸出毒性、毒性物质含量危险特性，属于危险废物。根据危险特性，建议按 HW17 管理和处置，废物代码为 900-000-17。

12.2 案例二：可溯源历史遗留固体废物的危险特性鉴别

12.2.1 危险废物鉴别的技术准备

12.2.1.1 待鉴别物信息的搜集与整理

（1）项目来源

2019 年 4 月 15 日，全国人民代表大会常务委员会水污染防治法执法检查组在某市开展执法检查工作，其间发现某镇电镀、印染专业基地 B 区（以下简称“B 区”）部分企业涉嫌偷排废水。根据执法检查组要求，该市环境监测中心站对 B 区市政管网接入临近 A 厂煤灰场排放口附近的 1#坑塘进行采样检测。经采样检测分析，初步判断排放的废水为电镀废水，排放口样品总镍超 66.6 倍、总锌超 23.2 倍、总铬超 18.5 倍、总铜超 44.4 倍、总铬超 59.8 倍。

经调查，B 区为旧区整合基地，区内企业大多在 20 世纪 90 年代已建成。由于地势的原因，电镀印染专业基地建设（整合）前，B 区所有企业的生产和生活污水、居民的生活污水及雨水均由 B 区的排水管网排至 A 厂煤灰场，逐渐积聚形成坑塘。经初步勘查，B 区后面共有 2 个坑塘，分别为粉煤灰场 1#坑塘和 2#坑塘，2 个坑塘间由 1 个土渠连通。其中，1#坑塘水域面积约为 5 万 m^2；2#坑塘水域面积约为 12 万 m^2，存水量约为 37 万 m^3。

（2）坑塘沉积物调查情况

1）调查区空间分布特征

根据前期初步调查结果，2#坑塘原为某电厂 A 厂外排粉煤灰场，由于长期受纳电镀印染基地 B 区内企业（尤其是电镀企业、印制线路板企业）的生产和生活污水、居民的生活污水影响，日积月累形成坑塘，且坑塘底泥污染特征与典型电镀污泥特征相符。为进一步查明 2#坑塘底泥及其下垫面粉煤灰层污染程度和空间分布，在前期初步调查工作的基础上，对 2#坑塘底泥补充开展地质调查、污染特征调查。

2019 年 5 月底，该市政府制定了 B 区水环境整改方案，对 B 区旁的 1#、2#坑塘存量污水以及 B 区每日增量污水进行处理处置。截至 2020 年 3 月调查时，2#坑塘水域面积已减小至 71 251.62 m^2，坑塘四周部分沉积物表面已呈干涸状。因此，调查区域内可大致分为干涸区和水域区。

根据地质调查报告，共完成勘探孔 36 个、洛阳铲勘查点位 27 个、坑探点位 37 个，综合坑塘形成原因和坑塘岩土层结构可知，从垂向分布上来看，坑塘沉积物（底泥）均分布在粉煤灰层之上，局部区域还填埋有素填土，粉煤灰层以下主要为淤泥层（原状土），但坑塘底泥平均厚度（0.42 m）明显小于粉煤灰层平均厚度（3.57 m）；从横向分布来看，坑塘沉积物厚度分布受坑塘补水通道影响较为明显，即坑塘西北角和西侧厚度（0.20～2.10 m）明显大于坑塘中部、北部、东部和南部。同时受坑塘西北角原有塘梗影响，局部水流方向影响沉积物厚度分布。

根据地质调查报告，2#坑塘底泥分布区域分为 A、B、C 3 个子区域（图 12-6）。其中，A 区以坑塘西北侧及西侧为主，面积大且多呈片状分布，底泥内厚度相对较大，厚度为 0.2～2.1 m，平均厚度为 0.665 m；B 区以除 A 区以外的坑塘底泥干涸区为主，主要分布在坑塘北侧及东北侧、南侧，呈条带状分布，厚度为 0.01～0.13 m，平均厚度为 0.072 m；C 区为现有积水域区，其底泥厚度为 0.1～0.5 m，平均厚度为 0.3 m。从不同子区域底泥厚度频次统计来看，A 区底泥厚度呈较大变化，整体厚度以 1 m 以内为主，B 区底泥厚度以 0.25 m 以内为主，C 区底泥以 0.1～0.4 m 为主。

2）坑塘底泥方量估算

根据地质块段法的计算方法，2#坑塘底泥方量约为 37 556.59 m^3，其中 A 区底泥方量约为 15 430.75 m^3，B 区底泥方量约为 750.35 m^3，C 区底泥方量约为 21 375.49 m^3。另据现场底泥样品实验室检测结果，A 区、B 区内底泥密度约为 1.24 g/cm^3，C 区积水区域底泥密度参考经验值取 1.1 g/cm^3，即坑塘底泥重量约为 43 577.60 t。

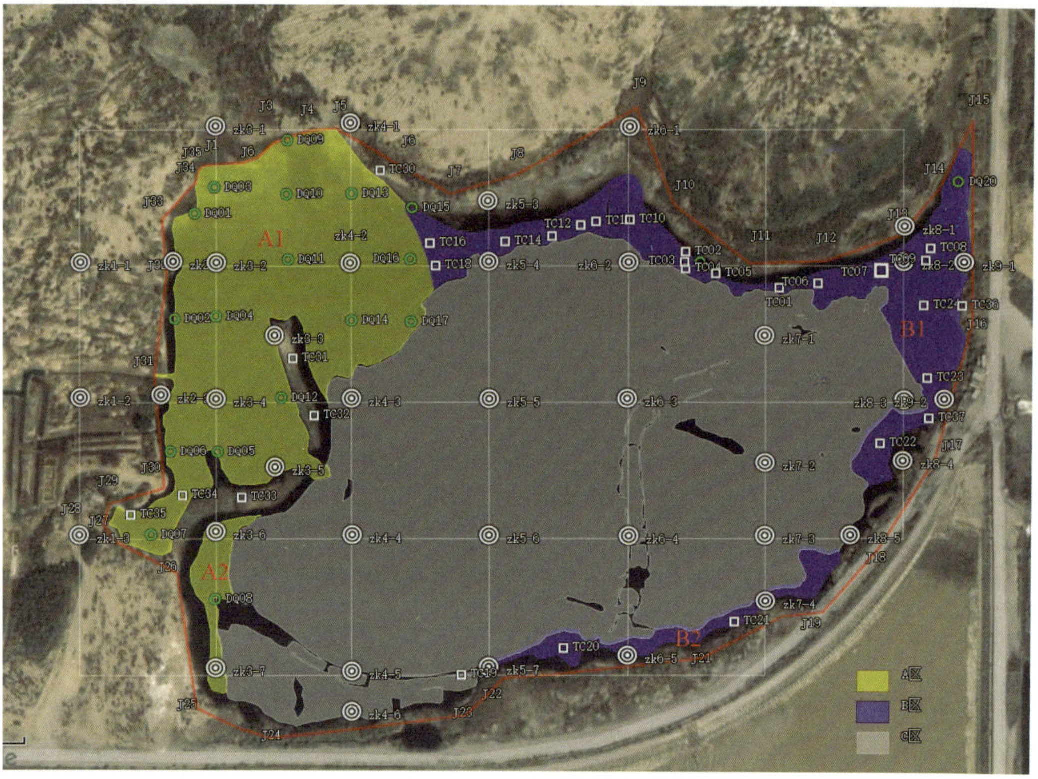

图 12-6 2#坑塘底泥揭露厚度分区示意图

12.2.1.2 危险特性现场快速检测识别

（1）重金属现场快速检测

结合前期初步调查发现沉积物与疑似电镀污泥污染特征相符等有关情况，利用重金属快速检测仪（XRF）对坑塘沉积物污染状况进行定性半定量分析。受现场作业条件等限制，实际完成快速点位 25 个，平均筛查检测深度约 5.3 m。

本次调查区域内共获得 111 组有效现场快速检测数据，其中坑塘沉积物数据 75 组，粉煤灰层数据 36 组。围绕坑塘底泥与电镀污泥相似的污染特征，项目组重点关注了重金属现场快速检测指标中的铜、镍、铬、锌 4 项因子。结合本次坑塘沉积物空间分布调查确定的底泥分区情况，对坑塘沉积物和粉煤灰层中的铜、镍、铬、锌现场快速检测结果进行统计分析。结果表明，从垂向分布来看，坑塘底泥中铜、镍、铬、锌的含量均明显高于下面的粉煤灰层，其中坑塘底泥铜含量均值约为粉煤灰层的 16.4 倍，镍为 11.2 倍，铬为 16.3 倍，锌为 6.0 倍；从不同区域来看，A 区坑塘底泥中的铜、镍、铬、锌含量均值整体略高于 B 区和 C 区；不同分区粉煤灰层的铜、镍、铬、锌含量特征基本一致，无明显数量级差异。

（2）粉煤灰成分分析

通过对地质勘查岩芯的观察，坑塘底泥下部的粉煤灰外观呈深灰色、松散状、具弱酸臭味，与电厂粉煤灰外观较为一致。通过对采集的 6 个粉煤灰样品的成分分析结果表明，其主要成分为二氧化硅和三氧化二铝，占比达 80%以上；其他成分为三氧化二铁、氧化钙、氧化镁、氧化钾、三氧化硫，占比最高接近 5%，与燃煤电厂产生固体废物的主要成分相符。

12.2.2　鉴别的过程与结论

12.2.2.1　固体废物属性判断

本次鉴别对象是污水沉积物，该物质符合《固体废物鉴别标准　通则》（GB 34330—2017）中的“4.3　环境治理和污染控制过程中产生的物质　e）水净化和废水处理产生的污泥及其他废弃物质”的判断条件，属于固体废物。

12.2.2.2　危险废物名录相符性分析

根据《危险废物鉴别技术规范》（HJ 298—2019）“6.1 固体废物危险特性鉴别的检测项目应根据固体废物的产生源特性确定，必要时可向与该固体废物危险特性鉴别工作无直接利害关系的行业专家咨询。经综合分析固体废物产生过程生产工艺、原辅材料、产生环节和主要危害成分，确定不存在的危险特性，不进行检测”。

根据 2#坑塘初步调查情况，以及本次调查区域内现场快速检测结果，坑塘底泥中铜、铬、镍含量明显高于下垫面粉煤灰层，为进一步掌握坑塘底泥、粉煤灰的元素组成和污染特性，为后续处置方案的比选提供依据，需要对 2#坑塘沉积物危险特性进行鉴别。

12.2.2.3　危险特性识别和筛选

（1）腐蚀性

腐蚀性检测结果表明，坑塘底泥浸出液的 pH 为 3.66～7.38，偏酸性（60%的检测结果小于 6）；粉煤灰浸出液的 pH 为 7.96～10.63，偏碱性。上述结果均未超过“pH≥12.5，或者 pH≤2.0”，因此，2#坑塘底泥、粉煤灰不具备腐蚀性的危险特性。

（2）浸出毒性

坑塘底泥浸出毒性检测结果表明镉的浸出毒性超标率为 10%，铜的浸出毒性超标率为 20%，镍的浸出毒性超标率为 70%，其他指标浸出毒性未发现明显异常。从不同区域来看，A 区 3 个点位超标 2 个，超标率为 67%；B 区 2 个点位超标 2 个，超标率 100%；C 区 5 个点位超标 3 个，超标率 60%。同时，粉煤灰的浸出毒性均未超过相应标准值。

根据《危险废物鉴别技术规范》（HJ 298—2019），“在对固体废物样品进行检测后，检测结果超过 GB 5085.1～GB 5085.6 中相应标准限值的份样数大于或者等于 HJ 298—2019 表 3 中的超标份样数限值，即可判定该固体废物具有该种危险特性”。因此，可判定坑塘底泥可能具有镍浸出毒性的危险特性，粉煤灰不具备浸出毒性的危险特性。

12.2.2.4 鉴别检测项目的确定

根据鉴别对象的危险特性识别和初筛检测结果，在下一阶段的鉴别工作中，须检测浸出毒性、腐蚀性项目，检测项目如下所示：

①浸出毒性危险特性检测项目：铬（六价）、汞、砷、硒、钡、铍、镉、铬、铜、镍、铅、锌、银、无机氟化物、氰化物、甲基汞、乙基汞；

②腐蚀性危险特性检测项目：pH。

12.2.2.5 采样和检测工作方案

（1）坑塘底泥、粉煤灰的危险特性鉴别

1）样品采集

参照《危险废物鉴别技术规范》（HJ 298—2019）中“4.2.4 g）水体环境、污染地块治理与修复过程产生的，需要按照固体废物进行处理处置的水体沉积物及污染土壤等环境介质，以及突发环境事件及其处理过程中产生的固体废物，如鉴别过程已经根据污染特征进行分类，可适当减少采样份样数，每类固体废物的采样份样数不少于 5 个”，本次坑塘沉积物危险属性鉴定共布设 10 个监测点，采集 10 个沉积物样品。

参照《危险废物鉴别技术规范》（HJ 298—2019）中“4.5.4 a）对于堆积高度大于 0.5 m 的散状堆积固态、半固态废物，应分层采取样品，采样层数应不小于 2 层。”

按照固态、半固态废物堆积高度等间隔布置，每层采取的份样数应相等。分层采样可以用采样钻或者机械钻探的方式进行。结合 2#坑塘地质勘查情况和现场重金属现场快速检测情况，本次坑塘底泥下垫面粉煤灰层危险属性鉴定共布设 10 个监测点（与坑塘沉积物采样点位保持一致），每个点位分别采集 1 个上层和 1 个中层粉煤灰样品，共采集 20 个粉煤灰样品。考虑到纵向上污染物的迁移，粉煤灰上层样品计划采样位置紧挨上层坑塘沉积物，目的是捕捉粉煤灰污染较可能较重的位置，但根据实际地层特征和现场快速检测数据，除了 5#点位，粉煤灰上层样品采样位置与坑塘沉积物的距离平均值在 0.17 m。

2）检测方案

结合前期初步调查和本次现场快速检测情况，对本次采集的坑塘底泥、粉煤灰代表性样品进行重金属元素分析、腐蚀性和浸出毒性（无机元素及化合物）检测，各类样品检测项目如表 12-5 所示，检测方法如表 12-6 所示。

表 12-5　各类样品检测项目一览表

<table>
<tr><th>检测对象</th><th>样品数量/个</th><th>检测项目</th></tr>
<tr><td rowspan="4">坑塘底泥</td><td>10</td><td>元素分析（铬、镍、铜、锌、镉）</td></tr>
<tr><td>3</td><td>元素分析（铅、汞、砷、钒、锰、钴、钼、锑、铍、钡、铊、锡、硫、氯、氟）</td></tr>
<tr><td>10</td><td>腐蚀性</td></tr>
<tr><td>10</td><td>浸出毒性［铬（六价）、汞、砷、硒、钡、铍、镉、铬、铜、镍、铅、锌、银、无机氟化物、氰化物、甲基汞、乙基汞］</td></tr>
<tr><td rowspan="4">粉煤灰</td><td>20</td><td>元素分析（铬、镍、铜、锌、镉）</td></tr>
<tr><td>6</td><td>元素分析（铅、汞、砷、钒、锰、钴、钼、锑、铍、钡、铊、锡、硫、氯、氟）</td></tr>
<tr><td>20</td><td>腐蚀性</td></tr>
<tr><td>20</td><td>浸出毒性［铬（六价）、汞、砷、硒、钡、铍、镉、铬、铜、镍、铅、锌、银、无机氟化物、氰化物、甲基汞、乙基汞］</td></tr>
</table>

表 12-6　检测方法一览表

<table>
<tr><th>序号</th><th>项目类别</th><th>检测项目</th><th>检测方法</th><th>方法检出限</th></tr>
<tr><td>1</td><td rowspan="17">元素分析</td><td>铬</td><td rowspan="6">《固体废物　金属元素的测定　电感耦合等离子体质谱法》（HJ 766—2015）</td><td>1.0 mg/kg</td></tr>
<tr><td>2</td><td>镍</td><td>1.9 mg/kg</td></tr>
<tr><td>3</td><td>铜</td><td>1.2 mg/kg</td></tr>
<tr><td>4</td><td>锌</td><td>3.2 mg/kg</td></tr>
<tr><td>5</td><td>镉</td><td>0.6 mg/kg</td></tr>
<tr><td>6</td><td>铅</td><td>2.1 mg/kg</td></tr>
<tr><td>7</td><td>汞</td><td rowspan="2">《固体废物　汞、砷、硒、铋、锑的测定　微波消解/原子荧光法》（HJ 702—2014）</td><td>0.002 mg/kg</td></tr>
<tr><td>8</td><td>砷</td><td>0.01 mg/kg</td></tr>
<tr><td>9</td><td>钒</td><td>《固体废物　22 种金属元素的测定　电感耦合等离子体发射光谱法》（HJ 781—2016）</td><td>1.5 mg/kg</td></tr>
<tr><td>10</td><td>锰</td><td rowspan="8">《固体废物　金属元素的测定　电感耦合等离子体质谱法》（HJ 766—2015）</td><td>1.8 mg/kg</td></tr>
<tr><td>11</td><td>钴</td><td>1.1 mg/kg</td></tr>
<tr><td>12</td><td>钼</td><td>0.8 mg/kg</td></tr>
<tr><td>13</td><td>锑</td><td>1.6 mg/kg</td></tr>
<tr><td>14</td><td>铍</td><td>0.4 mg/kg</td></tr>
<tr><td>15</td><td>钡</td><td>0.9 mg/kg</td></tr>
<tr><td>16</td><td>铊</td><td>0.6 mg/kg</td></tr>
<tr><td>17</td><td>锡</td><td>0.5 mg/kg</td></tr>
</table>

序号	项目类别	检测项目	检测方法	方法检出限
18	元素分析	硫	《生活垃圾化学特性通用检测方法》（CJ/T 96—2013）	
19		氯	《生活垃圾化学特性通用检测方法》（CJ/T 96—2013）	
20		氟	《水泥化学分析方法》（GB/T 176—2017）	
21	腐蚀性	腐蚀性	《城市污水处理厂污泥检验方法（含水率的测定　重量法）》（CJ/T 221—2005）	—
22	浸出毒性	铬（六价）	《固体废物　六价铬的测定　二苯碳酰二肼分光光度法》（GB/T 15555.4—1995）	0.004 mg/L
23		汞	《固体废物　汞、砷、硒、铋、锑的测定　微波消解/原子荧光法》（HJ 702—2014）	4×10^{-5} mg/L
24		砷		3×10^{-4} mg/L
25		硒		4×10^{-4} mg/L
26		钡	《固体废物　22种金属元素的测定　电感耦合等离子体发射光谱法》（HJ 781—2016）	0.06 mg/L
27		铍		0.004 mg/L
28		镉		0.01 mg/L
29		铬		0.02 mg/L
30		铜		0.01 mg/L
31		镍		0.02 mg/L
32		铅		0.03 mg/L
33		锌		0.01 mg/L
34		银	《固体废物　金属元素的测定　电感耦合等离子体质谱法》（HJ 766—2015）	2.9 mg/L
35		无机氟化物	《危险废物鉴别标准　浸出毒性鉴别》（附录F　固体废物　氟离子、溴酸根、氯离子、亚硝酸根、氰酸根、溴离子、硝酸根、磷酸根、硫酸根的测定　离子色谱法）（GB 5085.3—2007）	0.014 8 mg/L
36		氰化物	《城市污水处理厂污泥检验方法》（10　氰化物的测定　蒸馏后异烟酸-吡唑啉酮分光光度法）（CJ/T 221—2005）	0.004 mg/L
37		甲基汞	《固体废物　烷基汞测定　丙基化GC-CVAFS法　作业指导书》（HNJC-SOP-5.4-12）（参考USEPA 1630—2001）	10 mg/L
38		乙基汞		20 mg/L

3）重金属元素分析

重金属元素检测结果表明，10个坑塘底泥监测点位样品中铬、镍、铜、锌、镉5项电镀污泥特征污染因子的检出率为100%，粉煤灰层中相应重金属指标的检出率除镉为15%外，其余检出率均为100%。

坑塘底泥中铬含量为264～4 220 mg/kg，镍含量为74～1 909 mg/kg，铜含量为445～8 523 mg/kg，锌含量为178～979 mg/kg，镉含量为2.9～16.8 mg/kg。从2#坑塘不同区域重金属分布特征来看，A区、B区、C区坑塘底泥中铬、镍、铜、锌、镉5项重金属含量特征基本一致，但均明显高于粉煤灰层中重金属含量，其中坑塘底泥铜含量均值约为粉煤灰层的 52.0 倍，镍为 15.9 倍，铬为 38.7 倍，锌为 7.0 倍，镉为 7.6 倍。

（2）坑塘下垫面土壤环境质量现状初步调查

1）样品采集

围绕本次调查的 2#坑塘，项目组结合地质勘查情况，对坑塘中部粉煤灰层下垫面土壤环境质量现状进行了初步调查。调查点位如图 12-7 所示。

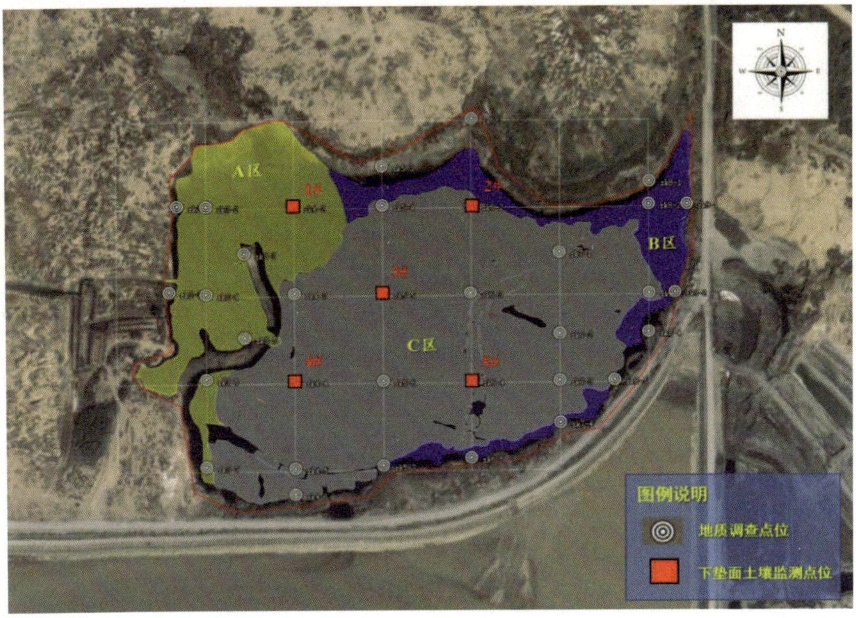

图 12-7　2#坑塘中部粉煤灰层下垫面土壤环境质量现状调查点位示意图

2）检测指标与方法

根据前期初步调查结果和现场坑塘底泥、粉煤灰的现场快速检测结果，本次土壤环境质量现状调查重点关注了铬（六价）、汞、砷、镉、铜、铅、镍等 7 项重金属指标，检测方法如表 12-7 所示。

表 12-7　2#坑塘下垫面土壤检测方法一览表

序号	检测项目	检测方法	方法检出限
1	铬（六价）	《土壤和沉积物　六价铬的测定　碱消解/火焰原子吸收分光光度法作业指导书》（HNJC-SOP-7.2-08）	0.5 mg/kg
2	汞	《土壤质量　总汞、总砷、总铅的测定　原子荧光法　第 1 部分：土壤中总汞的测定》（GB/T 22105.1—2008）	0.002 mg/kg
3	砷	《土壤质量　总汞、总砷、总铅的测定　原子荧光法　第 2 部分：土壤中总砷的测定》（GB/T 22105.2—2008）	0.01 mg/kg

序号	检测项目	检测方法	方法检出限
4	镉	《土壤质量　铅、镉的测定　石墨炉原子吸收分光光度法》（GB/T 17141—1997）	0.01 mg/kg
5	铜	《土壤和沉积物　铜、锌、铅、镍、铬的测定　火焰原子吸收分光光度法》（HJ 491—2019）	1 mg/kg
6	铅	《土壤质量　铅、镉的测定　石墨炉原子吸收分光光度法》（GB/T 17141—1997）	0.1 mg/kg
7	镍	《土壤和沉积物　铜、锌、铅、镍、铬的测定　火焰原子吸收分光光度法》（HJ 491—2019）	3 mg/kg

12.2.2.6　检测结果的判断

①2#坑塘及其下垫面岩土层结构可分为填土和原状土两大类。其中，填土分可为素填土、坑塘底泥、粉煤灰三个亚层；原状土分为淤泥、残积土两个亚层。

②从垂向分布上来看，坑塘底泥均分布在粉煤灰层之上，局部区域还填埋有素填土，粉煤灰层以下主要为淤泥层（原状土）。坑塘底泥厚度明显小于粉煤灰层厚度，坑塘底泥和粉煤灰从外观上看分界明显。

③从横向分布来看，坑塘沉积物厚度分布受坑塘补水通道影响较为明显，即坑塘西北角和西侧厚度明显大于坑塘中部、北部、东部和南部。根据勘查揭露坑塘底泥厚度分布情况，可将2#坑塘底泥分布区域分为A、B、C 3个子区域。其中，A区以坑塘西北侧及西侧为主，面积大且多呈片状分布，底泥内厚度相对较大，厚度为0.2～2.1 m，平均厚度为0.665 m；B区以除A区以外的坑塘底泥干涸区为主，主要分布在坑塘北侧及东北侧、南侧，呈条带状分布，厚度为0.01～0.13 m，平均厚度为0.072 m；C区为现有积水域区，其底泥厚度为0.1～0.5 m，平均厚度为0.3 m。根据测绘结果，2#坑塘实际范围为107 077 m^2，脱水前坑塘底泥约4.36万t。

④重金属现场快速检测结果表明，坑塘底泥中铜、镍、铬、锌的含量均明显高于其下垫面的粉煤灰层。重金属元素实验室检测结果进一步验证了上述结论，坑塘底泥中铬含量为264～4 220 mg/kg，镍含量为74～1 909 mg/kg，铜含量为445～8 523 mg/kg，锌含量为178～979 mg/kg，镉含量为2.9～16.8 mg/kg；坑塘底泥铜含量均值约为粉煤灰层的52.0倍，镍为15.9倍，铬为38.7倍，锌为7.0倍，镉为7.6倍。

⑤经调查，2#坑塘底泥不具备腐蚀性的危险特性，但具有镍浸出毒性的危险特性。综合其来源和危险特性，应按HW17表面处理废物的相关要求进行处置和管理。

⑥经调查，粉煤灰不具备腐蚀性的危险特性和浸出毒性的危险特性。根据粉煤灰的来源和成分组成以及此次特性调查结果，建议按一般工业固体废物管理。

⑦根据补充调查结果，坑塘底泥和粉煤灰的交界区域，从外观上看分界明显，从现场快速检测和实验室检测结果来看，重金属含量差别较大，总体来说该两层的分界较为明确。

⑧初步调查中坑塘下垫面土壤环境质量未发现明显异常。建议在未来土地开发利用或环境风险管控中进一步调查。

12.2.2.7 利用处置建议及风险防控要求

根据前文分析，2#坑塘沉积物中上层沉积物为底泥，主要含有镍、铜等重金属。综合其来源和危险特性，建议按 HW17 表面处理废物的相关要求进行处置和管理。底泥含有重金属、体量大，根据地质调查报告，约 4.36 万 t，具有很大的环境风险，亟待处理处置。

底泥下层为粉煤灰层，不具备腐蚀性和浸出毒性的危险特性。根据粉煤灰的来源和成分组成以及此次特性调查结果，建议按一般工业固体废物管理。鉴于某电厂 A 厂粉煤灰场历史使用过程中发生过多次变化，且在上层底泥之前已经存在，建议在未来开展利用中另行妥善处置。

12.3 案例三：其他历史遗留固体废物的危险特性鉴别案例

12.3.1 危险废物鉴别的技术准备

12.3.1.1 待鉴别物信息的搜集与整理

（1）历史遗留固体废物量的测量

本次鉴别的历史遗留固体废物占地面积为 9 070.6 m^2，堆存废物量为 25 694.4 m^3，平均高度为 2.833 m。该批固体废物来源于 2021 年 5—7 月从邻近的垃圾填埋场（占地面积约为 17 999.80 m^2）开挖的垃圾和覆土。

（2）历史遗留固体废物堆存现状

根据现状调研，本次鉴别的历史遗留固体废物堆体下方均设有一层防渗膜，固体废物均堆放在防渗膜上，在固体废物堆体的上方还铺盖一层抑尘网，固体废物堆体上方已长满杂草，现场未闻到异味。

根据对历史遗留固体废物表层物的现场目测，该批固体废物表层的物质主要有砂土（块状和粒状等）、混凝土块、废砖块、玻璃瓶（片）、废铁皮、废铁丝、废塑料、废编织袋、废橡胶和废木板等。

（3）历史遗留固体废物钻探情况

为了进一步了解该批历史遗留固体废物组成情况，在现场调研时采用网格布点法（网格规格为 10 m×10 m），随机抽取 20 个点位，通过人工钻探方式（钻探深度为 1.7～3 m），取出堆体中的固体废物观察其外观。

根据对堆体钻探物的外观分析，堆体钻探物中存在的物质主要有砂土（块状、粒状或黏状等）、小石块、玻璃片、废塑料（薄膜、片状或线状）、陶瓷片和废布条等，其成分与表层物中存在的物质基本一致。

根据袁军等（2014）的研究成果，非正规填埋场的矿化垃圾组分主要为腐殖土、塑料、织物及砖瓦，占垃圾总量的78.5%～96.8%，平均为89.9%，含量相对较少的组分为纸张、泡沫及金属，占总量的 5%以内。填埋垃圾中的腐殖土为矿化垃圾中细粒部分，形状类似土壤，黑褐色、分散、质粒较均匀，在外观形状上已完全不具有原始生活垃圾的特征。与常规土壤相比，矿化垃圾细料在物理结构和水力学性能上具有砂土特征。

从本次鉴别对象的堆体表层及钻探物外观可初步判断，鉴别对象基本符合矿化垃圾的特征。此外，鉴别对象中含有混泥土切块、瓷砖片、陶瓷片等物质，可能是由于城市化扩张带来的拆迁、装修等建筑生产活动频繁，部分建筑垃圾混入生活垃圾所致。

12.3.1.2 危险特性现场快速检测识别

为了进一步了解该批历史遗留固体废物组成情况，在现场调研时采用网格布点法（网格规格为 10 m×10 m），随机抽取 20 个点位，通过人工钻探方式（钻探深度为 1.7～3 m），取出堆体中的固体废物观察其外观，并通过 XRF-VLW 型现场快速检测仪测试其无机元素含量。

根据调查结果可知，堆体钻探物中存在的物质主要有砂土（块状、粒状或黏状等）、大小石块、玻璃片、废塑料（薄膜、片状或线状）、陶瓷片和废布条等，其成分与表层物中存在的物质基本一致。

为了解该批历史遗留固体废物的组成，采用 XRF-VLW 型现场快速检测仪对钻探取出的固体废物样品进行初步测试。参照《危险废物鉴别技术规范》（HJ 298—2019）有关内容，分别于每个钻探点取上、下层的钻出物质作为混合样（每层混合样品的深度一样）进行现场快速检测。

从调查结果可知，钻出物中的主要元素从高到低依次为钙、铁、钛和钾，其最大含量分别为 8.77%、3.42%、0.826%和 0.704%。此外，钻出物中还含有少量的铬、锰、镍、铜、锌、锶、锡和铅等重金属元素。

12.3.2 鉴别的过程与结论

12.3.2.1 固体废物属性判断

根据《危险废物鉴别标准 通则》（GB 5085.7—2019）第 4 条，“危险废物的鉴别应按照以下程序进行：4.1 依据法律法规和 GB 34330，判断待鉴别的物品、物质是否属于固体废物，不属于固体废物的，则不属于危险废物”。因此，首先需对待鉴别物是否属于固体废物进行鉴别。

本次鉴别对象来源于某垃圾填埋场的开挖物，符合《固体废物鉴别标准　通则》（GB 34330—2017）中的“5.1 在任何条件下，固体废物按照以下任何一种方式利用或处置时，仍然作为固体废物管理（但包含在 6.2 条中的除外）……d）倾倒、堆置”的判断条件，属于固体废物。

综上所述，本次鉴别对象应当按照固体废物管理。

12.3.2.2　危险废物名录相符性分析

根据本次鉴别对象的来源及成分分析结果，经比对《名录》（2021 年版），本次鉴别对象不属于《名录》（2021 年版）中的任一危险废物类别。

《危险废物鉴别标准　通则》（GB 5085.7—2019）规定，“未列入《国家危险废物名录》，但不排除具有腐蚀性、毒性、易燃性、反应性的固体废物，依据 GB 5085.1、GB 5085.2、GB 5085.3、GB 5085.4、GB 5085.5 和 GB 5085.6，以及 HJ 298 进行鉴别。”因此，需对该历史遗留固体废物的危险特性进行排除。

12.3.2.3　危险特性识别和筛选

（1）鉴别对象危险特性识别

根据鉴别对象的外观观察、钻探物现场快速检测、全成分定量分析、挥发性及非挥发性有机物定性半定量测试结果，初步识别鉴别对象的危险特性。

根据《危险废物鉴别标准　反应性鉴别》（GB 5085.5—2007）规定，反应性危险废物是指符合下述三个条件之一的固体废物：

1）反应性危险特性识别

①爆炸性质

常温常压下不稳定，在无引爆条件下易发生剧烈变化；或标准温度和压力下（25℃，101.3 kPa），易发生爆轰或爆炸性分解反应；或受强起爆剂作用或在封闭条件下加热能发生爆轰或爆炸反应。

本次鉴别对象主要成分为矿化垃圾和建筑垃圾，根据成分检测结果，其主要成分为硅铝酸盐、碳酸钙等无机化合物，常温常压下稳定，在无引爆条件下不会发生剧烈变化；在标准温度和压力下（25℃，101.3 kPa）以及受强起爆剂作用或在封闭条件下加热，不会发生爆轰或爆炸性分解反应。因此，本次鉴别对象不具有爆炸性质。

②与水或酸接触产生易燃气体或有毒气体的性质

与水或酸接触产生易燃气体或有毒气体：与水混合发生剧烈化学反应，并放出大量易燃气体和热量；或与水混合能产生足以危害人体健康或环境的有毒气体、蒸汽或烟雾；或在酸性条件下，每千克含氰化物分解产生≥250 mg 氰化氢气体，或者每千克含硫化物废物分解产生≥500 mg 硫化氢气体。

本次鉴别对象主要成分为矿化垃圾和建筑垃圾，根据成分检测结果，其主要成分为硅铝酸盐、碳酸钙等无机化合物，含水率为 13%～15%，其存放过程跟水有接触并未发生过剧烈化学反应，现场调研时也未发现其放出易燃气体和热量，也不产生足以危害人体健康或环境的有毒气体、蒸汽或烟雾。因此，本次鉴别对象不具有遇水反应性，但无法排除其遇酸反应性。

③废弃氧化剂或有机过氧化物属性

废弃氧化剂或有机过氧化物包括极易引起燃烧或爆炸的废弃氧化剂，或对热、震动或摩擦极为敏感的含过氧基的废弃有机过氧化物。

本次鉴别对象不属于废弃氧化剂或有机过氧化物，无上述氧化性或过氧化性。

综上可知，鉴别对象可能具有遇酸反应性危险特性，下一步需要对其进行遇酸反应性危险特性验证。

2）易燃性危险特性识别

根据《危险废物鉴别标准　易燃性鉴别》（GB 5085.4—2007）规定，“在标准温度和压力（25℃，101.3 kPa）下因摩擦或自发性燃烧而起火，经点燃后能剧烈而持续地燃烧并产生危害的固态废物”，属于易燃性危险废物。

本次鉴别对象主要成分为矿化垃圾和建筑垃圾，根据成分检测结果，其主要成分为硅铝酸盐、碳酸钙等无机化合物，含水率为 13%～15%，不能由明火点燃，常温常压下性质稳定，不会因摩擦或自发性燃烧起火。因此，本次鉴别对象不具有易燃性危险特性。

3）腐蚀性危险特性识别

根据《危险废物鉴别标准　腐蚀性鉴别》（GB 5085.1—2007）规定，符合下列任何条件之一的固体废物，属于腐蚀性危险废物。①按照 GB/T 15555.12—1995 制备的浸出液，pH≥12.5，或者 pH≤2.0；②在 55℃条件下，对 GB/T 699—2015 中规定的 20 号钢材的腐蚀速率≥6.35 mm/a。

根据全成分定量测试结果，鉴别对象中不存在酸、碱性物质，不具备腐蚀性危险特性的条件。但是考虑到建筑垃圾中可能混有石灰，下一步需要测试其 pH 以进一步排除其腐蚀性危险特性。

4）浸出毒性危险特性识别

根据《危险废物鉴别标准　浸出毒性鉴别》（GB 5085.3—2007）规定，按照 HJ/T 299—2007 制备的固体废物浸出液中任何一种危害成分含量超过表 1 中所列的浓度限值，则判定该固体废物是具有浸出毒性特征的危险废物。

表 12-8　鉴别对象浸出毒性危险特性初步识别

序号	危险特性	初步识别	判断依据
1	浸出毒性（16 项无机元素及化合物）	可能具备	根据钻探物现场快速检测结果，鉴别对象中含有锌、钡、铜、镍、砷、铅等重金属元素，可能具备无机元素及化合物浸出毒性危险特性，因此，下一步要对其进行无机元素及化合物浸出毒性危险特性验证
2	浸出毒性（10 项有机农药类）	排除	根据全成分定量、挥发性及非挥发性有机物定性半定量测试结果，本次鉴别对象中不存在有机农药类物质。因此，不需要进行有机农药类浸出毒性鉴定
3	浸出毒性（24 项非挥发性和挥发性有机化合物）	排除	根据全成分定量、挥发性及非挥发性有机物定性半定量测试结果，本次鉴别对象不存在非挥发性和挥发性有机化合物，不具有非挥发性和挥发性有机化合物浸出毒性危险特性。因此，不需要进行非挥发性和挥发性有机化合物浸出毒性鉴定

根据表 12-8 分析结果，本次鉴别对象中存在 GB 5085.3—2007 表 11.3-1 所列的无机元素及化合物，不存在有机农药类物质、非挥发性有机化合物和挥发性有机化合物，下一步需要对其进行无机元素及化合物浸出毒性危险特性验证。

5）毒性物质含量危险特性识别

根据《危险废物鉴别标准　毒性物质含量鉴别》（GB 5085.6—2007）规定，符合 4.1～4.8 条件之一的固体废物是危险废物。

根据表 12-9 分析结果，本次鉴别对象中可能存在 GB 5085.6—2007 附录 A～附录 F 中的无机类毒性物质，不存在有机类毒性物质，下一步需要对其进行无机类毒性物质含量危险特性验证。

表 12-9　鉴别对象毒性物质含量危险特性初步识别

序号	危险特性	初步识别	判断依据
1	毒性物质含量（无机类物质）	可能具备	根据钻探物现场快速检测结果，鉴别对象中含有锌、钡、铜、镍、砷、铅等重金属元素，可能含有 GB 5085.6—2007 中附录 A～附录 E 所列无机类物质，因此，下一步要对其进行无机类毒性物质含量检测
2	毒性物质含量（有机类物质）	排除	根据全成分定量、挥发性及非挥发性有机物定性半定量测试结果，本次鉴别对象中不存在有机类毒性物质。因此，不需要开展有机类毒性物质含量测试

6）急性毒性危险特性识别

根据《危险废物鉴别标准 急性毒性初筛》（GB 5085.2—2007）规定，符合下列条件之一的固体废物，属于危险废物。①经口摄取：固体 LD_{50}≤200 mg/kg，液体 LD_{50}≤500 mg/kg。②经皮肤接触：LD_{50}≤1 000 mg/kg。③蒸汽、烟雾或粉尘吸入：LC_{50}≤10 mg/L。

本书参照《化学品分类和标签规范 第 18 部分：急性毒性》（GB 30000.18—2013）对鉴别对象的急性毒性进行估算，计算公式如下：

$$\frac{100}{\mathrm{ATE}}=\sum_{i}^{n}\frac{C_i}{\mathrm{ATE}_i}$$

式中：C_i——组分 i 的浓度，i=1，…，n；

ATE_i——组分 i 的急性毒性数据；

ATE——急性毒性估计值。

根据全成分定量分析结果，对鉴别对象的急性毒性进行估算。鉴别对象中各主要成分的急性毒性数据如表 12-10 所示，算得鉴别对象的急性毒性估算结果如表 12-11 所示。

表 12-10 鉴别对象中存在的各类物质急性毒性数据

物质成分	急性经口毒性/（mg/kg）	急性经皮毒性/（mg/kg）	急性吸入毒性/（mg/L）
烷烃油	5 000[2]	5 000[2]	—
聚丙烯酸酯	5 000[2]	5 000[2]	—
硅铝酸盐	5 000[2]	5 000[2]	—
无机铁盐	5 000[2]	5 000[2]	—
碳酸钙（$CaCO_3$）	6 450[1]	5 000[2]	—
碳酸镁（$MgCO_3$）	5 000[2]	5 000[2]	—

注：1. 碳酸钙的急性经口毒性数据来源：https：//www.chemsrc.com/cas/471-34-1_819 061.html#：～：text=%E7%A2%B3%E9%85%B8%E9%92%99%E6%AF%92%E7%90%86%E5%AD%A6%E6%95%B0%E6%8D%AE%3A ，%E6%80% A5%E6%80%A7%E6%AF%92%E6%80%A7%EF%BC%9ALD50%EF%BC%9A6 450 mg%2FKg%EF%BC%88%E5%A4%A7%E7%99%BD%E9%BC%A0%E7%BB%8F%E5%8F%A3%EF%BC%89%EF%BC%8C%E5%AF%B9%E7%9C%BC%E7%9D%9B%E6%9C%89%E5%BC%BA%E7%83%88%E5%88%BA%E6%BF%80%E4%BD%9C%E7%94%A8%EF%BC%8C%E5%AF%B9%E7%9A%AE%E8%82%A4%E6%9C%89%E4%B8%AD%E5%BA%A6%E5%88%BA%E6%BF%80%E4%BD%9C%E7%94%A8%E3%80%82。

2. 未查到急性毒性，按照《化学品分类和标签规范 第 18 部分：急性毒性》（GB 30000.18—2013）类别 5 急性毒性限值计。

3. “—”表示无该项数据。

由表 12-11 可知，根据鉴别对象全成分定量分析结果计算出急性经口毒性和急性经皮毒性估算值均为 5 551 mg/kg，远远低于标准限值。因此，本次鉴别对象不具有急性毒性危险特性，下一阶段无须开展急性毒性初筛检测工作。

表 12-11　急性毒性估算结果

<table>
<tr><th>成分名称</th><th>最大浓度限值/%</th><th>急性经口毒性估算结果/（mg/kg）</th><th>急性经皮毒性估算结果/（mg/kg）</th><th>急性吸入毒性/（mg/L）</th></tr>
<tr><td>烷烃油</td><td>1</td><td rowspan="6">5 551</td><td rowspan="6">5 551</td><td rowspan="6">—</td></tr>
<tr><td>聚丙烯酸酯</td><td>1</td></tr>
<tr><td>硅铝酸盐</td><td>73</td></tr>
<tr><td>无机铁盐</td><td>4</td></tr>
<tr><td>碳酸钙（$CaCO_3$）</td><td>13</td></tr>
<tr><td>碳酸镁（$MgCO_3$）</td><td>1</td></tr>
<tr><td colspan="2">《危险废物鉴别标准　急性毒性初筛》（GB 5085.2—2007）标准限值</td><td>500</td><td>1 000</td><td>10</td></tr>
</table>

7）鉴别对象危险特性识别结果

本次鉴别对象危险特性初步识别结果如表 12-12 所示。

表 12-12　鉴别对象危险特性初步识别结果

<table>
<tr><th>序号</th><th colspan="2">危险特性</th><th colspan="2">初步识别</th></tr>
<tr><td>1</td><td colspan="2">反应性</td><td colspan="2">可能具备（遇酸反应性）</td></tr>
<tr><td>2</td><td colspan="2">易燃性</td><td colspan="2">排除</td></tr>
<tr><td>3</td><td colspan="2">腐蚀性</td><td colspan="2">可能具备</td></tr>
<tr><td rowspan="4">4</td><td rowspan="4">浸出毒性</td><td>无机物质项目（16 种）</td><td colspan="2">可能具备</td></tr>
<tr><td>有机农药类（10 种）</td><td colspan="2">排除</td></tr>
<tr><td>非挥发性有机化合物（12 种）</td><td colspan="2">排除</td></tr>
<tr><td>挥发性有机化合物（12 种）</td><td colspan="2">排除</td></tr>
<tr><td rowspan="11">5</td><td rowspan="11">毒性物质含量</td><td rowspan="2">剧毒物质（附录 A）</td><td>有机类</td><td>排除</td></tr>
<tr><td>无机类</td><td>可能具备</td></tr>
<tr><td rowspan="2">有毒物质（附录 B）</td><td>有机类</td><td>排除</td></tr>
<tr><td>无机类</td><td>可能具备</td></tr>
<tr><td rowspan="2">致癌性物质（附录 C）</td><td>有机类</td><td>排除</td></tr>
<tr><td>无机类</td><td>可能具备</td></tr>
<tr><td rowspan="2">致突变性物质（附录 D）</td><td>有机类</td><td>排除</td></tr>
<tr><td>无机类</td><td>可能具备</td></tr>
<tr><td rowspan="2">生殖毒性物质（附录 E）</td><td>有机类</td><td>排除</td></tr>
<tr><td>无机类</td><td>可能具备</td></tr>
<tr><td>持久性有机污染物（附录 F）</td><td colspan="2">排除</td></tr>
<tr><td>6</td><td colspan="2">急性毒性</td><td colspan="2">排除</td></tr>
</table>

根据《危险废物鉴别技术规范》（HJ 298—2019）中“6.1 固体废物特性鉴别的检测项目应依据固体废物的产生源特性确定。根据固体废物的产生过程可以确定不存在的特性项目或者不存在、不产生的毒性物质，不进行检测”，本方案认为根据鉴别对象的外观观察、钻探物现场快速检测、全成分定量分析、挥发性及非挥发性有机物定性半定量测试结果，可以直接排除鉴别对象的易燃性、急性毒性、有机类浸出毒性和有机类毒性物质含量危险特性，不需要对其进行检测。

（2）鉴别对象危险特性初筛

为进一步验证和排除鉴别对象的其他危险特性，结合鉴别对象危险特性识别结果，根据《鉴别方案》专家意见，本次鉴别检测采样过程中，补充采集 6 个历史遗留固体废物样品，进一步测试其腐蚀性、遇酸反应性及锌的浸出毒性危险特性。考虑到堆体平均高度为 2.833 m，本次采取分层采样的方式，共设置 3 个采样点，每个采样点等间隔采集 1 个固体废物样品，样品具有代表性。

1）腐蚀性初筛检测结果

根据腐蚀性危险特性识别结果，鉴别对象中不存在酸、碱性物质，不具备腐蚀性危险特性的条件。但是考虑到建筑垃圾中可能混有石灰，需要测试其 pH 以进一步排除其腐蚀性危险特性。在本阶段采集 6 个样品测试其腐蚀性（pH）危险特性初筛，检测结果见表 12-13。

表 12-13　腐蚀性（pH）危险特性初筛检测结果

样品编号	pH 检测结果（量纲一）	测试方法	检出限
A09-1	8.13	《固体废物　浸出毒性浸出方法　水平振荡法》（HJ 557—2010）；《固体废物　腐蚀性测定　玻璃电极法》（GB/T 15555.12—1995）	—
A09-2	8.33		
A35-1	7.87		
A35-2	7.78		
A40-1	8.04		
A40-2	8.07		

由表 12-13 可知，6 个样品的 pH 均为 7.5～8.5，呈中性，且比较稳定，未超出《危险废物鉴别标准　腐蚀性鉴别》（GB 5085.1—2007）中的相应标准限值。

根据对鉴别对象的全成分定量测试及腐蚀性补充初筛检测结果，鉴别对象不具有腐蚀性危险特性。因此，在下一阶段，不需要进行腐蚀性危险特性鉴别测试。

2）反应性初筛检测结果

根据反应性危险特性识别结果，鉴别对象可能具有遇酸反应性危险特性。补充采集 6 个样品测试其遇酸反应性，检测结果见表 12-14。

表 12-14　遇酸反应性危险特性初筛检测结果

检测项目（遇酸反应性）		样品编号						测试方法	检出限值
		A09-1	A09-2	A35-1	A35-2	A40-1	A40-2		
氰化氢	总有效/（mg/kg）	ND	ND	ND	ND	ND	ND	《危险废物鉴别标准　反应性鉴别》（GB 5085.5—2007）的附录固体废物 遇水反应性的测定	0.02
	比释放率 *R*/［mg/（kg·s）］	ND	ND	ND	ND	ND	ND		1.11×10^{-5}
硫化氢	总有效/（mg/kg）	ND	ND	ND	ND	ND	ND		0.025
	比释放率 *R*/［mg/（kg·s）］	ND	ND	ND	ND	ND	ND		1.39×10^{-5}

由表 12-14 可知，6 个样品遇酸后分解产生的氰化氢气体和硫化氢气体含量均为未检出，未超出《危险废物鉴别标准　反应性鉴别》（GB 5085.5—2007）中的相应标准限值。结合鉴别对象的全成分定量测试及遇酸反应性初筛检测结果，本次鉴别对象不具有遇酸反应性危险特性，在下一阶段工作中，无须进一步检测。

3）浸出毒性初筛检测结果

根据鉴别对象的 40 个样品的现场快速检测结果，检出的重金属中属于《危险废物鉴别标准　浸出毒性鉴别》（GB 5085.3—2007）表 1 所列的无机元素及化合物主要包括铬、镍、铜、锌、砷、汞、钡和铅共 8 个无机元素。但是，砷、汞和镍的检出率均低于 20%，且最大含量分别为 0.004 9%、0.000 7%和 0.020 1%，含量均较低。此外，根据《鉴别方案》专家意见，补充的 6 个初筛样品中锌的浸出毒性检出率仅为 17%，最大占标率为 0.01%。因此，可进一步排除砷、汞、镍和锌的浸出毒性危险特性超标的可能性。此外，根据委托方提供的《危险废物特性鉴别报告》，经采集的 5 个样品中的氰化物和氟化物均未检出。因此，本次鉴别中重点关注铬（六价）、总铬、铜、铅和钡共 5 个无机元素及化合物的浸出毒性。

4）毒性物质含量初筛检测结果

根据鉴别对象的 40 个样品的现场快速检测结果，检出的重金属中属于《危险废物鉴别标准　毒性物质含量鉴别》（GB 5085.6—2007）附表 A～附表 F 中所列的无机类毒性物质主要包括钛、钒、锰、钴、铬、镍、锡、砷、汞、钡和铅共 11 个无机元素。但是，钛、钴、砷、汞和镍的检出率均低于 20%，且最大含量分别为 0.826%、0.015 2%、0.004 9%、0.000 7%和 0.020 1%，含量均低于对应化合物的毒性物质含量标准限值。根据待鉴别物的来源及组分分析，本次鉴别对象中不存在单质钛、单质锰和单质钒，因此，可排除钛粉、单质锰和单质钒毒性物质含量危险特性超标的可能性。此外，根据委托方提供的《危险废物特性鉴别报告》，经采集的 5 个样品中的氰化物和氟化物均未检出，可排除氰化锌和氰化铜的存在。因此，本次鉴别中重点关注铬（六价）、锡、钡和铅共 4 个无机元素对应化合物的毒性物质含量。

12.3.2.4 鉴别检测项目的确定

根据鉴别对象的危险特性识别和初筛检测结果，可判断鉴别对象不具有易燃性、反应性、腐蚀性、浸出毒性（仅限于有机农药类、挥发性和非挥发性有机化合物）、毒性物质含量（仅限于有机类毒性物质）和急性毒性 5 种危险特性，不需要对其进行检测。因此，在下一阶段的鉴别工作中，须检测浸出毒性（部分无机元素及化合物）、毒性物质含量（部分无机类毒性物质）项目，检测项目如下所示：

①浸出毒性危险特性检测项目：铬（六价）、总铬、铜、铅和钡；

②毒性物质含量危险特性检测项目：铬（六价）、锡、钡和铅。

12.3.2.5 采样和检测工作方案

（1）采样工作方案

参照《危险废物鉴别技术规范》（HJ 298—2019）、《工业固体废物采样制样技术规范》（HJ/T 20—1998）、《危险特性鉴别标准》等技术规范，结合鉴别对象实际产生情况，制定采样检测方案如下。

1）采样要求

①样品采集现场条件与鉴别方案描述一致。

②对采样过程进行全程拍照或录像。

③采样时记录样品的名称、来源、数量、性状、包装、贮存、编号、份样量、份样数、采样点、采样方法、采样日期、采样人等。

2）采样份样数

根据《危险废物鉴别技术规范》（HJ 298—2019）第 4.2.2 条规定，“堆存状态的固体废物，应以堆存的固体废物总量为依据，按照表 1 确定需要采集的最小份样数”。

根据委托方提供的资料，本次鉴别的固体废物为 25 694.4 m^3。由于目前没有矿化垃圾和建筑垃圾密度的相关资料，本次估算参考城市生活垃圾密度计算，根据文献《城市生活垃圾填埋密度及其险随深度分布规律》（朱水元等），轻度压实垃圾密度为 320 kg/m^3，保守估算本次鉴别的固体废物为 8 222 t（注：以生活垃圾密度计算具有一定的误差，历史遗留固体废物的重量以实际清运计量为准）。因此，本次危险特性鉴别需采集的最小份样数为 100 个，见表 12-15。

表 12-15　不同固体废物堆存对应的最小份样数

固体废物质量（以 q 表示）/t	最小份样数/个
$q \leqslant 5$	5
$5 < q \leqslant 25$	8
$25 < q \leqslant 50$	13
$50 < q \leqslant 90$	20
$90 < q \leqslant 150$	32
$150 < q \leqslant 500$	50
$500 < q \leqslant 1\ 000$	80
$q > 1\ 000$	100

3）采样份样量

根据 HJ 298—2019 第 4.3.1 条规定，“固态废物样品采集的份样量应同时满足下列要求：a）满足分析操作的需要；b）依据固态废物的原始颗粒最大粒径，不小于表 2 中规定的质量”。鉴别对象分析项目为腐蚀性、浸出毒性、毒性物质含量，需采集满足检测方法规定的份样量，并考虑 1 年保存期的预留样品量，本次鉴别的采样份样量为 3 000 g，见表 12-16。

表 12-16　不同颗粒直径的固态废物的一个份样所需采集的最小份样量

原始颗粒最大粒径（以 d 表示）/cm	最小份样量/g
$d \leqslant 0.50$	500
$0.50 < d \leqslant 1.0$	1 000
$d > 1.0$	2 000

4）采样时间和频次

HJ 298—2019 第 4.4.2 条未对历史遗留固体废物的采样时间和频次作出相关规定，为了尽可能保证样品的代表性，本次采样工作安排在 3 天内完成。平均每天采集 30～40 个样品。

5）采样点位和方法

采样点位和方法根据《危险废物鉴别技术规范》（HJ 298—2019）和《工业固体废物采样制样技术规范》（HJ/T 20—1998）的要求采样。

本次鉴别对象属于历史堆存固体废物。根据 HJ 298—2019 第 4.5.4 条，“4.5.4 堆存状态固体废物采样　a）散状堆积固态、半固态废物……对于堆积高度大于 0.5 m 的散状堆积固态、半固态废物，应分层采取样品；采样层数应不小于 2 层，按照固态、半固态废物堆积高度等间隔布置；每层采取的份样数应相等。分层采样可以用采样钻或者机械钻探的方式进行”。

因此，考虑到堆体平均高度为 2.833 m，本次采取分层采样的方式，拟设置 50 个采样点，每个采样点采取 2 个样品，按照棋盘型点分布确定采样位置。每个采样点分两层，等间隔采集 1 个固体废物样品，以保证样品的代表性。采样时，通过人工钻方式取出堆体下的固体废物，再使用采样勺装袋。

6）采样质量控制

①采样前，将采样要求、对象、份样数、份样量、时间和频次、方法告知采样人员，采样人员熟知上述内容及操作规范。

②告知采样人员固体废物的性状，采样人员掌握采样技术，懂得安全操作知识和处理方法。

③采样过程中隔绝在有水、酸、碱的条件下采样，运输过程中样品放置于避热避光的采样箱中，并防止危害成分的损失、交叉污染和二次污染。

④采样工作结束后采样人员进行自检，检查内容包括：采集样品个数、样品重量、样品标签、记录完整性和准确性。

⑤每天采样结束后，采样人员及时将样品送至实验室，采样组与检测组交接样品时，双方均确认了样品数量和样品标签信息准确、样品完好、采样记录完整无误。

⑥采样记录经审核无问题后存档。

（2）检测工作方案

1）检测方法

采用《危险废物鉴别标准　浸出毒性鉴别》（GB 5085.3—2007）和《危险废物鉴别标准　毒性物质含量鉴别》（GB 5085.6—2007）规定的方法进行样品预处理和检测。

2）检测记录

检测记录写明检测时间、检测人员、检测项目、预处理方法、制样数量、制样方式、检测方法等。

3）检测质量控制

检测质量控制包括对制样、样品前处理和样品分析过程进行质量控制。通过质量控制核查整个检测过程是否处于受控状态，反映实验室工作过程中可能发生的变化，以及这些变化可能产生的质量问题，便于分析人员及时发现异常，立即采取纠正与预防措施。

① 样品制备：样品制备过程坚持保持样品原有的化学组成，不能被污染，不能把样品编号弄混淆的原则。样品检测前严防阳光直射样品，通风良好、整洁、无尘、无易挥发性化学物质。制样时应有 2 人以上在场。制样结束后，应填写制样记录。

② 样品前处理：根据样品性质和检测要求，严格按照前处理方法处理样品。

③ 样品分析：通过实验室内部控制，减小随机误差，防止过失误差。

对样品分析的全过程，包括分析人员、工作环境、分析方法以及分析人员对分析方法的正确理解与操作、试剂及标准溶液的配制、工作曲线的绘制、空白试验、仪器的调试和校准、背景的扣除和校正、原始记录的书写、数据的修约和处理等实施有效控制。

12.3.2.6　检测结果的判断

根据《固体废物鉴别标准　通则》、《危险废物鉴别技术规范》和《危险废物鉴别标准》等，对本次鉴别对象进行危险特性鉴别，形成鉴别结论如下：

①根据委托方提供的测绘报告等资料，本次鉴别对象来源于某垃圾填埋场的开挖物，结合现场调研、文献研究和现场取样目测及成分测试分析等，可判断本次鉴别对象基本符合矿化垃圾的特征。此外，鉴别对象中含有混泥土切块、瓷砖片、陶瓷片等物质，可能是由于城市化扩张带来的拆迁、装修等建筑生产活动频繁，部分建筑垃圾混入生活垃圾所致。该待鉴别物符合《固体废物鉴别标准　通则》（GB 34330—2017）中的“5.1 在任何条件下，固体废物按照以下任何一种方式利用或处置时，仍然作为固体废物管理（但包含在 6.2 条中的除外）……d）倾倒、堆置”的判断条件，属于固体废物；经对照《名录》（2021 年版），其不属于《名录》（2021 年版）中任意一类危险废物。

②根据待鉴别物的来源、全成分定量分析、挥发性及非挥发性有机物定性和半定量分析以及补充初筛检测结果，可确定本次鉴别的历史遗留固体废物不具备腐蚀性、易燃性、反应性、急性毒性危险特性，也不具备浸出毒性［总铬、铬（六价）、铜、铅和钡元素除外］、毒性物质含量［铅、钡、铬（六价）和锡对应的毒性物质除外］。

③根据连续采集的 100 个样品的总铬、铬（六价）、铜、铅和钡元素的浸出毒性和铅、钡、铬（六价）及锡对应化合物的毒性物质含量检测分析结果，确定本次鉴别的历史遗留固体废物不具有浸出毒性和毒性物质含量危险特性。

综上所述，本次鉴别的 25 694.4 m^3 历史遗留固体废物不具有腐蚀性、易燃性、反应性和毒性危险特性，不属于危险废物。

12.3.2.7　利用处置建议及风险防控要求

根据本次鉴别结论，对本次鉴别的 25 694.4 m^3 历史遗留固体废物的后续处置和管理提出以下建议：

①本次鉴别的历史遗留固体废物的处理处置应遵循减量化、稳定化、无害化的要求，结合当地的实际情况就近处理，并提倡在保证环境安全的前提下采用资源化利用或其他无害化的处理处置方式。

②委托方应将本次鉴别的固体废物交给具有相应资质或处理处置能力的单位进行资源化利用或者最终处置，不得随意倾倒。本次鉴别的固体废物不得与该地块的其他固体废物混合储存、转运和处置。

③本书仅对该地块中 9 070.6 m^2 土地堆存的 25 694.4 m^3 历史遗留固体废物进行鉴别，本次鉴别结论仅适用该批固体废物。一旦有其他各类危险废物或待鉴定的固体废物混入，则该案件涉及的固体废物危险特性需要重新进行鉴别，相应的分析项目和样品数量需根据实际情况进行调整。

12.4 历史遗留固体废物危险特性鉴别要点

历史遗留固体废物基本上存在堆放和填埋时间久、种类复杂以及堆存量大的问题。开展鉴别应当重视以下三方面要点工作：一是开展多角度溯源，包括通过人员访谈、历史影像分析以及资料分析。必要时可以通过检测手段进行类比。二是明确固体废物的分类，可通过固体废物物理特性观察、化学成分分析、地球物理探测、现场快速检测等手段进行固体废物的分类。三是全面识别固体废物的特征污染物，可以利用定量和半定量相结合的手段，对固体废物进行物质分析、全组份分析、危险特性初筛等手段进行危险特性判断。

参考文献

[1] 袁军，杨帆，李国学，等. 非正规填埋场矿化垃圾理化性质与资源化利用研究[J]. 中国环境科学，2014，34（7）：1811-1817.

第 13 章

作为固体废物管理的污染土壤危险特性鉴别案例

2005年4月至2013年12月，我国开展了首次全国土壤污染状况调查。调查数据显示，全国土壤环境状况总体不容乐观，部分地区土壤污染较重，耕地土壤环境质量堪忧，工矿业废弃地土壤环境问题突出。工矿业、农业等人为活动以及土壤环境背景值高是造成土壤污染或超标的主要原因。全国土壤总的超标率为16.1%，其中轻微、轻度、中度和重度污染点位比例分别为11.2%、2.3%、1.5%和1.1%。污染类型以无机型为主，有机型次之，复合型污染比重较小，无机污染物超标点位数占全部超标点位的82.8%。从污染分布情况来看，土壤污染南方重于北方，长江三角洲、珠江三角洲、东北老工业基地等部分区域土壤污染问题较为突出，西南、中南地区土壤重金属超标范围较大；镉、汞、砷、铅4种无机污染物含量分布呈现从西北到东南、从东北到西南方向逐渐升高的态势。

粤港澳大湾区电镀企业的数量处于国内前列，且大多企业地块使用历史较长。根据该行业的主要污染源分析，其污染物以铬、铜、镍、锌和氰化物为主。金属表面处理和热加工企业均为历史悠久的电镀工艺企业，均表现为无机污染类型，污染物种类为重金属和氰化物。因而，其污染特征在大湾区内具有突出的典型性。电镀厂土壤污染区域主要位于生产区域，污染物来源于电镀生产过程的泄漏。粤港澳大湾区污染地块主要表现为无机物和有机物的复合污染，污染物类型主要为重金属、氰化物、氟化物和有机物，其中，砷和多环芳烃在污染地块中的出现频率较高，均接近于50.0%（谭海剑等，2021）。

长江三角洲局部地区农用地土壤污染严重，上海市嘉定区、江苏省南京市、浙江省杭州市、安徽省铜陵市等地农用地均存在不同程度的镉污染问题，部分地区土壤重金属汞、铅、铜等也有一定程度的污染，工业“三废”排放、化肥农药等农业投入品的使用是导致长江三角洲地区土壤污染的主要成因（甘婷婷等，2021）。为了追求更多的农药经济效益，长江三角洲地区注重调整农业结构以促进高效优质农业的发展，不可避免地出现了化肥农药使用过多的情况，致使耕地土壤中的重金属、硝酸盐和有机物大量留存，而未经处理的各种污染物的无序排放更是加重了这种现象，导致了该地区土壤质量劣化、养分失衡，从而影响了农产品的质量安全和整个地区的农业生态环境，也不可避免地威胁到当地居民的身体健康（张乐，2016）。

随着国家产业结构调整及京津冀一体化协同发展政策的实施，土壤污染问题逐渐受到关注。京津冀地区污染物排放量较大，以钢铁、电力、石化、建材四大产业为主的工业源长期占据主导地位（高勤等，2018），京津冀农产品产地土壤重金属镉、汞超标问题较为突出，污染风险不容忽视。镉污染高风险区域分布在天津市周边；汞污染高风险区域分布在天津市与北京市周边。化工行业、畜禽养殖业、金属冶炼加工业是京津冀农产品产地土壤重金属污染的主要潜在污染源（姜玉等，2018）。

根据《固体废物鉴别标准　通则》（GB 34330—2017）4.3项“环境治理和污染控制过程中产生的物质”中m类规定，在污染地块修复、处理过程中采用填埋、焚烧、水泥窑协同处置以及生产砖、瓦、筑路材料等其他建筑材料中任何一种方式处置或利用的污染土壤是固体废物，按以上方式处置的污染土壤需要开展危废特性鉴别工作。

13.1　案例一：涉医疗废物处置场地污染土壤危险特性鉴别

13.1.1　危险废物鉴别的技术准备

13.1.1.1　待鉴别物信息的搜集与整理

某医疗废物处置有限公司拥有危险废物经营许可证，因本场地所处地理位置与当地总体规划有冲突，为服从政府总体规划，该公司于 2016 年关停本场地的医疗垃圾焚烧活动，搬迁至新厂址。

本地块的土壤污染状况初步调查和详细调查结果显示，土壤中二噁英总毒性当量浓度超过《土壤环境质量　建设用地土壤污染风险管控标准（试行）》（GB 36600—2018）第二类建设用地风险筛选值和管制值；地下水中的 pH、铅和镍超过《地下水质量标准》（GB/T 14848—2017）Ⅲ类限值；确定本场地为污染地块。

根据本场地风险评估报告计算结果，土壤中的二噁英对本场地建筑工人、未来工作人员均存在不可接受的致癌风险和非致癌风险。本场地土壤中二噁英的风险控制值范围约为 3 487.20 m^2。根据《污染地块土壤环境管理办法（试行）》，本场地需要结合未来规划开展相应的土壤污染治理与修复工作。

本地块土壤主要涉及二噁英污染，需要进行治理修复的土壤方量约为 4 705 m^3，重量约为 8 800 t（湿密度约为 1.87 g/cm^3）。

根据修复方案，拟对污染土壤采用开挖后运输送水泥窑协同处置。根据《固体废物鉴别标准　通则》（GB 34330—2017），在污染地块修复、处置过程中，采用水泥窑协同处置的污染土壤属于固体废物。因此，对不明确是否具有危险特性的固体废物，在确定本地块污染土壤开挖转运前，应当按照国家规定的危险废物鉴别标准和鉴别方法予以认定。

13.1.1.2　掌握污染土壤污染历史调查情况

（1）退役场地历史情况

原企业焚烧处置的废物为集中医疗废物，主要来自病人在医疗诊断、治疗过程中产生的各类固体废物等。根据医疗废物的危害特性，可分为感染性废物、病理性废物、损伤性废物、药物性废物、放射性废物、化学毒性废物和其他废物 7 种类型，本项目主要对感染性废物、病理性废物、损伤性废物、药物性废物 4 种医疗废物进行处置。2013 年的具体收集及处理量见表 13-1。

表 13-1 2013 年医疗废物收集、处理量

单位：t

收集量	处理量	贮存量
1 704	1 704	0

焚烧炉采用热解炉，焚烧外排废气主要有二氧化硫、氮氧化物、烟尘、氯化氢、金属及其化合物（汞、铅、镉、铬、铜、镍）、二噁英等。焚烧炉烟囱废气中的二噁英会经迁移沉降到地面，从而影响土壤环境质量。

（2）初步调查结果

初步调查在场地内共设置了 7 个土壤监测点和 5 个地下水监测点。根据初步调查结果，该场地的土壤存在二噁英污染的问题，为污染地块。场地内地下水环境主要存在的问题是 pH 偏酸性和重金属镍、铅、砷污染。在采集自本场地的土壤样品中，均未检出挥发性有机物、半挥发性有机物、总石油烃、多氯联苯类，表明场地土壤在历史使用期间，没有受到这些污染物的明显影响。

初步调查揭示的土壤二噁英超标情况（仅列出超标样品结果）见表 13-2、表 13-3。

表 13-2 土壤超标情况汇总

单位：ng/kg

样品编号		MW1-0.2	MW3-0.2	MW3-1.5	EMW5-0.2
二噁英	I-TEQ	150	160	84.14	160
	单因子污染指数	3.75	4.00	2.10	4.00
GB 36600—2018		40			

注：参照标准为《土壤环境质量 建设用地土壤污染风险管控标准（试行）》（GB 36600—2018）第二类用地的风险筛选值。

表 13-3 地下水超标情况汇总

单位：mg/L

分析参数	砷	铅	镍
实验室检出限	0.01	0.001 0	0.001 0
EMW-1W	ND	0.010 7	0.128 0
EMW-2W	ND	ND	0.131 0
EMW-4W	ND	0.007 5	0.101 0
EMW-5W	0.019	0.503 0	0.054 5
GB/T 14848—2017III类	0.01	0.01	0.02

注：GB/T 14848—2017III类为《地下水质量标准》（GB/T 14848—2017）中III类水。

（3）详细调查结果

该公司退役地块在其历史生产期间对地块内环境造成了一定程度的污染。其中，地块内土壤受到了二噁英的污染；土壤样品的 pH 范围为 6.2～9.6，呈酸至碱性。地块内地下水的 pH 偏酸，且受到了重金属镍、铅的污染。

1）土壤二噁英

在生产区以约 20 m×20 m、生活区约 40 m×40 m 网格布点。本次详查送检了 35 个土壤样品进行二噁英检测，总毒性当量（I-TEQ）为 0.18～1 300 ng/kg。MW1-0.2、MW3-0.2、MW3-1.5、MW3-3.0、S5-0.5、S5-1.0、S5-1.5、S7-0.2、S8-0.2、EMW5-0.5、BS2-0.5 和 BS2-1.0 样品中二噁英总毒性当量超过《土壤环境质量　建设用地土壤污染风险管控标准（试行）》（GB 36600—2018）第二类用地的风险筛选值；其中 S5-0.5、S5-1.5、BS2-0.5 和 BS2-1.0 样品中二噁英的总毒性量超过《土壤环境质量　建设用地土壤污染风险管控标准（试行）》（GB 36600—2018）第二类用地的风险管制值。本次详查土壤二噁英分析结果总结见表 13-4。

表 13-4　详查土壤二噁英监测结果汇总表　　单位：ng/kg

样品编号	MW1-0.2	MW1-0.5	MW1-1.0	MW2-0.2	MW2-0.5	MW2-1.0
I-TEQ	150	23.65	4.32	3.49	3.34	0.85
样品编号	MW3-0.2	MW3-0.5	MW3-1.5	MW3-2.0	MW3-3.0	MW3-5.0
I-TEQ	160	14.75	84.14	16	110	6.1
样品编号	MW4-0.5	MW6-0.5	S3-0.5	S5-0.5	S5-1.0	S5-1.5
I-TEQ	0.30	0.54	5.78	700	150	700
样品编号	S5-2.0	S5-4.0	S5-6.0	S5-10.0	S6-0.5	S7-0.2
I-TEQ	0.66	0.18	0.18	0.30	7.8	180
样品编号	S7-2.0	S7-4.0	S8-0.2	S8-2.0	S8-4.0	S9-10.0
I-TEQ	7.0	0.86	160	0.47	0.40	0.81
样品编号	EMW5-0.5	EMW5-1.0	BS2-0.5	BS2-1.0	BS2-2.0	—
I-TEQ	63	0.68	1 300	440	7.8	—
参照标准 1	40					
参照标准 2	400					

注：1. MW6-0.5 是 MW4-0.5 的平行样；S9-10.0 是 S5-10.0 的平行样；

2. 参照标准 1 为《土壤环境质量　建设用地土壤污染风险管控标准（试行）》（GB 36600—2018）第二类用地风险筛选值，参照标准 2 为《土壤环境质量　建设用地土壤污染风险管控标准（试行）》（GB 36600—2018）第二类用地风险管制值。

2）土壤重金属

本次送检的 28 个土壤样品中，铬（六价）、铅、镉、铜、镍、汞、砷均有检出。其中，铬（六价）仅在 MW1-0.2 样品中检出，浓度为 0.9 mg/kg；铅的检出浓度为 15.9～48.7 mg/kg；镉的检出浓度为 0.02～2.9 mg/kg；铜的检出浓度为 3.0～23.7 mg/kg；镍的检出浓度范围基本为 4.0～106.0 mg/kg，但在 MW3-5.0 出现异常值（466 mg/kg）；汞的检出浓度为 0.018～0.39 mg/kg；砷的检出浓度为 0.4～6.9 mg/kg。

本次详查土壤样品的重金属浓度与初步调查重金属浓度基本一致，土壤样品的重金属浓度均未超过《土壤环境质量　建设用地土壤污染风险管控标准（试行）》（GB 36600—2018）第二类用地的风险筛选值。

3）地下水重金属

送检的地下水样重金属分析了镍、铅和砷。其中，镍的检出浓度为 2.7～148 μg/L，铅的检出浓度为 0.8～73.4 μg/L，砷的检出浓度为 0.3～0.5 μg/L。其中，地下水中检出的砷浓度未超过《地下水质量标准》（GB/T 14848—2017）III类限值。

13.1.2　鉴别的过程与结论

13.1.2.1　固体废物属性判断

（1）判断依据

《固体废物鉴别标准　通则》（GB 34330—2017）。

（2）固体废物属性初判

根据《危险废物鉴别标准　通则》（GB 5085.7—2019）第 4 条，“危险废物的鉴别应按照以下程序进行：4.1 依据法律法规和 GB 34330，判断待鉴别的物品、物质是否属于固体废物，不属于固体废物的，则不属于危险废物。”因此，本书首先对该公司退役场地需进行外运水泥窑协同处置治理修复的土壤是否属于固体废物进行鉴别。

固体废物与非固体废物的鉴别根据《固废法》中的定义及《固体废物鉴别标准　通则》（GB 34330—2017）所列的固体废物类别进行判断。

根据《固体废物鉴别标准　通则》（GB 34330—2017）规定，在污染地块修复、处理过程中，采用下列任何一种方式处置或利用的污染土壤：①填埋；②焚烧；③水泥窑协同处置；④生产砖、瓦、筑路材料等其他建筑材料，均属于固体废物。

根据该退役场地土壤污染治理与修复技术应用试点项目土壤污染治理与修复实施方案，该公司退役场地污染土壤均需进行外运水泥窑协同处置治理修复。

综上所述，本次待鉴别的物质均属于固体废物。

13.1.2.2　危险废物名录相符性分析

由于本次待鉴别的污染土壤无法通过《名录》（2121 年版）以及《危险废物鉴别标准　通则》（GB 5085.7—2019）中相关判定规则直接判别待鉴别固体废物是否属于危险废物，因此，对不明确是否具有危险特性的固体废物，在确定本地块污染土壤开挖转运前，应当按照国家规定的危险废物鉴别标准和鉴别方法予以认定。

根据《危险废物鉴别技术规范》（HJ 298—2019）规定，固体废物特性鉴别的检测项目依据固体废物的产生源特性确定。根据固体废物的产生过程可以确定不存在的特性项目或者不存在、不产生的毒性物质，不进行检测。无法确认固体废物是否存在 GB 5085 规定的危险特性或毒性物质时，按照下列顺序进行检测：

①反应性、易燃性、腐蚀性检测；

②浸出毒性中无机物质项目的检测；

③浸出毒性中有机物质项目的检测；

④毒性物质含量鉴别项目中无机物质项目的检测；

⑤毒性物质含量鉴别项目中有机物质项目的检测；

⑥急性毒性鉴别项目的检测。

根据分析，通过前期土壤污染状况调查报土壤调查以及原企业原辅材料、主要工艺流程及产污情况等特性分析，可初步排除部分危险特性。

根据《危险废物鉴别技术规范》（HJ 298—2019）中“6.1 固体废物特性鉴别的检测项目应依据固体废物的产生源特性确定。根据固体废物的产生过程可以确定不存在的特性项目或者不存在、不产生的毒性物质，不进行检测”，本书认为可以通过委托方提供的初步调查报告和详细调查报告中土壤调查情况及原企业生产工艺和使用原辅材料种类、产生过程情况直接排除的反应性、易燃性、急性毒性、腐蚀性、有机类浸出毒性等危险特性，不需要进行检测。

13.1.2.3　危险特性识别和筛选

（1）浸出毒性初筛

根据《危险废物鉴别标准　浸出毒性鉴别》（GB 5085.3—2007），按照 HJ/T 299—2007 制备的固体废物浸出液中任何一种危害成分含量超过浓度限值，则判定该固体废物属于具有浸出毒性危险特性的危险废物。

本次送检的 14 个固体废物样品制备的浸出液中汞、砷、镉、镍、铅的浸出毒性超标率为 0，其中汞、镉、铅均未检出，砷和镍的检出率分别为 28.57%和 7.14%，砷的浸出毒性结果最大占标率为 0.056%，镍的浸出毒性结果最大占标率为 0.4%。

结果显示，所有污染土壤样品浸出毒性均未超过《危险废物鉴别标准　浸出毒性鉴别》（GB 5085.3—2007）中规定的浓度限值。因此，此次鉴别的污染土壤不具有浸出毒性危险特性。

（2）毒性物质含量初筛

根据《危险废物鉴别标准　毒性物质含量鉴别》（GB 5085.6—2007）中的剧毒物质、有毒物质、致癌性物质、致突变性物质、生殖毒性物质及持久性有机污染物名录，结合土壤场地调查报告及检测结果分析，对土壤中可能存在的毒性物质进行初筛。

毒性物质含量的判断标准如下：

符合下列条件之一的固体废物是危险废物：

①含有 GB 5085.6—2007 附录 A 中的一种或一种以上剧毒物质的总含量≥0.1%。

②含有 GB 5085.6—2007 附录 B 中的一种或一种以上有毒物质的总含量≥3%。

③含有 GB 5085.6—2007 附录 C 中的一种或一种以上致癌性物质的总含量≥0.1%。

④含有 GB 5085.6—2007 附录 D 中的一种或一种以上致突变性物质的总含量≥0.1%。

⑤含有 GB 5085.6—2007 附录 E 中的一种或一种以上生殖毒性物质的总含量≥0.5%。

⑥如果上述不同毒性物质的总和均不超过其限值，则按下面公式判定，符合下列等式，应按照危险废物管理。

$$\sum\left[\left(\frac{p_{T^+}}{L_{T^+}}+\frac{p_T}{L_T}+\frac{p_{Carc}}{L_{Carc}}+\frac{p_{Muta}}{L_{Muta}}+\frac{p_{Tera}}{L_{Tera}}\right)\right]\geqslant 1$$

式中：p_{T^+}——固体废物中剧毒物质的含量；

p_T——固体废物中有毒物质的含量；

p_{Carc}——固体废物中致癌性物质的含量；

p_{Muta}——固体废物中致突变性物质的含量；

p_{Tera}——固体废物中生殖毒性物质的含量；

L_{T^+}、L_T、L_{Carc}、L_{Muta}、L_{Tera}——分别为各种毒性物质在《危险废物鉴别标准　毒性物质含量鉴别》（GB 5085.6—2007）中规定的标准值。

⑦含有本标准中的任何一种持久性有机污染物（除多氯二苯并对二噁英、多氯二苯并呋喃）的含量≥50 mg/kg。

如果上述物质的含量不超过其限值，可判定不具备毒性物质含量的危险特性。

送检的 14 个样品中，附录 A 毒性物质含量范围为 0.000 011%～0.000 053%，均未超过 0.1%，没有出现超标的样品。附录 B 毒性物质含量范围为 0.009 662%～0.019 026%，均未超过 3%，没有出现超标的样品。附录 C 毒性物质含量范围为 0.004 118%～0.030 82%，均未超过 0.1%，没有出现超标的样品。附录 A、附录 B、附录 C 毒性物质的累计含量范围为 0.013 790%～0.049 769%，均未超过 1，没有出现超标的样品。

综上可知，在遵循最大毒性和最大分子量原则情况下，所有土壤样品的氯化汞的毒性物质含量值低于 GB 5085.6—2007 附录 A 标准限值，四氧化三铅的毒性物质含量值低于 GB 5085.6—2007 附录 B 标准限值，五氧化二砷、氯化镉、三氧化二镍毒性物质含量低于 GB 5085.6—2007 附录 C 的标准限值，所有样品的累计毒性均小于 1。

送检的 14 个样品中，含有多氯二苯并对二噁英和多氯二苯并呋喃的含量均小于 15 μg TEQ/kg。

综上可知，本次鉴别的污染土壤不具有毒性物质含量危险特性。

13.1.2.4　鉴别检测项目的确定

本次待鉴定的固体废物为需要进行治理修复的土壤，方量约为 4 705 m^3，重量约为 8 800 t（湿密度约为 1.87 g/cm^3），结合前期采样初步调查和详细调查结果可知，该公司退役地块在其历史生产期间对地块内环境造成了一定程度的污染。其中，地块内土壤受到了二噁英污染，其余污染物均为超标。铬（六价）、镍、铅、镉、砷、汞在本场地中有不同程度的检出，但均未超标。且在采集自本场地的土壤样品中，均未检出挥发性有机物、半挥发性有机物、总石油烃、多氯联苯类，表明场地土壤在历史使用期间，没有受到这些污染物的明显影响，不存在此类物质的污染源。

另外，综合考虑前期土壤中重金属铜、铬（六价）总量未超过浸出毒性鉴别标准值且超过 95%的土壤中铬（六价）浓度均未检出，只有 1 个样品中检出铬（六价）浓度为 0.9 mg/kg，略高于检出限，远低于土壤筛选值。因此重金属考虑将其余检出的重金属（镍、铅、镉、砷、汞）作为危险特性鉴别项目。

根据该公司退役地块在其历史生产过程以及块初步调查和详细调查结果，可排除污泥的感染性、腐蚀性、易燃性、反应性等危险特性。鉴于土壤中可能含二噁英、镍、铅、镉、砷、汞 6 种元素或物质，根据《危险废物鉴别技术规范》（HJ 298—2019）、《危险废物鉴别标准　通则》（GB 5085.7—2019）、《危险废物鉴别标准　浸出毒性鉴别》（GB 5085.3—2007）和《危险废物鉴别标准　毒性物质含量鉴别》（GB 5085.6—2007）等的规定指标，具体选取的浸出毒性鉴别项目如下：

浸出毒性鉴别项目：砷、镉、铅、镍和汞。

毒性物质含量鉴别项目的计算综合考虑了本场地内可能含有的原辅材料，以及生产过程中产生的废气废水中主要污染物为二氧化硫、氮氧化物、氯化氢、金属及其化合物（汞、铅、镉、镍）、二噁英等，判断场地中可能含有的重金属化合物，最后根据最大分子量原则确定毒性物质含量鉴别项目如下：

毒性物质含量鉴别项目：铅（以四氧化三铅计）、镉（以氯化镉计）、镍（以三氧化二镍计）、汞（以氯化汞计）、砷（以五氧化二砷计）以及二噁英。

13.1.2.5　采样和检测工作方案

（1）采样方案

1）采样目的

在地块污染土壤进行开挖转运前，明确该污染土壤的固体废物属性并降低其后续处置的环境风险，为下一步修复处置提供依据。

2）采样方法

根据《工业固体废物采样制样技术规范》（HJ/T 20—1998），固体废物的采样法包括简单随机采样法、系统采样法、分层采样法、两段采样法和权威采样法。

本次待鉴别的固体废物类别和性质较为均一，故采取简单随机采样法。

3）采样数量

根据《危险废物鉴别技术规范》（HJ 298—2019）规定："水体环境、污染地块治理与修复过程产生的，需要按照固体废物进行处理处置的水体沉积物及污染土壤等环境介质，以及突发环境事件及其处理过程中产生的固体废物，如鉴别过程已经根据污染特征进行分类，可适当减少采样份样数，每类固体废物的采样份样数不少于 5 个。"

结合随机布点法以及本地块污染情况和迁移特征，尽量采集较高浓度区域的土壤样品，采样位置的主要设置在前期调查中确定的污染超标区域。

由于本地块污染土壤属于同类污染土壤，项目组初定在修复区域设置 5 个采样点位，该个采样点选择原则为尽量靠近前期调查中超标倍数较大的区域。结合前期调查不同深度上的污染程度结果判断每个点位的钻探和采样深度，共采集 13 个样品。另外，按照样品数 10%的比例设置 1 份平行样，每个平行样采集 2 个样品。

由于本次采样属于《危险废物鉴别技术规范》（HJ 298—2019）4.2.4 中描述情形，即："g）水体环境、污染地块治理与修复过程产生的，需要按照固体废物进行处理处置的水体沉积物及污染土壤等环境介质，以及突发环境事件及其处理过程中产生的固体废物，如鉴别过程已经根据污染特征进行分类，可适当减少采样份样数，每类固体废物的采样份样数不少于 5 个"。本次采样小于《危险废物鉴别技术规范》（HJ 298—2019）中表 1 中规定的采样份数。

根据《危险废物鉴别技术规范》（HJ 298—2019）7.3 检测结果判断，第 7.3 条："根据本标准第 4.2.4 条采样，采样份样数小于表 1 规定最小份样数时，检测结果超过 GB 5085.1、GB 5085.2、GB 5085.3、GB 5085.4、GB 5085.5 和 GB 5085.6 中相应标准限值的份样数大于或者等于 1，即可判定该固体废物具有该种危险特性。"

综上可知，本次采样方案若结果超过 GB 5085.1、GB 5085.2、GB 5085.3、GB 5085.4、GB 5085.5 和 GB 5085.6 中相应标准限值的份样数大于或者等于 1，即可判定该固体废物具有该种危险特性。

4）采样工具

钻探采样（冲击钻、手钻）、取样铲。

5）采样程序

采样按照以下步骤进行：

— 确定废物现状概况；

— 选派采样人员；
— 明确采样目的和要求；
— 进行背景调查和现场踏勘；
— 确定采样法；
— 确定采样量；
— 确定采样点；
— 选择采样工具；
— 制定安全措施；
— 制定质量控制措施；
— 采样；
— 样品制备；
— 样品运送与保存。

（2）检测方案

结合现场调查和资料分析，确定本次危险特性鉴别项目为浸出毒性的检测。监测项目分析方法依据如表 13-5 所示。

表 13-5　监测项目及分析方法依据

检测对象	检测项目	检出限	检测依据
固体废物	浸出方法	—	《危险废物鉴别标准　浸出毒性鉴别》（GB 5085.3—2007）、《固体废物　浸出毒性浸出方法　硫酸硝酸法》（HJ/T 299—2007）
固体废物（浸出液）	镉/（mg/L）	0.01	《危险废物鉴别标准　浸出毒性鉴别》（GB 5085.3—2007）、《固体废物　22 种金属元素的测定　电感耦合等离子体发射光谱法》（HJ 781—2016）
	铅/（mg/L）	0.03	
	镍/（mg/L）	0.02	
	汞/（mg/L）	4×10^{-5}	《危险废物鉴别标准　浸出毒性鉴别》（GB 5085.3—2007）、《固体废物　汞、砷、硒、铋、锑的测定　微波消解/原子荧光法》（HJ 702—2014）
	砷/（mg/L）	3×10^{-4}	
毒性物含量（固体废物）	镉/（mg/L）	0.1	《危险废物鉴别标准　浸出毒性鉴别》（GB 5085.3—2007）、《固体废物　22 种金属元素的测定　电感耦合等离子体发射光谱法》（HJ 781—2016）
	铅/（mg/L）	1.4	
	镍/（mg/L）	0.4	
	汞/（mg/L）	0.002	《危险废物鉴别标准　浸出毒性鉴别》（GB 5085.3—2007）、《固体废物　汞、砷、硒、铋、锑的测定　微波消解/原子荧光法》（HJ 702—2014）
	砷/（mg/L）	0.01	
	二噁英类	—	《危险废物鉴别标准　浸出毒性鉴别》（GB 5085.3—2007）、《固体废物二噁英类的测定　同位素稀释高分辨气相色谱-高分辨质谱法》（HJ 77.3—2008）

13.1.2.6 检测结果的判断

依据《固体废物鉴别标准 通则》（GB 34330—2017）、《危险废物鉴别技术规范》（HJ 298—2019）和危险废物鉴别标准（GB 5085.1～GB 5085.7），对本次鉴别对象进行危险特性鉴别，形成鉴别结论如下：

①根据某医疗废物处置有限公司项目生产工艺、原辅材料种类、废水产生来源及前期采样调查情况分析，可判断该污染土壤不具有感染性危险特性。

②根据某医疗废物处置有限公司项目生产工艺、原辅材料种类、废水产生来源及前期采样调查情况分析，可判断该污泥不具有腐蚀性、反应性、易燃性、有机类物质毒性和急性毒性危险特性。

③根据浸出毒性分析及鉴别检测结果，该污染土壤不具有浸出毒性危险特性。

④根据毒性物质含量分析及鉴别检测结果，该污染土壤不具有毒性物质含量危险特性。

综上所述，该公司退役场地均需进行外运水泥窑协同处置治理修复的污染土壤属于固体废物。在该公司退役场地现状不变的情况下，退役场地需进行外运治理修复的土壤不具有感染性、易燃性、反应性、腐蚀性和毒性的危险特性，不属于危险废物。

13.1.2.7 利用处置建议及风险防控要求

根据《中华人民共和国土壤污染防治法》第四十一条："修复施工单位转运污染土壤的，应当制定转运计划，将运输时间、方式、线路和污染土壤数量、去向、最终处置措施等，提前报所在地和接收地生态环境主管部门。"故修复施工单位在转运污染土壤的过程中，应制订严格、详尽的转运计划，翔实记录运输时间、方式、线路和污染土壤数量、去向、最终处置措施等，并提前报送所在地和接收地生态环境主管部门。同时针对修复施工过程中的突发情况及可能产生的二次污染等问题制定严密的保障措施和应急方案。

此外，建议修复施工单位在土壤修复施工过程中注意对土壤的保护，防止施工过程对土壤造成新一步的污染。对地块进行严格管理，禁止任何闲杂人员、外来不明物质进入地块，对本地块造成污染。

13.2 案例二：涉金属加工场地污染土壤危险特性鉴别

13.2.1 危险废物鉴别的技术准备

13.2.1.1 待鉴别物信息的搜集与整理

某学校地占地总面积为 38 249.40 m^2，地块权属原为村集体用地，后由于政府对该地块实施"三旧"改造，已于 2014 年进行征收补偿并将地块纳入土地开发整理储备中心，现由某投资建设有限公司开发管理。该地块目前规划为中小学用地。

项目地块曾为二类工业用地，地块内工业企业主要行业类型包括金属制品加工业、陶瓷机械及其零配件制造和电缆加工生产行业，存在过不锈钢加工厂、电线厂、金属材料加工厂等工业企业。2018 年 8—10 月，建设单位委托某环保有限公司对该地块场地开展了环境调查和风险评估工作，并于 2018 年 10 月通过了调查和风险评估报告评审，场地调查工作主要分为第一阶段场地环境调查、第二阶段场地环境调查和风险评估三部分。场地调查及风险评估结果显示，该场地存在一定的环境风险，土壤中铬（六价）、铅、镍超过《土壤环境质量　建设用地土壤污染风险管控标准（试行）》中规定限值，需要对土壤污染物铬（六价）、铅、镍进行修复，总修复范围划定为 7 645.03 m^2，控制深度为 1.13～2.17 m，总修复土方量为 15 888.93 m^3。

基于上述场地调查结果，建设单位委托某环境科技有限公司开展了该国际学校地块场地污染土壤修复工程实施方案编制，提出采用异位还原稳定化修复技术对重金属污染土壤进行修复，修复后的土壤在区域规划的填埋区进行阻隔填埋。目前，该地块土壤修复工程正在开展，第一阶段的污染土壤开挖、异位还原稳定化和养护工作已基本完成，修复后的污染土壤在原场地内临时存放，第二阶段的土壤阻隔填埋工作尚未开展。根据《固体废物鉴别标准　通则》（GB 34330—2017），修复后进行填埋的污染土壤属于“4.3 环境治理和污染控制过程中产生的物质”中“在污染地块修复、处理过程中，采用填埋方式处置或利用的污染土壤”，需要开展固体废物属性鉴别工作。

13.2.1.2 掌握污染土壤污染历史调查情况

（1）场地历史演变

根据项目资料，1993 年以前项目地块区域均为农田，主要进行水稻、蔬菜等农产品种植；1993—2002 年，项目地块东侧陆续建成厂房建筑并进行钢筋、钢管等建材产品的加工生产，主要企业包括电线厂、不锈钢加工厂、金属材料加工厂、不锈钢机械厂等；2002—2005 年，地块西侧建成厂房建筑并进行不锈钢产品的加工、生产；2006 年，地块东侧厂房进行重建，对原有工厂企业进行升级改造，全面打造成为以不锈钢及其他金属制品生产为主的工业区。项目地块纳入土地开发整理储备中心，现由某投资建设有限公司统一进行开发管理。

（2）场地调查结果

根据场地环境调查和风险评估报告，场地主要污染来自金属制品加工生产过程中产生的金属粉尘混入土壤环境中造成土壤重金属污染，主要污染物可能为铜、镍、铅、镉、砷、汞、铬（六价）等钢铁制品中常见的重金属有毒有害物质。根据对土壤样品中 20 项有检出的指标进行统计，其中镍指标有 2 个超标值，集中分布于 S11 点位，其中 S11-1 检测值为 5 060 mg/kg、S11-2 检测值为 268 mg/kg；铅指标有 1 个超标值，位于 S12 点位，S12-1

监测值为 903 mg/kg；铬（六价）有 1 个超标值，位于 S07 点位，S07-1 监测值为 42.5 mg/kg。因此本项目土壤环境存在风险，超标点位集中于 S07、S11、S12，且均为表层。

根据《污染场地风险评估技术导则》（HJ 25.3—2014）计算超筛选值点位致癌风险和非致癌危害商，其中铬（六价）指标具有致癌风险和非致癌危害的土壤样品有 5 个，其中，JM3-1 点位的致癌风险水平最高，为 7.69×10^{-4}；镍指标具有致癌风险和非致癌危害的土壤样品有 7 个，其中 S11-1 点位的致癌风险水平最高，为 3.26×10^{-3}。铅的风险计算模型主要采用美国环境保护局开发的儿童血铅模型（IEUBK），计算结果表明，当 0～6 岁儿童的血铅含量的几何平均值为 58.9 μg/L，血铅含量超过 10 μg/dL 的概率为 5%时，土壤铅含量临界值为 282 mg/kg。

13.2.2 鉴别的过程与结论

13.2.2.1 固体废物属性判断

（1）固体废物定义

固体废物是指在生产、生活和其他活动中产生的丧失原有利用价值或者虽未丧失利用价值但被抛弃或者放弃的固态、半固态和置于容器中的气态的物品、物质以及法律、行政法规规定纳入固体废物管理的物品、物质。

（2）相关固体废物鉴别规定

《固体废物鉴别标准　通则》（GB 34330—2017）中“4.3 环境治理和污染控制过程中产生的物质”和章节“6 以下不作为固体废物管理的物质”均对固体废物鉴别作出了明确的规定，符合下列规定的物质即属于固体废物。内容如下：

1）“4.3 环境治理和污染控制过程中产生的物质”包括以下种类：

“m）在污染地块修复、处理过程中，采用下列任何一种方式处置或利用的污染土壤：

①填埋；

②焚烧；

③水泥窑协同处置；

④生产砖、瓦、筑路材料等其他建筑材料。

n）在其他环境治理和污染修复过程中产生的各类物质。”

2）“6 以下不作为固体废物管理的物质”包括以下类别：

“①任何不需要修复和加工即可用于其原始用途的物质，或者在产生点经过修复和加工后满足国家、地方制定或行业通行的产品质量标准并且用于其原始用途的物质；

②不经过贮存或堆积过程，而在现场直接返回到原生产过程或返回其产生过程的物质；

③修复后作为土壤用途使用的污染土壤；

④供实验室化验分析用或科学研究用固体废物样品。”

（3）固体废物属性判定

综上所述，根据《固体废物鉴别标准　通则》（GB 34330—2017）中产生来源的固体废物鉴别相关规定，从环境治理和污染控制过程中产生的物质角度，可以判定修复后的土壤属于固体废物。

13.2.2.2　危险废物名录相符性分析

根据《危险废物鉴别标准　通则》（GB 5085.7—2019）、《名录》（2021 版）、《危险废物鉴别技术规范》（HJ 298—2019），危险废物的鉴别按照以下程序进行：

第一步：按照相关判别标准和名录直接识别。

（1）依据《固废法》《固体废物鉴别　通则》（GB 34330—2017）判断待鉴别的物品、物质是否属于固体废物，不属于固体废物的，则不属于危险废物。

（2）经判断属于固体废物的，则依据《名录》（2021 年版）判断。凡列入《名录》（2021 年版）的，属于危险废物，不需要进行危险特性鉴别；未列入《名录》（2021 年版）的，可纳入危险特性鉴别范围，按照《危险废物鉴别标准　通则》（GB 5085.7—2019）进行鉴别。

第二步：确定是否具有危险废物属性。

（3）收集和整理学校地块污染场地原企业资料，分析企业的生产工艺和原辅材料，识别出可能存在的污染物，根据危险废物鉴别标准，对鉴别对象危险特性及其相关危险因子进行逐项初筛，确定需要进行检测的危险特性及其相关危险因子。

（4）参照《危险废物鉴别技术规范》（HJ 298—2019）及危险废物鉴别标准（GB 5085）相关要求，制定鉴别对象的样品采集方案和检测方案，对检测时样品采集的方法、份样数、份样量、采样质量控制及相应的检测方法等提出规范要求，根据检测结果和判别标准，最终确定固体废物是否属于危险废物。

13.2.2.3　危险特性识别和筛选

（1）浸出毒性结果分析

本项目采集到的样品根据每个检测项目分析方法要求保存，并按照 GB 5085 中分析方法的要求进行样品的预处理。修复后土壤浸出毒性检测信息见表 13-6。

（2）毒性物质含量结果分析

本项目毒性物质含量鉴别具体检测信息见表 13-7。

表 13-6 修复后土壤浸出毒性检测信息

类别	检测项目	方法依据	检测设备（型号）及编号	检出限
浸出毒性	氟化物	《固体废物 氟化物的测定 离子选择性电极法》（GB/T 15555.11—1995）	离子计（PXSJ-226）YQ-157-02	0.05 mg/L
	铬（六价）	《固体废物 六价铬的测定 二苯碳酰二肼分光光度法》（GB/T 15555.4—1995）	紫外可见分光光度计（UV-1800）YQ-008-02	0.004 mg/L
	镉	《固体废物 22 种金属元素的测定 电感耦合等离子体发射光谱法》（HJ 781—2016）（浸出方式：HJ 557—2010）	电感耦合等离子体发射光谱仪（ICP-OES）（Agilent 5110 VDV）YQ-250-01	0.01 mg/L
	铜	《固体废物 22 种金属元素的测定 电感耦合等离子体发射光谱法》（HJ 781—2016）（浸出方式：HJ 557—2010）	电感耦合等离子体发射光谱仪（ICP-OES）（Agilent 5110 VDV）YQ-250-01	0.01 mg/L
	镍	《固体废物 22 种金属元素的测定 电感耦合等离子体发射光谱法》（HJ 781—2016）（浸出方式：HJ 557—2010）	电感耦合等离子体发射光谱仪（ICP-OES）（Agilent 5110 VDV）YQ-250-01	0.02 mg/L
	铅	《固体废物 22 种金属元素的测定 电感耦合等离子体发射光谱法》（HJ 781—2016）（浸出方式：HJ 557—2010）	电感耦合等离子体发射光谱仪（ICP-OES）（Agilent 5110 VDV）YQ-250-01	0.03 mg/L
	汞	《固体废物 汞、砷、硒、铋、锑的测定 微波消解/原子荧光法》（HJ 702—2014）（浸出方式：HJ 557—2010）	原子荧光光度计（AFS-8520）YQ-002-03	0.000 02 mg/L
	砷	《固体废物 汞、砷、硒、铋、锑的测定 微波消解/原子荧光法》（HJ 702—2014）（浸出方式：HJ 557—2010）	原子荧光光度计（AFS-8230）YQ-002-02	0.000 1 mg/L

表 13-7 修复后土壤毒性物质含量检测信息

类别	检测项目	方法依据	检测设备（型号）及编号	检出限
毒性物质含量	氰化亚铜（以总氰换算）	GB 5085.3—2007 附录 G	离子色谱仪（Metrohm945）CHEM-1094	4 mg/kg
	氟化铅（以氟化物换算）	HJ 999—2018	氟离子分析仪（上海仪电）PXSJ-216	30 mg/kg
	四氧化三铅（以总铅换算）	HJ 766—2015	电感耦合等离子体质谱仪（Agilent7900）JP16311502	0.5 mg/kg
	石油溶剂	GB 5085.6—2007 附录 O	红外油分析仪（ET-1200）CHEM-1214	2.5 mg/kg
	三氧化二镍（以总镍换算）	HJ 766—2015	电感耦合等离子体质谱仪（Agilent7900）JP16311502	0.5 mg/kg
	五氧化二砷（以总砷换算）	HJ 766—2015	电感耦合等离子体质谱仪（Agilent7900）JP16311502	0.5 mg/kg

类别	检测项目	方法依据	检测设备（型号）及编号	检出限
毒性物质含量	硫酸镉（以总镉换算）	HJ 766—2015	电感耦合等离子体质谱仪（Agilent7900）JP16311502	0.5 mg/kg
	三氧化铬［以铬（六价）换算］	HJ 687—2014	原子吸收光谱仪（ThermoFisheriCE3500）CHEM-1161	2 mg/kg
	氟化镉	HJ 766—2015	电感耦合等离子体质谱仪（Agilent7900）JP16311502	0.5 mg/kg

13.2.2.4　鉴别检测项目的确定

（1）浸出毒性鉴别

通过对原有企业排污节点和污染物来源以及污染土壤修复工艺等综合分析，可知修复后的土壤可能存在铜、镍、铅、镉、砷、汞、铬（六价）等重金属以及石油烃污染；同时，由于氟化物属于陶瓷行业特征污染物，且场地调查指标并未涉及，因此一并纳入本次鉴别检测项。

综上可知，根据《危险废物鉴别标准　浸出毒性鉴别》（GB 5085.3—2007），选定以下污染物为浸出毒性鉴别因子（表 13-8）。

表 13-8　浸出毒性鉴别标准限值

序号	危害成分项目	浸出液浓度限值/（mg/L）
1	无机氟化物（不包括氟化钙）	100
2	镉（以总镉计）	1
3	镍（以总镍计）	5
4	铜（以总铜计）	100
5	汞（以总汞计）	0.1
6	砷（以总砷计）	5
7	铅（以总铅计）	5
8	铬（六价）	5

（2）毒性物质含量初筛

通过对土壤污染来源以及修复工艺等分析，可知修复后的土壤可能存在铜、镍、铅、镉、砷、汞、铬（六价）等重金属、氟化物及石油烃等污染，为全面评估修复后的土壤毒性物质含量，根据《危险废物鉴别标准　毒性物质含量鉴别》（GB 5085.6—2007），选定以下因子为毒性物质含量鉴别因子（表 13-9），筛选过程如下：

①氟：查阅《危险废物鉴别标准　毒性物质含量鉴别》（GB 5085.6—2007），与氟相

关的鉴别因子包括氟化铝、氟化钠、氟化铅、氟化锌、氟硼酸锌，均属于附录 B 有毒物质。根据《危险废物鉴别技术规范》（HJ 298—2019），当同一种毒性成分在一种以上毒性物质中存在时，以分子量最高的毒性物质进行计算和结果判断。因此，选定氟化铅作为目标毒性物质。

②镍：查阅《危险废物鉴别标准　毒性物质含量鉴别》（GB 5085.6—2007），与镍相关的无机鉴别因子包括次硫化镍、二氧化镍、硫化镍、三氧化二镍、一氧化镍，均属于附录 C 致癌性剧毒物质。根据《危险废物鉴别技术规范》（HJ 298—2019），当同一种毒性成分在一种以上毒性物质中存在时，以分子量最高的毒性物质进行计算和结果判断。因此，选定三氧化二镍作为目标毒性物质。

③铅：查阅《危险废物鉴别标准　毒性物质含量鉴别》（GB 5085.6—2007），与铅相关的无机鉴别因子包括氟化铅、四氧化三铅、一氧化铅，均属于附录 B 有毒物质。根据《危险废物鉴别技术规范》（HJ 298—2019），当同一种毒性成分在一种以上毒性物质中存在时，以分子量最高的毒性物质进行计算和结果判断。因此，选定四氧化三铅作为目标毒性物质。

④铬：查阅《危险废物鉴别标准　毒性物质含量鉴别》（GB 5085.6—2007），与铬相关的无机鉴别因子为三氧化二铬，属于附录 C 致癌性剧毒物质。因此，选定三氧化二铬作为目标毒性物质。

⑤铜：查阅《危险废物鉴别标准　毒性物质含量鉴别》（GB 5085.6—2007），与铜相关的无机鉴别因子包括氰化亚铜和氰化亚铜钠，属于附录 A 剧毒物质。因此，选定氰化亚铜作为目标毒性物质。

⑥砷：查阅《危险废物鉴别标准　毒性物质含量鉴别》（GB 5085.6—2007），与砷相关的无机鉴别因子包括五氧化二砷、三碘化砷、三氯化砷。根据《危险废物鉴别技术规范》（HJ 298—2019），当同一种毒性成分在一种以上毒性物质中存在时，以分子量最高的毒性物质进行计算和结果判断，属于附录 C 致癌性剧毒物质。因此，选定五氧化二砷作为目标毒性物质。

⑦镉：查阅《危险废物鉴别标准　毒性物质含量鉴别》（GB 5085.6—2007），与镉相关的无机鉴别因子包括铬酸镉、硫酸镉、氯化镉，氧化镉均属于附录 C 致癌性剧毒物质，而氟化镉属于附录 D 致突变性物质。因此，选定硫酸镉和氟化镉作为目标毒性物质。

⑧石油：查阅《危险废物鉴别标准　毒性物质含量鉴别》（GB 5085.6—2007），与石油类相关的无机鉴别因子为石油溶剂，属于附录 B 有毒物质。因此，选定石油溶剂作为目标毒性物质。

（3）鉴别因子确定

根据上述资料综合判断分析，初步判断修复后土壤不具备反应性、易燃性和急性毒性，应开展浸出毒性和毒性物质含量的鉴别。鉴别属性和鉴别因子如表 13-10 所示。

表 13-9　毒性物质含量鉴别标准限值

序号	危害成分项目	危害成分项目	类别	标准限值
1	铜	氰化亚铜（以总氰换算）	GB 5085.6—2007 附录 A 剧毒物质	0.10%
2	氟	氟化铅（以氟化物换算）	GB 5085.6—2007 附录 B 有毒物质	3%
3	铅	四氧化三铅（以总铅换算）	GB 5085.6—2007 附录 B 有毒物质	3%
4	石油	石油溶剂	GB 5085.6—2007 附录 B 有毒物质	3%
5	镍	三氧化二镍（以总镍换算）	GB 5085.6—2007 附录 C 致癌性剧毒物	0.10%
6	砷	五氧化二砷（以总砷换算）	GB 5085.6—2007 附录 C 致癌性剧毒物	0.10%
7	镉	硫酸镉（以总镉换算）	GB 5085.6—2007 附录 C 致癌性剧毒物	0.10%
8	铬	三氧化二铬（以六价铬换算）	GB 5085.6—2007 附录 C 致癌性剧毒物	0.10%
9	镉	氟化镉	GB 5085.6—2007 附录 D 致突变性物质	0.10%

表 13-10　鉴别因子汇总表

序号	鉴别项目	鉴别因子
1	浸出毒性鉴别	无机氟化物、铬（六价）、镉、铜、镍、铅、汞和砷
2	毒性物质含量鉴别	氰化亚铜、氟化铅、四氧化三铅、石油溶剂、三氧化二镍、五氧化二砷、硫酸镉、三氧化铬、氟化镉

13.2.2.5　采样和检测工作方案

（1）采样方案

1）样品量确定

根据《危险废物鉴别技术规范》（HJ 298—2019）相关规定堆存状态的固体废物，应以堆存的固体废物总量为依据，按照表 13-11 确定需要采集的最小份样数。根据该地块污染土壤修复实施方案，修复土方量为 15 888.93 m^3，修复实施过程中污染土壤依据每批次不同重金属含量分批处理，药剂添加量也依据不同重金属含量按照一定比例添加，每批次修复污染土壤约为 3 000 m^3。参考修复工程药剂投放量为 840 t，约占土重的 3%，本次修复后土壤质量 $q>1\ 000$ t。因此，最小份样数为 100 份。

室内土壤：6 批次处理即分为 6 个近似圆台体堆放，每个堆体采集 6 个样品，6 个堆体采集共 36 个样品。

室外土壤：由于室外土壤处理批次无法很好的明确区分，因此在最小个数 5 个的基础上，适当增加样品采集个数，根据几何面积的大小，将 3 个堆体分别划分为 12、12、10+8 个几何方格，分两层开展采样（高度大于 0.8 m），采样点位位于小方格几何中心，满足采样均匀性原则，采集 64 个样品。

综上，本次危险废物鉴别一共采集样品量为 100 个。

表 13-11　固体废物采集最小份样数

固体废物量（以 q 表示）/t	最小份样数/个	固体废物量（以 q 表示）/t	最小份样数/个
$q \leqslant 5$	5	$90 < q \leqslant 150$	32
$5 < q \leqslant 25$	8	$150 < q \leqslant 500$	50
$25 < q \leqslant 50$	13	$500 < q \leqslant 1\,000$	80
$50 < q \leqslant 90$	20	$q > 1\,000$	100

2）采样方法

根据现场修复后土壤的堆存状态可知，室内采样方法应符合《危险废物鉴别技术规范》（HJ 298—2019）4.5.4a）规定：堆积高度大于 0.5 m 的，按照采样均匀性和分层样品个数一样的原则，分两层采样、每层采集 3 个样品，均匀布设在上、下两层的 1/2 内径的三等分位置采集样品（图 13-1）。

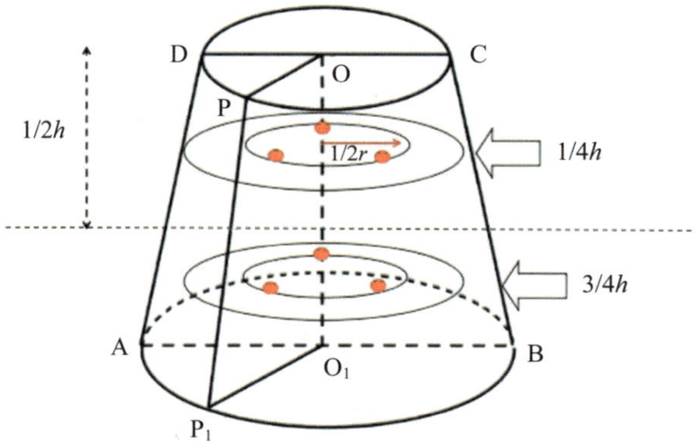

图 13-1　室内堆体采样示意图

室外堆体已经由围堰隔为 3 个相对独立的几何体，因此每个几何体可单独视作一类固体废物。根据《危险废物鉴别技术规范》（HJ 298—2019）4.5.4b）规定：对于敞口贮存池固体废物厚度小于 2 m 时，可采用随机数表法抽取 N 个网络作为采样单元，因此，根据几何面积的大小，将 3 个堆体分别划分为 12、12、10+8 个几何方格，分两层开展采样（高度大于 0.8 m），采样点位位于小方格几何中心，满足采样均匀性原则。

3）采集流程

①严格按照《工业固体废物采样制样技术规范》（HJ/T 20—1998）实施采样，采集到的样品根据每个检测项目分析方法的要求保存，并按照 GB 5085 中分析方法的要求进行样品的预处理。

②采样前对样品袋、瓶等容器贴好标签，标签编号为“年+月+日-批次”，并分类存放。

③穿戴好口罩、手套、实验服、工牌、安全帽。

④使用采样铲分别对室内外堆存的土壤进行采集，每个批次采样量不少于 2 袋 1 kg，1 瓶棕色样品瓶 500 g 以及 1 份备份样。

⑤样品密封后放入冷藏箱 4℃保存，同时填写采样记录，记录下土壤样品的来源、性状、环境、编号、份样量、分样数、采样点、采样日期与采样人员等。

⑥完成当天现场采样工作后，把所采集的样品运往实验室制备分析。

（2）检测方案

1）浸出毒性鉴别

本项目采集到的样品根据每个检测项目分析方法要求保存，并按照 GB 5085 中分析方法的要求进行样品的预处理。修复后土壤浸出毒性检测信息见表 13-12。

表 13-12 修复后土壤浸出毒性检测信息

类别	检测项目	方法依据	检测设备（型号）及编号	检出限
浸出毒性	氟化物	《固体废物 氟化物的测定 离子选择性电极法》（GB/T 15555.11—1995）	离子计（PXSJ-226）YQ-157-02	0.05 mg/L
	铬（六价）	《固体废物 六价铬的测定 二苯碳酰二肼分光光度法》（GB/T 15555.4—1995）	紫外可见分光光度计（UV-1800）YQ-008-02	0.004 mg/L
	镉	《固体废物 22 种金属元素的测定 电感耦合等离子体发射光谱法》（HJ 781—2016）（浸出方式：HJ 557—2010）	电感耦合等离子体发射光谱仪（ICP-OES）（Agilent 5110 VDV）YQ-250-01	0.01 mg/L
	铜	《固体废物 22 种金属元素的测定 电感耦合等离子体发射光谱法》（HJ 781—2016）（浸出方式：HJ 557—2010）	电感耦合等离子体发射光谱仪（ICP-OES）（Agilent 5110 VDV）YQ-250-01	0.01 mg/L
	镍	《固体废物 22 种金属元素的测定 电感耦合等离子体发射光谱法》（HJ 781—2016）（浸出方式：HJ 557—2010）	电感耦合等离子体发射光谱仪（ICP-OES）（Agilent 5110 VDV）YQ-250-01	0.02 mg/L
	铅	《固体废物 22 种金属元素的测定 电感耦合等离子体发射光谱法》（HJ 781—2016）（浸出方式：HJ 557—2010）	电感耦合等离子体发射光谱仪（ICP-OES）（Agilent 5110 VDV）YQ-250-01	0.03 mg/L
	汞	《固体废物 汞、砷、硒、铋、锑的测定 微波消解/原子荧光法》（HJ 702—2014）（浸出方式：HJ 557—2010）	原子荧光光度计（AFS-8520）YQ-002-03	0.000 02 mg/L
	砷	《固体废物 汞、砷、硒、铋、锑的测定 微波消解/原子荧光法》（HJ 702—2014）（浸出方式：HJ 557—2010）	原子荧光光度计（AFS-8230）YQ-002-02	0.000 1 mg/L

2）毒性物质含量鉴别

本项目毒性物质含量具体检测信息见表 13-13。

表 13-13 修复后土壤毒性物质含量检测信息

类别	检测项目	方法依据	检测设备（型号）及编号	检出限
毒性物质含量	氰化亚铜（以总氰换算）	GB 5085.3—2007 附录 G	离子色谱仪（Metrohm945）CHEM-1094	4 mg/kg
	氟化铅（以氟化物换算）	HJ 999—2018	氟离子分析仪（上海仪电）PXSJ-216	30 mg/kg
	四氧化三铅（以总铅换算）	HJ 766—2015	电感耦合等离子体质谱仪（Agilent7900）JP16311502	0.5 mg/kg
	石油溶剂	GB 5085.6—2007 附录 O	红外油分析仪（ET-1200）CHEM-1214	2.5 mg/kg
	三氧化二镍（以总镍换算）	HJ 766—2015	电感耦合等离子体质谱仪（Agilent7900）JP16311502	0.5 mg/kg
	五氧化二砷（以总砷换算）	HJ 766—2015	电感耦合等离子体质谱仪（Agilent7900）JP16311502	0.5 mg/kg
	硫酸镉（以总镉换算）	HJ 766—2015	电感耦合等离子体质谱仪（Agilent7900）JP16311502	0.5 mg/kg
	三氧化二铬［以铬（六价）换算］	HJ 687—2014	原子吸收光谱仪（ThermoFisheriCE3500）CHEM-1161	2 mg/kg
	氟化镉	HJ 766—2015	电感耦合等离子体质谱仪（Agilent7900）JP16311502	0.5 mg/kg

13.2.2.6 检测结果的判断

（1）检测结果判断

固体废物采样工具、采样程序、采样记录和盛样容器参照 HJ/T 20—1998 的要求进行，固体废物采样安全措施参照 GB/T 3723，在采样过程中应采取措施防止危害成分的损失、交叉污染和二次污染。采集的固体废物样品应按照 HJ/T 20 中的要求进行制样和样品的保存，并按照 GB 5085.3—2007、GB 5085.6—2007 中分析方法的要求进行样品的预处理。

固体废物危险特性鉴别的检测项目应根据固体废物的产生源特性确定，必要时可向与该固体废物危险特性鉴别工作无直接利害关系的行业专家咨询。经综合分析固体废物产生过程生产工艺、原辅材料、产生环节和主要危害成分，确定不存在的危险特性，不进行检测。固体废物危险特性鉴别使用 GB 5085.1—2007、GB 5085.2—2007、GB 5085.3—2007、GB 5085.4—2007、GB 5085.5—2007 和 GB 5085.6—2007 规定的相应方法和指标限值。

检测过程中，可首先选择可能存在的主要危险特性进行检测。任何一项检测结果按可判定该固体废物具有危险特性时，可不再检测其他危险特性（需要通过进一步检测判断危险废物类别的除外）。固体废物利用过程或处置后产生的固体废物的危险特性鉴别，应首先根据被利用或处置的固体废物的危险特性进行判定。

在对固体废物样品进行检测后，检测结果超过 GB 5085.1—2007、GB 5085.2—2007、GB 5085.3—2007、GB 5085.4—2007、GB 5085.5—2007 和 GB 5085.6—2007 中相应标准限值的份样数大于或者等于（表 13-14）中的超标份样数限值，即可判定该固体废物具有该种危险特性。

表 13-14 检测结果判断方案

单位：个

份样数	超标样数限值	份样数	超标样数限值
5	2	32	8
8	3	50	11
13	4	80	15
20	6	100	22

（2）结论

①根据《固体废物鉴别标准 通则》（GB 34330—2017）中产生来源的固体废物鉴别相关规定，从环境治理和污染控制过程中产生的物质角度，可以判定开展修复后的污染土壤属于固体废物。根据《名录》（2016 年版），修复后土壤不在《名录》中，但存在不确定的危险特性，需进行危险特性鉴别。

②通过了解地块的历史演变，对原有企业生产工艺、排污节点、污染物来源以及污染土壤修复工艺等展开综合分析，可知修复后的土壤可能存在铜、镍、铅、镉、砷、汞、铬（六价）等重金属、氰化物以及石油烃污染物。

③根据《危险废物鉴别标准 腐蚀性鉴别》（GB 5085.1—2007）的规定，同时结合原环评报告土壤质量评价结果，可以判定修复土壤不具备腐蚀性。

④根据《危险废物鉴别标准 易燃性鉴别》（GB 5085.4—2007）、《危险废物鉴别标准 反应性鉴别》（GB 5085.5—2007）的规定，同时结合修复后土壤的固有属性、企业的污染因子分析结果，可以判定修复后土壤不具备反应性和易燃性。

⑤根据《危险废物鉴别标准 急性毒性初筛》（GB 5085.2—2007）的规定，结合污染土壤修复工程工艺分析，查阅可能存在的毒性物质数据，可以判断修复后土壤不具备急性毒性。

⑥根据《危险废物鉴别标准　浸出毒性》（GB 5085.3—2007）的规定，本次鉴定工作共采集修复后土壤样品 100 份，鉴定因子包括无机氟化物、铬（六价）、镉、铜、镍、铅、汞和砷 8 项指标，检测结果显示，无机氟化物的检测结果在 0.43～2.8 mg/L 范围内，汞的检测结果在 0.000 02～0.000 07 mg/L 范围内，砷的检测结果在 0.000 4～0.004 8 mg/L 范围内，其他铬（六价）、镉、铜、镍、铅等指标检测结果均低于检出限。100 个鉴定因子的检测值均低于《危险废物鉴别标准　浸出毒性》（GB 5085.3—2007）中规定的浓度限值。因此，修复后土壤不具备危险废物浸出毒性。

⑦根据《危险废物鉴别标准　毒性物质含量鉴别》（GB 5085.6—2007）的规定，鉴定因子包括氰化亚铜、氟化铅、四氧化三铅、石油溶剂、三氧化二镍、五氧化二砷、硫酸镉、三氧化二铬、氟化镉 9 项，检测结果显示，100 份修复土壤样品中，附录 B 中有毒物质总含量在 0.156 65%～0.357 4%范围内，低于限值 3%；附录 C 中致癌性物质总含量在 0.004 67%～0.024 4%范围内，低于限值 0.1%；毒性物质评价指数在 0.110 35%～0.319 17%范围内，小于限值 1。因此，修复后土壤不具备危险废物毒性物质的属性。

本次危险废物鉴别工作依据《危险废物鉴别标准　通则》（GB 5085.7—2019），并按照 GB 5085.1～GB 5085.6 中相关要求，分别从腐蚀性、急性毒性、浸出毒性、易燃性、反应性、毒性物质含量六个方面进行分析论证，并辅以相应的检测。根据检测结果，委托鉴别的土壤按照《危险废物鉴别技术规范》（HJ 298—2019）等规范，所检各项指标均未超出相关限值，不具备相应危险特性，不属于危险废物。

13.2.2.7　利用处置建议及风险防控要求

（1）修复目标值

该地块场地污染土壤修复工程实施方案中提出：根据《土壤环境质量建设用地土壤污染风险管控标准（试行）》、《污染场地风险评估技术导则》（HJ 25.3—2014）中敏感用地中土壤重金属计算风险确定值、参照湖南省地方标准《重金属污染场地土壤修复标准》（DB43/T 1165—2016）及其相应浸出浓度标准值执行《地下水质量标准》（GB/T 14848）Ⅲ类水标准，其浸出方法按《固体废物浸出毒性方法水平震荡法》（HJ 557—2010）。采用降低土壤中目标污染物浓度的处理技术，污染物镍、铬（六价）、铅需达到《土壤环境质量　建设用地土壤污染风险管控标准（试行）》（GB 36600—2018）中第一类用地风险筛选值，采用还原—稳定化技术修复后的土壤，污染物铬（六价）、镍、铅通过《固体废物浸出毒性方法水平震荡法》（HJ 557—2010）方法浸出，检测结果需达到《地下水质量标准》（GB/T 14848）Ⅲ类水标准，在比较了国内相关标准的基础上，同时考虑修复成本、修复时间等进行修正，确定土壤中重金属的修复目标值（表 13-15）。

表 13-15　污染土壤修复目标值

序号	污染物	参考值		修复目标
		风险控制值	《土壤环境质量　建设用地土壤污染风险管控标准（试行）》（GB 36600—2018）筛选值	
1	铬（六价）	0.039	3	3
2	镍	80.9	150	150
3	铅	282	400	400

（2）修复工程基本程序

根据该地块场地污染土壤修复工程实施方案（备案稿），修复土方量主要约为 15 888.93 m^3，分批次进行修复，每批次修复污染壤 3 000 m^3，项目每天修复污染土壤 500 m^3。该修复工程分为两步开展，第一步是污染土壤开挖，异位还原稳定化和养护，养护达到验收要求后进行临时存放；第二步为修复后土壤阻隔填埋工程。根据《学校地块污染土壤修复工程基坑清挖效果评估报告》及相关检测报告资料的论证，清挖效果总体达到基坑清挖目标要求，目前地块内污染土壤已全部清挖至修复场临时堆存。场地污染土壤异位稳定化修复工程主要包括以下主要步骤（图 13-2）。

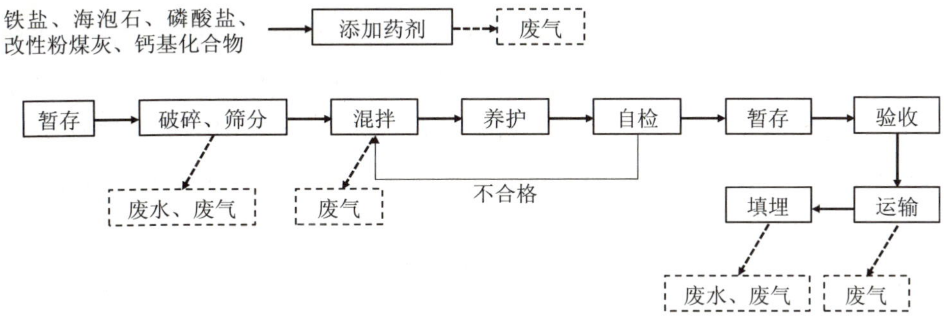

图 13-2　污染土壤修复流程

1）筛分预处理

对运入修复车间的污染土壤进行筛分处理，筛分采用 ALLU 筛分斗进行作业，分级产生的粒径＞50 mm 的污染砾石和粒径＜50 mm 的污染土壤分开堆置，筛分后的污染土壤进入后续处理单元依次修复处理。污染土壤筛分后，对筛上物进行冲洗，根据建设单位提供的资料，项目冲洗废水总产生量为 160 t，对冲洗废水进行收集，采用化学氧化、沉淀方式对其进行处理满足修复标准后用于污染土壤养护。

2）药剂混合系统

修复工程对于镍、铅污染物土壤采用异位稳定化修复技术，使用的化学氧化药剂为磷酸盐、改性粉煤灰、钙基化合物。对于铬（六价）污染物土壤采用还原—稳定化一体修复技术，采用的化学氧化药剂为铁盐、海泡石。化学氧化药剂质量比为3%～5%，筛分、破碎后的土壤经土壤疏松系统运输至自动计量系统实时自动计量，同时根据该计量结果，药剂输送系统从药剂存储系统添加一定比例的药剂至药剂计量模块，计量完成后自动落入搅拌混合系统充分搅拌和混合，同时自动进行下一批待处理土壤的输送和计量。混合后的土壤由出料输送系统输送至临时堆放区域。在出料输送系统末端设计有自动加水单元，对混合后的土壤根据设计比例喷洒一定的水，在药剂混合期间将充分考虑土壤原有的含水率，保证混药完毕的污染土壤的含水率处在合理的水平（40%～50%），然后用装载设备转场至养护区域进行堆放养护。

3）堆置养护和检验

重金属污染土壤添加药剂完成后，直接运输至待检区养护，项目采用防雨布进行苫盖养护，经自检合格后，待最终验收检测。污染土壤根据污染类型进行分类待检，修复后的土壤出土至相应的待检区堆放。修复后待检区的土壤需经过第三方验收检测单位出具的检测报告证明修复合格后，才能运输至阻隔填埋区域。

（3）二次污染可能性分析

污染土壤在修复过程中可能因为使用药剂不当而引入新的污染物。因此，需要结合土壤修复工艺对本工程中主要使用的磷酸盐、海泡石以及改性煤粉灰 3 种主要添加制剂进行二次污染引入可能性分析。其中，磷酸盐化合物为去除重金属污染物常见的稳定化药剂，海泡石以及煤粉灰一般作为钝化材料使用。通过初步分析，上述 3 类修复药剂按照一定比例进行添加均不会引入新的有毒有害污染物进入修复土壤中。

①磷酸盐类化合物为常用的稳定化药剂之一，其可在一定 pH 条件下与重金属离子反应生成稳定的重金属矿物盐，磷酸类矿物盐可通过表面吸附与络合反应降低重金属离子迁移性，某些重金属阳离子可与羟基磷灰石晶格中的钙离子发生交换反应进入晶格，使重金属离子稳定化。

②海泡石是一种富镁纤维状硅酸盐黏土矿物，结构通式为是 $Si_{12}O_3Mg_8(OHF)_4 \cdot 8H_2O$，是目前比表面积最高的天然无机矿物质。海泡石本身的特殊结构决定了它具有 3 种特性，即吸附性、流变性和催化性。海泡石的吸附和离子交换能力可应用于污染土壤的修复，海泡石、磷酸盐以及二者复配施用对重金属镉、铅复合污染土壤的钝化修复效应。

③粉煤灰钝化剂不属于常见的钝化剂，常用的钝化材料有凹凸棒石、天然沸石、蒙脱石、海泡石等，粉煤灰钝化剂与前者相比具有来源广泛、不破坏土壤结构、改良酸性土壤、价格低廉和不易引起二次污染等优点，粉煤灰合成沸石对重金属离子有极强的吸附作用，

研究表明作为原材料的粉煤灰本身浸出毒性均低于国家危险废物规定的标准值。

13.3　案例三：涉摩托车生产场地污染土壤危险特性鉴别

13.3.1　危险废物鉴别的技术准备

某公司场地面积为 220 606 m^2（约 330 亩）。场地 1950 年以前为未利用地，之后开始建设公司并于 1953 年建成投产，主要从事特种设备的生产。1979 年，该公司在原有基础上新增摩托车生产。2008 年，该公司搬迁，之后场地处于闲置状态。目前，场地内所有生产设备及部分建（构）筑物已拆除。根据场地所在区域规划，场地拟由工业用地转变为居住用地、商业用地、绿地和市政用地等综合用地性质。

根据前期的《定量评估报告》及《环境风险评估报告》。场内土壤受到铜、锌、镍、铅、砷、铬（六价）、苯并[*a*]芘、石油烃（C_{10}～C_{40}）污染。本项目需要进行危险废物属性鉴别的对象场地环境调查与风险评估报告确定的需清挖修复的 16 个污染地块的污染土。即风险评估报告中确定的 1～14 号、16 号和 17 号污染地块，不包括 15 号污染地块（镍污染地块，污染面积只有 0.18 m^2，污染土方量只有 0.09 m^3）及场内非污染土壤的其他固体废物。

13.3.2　鉴别的过程与结论

13.3.2.1　固体废物属性判断

被鉴别对象为需外运处置的 9 个鉴别区域的污染土壤。因此，可以根据《固体废物鉴别标准　通则》（GB 34330—2017）中 4.3 中 m）项规定判定为固体废物。

13.3.2.2　《名录》相符性分析

根据《危险废物鉴别标准　通则》（GB 5085.7—2019），本项目涉及的固体废物未列入《名录》（2016 年版）。由于固体废物含有有害污染物，导致固体废物具有不确定的危险性，应按照危险废物鉴别标准进行危险特性鉴别。

根据《鉴别方案》，本项目的污染土壤不具有危险废物要求的反应性、易燃性和腐蚀性等任何一项，需通过进一步采样监测对浸出毒性和毒性物质含量等特性进行鉴别。

13.3.2.3　危险特性识别和筛选

（1）浸出毒性

根据《危险废物鉴别标准　浸出毒性鉴别》（GB 5085.3—2007）相关规定，“按照 HJ/T 299 制备的固体废物浸出液中任何一种危害成分含量超过表 1 中所列的浓度限值，则判定该固体废物是具有浸出毒性特征的危险废物”。针对浸出毒性鉴别项目检测结果，对照浸出毒性鉴别项目及浸出毒性鉴别因子及标准限值进行土壤样品危险特性判断，各鉴别区域土壤样品浸出毒性鉴别项目检测结果都未超过相应标准限值。因此，本项目鉴别污染土壤不具有危险废物要求的浸出毒性特征。

（2）毒性物质含量

根据《危险废物鉴别标准 浸出毒性鉴别》（GB 5085.3—2007）相关规定，“按照 6.5 毒性物质含量鉴别原则对各鉴别区域土壤样品进行鉴别”。针对毒性物质含量鉴别项目检测结果，对照毒性物质含量鉴别项目及对应化合物及限值进行土壤样品危险特性判断。

根据监测结果，针对鉴别化合物氟硼酸锌等，由于在鉴别区域同时监测了锌离子含量和氟离子含量，且氟离子含量相对较小，根据化合物中各元素相互比例，以锌离子含量计算氟硼酸锌的含量很不合适，以氟离子含量计算氟硼酸锌的含量更合适。由于 JB-2#-2 中铬（六价）含量很小，按照锶的含量计算对应化合物铬酸锶毒性物质含量不符实际，按照铬（六价）含量计算铬酸锶毒性物质含量更为合适。因此，针对检测项目结合检测结果，经优化得到应鉴别毒性物质及其含量计算基础项目。根据结果，各鉴别区域土壤样品毒性物质含量单项检测结果都未超过相应标准限值。各样品累加毒性物质含量相对值为 0.038 3～0.940 5，各土壤样品毒性物质含量单项检测结果和累加结果都未超过危险废物限制要求。因此，本项目鉴别污染土壤不具有毒性物质含量毒性特征。

（3）鉴别结果

根据样品浸出毒性检测结果分析统计及危险废物鉴别判断结果及样品毒性物质含量检测结果分析统计及危险废物鉴别判断结果，各鉴别区域土壤样品浸出毒性鉴别项目检测结果都未超过相应标准限值，各土壤样品毒性物质含量单项检测结果和累加结果都未超过危险废物限制要求。

因此，场内各鉴别区域污染土壤各项指标均未超出《危险废物鉴别标准 浸出毒性》《危险废物鉴别标准 毒性物质含量鉴别》的相关限值，不具备相应危险特性，不属于危险废物。

13.3.2.4 鉴别检测项目的确定

根据《鉴别方案》，各鉴别区域固体废物浸出毒性和毒性物质含量检测项目见表 13-16。

表 13-16 各鉴别区域检测项目

鉴别区域	鉴别项目	
	浸出毒性	毒性物质含量
JB-1#	铜（以总铜计）、锌（以总锌计）、总铬、铬（六价）、汞（以总汞计）、镍（以总镍计）（6 项）	铅、铬（六价）、砷、锡、钴、钡、锶、氰根离子、无机氟化物、锌、石油溶剂（11 项）
JB-2#	苯并[a]芘、砷、铅、镍（以总镍计）、铜（以总铜计）、锌（以总锌计）、总铬、汞（以总汞计）（8 项）	苯并[a]芘、锌、铅、砷、锡、钴、锶、无机氟化物、石油溶剂、铬（六价）（10 项）
JB-3#	砷、铜（以总铜计）、锌（以总锌计）、总铬、汞（以	铅、砷、锡、钴、锶、无机氟化物、石油溶剂

鉴别区域	鉴别项目	
	浸出毒性	毒性物质含量
	总汞计）（5 项）	（7 项）
JB-4#	砷、铜（以总铜计）、锌（以总锌计）、总铬、汞（以总汞计）（5 项）	铅、砷、锡、钴、锶、无机氟化物、石油溶剂（7 项）
JB-5#	砷、铜（以总铜计）、锌（以总锌计）、总铬、汞（以总汞计）（5 项）	铅、砷、锡、钴、锶、无机氟化物、石油溶剂（7 项）
JB-6#	铜（以总铜计）、锌（以总锌计）、总铬、铬（六价）、汞（以总汞计）、镍（以总镍计）（6 项）	铬（六价）、砷、钡、氰根离子、无机氟化物、锌、石油溶剂（7 项）
JB-7#	铜（以总铜计）、锌（以总锌计）、总铬、汞（以总汞计）、镍（以总镍计）（5 项）	锌、铅、砷、锡、钴、锶、无机氟化物、石油溶剂（8 项）
JB-8#	二甲苯、铜（以总铜计）、锌（以总锌计）、总铬、铬（六价）、汞（以总汞计）、镍（以总镍计）（7 项）	锑、铅、铬（六价）、砷、锡、钴、钡、锶、氰根离子、无机氟化物、锌、石油溶剂（12 项）
JB-9#	铜（以总铜计）、锌（以总锌计）、总铬、汞（以总汞计）（4 项）	铅、砷、锡、钴、锶、无机氟化物、石油溶剂（7 项）

13.3.2.5　采样和检测工作方案

（1）采样方案

1）份样数的确定

分区域及类别，每个区域固体废物的采样份样数为 5 个。预计采集污染土壤样品 45 个。

2）份样量的确定

参照《危险废物鉴别技术规范》（HJ/T 298—2007）中“4.3.1 固体废物样品采集的份样量要求，根据场地调查及风险评估资料，本项目污染土壤为粉土、粉质黏土、黏土及砂土，其粒径均小于 0.5 cm，为保证分析操作的需要，采样过程中每个份样采样量不小于 1 000 g”。

3）样品采集

①采样布点及定位

每个鉴别区域内采样布点参考《建设用地土壤污染状况调查技术导则》（HJ 25.1—2019）和《危险废物鉴别技术规范》（HJ 298—2019），并按照网格布点法进行。根据《采样方案》，各鉴别区域采样点布设图见表 13-17。

②采样过程

采用挖机结合钻机按照场地各区域的污染深度人工样土。按照采样点位置污染土深度，采集不同深度（深度间隔 0.5～1 m）位置的污染土制成混合样。

根据危险废物鉴别采样区域污染深度，除对 JB-8#区域由于污染深度较深（8～14 m）采用钻机钻探方式进行采样，其他区域采用挖机挖掘采样方式进行采样。

表 13-17 各鉴别区域采样布点图、采样位置及采样深度

鉴别区域网格布点图	采样点网格	是否超标点	采样点编号	采样点坐标		采样深度/m	面积/m^2	污染土方量/m^3
				X（m）	Y（m）			
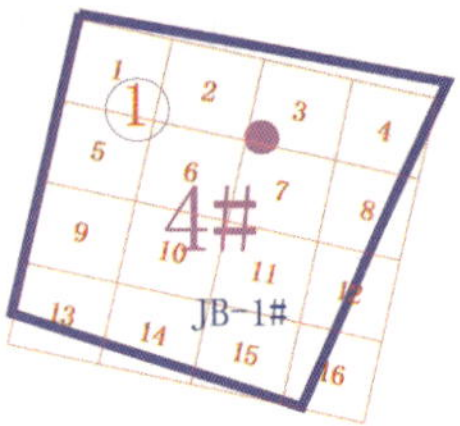	3	是	JB-1#-1	73 821.024 8	52 640.080 6	0.5	54.80	27.40
	5	否	JB-1#-2	73 820.808 8	52 636.385 9	0.5		
	8	否	JB-1#-3	73 819.582 0	52 642.203 7	0.5		
	10	否	JB-1#-4	73 818.713 8	52 637.953 7	0.5		
	15	否	JB-1#-5	73 816.392 3	52 639.634 8	0.5		
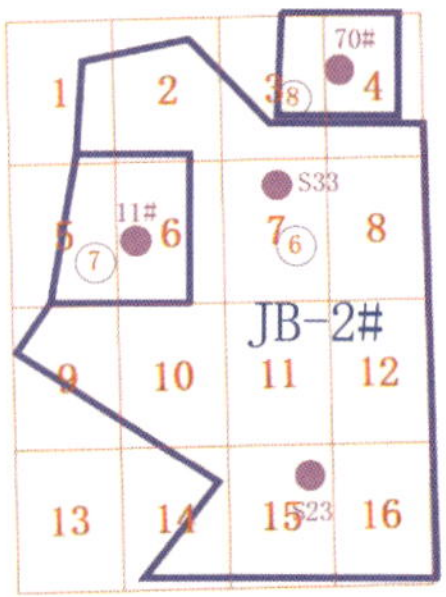	4	是	JB-2#-1	73 891.418 2	52 702.922 7	3.0	1 783.44	4 580.57
	6	是	JB-2#-2	73 864.577 0	52 679.551 0	2.5～5.5		
	7	是	JB-2#-3	73 877.324 5	52 694.229 0	2.5		
	15	是	JB-2#-4	73 845.394 0	52 702.119 0	2.5		
	12	否	JB-2#-5	73 861.759 6	52 708.952 0	2.5		
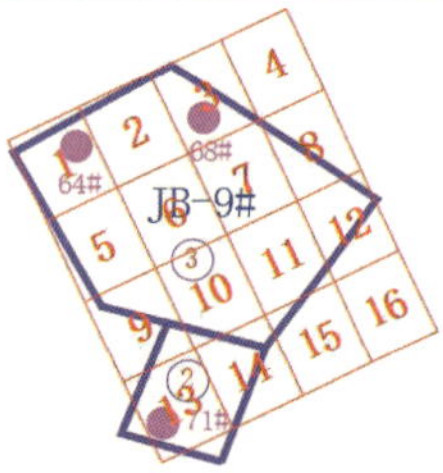	1	是	JB-9#-1	73 854.435 9	52 661.012 4	1.0	693.34	810.99
	3	是	JB-9#-2	73 875.781 6	52 642.613 9	1.0		
	13	是	JB-9#-3	73 827.308 4	52 669.394 8	2.0		
	6	否	JB-9#-4	73 847.079 3	52 669.822 9	1.0		
	11	否	JB-9#-5	73 842.493 8	52 679.698 3	1.0		
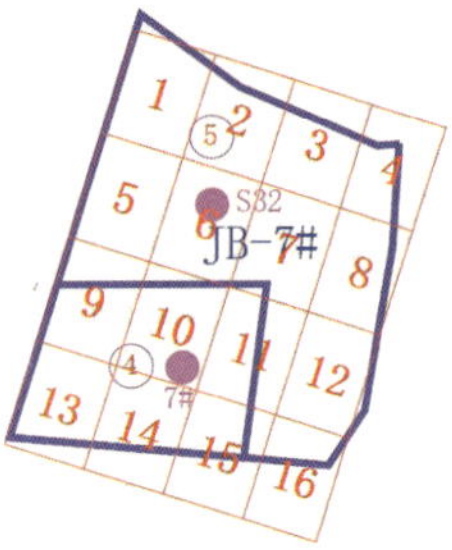	6	是	JB-7#-1	73 880.609 8	52 653.762 5	5.0	989.92	4 949.54
	10	是	JB-7#-2	73 871.461 5	52 656.655 4	0.5		
	1	否	JB-7#-3	73 897.216 3	52 654.657 4	5.0		
	8	否	JB-7#-4	73 882.112 1	52 673.427 5	5.0		
	12	否	JB-7#-5	73 872.307 5	52 669.502 5	5.0		
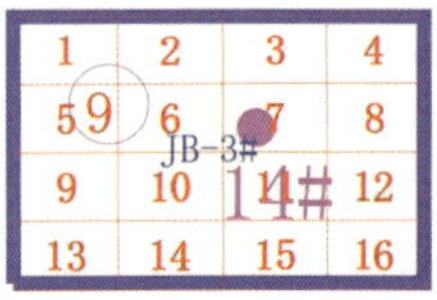	7	是	JB-3#-1	73 883.648 0	52 762.835 0	1.5	23.5	35.25
	1	否	JB-3#-2	73 885.789 8	52 760.871 4	1.5		
	4	否	JB-3#-3	73 885.822 6	52 765.380 5	1.5		
	9	否	JB-3#-4	73 883.823 8	52 760.920 7	1.5		
	15	否	JB-3#-5	73 882.873 6	52 764.035 9	1.5		

鉴别区域网格布点图	采样点网格	是否超标点	采样点编号	采样点坐标		采样深度/m	面积/m^2	污染土方量/m^3
				X（m）	Y（m）			
	4	是	JB-4#-1	74 001.347 4	52 779.393 4	0.5	626.20	313.10
	14	是	JB-4#-2	73 984.907 6	52 764.877 5	0.5		
	2	否	JB-4#-3	74 001.987 5	52 767.901 2	0.5		
	5	否	JB-4#-4	73 996.432 7	52 759.672 4	0.5		
	11	否	JB-4#-5	73 991.848 3	52 777.834 9	0.5		
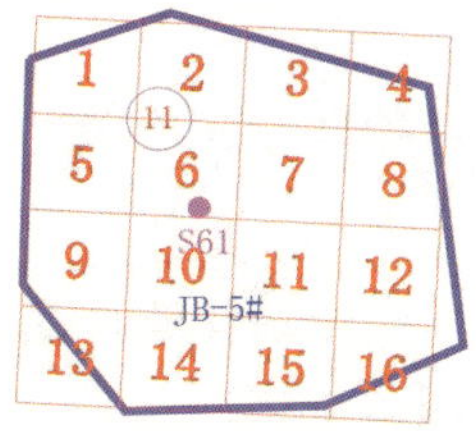	6	是	JB-5#-1	74 156.523 0	52 852.942 0	5.0	897.35	4 486.75
	1	否	JB-5#-2	74 169.069 2	5 840.559 0	5.0		
	3	否	JB-5#-3	74 169.099 8	52 857.389 3	5.0		
	9	否	JB-5#-4	74 154.384 8	52 840.019 7	5.0		
	15	否	JB-5#-5	74 154.862 0	52 854.479 0	5.0		
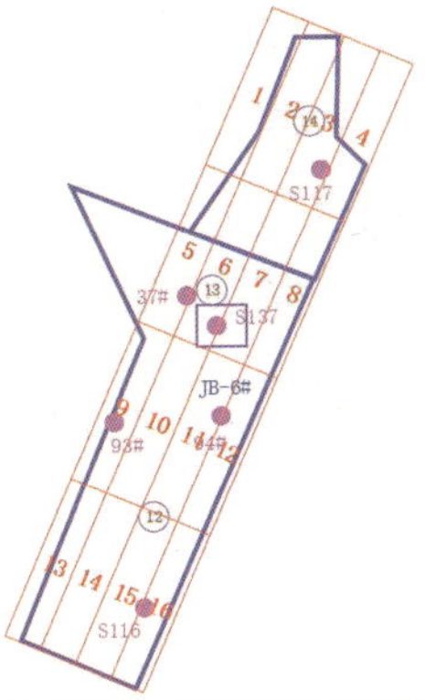	3	是	JB-6#-1	74 723.449 5	53 289.475 6	2.5	2 419.63	8 770.75
	6	是	JB-6#-2	74 696.211 5	53 279.928 9	3.0		
	9	是	JB-6#-3	74 680.085 1	53 262.966 6	4.0		
	11	是	JB-6#-4	74 681.249 3	53 280.815 7	4.0		
	16	是	JB-6#-5	74 650.836 6	53 262.190 6	4.0		
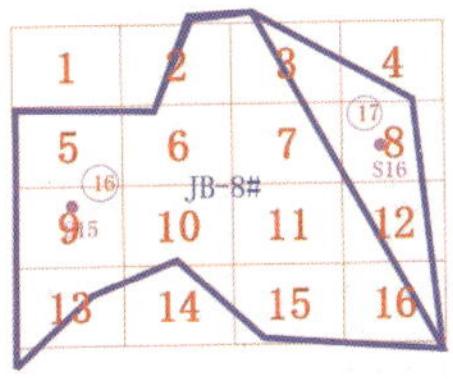	8	是	JB-8#-1	73 806.890 4	52 685.612 4	12～14	722.14	4 620.94
	9	是	JB-8#-2	73 802.077 0	52 662.150 4	8～14		
	3	否	JB-8#-3	73 813.635 7	52 679.914 6	8～14		
	6	否	JB-8#-4	73 806.194 5	52 669.734 9	8～14		
	15	否	JB-8#-5	73 791.083 7	52 680.382 4	8～14		

注：①为风险评估确定的污染地块；JB-1#为固体废物鉴别 1#区域；JB-1#-2 为固体废物鉴别 1#区域 2 号采样点。满足表 7-6 中超标点位所在网格直接确定为采样点网格，其他采样点网格在剩余网格中采用随机数表法确定。

③采样时间

项目采样时间为 2020 年 6 月 9—16 日，因雨天耽搁，前后经历 8 天。

现场记录：采样现场采样技术人员 2 名，分别负责采样和记录、校核；生态环境局对取样过程进行了不定期的现场监督和巡查，确认采样符合技术规范和鉴别方案要求；鉴别单位相关人员全程参与了采样过程。

4）样品运输

所采集的样品随即避光冷藏并及时运往实验室制备分析。样品运输过程中加冰袋，同时防止不同样品之间的交叉污染。盛样容器不可倒置、倒放，应防止破损、浸湿和污染。

5）样品质量控制

为保证在允许误差范围内获得具有代表性的样品，应在采样全过程进行质量控制，具体措施如下：

①所有操作都需佩戴手套、口罩，每次更换点位都需确保所使用的工具、耗材的干净性，防止样品受到污染。

②本项目在 1 个月内完成现场采样工作，所采集的样品贴好标签，随即避光冷藏并及时运往实验室制备分析。

③送入实验室的样品首先做好样品交接手续，采样人员将样品和采样记录交给样品管理员检查并填写样品登记记录，以免发生样品的漏、丢、不合格等事故。

④分析人员在接受样品时，仔细核对样品和采样记录，如果样品与提供的说明不符，分析人员应在工作开始之前询问采样人员，要求进一步予以说明，确认正确无误后，方可签收。交接后样品按保存期、保存环境、保存条件和有效期等进行保存。

⑤监测全过程严格按照有关质量管理程序要求进行，实施严谨的全程序质量保证措施，检测数据严格实行三级审核制度。

（2）检测方案

鉴别方案筛选的浸出毒性鉴别因子及鉴别标准限值见表 13-18。

表 13-18 浸出毒性鉴别项目及标准汇总

序号	危害成分项目	浸出液中危害成分浓度限值/（mg/L）	分析方法
1	锌（以总锌计）	100	GB 5085.3—2007 附录 B
2	总铬	15	GB 5085.3—2007 附录 B
3	铬（六价）	5	GB/T 15555.4—1995
4	汞（以总汞计）	0.1	GB 5085.3—2007 附录 B
5	镍（以总镍计）	5	GB 5085.3—2007 附录 B
6	铜（以总铜计）	100	GB 5085.3—2007 附录 B
7	砷（以总砷计）	5	GB 5085.3—2007 附录 E
8	铅（以总铅计）	5	GB 5085.3—2007 附录 B
9	苯并[*a*]芘	0.000 3	GB 5085.3—2007 附录 K
10	二甲苯	4	GB 5085.3—2007 附录 O

结合毒性物质所属类别、分子量，基于最不利原则，利用《鉴别方案》筛选出鉴别项目与对应化合物换算系数、实验方法及限值，见表 13-19。

表 13-19　毒性物质含量分析项目、对应鉴别物质、限值及分析方法

序号	有害物质	应鉴别毒性物质	分子式	分子量	折合分子量	毒性种类	限值	换算系数	分析方法
1	砷	三碘化砷	H_6AsI_3	461.68	461.68	剧毒	0.1%	74.92/461.68	HJ 781—2016
2	铬（六价）	铬酸镉	$CdCrO_4$	228.42	228.42	致癌	0.1%	52/228.42	HJ 687—2014
3	钴	硫酸钴	CoO_4S	154.99	154.99	致癌	0.1%	58.93/154.99	HJ 781—2016
4	锶	铬酸锶	CrO_4Sr	203.61	203.61	致癌	0.1%	87.62/203.61	HJ 781—2016
5	铅	铬酸铅	CrO_4Pb	323.18	323.18	生殖毒性	0.5%	207.2/325.21	HJ 781—2016
6	钡	氯化钡	$BaCl_2$	208.24	208.24	有毒	3%	137.33/208.24	HJ 781—2016
7	锡	锡	—	—	—	有毒	3%	1	HJ 781—2016
8	无机氟化物	氟化铅	PbF_2	245.20	122.6	有毒	3%	19.0/122.6	GB 5085.3—2007 附录 F
9	氰化物	氰化亚铜	CuCN	89.56	89.56	剧毒	0.1%	26.03/89.56	GB 5085.3—2007 附录 G
10	石油溶剂	石油溶剂	—	—	—	有毒	3%	1	GB 5085.6—2007 附录 O
11	锌	氟硼酸锌	BFO_2Zn	127.22	127.22	有毒	3%	65.4/127.22	HJ 781—2016
12	锑	五氧化二锑	H_3O_4Sb	188.78	188.78	有毒	3%	121.75/188.78	HJ 781—2016
13	苯并[*a*]芘	苯并[*a*]芘	—	—	—	致突变	0.1%	1	GB 5085.6—2007 附录 Q

13.3.2.6　检测结果的判断

将该公司原址场内 16 个污染地块划分为 9 个危险废物鉴别区域，根据各鉴别区域涉及的生产工艺、可能生产活动及场地风险评估结果，并结合代表性样品初检结果确定各鉴别区域检测项目，按照《鉴别方案》采用网格布点法针对每个鉴别区域各采集 5 个土壤样品，共采集 45 个污染土壤样品。根据样品浸出毒性检测结果和毒性物质含量检测结果统计分析，所有土壤样品浸出毒性鉴别项目检测结果都未超过相应标准限值，各土壤样品毒性物质含量单项检测结果和累加结果都未超过毒性物质含量毒性限值要求。

因此，根据场内各鉴别区域污染土壤各项指标均未超出《危险废物鉴别标准　浸出毒性》《危险废物鉴别标准　毒性物质含量鉴别》的相关限值判定，该公司原址场地污染土壤不具备相应危险特性，不属于危险废物。

13.3.2.7 利用处置建议及风险防控要求

①本次鉴别未对场内遗留的一般工业固体废物进行危险特性鉴别，场地修复应针对场内一般工业固体废物制定相应的处置方案。修复过程中遇到不明废物、特殊异味应谨慎处置，必要时向当地生态环境局上报。

②土壤的不确定性影响了危险废物鉴别样品的代表性。鉴别单位按照从严原则，采样点设置在原超标点，尽可能采集污染较重的土壤样品。但土壤的不确定性无法保证所采集的样品能有效代表该区域的污染土壤的真实情况。后期清挖修复过程中应仔细观察、谨慎施工。

13.4 污染土壤危险特性鉴别要点

随着城市化进程的加快，以及越来越严格的环保要求，污染土壤的快速及安全处置成为当下亟待解决的问题。而污染土壤采用填埋、焚烧、水泥窑协同处置，或生产砖、瓦、筑路材料等其他建筑材料处置方式时需要开展危险特性鉴别，是污染土壤快速和安全处置的前提条件。笔者认为污染土壤的危险特性鉴别要求有以下方面：详细分析前期调查中土壤污染物种类以及含量，将污染土壤进行含量梯度划分区域，污染最重的区域应当重点采样和分析。

参考文献

[1] 谭海剑，黄祖照，宋清梅，等. 粤港澳大湾区典型城市遗留地块土壤污染特征研究[J]. 环境科学研究，2021，34（4）：976-986.

[2] 甘婷婷，赵南京，殷高方，等. 长江三角洲地区农用地土壤重金属污染状况与防治建议[J]. 中国工程科学，2021，23（1）：174-184.

[3] 张乐. 中国长三角地区环境污染的现状及应对策略研究[J]. 科技视界，2016（4）：258-259.

[4] 高勤，邢书彬，张惠娟，等. 京津冀区域重大环境问题及成因研究[J]. 环境与发展，2018，30（10）：4-5，7.

[5] 姜玉，杨予宁，李瑞，等. 京津冀农产品产地土壤污染防治战略及典型工程案例[J]. 中国工程科学，2018，20（5）：142-147.

附　录

附录 1　危险废物鉴别申请表

危险废物鉴别申请表

（在产企业适用）

申请单位：________________________（盖章）

申请日期：____________________________

说 明

一、表格一式两份，加盖申请单位公章。

二、表格要求字迹清晰，一律用碳素墨水钢笔或计算机打印填报。

三、填报内容超出边框的，另加页续写。

四、生产情况介绍：包括产品生产的工艺流程图（需标注待鉴别固体废物产生的环节）及文字性描述，原辅材料种类、使用量及其理化特性等。

五、待鉴别固体废物概况：包括待鉴别固体废物的名称、性状、月产量、贮存及处置情况等。

六、污水处理设施情况：包括污水处理工艺流程图及文字性描述、待鉴别污泥具体产生环节等。

七、接纳企业生产情况：包括企业的产品生产工艺流程图及文字性描述，原辅材料种类、使用量及其理化特性等（园区污水处理厂应提供个污水接入企业的相关信息）。

八、接纳废水基本情况：包括园区污水处理厂接纳的废水种类及污染因子、接管标准、各种污水在进入园区污水处理厂之前的处理工艺等（园区污水处理厂污泥鉴别需提供）。

一、申请单位基本情况

<table>
<tr><td rowspan="5">申请单位概况</td><td>申请单位名称：</td></tr>
<tr><td>地址：　省　市　区（县）　街道（镇）　号
邮编：</td></tr>
<tr><td>法定代表人：　电话：　手机：
电子邮箱：　传真：</td></tr>
<tr><td>项目负责人：　电话：　手机：
电子邮箱：　传真：</td></tr>
<tr><td>所属行业：</td></tr>
<tr><td>鉴别对象</td><td></td></tr>
<tr><td>鉴别理由</td><td></td></tr>
<tr><td>声　明</td><td>我方保证本申请表及提供的相关附带资料是真实的、完整的、正确的，不存在虚假记载、误导性陈述或重大遗漏。

法人代表签字：
日・期：</td></tr>
</table>

二、待鉴别固体废物基本情况

(一)待鉴别固体废物来自产品生产过程	
生产情况介绍	包括生产产品，生产工艺流程及文字描述，与待鉴别固体废物工艺相关的原辅材料种类、使用量及其理化特性等
待鉴别固体废物概况	包括待鉴别固体废物产生量、外观、成分组成等
(二)待鉴别固体废物来自污水处理污泥	
污水处理设施情况	
接纳企业生产情况	
接纳废水基本情况	

同时还应提供附 1～附 3 材料。

附 1：建设项目环境影响评价文件及批复文件。

附 2：申请单位生产管理台账（包括与待鉴别固体废物相关的产品产量、原辅材料使用量、待鉴别固体废物产量等）。

附 3：污水处理设施进水污染物测试分析数据及排污监测报告（待鉴别物固体废物是污水处理污泥的需提供）。

危险废物鉴别申请表

（历史遗留固体废物危险特性鉴别适用）

申请单位：＿＿＿＿＿＿＿＿＿＿＿＿＿＿＿＿（盖章）

申请日期：＿＿＿＿＿＿＿＿＿＿＿＿＿＿＿＿＿＿＿＿

说 明

一、表格一式两份，加盖申请单位公章。

二、表格要求字迹清晰，一律用碳素墨水钢笔或计算机打印填报。

三、填报内容超出边框的，另加页续写。

四、生产情况介绍：包括产品生产的工艺流程图（需标注待鉴别固体废物产生的环节）及文字性描述、原辅材料种类、使用量及其理化特性等。

五、待鉴别固体废物概况：包括待鉴别固体废物的名称、性状、月产量、贮存及处置情况等。

一、申请单位基本情况

<table>
<tr><td rowspan="5">申请单位概况</td><td>申请单位名称：</td></tr>
<tr><td>地址：　省　市　区（县）　街道（镇）　号
邮编：</td></tr>
<tr><td>法定代表人：　　电话：　　手机：
电子邮箱：　　传真：</td></tr>
<tr><td>项目负责人：　　电话：　　手机：
电子邮箱：　　传真：</td></tr>
<tr><td>所属行业：</td></tr>
<tr><td>鉴别对象</td><td></td></tr>
<tr><td>鉴别理由</td><td></td></tr>
<tr><td>声　明</td><td>我方保证本申请表及提供的相关附带资料是真实的、完整的、正确的，不存在虚假记载、误导性陈述或重大遗漏。

法人代表签字：
日　期：</td></tr>
</table>

二、待鉴别固体废物基本情况

（一）可溯源固体废物

历史遗留固体废物堆存情况	包括堆存地址、堆存时间、废物种类及堆存量、堆存方式等
废物溯源情况	包括历史遗留固体废物产生源介绍、相关企业的生产工艺、原辅材料及特性以及固体废物产生过程分析等

（二）不可溯源固体废物

历史遗留固体废物堆存情况	包括堆存地址、堆存时间、废物种类及堆存量、堆存方式等

危险废物鉴别申请表

（污染土壤危险特性鉴别适用）

申请单位：______________________（盖章）

申请日期：______________________

说 明

一、表格一式两份，加盖申请单位公章。

二、表格要求字迹清晰，一律用碳素墨水钢笔或计算机打印填报。

三、填报内容超出边框的，另加页续写。

一、申请单位基本情况

申请单位概况	申请单位名称：
	地址：　省　市　区（县）　街道（镇）　号 邮编：
	法定代表人：　电话：　手机： 电子邮箱：　传真：
	项目负责人：　电话：　手机： 电子邮箱：　传真：
	所属行业：
鉴别对象	
鉴别理由	
声　明	我方保证本申请表及提供的相关附带资料是真实的、完整的、正确的，不存在虚假记载、误导性陈述或重大遗漏。 法人代表签字： 日　期：

二、待鉴别固体废物基本情况

污染土壤堆存情况	包括鉴别污染土壤的边界、堆存地址、堆存时间、污染土壤种类及堆存量、堆存方式等
污染土壤调查情况	包括土壤污染状况调查、风险评估或修复效果评估等工作开展情况

同时还应提供附 1～附 2 材料。

附 1：污染土壤初步调查和详查报告和评审专家意见等。

附 2：污染土壤相关企业的环境影响报告等。

附录 2 现场踏勘记录表

危险废物鉴别现场踏勘记录表（在产企业适用）

<table>
<tr><td>项目名称</td><td colspan="2"></td><td>踏勘时间</td><td colspan="2"></td></tr>
<tr><td>项目地点</td><td colspan="2"></td><td>现场踏勘人员</td><td colspan="2"></td></tr>
<tr><td>委托单位</td><td colspan="2"></td><td>委托方负责人</td><td colspan="2"></td></tr>
<tr><td>鉴别单位</td><td></td><td>技术负责人</td><td></td><td>职　称</td><td></td></tr>
<tr><td rowspan="6">现场踏勘情况记录</td><td colspan="2">内　容</td><td colspan="3">踏勘记录</td></tr>
<tr><td colspan="2">1. 待鉴别物产生工艺环节描述；相关主体工程是否正常生产；是否存在违法行为</td><td colspan="3"></td></tr>
<tr><td colspan="2">2. 待鉴别物产生量及产生特点（连续或间歇）</td><td colspan="3"></td></tr>
<tr><td colspan="2">3. 待鉴别物外观描述</td><td colspan="3"></td></tr>
<tr><td colspan="2">4. 是否对待鉴别物进行现场快速检测（如有，请备注现场快速检测结果）</td><td colspan="3"></td></tr>
<tr><td colspan="2">5. 现场是否采集样品（如有，请说明样品信息）</td><td colspan="3"></td></tr>
<tr><td colspan="2">委托方意见</td><td colspan="2">检测单位意见</td><td colspan="2">鉴别单位意见</td></tr>
<tr><td colspan="2">负责人签字：

年　月　日</td><td colspan="2">采样人员签字：

年　月　日
注：如无检测单位参与踏勘，则不需填写。</td><td colspan="2">踏勘人员签字：

年　月　日</td></tr>
</table>

说明：此表一式三份，委托方、鉴别单位和检测单位各执 1 份。

危险废物鉴别现场踏勘记录表（其他重要来源固体废物危险特性鉴别适用）

<table>
<tr><td>项目名称</td><td colspan="2"></td><td>踏勘时间</td><td colspan="2"></td></tr>
<tr><td>项目地点</td><td colspan="2"></td><td>现场踏勘人员</td><td colspan="2"></td></tr>
<tr><td>委托单位</td><td colspan="2"></td><td>委托方负责人</td><td colspan="2"></td></tr>
<tr><td>鉴别单位</td><td></td><td>技术负责人</td><td></td><td>职　称</td><td></td></tr>
<tr><td rowspan="6">现场踏勘情况记录</td><td colspan="2">内　容</td><td colspan="3">踏勘记录</td></tr>
<tr><td colspan="2">1. 待鉴别物种类及其来源</td><td colspan="3"></td></tr>
<tr><td colspan="2">2. 待鉴别物贮存（填埋/倾倒）量、贮存（填埋/倾倒）时间及贮存方式</td><td colspan="3"></td></tr>
<tr><td colspan="2">3. 待鉴别物外观描述（颜色、气味、性质等）</td><td colspan="3"></td></tr>
<tr><td colspan="2">4. 是否对待鉴别物进行现场快速检测（如有，请备注现场快速检测结果）</td><td colspan="3"></td></tr>
<tr><td colspan="2">5. 现场是否采集样品（如有，请说明样品信息）</td><td colspan="3"></td></tr>
</table>

<table>
<tr><td>委托方意见</td><td>检测单位意见</td><td>鉴别单位意见</td></tr>
<tr><td>负责人签字：

年　月　日</td><td>采样人员签字：

年　月　日
注：如无检测单位参与踏勘，则不需填写。</td><td>踏勘人员签字：

年　月　日</td></tr>
</table>

说明：（1）此表一式三份，委托方、鉴别单位和检测单位各执 1 份；（2）其他重要来源固体废物包括但不限于历史遗留固体废物、突发环境事件涉及固体废物或可作为固体废物管理的污染土壤等。

附录 3　固体废物采样记录表

现场采样记录表（固体废物）

项目名称：　　　　　　　　　　　　　　　　　　　　　　记录表编号：

点位编号	样品编号	采样时间	地面高度/m	样品特征							现场测试结果	备注
				经度	纬度	深度/m	颜色	质地	湿度	其他感官指标描述		

采样单位：　　　　采样人：　　　现场确认人：　　　记录人：　　　填报时间：

注：1. 采样过程应以相片、视频等图片或影音形式记录。

2. 现场记录应使用圆珠笔或防水墨笔。如需修改错误记录，应用笔划掉错误记录信息，在更正位置签名并注明更改日期，禁止删除任何记录。

附录 4　现场快速检测记录表

现场快速检测记录表（固体废物）

项目名称：　　　　　　　　　　　　　　　　　　　　　　　　记录表编号：

点位编号	样品编号	采样时间	现场快速检测设备名称及型号				现场快速检测测试结果														样品特征描述	备注
				经度	纬度	深度/m	指标 1	指标 2	指标 3	指标 4	指标 5	指标 6	指标 7	指标 8	指标 9	指标 10	指标 11	指标 12	指标 13	指标 14		

现场快速检测负责人：　　　　记录人：　　　　校核：　　　　填报时间：

注：1. 采样过程应以相片、视频等图片或影音形式记录。

2. 现场记录应使用圆珠笔或防水墨笔。如需修改错误记录，应用笔划掉错误记录信息，在更正位置签名并注明更改日期，禁止删除任何记录。

后 记

危险废物鉴别是实现危险废物环境管理的关键环节和重要手段，是加强危险废物污染防治工作的前提和保障。生态环境部华南环境科学研究所是生态环境部推荐的固体废物属性鉴别机构之一，也是国家第一届危险废物鉴别委员会委员单位，在危险废物鉴别与风险防控领域深耕多年，参与过《危险废物鉴别技术规范》《危险废物鉴别标准　通则》《名录》《关于加强危险废物鉴别工作的通知》等危险废物鉴别相关的技术规范、标准和管理政策文件的制（修）订工作，并为国家、省（市）相关部门开展的“清废行动”提供了大量的固体废物、危险废物鉴别技术支持。

《关于加强危险废物鉴别工作的通知》出台后，国家危险废物鉴别管理机制得到明显改善，各地的危险废物鉴别需求也激增，但是危险废物鉴别机构存在分布不均、鉴别技术能力不足、检测水平参差不齐、缺乏必要的质量控制与质量保障体系等情况，在一定程度上影响了鉴别结论及报告准确性、真实性、规范性和科学性。在这样的背景下，生态环境部华南环境科学研究所结合多年来在固体废物、危险废物鉴别方面开展的工作，组织编著本书，以期为企业、管理部门及从业者提供技术参考和借鉴。

本书在编写过程中，得到了生态环境部固体废物与化学品司领导和生态环境部华南环境科学研究所领导的指导和大力支持，得到了中国环境科学研究院、生态环境部固体废物与化学品管理技术中心和巴塞尔公约亚太区域中心等单位专家的鼎力相助，特此致谢。本书涉及的鉴别案例凝聚着原作者和案例相关企业人员的辛勤劳动和心血，编者在此一并表示感谢。此外，本书引用了大量的文献资料，在此对引用文献的作者表示感谢；也有一些参考文献没有标注出来，在此一并表示歉意和感谢！

编　者

2022 年 12 月